KB141578

건설공사 계약관리 실무가이드

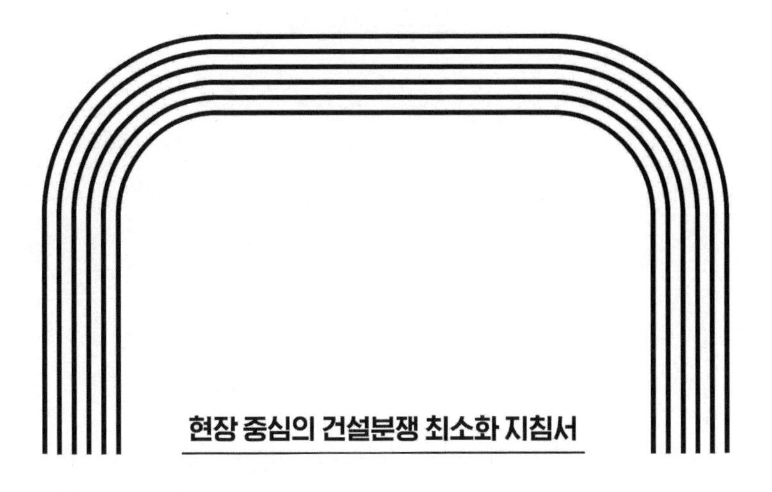

현장 중심의 건설분쟁 최소화 지침서

건설공사 계약관리 실무 가이드

신영철 · 정윤기 지음

책을 내면서…

차별화된 건설분야 계약관리 지침서(Guide Book)를 만들고 싶었습니다.

건설공사 계약관리, 그리고 건설클레임·분쟁과 원가관리.

숨 쉬는 공기처럼 누구도 그 중요성을 부인하지 않습니다. 문제는 실제 건설현장의 실무 상황이 그렇지 못하다는 것입니다. 업계 관행 탓으로 미루거나 핑곗거리를 내세우는 경우가 드물지 않다는 것입니다. 그것이 어찌 보면 일하는 데 편하기 때문이었는지도 모르겠습니다. 비단 건설업계뿐만 아니라 대부분 산업부문에서도 자신의 권리를 주장하는 것이 쉽지 않습니다. 쉽지 않기에 오히려 건설산업 발전을 위해 가야 할 길이라는 아이러니가 있습니다. 건설분야 계약관리·원가관리가 건설기술인의 기본적 소양으로 인식되어야 하는 이유이기도 합니다.

건설공사 계약관리, 그리고 건설클레임·분쟁과 원가관리 필요성은 모두가 공감합니다. 이런 인식으로 인해 건설클레임 및 건설분쟁과 관련한 서적들이 오래전부터 다양한 내용으로 출간되고 있습니다. 산업적 측면에서 보면 다행스럽지 않을 수 없습니다. 저희 사단법인 한국건설연구원 역시 작은 보탬이 되고자 현장실무를 위한 지침서 출간을 고민하였고, 우연한 기회로 실행하게 되었습니다. 그 고민은 이론적 깊이보다는 실무에서 자주 부딪히는 궁금증과 대응방안을 어떻게 종합적으로 담아내느냐는 것이었습니다. 다른 건설클레임 관련 서적들과의 차별화를 제시하지 못한다면 뻔하고도 죽은 지식만 나열할 뿐이기에 현장의 니즈(Needs)를 잘 담아내야 하는 어떤 의무감 같은 것이었습니다. 건설클레임과 건설분쟁 최소화에 조금이나마 도움이 되기 위한 결과물로서, **현장 중심의 건설분쟁 최소화 지침서라는 이름의 『건설공사 계약관리 실무가이드』**를 자신 있게 추천해드립니다.

다음은 (사)한국건설연구원이 처음 펴낸 현장 중심의 건설분쟁 최소화 지침서 『건설공사 계약관리 실무가이드』가 녹여낸 차별화입니다.

〈하나〉 이해의 편의를 위해 설명식 서술방식과 법규 및 판결례 등을 연계하여 작성했습니다. 간략한 브리핑이나 짧은 유튜브 동영상을 듣는 것 같은 편한 느낌을 주기 위해서입니다. 건설클레임 및 계약관리라는 쉽지 않은 주제로 인해 서술해가는 내용들이 자칫 딱딱하게 흘러가지 않도록 했습니다. 이 책 내용에 대한 이해의 편의를 위해 관련 법규는 적절히 배치하였고, 관련 판결례는 별도의 음영 박스(Box)로 삽입하여 곧바로 읽어볼 수 있도록 하였습니다. 적정한 분량이 되도록 개별 내용에 대한 난이도는 적절하게 조절하여 전체적으로 편하게 읽을 수 있습니다. 이런 이유로 실무에서 가장 많이 찾는 국가계약법령(3단 비교표)을 부록으로 수록하였습니다(공사계약일반조건과 건설업종 표준하도급계약서는 분량이 많아 부록으로 포함하지 않았습니다).

〈둘〉 이 책은 우리나라 건설산업에 대한 전반적 현황 설명을 시작하여 공공공사의 입·낙찰제도 등을 설명한 후 건설클레임 및 분쟁을 주요 내용으로 전개하였습니다. 건설클레임에 적절하게 대응하기 위해서는 건설산업 전반에 대한 기본적 이해를 반드시 갖추어야 한다고 생각했고, 제대로 된 계약관리는 건설산업에 대한 정확한 인식이 토대가 되어야 하기 때문입니다. 그리고 건설업 특수성과 정부 부처별 건설 관련 법률 현황을 설명하고, 이 책의 주요 내용인 계약법령의 순으로 서술하였습니다. 적어도 건설산업 종사자들이라면 건설업에 대한 통합적 사고를 할 수 있어야 한다는 생각이었습니다.

기본이 겸비되어 있어야 수시로 발생하는 각종 다양한 현안에 나름의 기준을 갖고 대응할 수 있습니다. 이러한 견지에서 재원 소날방식에 따른 분류, 건설부문에서 중요한 부분을 차지하고 있는 민간투자사업 내용까지도 수록하게 되었습니다. 대부분 건설분야 관련 서적들이 특정 분야에 집중돼 있어 건설산업 전반을 이해할 수 있는 길잡이 서적이 거의 없었기에, 이 책에서라도 건설산업을 종합적으로 접근할 수 있도록 하였습니다. 이에 따라 이 책 전반부는 우리나라 건설산업과 건설 관련 법·제도 전반에 관한 내용을 가능한 압축적으로 설명하였기에, 건설클레임 및 분쟁 관련 사안이 아니더라도 현장 경영관리(공사관리 및 원가관리를 포함하여 임의로 사용한 용어입니다)를 위한 유용한 지침서 역할을 하리라 감히 확신한 것입니다.

〈셋〉 계약금액 조정과 관련된 건설클레임 및 분쟁 부분에서는 관련 판결례와 유권해석 사례에 대한 설명을 곁들여 실무자들의 이해에 도움이 되도록 하였습니다. 실무과정에서 계약 관련 법규 등 관련 자료를 찾는 번거로움을 잘 알기에 이러한 애로사항을 고려하여 책 내용을 구성한 것입니다. 그럼에도 불구하고 건설 관련 법·제도가 워낙 방대하고, 개정사항 또한 빈번하게 발생하므로 이를 모두 반영하기가 곤란한 점이 있습니다. 법령 내용의 중요성을 우선 고려하면서 변경 정도가 낮은 법규 내용을 중심으로 서술하였습니다. 살펴보시면 알겠지만, 이 책에서 인용한 사례들은 실무에서 수시로 빈번하게 활용될 수 있을 것입니다. 차별화를 위한 (사)한국건설연구원의 작지만 중대한 의도이기도 합니다. 건설클레임과 분쟁을 중심으로 한 서적들이 이미 시중에 많이 나와 있지만 실무 현안과의 거리감을 종종 느꼈을 것으로 생각합니다. 하지만 이 책 내용을 숙지한 이후라면 단언컨대 각종 현안에 대한 자연스러운 접근 및 사고가 가능할 것이고, 나아가 자신의 필요에 맞는 관련 서적들을 고를 수 있는 능력을 갖추었다고 감히 자신할 수 있습니다.

〈넷〉 (사)한국건설연구원의 **현장 중심의 건설분쟁 최소화 지침서 『건설공사 계약관리 실무가이드』**는 제한된 분량을 고려하여 실무에서 꼭 알아야 하는 계약금액 조정을 중심에 두어 서술하였습니다. 물론 이 책의 핵심 목적이기도 합니다. 현장 실무자들이 계약금액 조정과 관련한 기본 소양을 갖추어 체계화된 계약적 마인드로 다양한 현안에 대응할 수 있도록 하기 위한 포석이라고 하겠습니다. 잘 아시다시피 건설산업은 워낙 방대하여 실무에서의 예상 상황들을 모두 담아내기가 사실상 불가능합니다. 개별적으로 발생하는 다양한 현안들에 대하여 합리적 상황판단을 할 수 있도록 건설클레임과 분쟁 분야에 대한 계약적 마인드 소양 겸비는 더 늦출 수 없는 상황에 이르렀습니다. 기초가 튼튼해야 한다는 것입니다. 그럼에도 건설클레임과 분쟁 분야에만 치중되지 않도록 하였습니다.

건설현장에서는 효율과 유사한 개념으로 현장 원가율(I/O)이라는 개념을 사용하고 있습니다. 현장 원가율은 매출(Output)에 대한 투입비(Input)의 비율로서, 현장 원가율이 낮을수록 수익률이 양호한 현장임을 의미합니다. 수익률을 높이기 위해서는 기성액에 해당하는 매출액을 증가시키거나 투입비를 줄여야 합니다. 투입비를 줄이는 것은 현장관리 및 공법개선 등의 기술적 측면에 해당하는 것이고, 매출액을 증가시키는 것은 건설클레임 등 계약관리의 결과라고 하겠습니다. 이 책은 후자에 해당하는 매출액 증가를 위해 현장 실무자들이 필요로 할 계약관리·원가관리 소양을 담아내기 위해 노력했습니다.

〈다섯〉 이 책에서는 간략하게나마 건설분쟁 최소화 방안과 건설소송·중재 관련 내용을 담았습니다. 건설분쟁 최소화 방안을 언급할 수밖에 없었던 것은, 부분적으로 실무관계자들의 반성과 각성을 요구하는 대목이기도 합니다. 결과론적으로 보아 분쟁으로의 진전을 최소화하여 불필요한 비용을 줄이게 된다면, 계약당사자 모두 윈윈(win-wn)하는 최상의 전략이 아닐 수 없습니다. 하여 건설분쟁 최소화 방안은 비록 적은 분량이고 주로 발주와 관련된 설계완성도, 용지보상, 예산확보 등을 중심으로 한 내용일 수 있겠으나, 현업에서의 계약관리를 제대로 이행하기 위해서는 분쟁 최소화에 대한 고민은 필수적이라고 하겠습니다.

언제부터인가 건설소송 및 건설감정은 건설기술인과 실무관계자의 기본 소양이 되었습니다. 건설기술인은 성공적 건설사업 완수를 위해 건설공사 4대 관리대상 업무에 집중하다 보니 계약관리 등 비기술적 경험이 부족한 것은 어찌 보면 이해가 됩니다. 하지만 합당한 법률서비스를 받기 위해서라도 건설클레임 및 분쟁에 관한 소양은 반드시 겸비해야 하는 필수적 요소가 되었음을 잊지 말아야 합니다.

건설산업은 반복 재생산의 제조업과 달리 단 일회성으로 시작과 끝이 반복 없이 장기간에 걸쳐 진행됩니다. 계약이행 과정은 다양한 참여자들

간의 이해관계가 복잡하게 얽혀져 있는 산업이기도 합니다. 이러한 이유로 건설클레임·분쟁은 어쩔 수 없이 복잡다단한 상황으로 나타나는데, 당연한 현상이라고 하겠습니다. 건설업의 특성은 특별한 시혜를 요구하기 위한 핑계로서가 아니라, 그 특성을 고려하여 적절하고 합리적인 건설클레임 및 건설분쟁 관리가 이루어져야 한다는 것을 강조하기 위함임을 인지해야 합니다. 건설공사 계약관리, 그리고 건설클레임·분쟁과 원가관리가 필요한 이유이기도 합니다. 건설 관련 계약법규는 수주와 계약이행에서의 영향이 큰 만큼 변경되는 내용들은 주기적으로 관리되어야 합니다. 이를 위해 (사)한국건설연구원은 건설 관련 법·제도 변경내용을 가능한 한 빠르게 반영하고 필요 내용을 추가하여 주기적으로 **현장 중심의 건설분쟁 최소화 지침서 『건설공사 계약관리 실무가이드』** 개정·증보판을 계속할 것을 약속드립니다. 그 과정에서 우리나라 건설산업 발전을 위해 현업실무자들의 지속적인 관심과 조언을 기꺼이 받아들이고자 합니다.

이 책 한 권으로 건설산업에 대한 여러 이야기를 담으려는 욕심이 어느 정도 있었습니다. 그러다 보니 시간은 1년을 훌쩍 넘겼고, 분량은 당초 예상한 정도를 제법 넘어가게 되었습니다. 하지만 책을 읽는 순서는 정해져 있지 않음을 말씀드리며, 이 책을 접하는 우리나라 건설기술인과 실무관계자들 모두의 건승을 진심으로 기원합니다.

차례

〈표〉 목차

[그림] 목차

제1장 | 건설산업 제대로 바라보기

1. 건설산업 일반

1.1 건설산업과 건설공사

▌건설산업의 특성

건설산업기본법은 건설산업을 건설공사를 업(業)으로 하는 '건설업'과 건설공사에 관한 조사, 설계, 사업관리, 유지관리 등 용역을 업(業)으로 하는 '건설용역업'으로 구분하고 있습니다. 규모 면에서는 건설공사가 압도적으로 많은 비중을 차지하고 있습니다. 건설공사 이외에 전기공사, 정보통신·소방공사 및 문화재 수리공사 등은 타(他)법에서 규정하고 있습니다. 하지만 실무에서는 건설산업기본법뿐만 아니라 타법에서 규정하고 있는 각종 공사를 포괄하여 '건설공사'로 통칭해 사용하고 있습니다. 이 책에서도 모든 공사를 대표하는 의미로 '건설공사'라는 표현을 사용하겠습니다. 참고로 건설기술인은 건설기술진흥법뿐만 아니라 개별 법령으로 구분된 전기, 통신, 소방공사 등의 기술인까지 포괄하여 하나의 직군으로 부르고 있으며, 세부적으로는 10개 직무분야로 분류하고 있습니다(건설기술진흥법 제2조 제8호, 영 제4조 및 [별표 1]).

모든 산업부문은 나름의 특성이 있습니다. 건설산업 또한 마찬가지입니다. 건설산업은 다른 산업에서 볼 수 없는 독특한 특성이 있는데, 건설공사에 있어서 일반적으로 자주 언급되는 특징은 수주산업으로서의 주문생산성, 이동성과 옥외성, 생산의 하도급 의존성, 생산의 장기성 및 종합적 산업 등입니다. 아울러 건설기능인력의 고용형태가 상용직이 아닌 일당직이라는 특성은 추가비용 청구에서도 그 근간이 되곤 합니다. 건설클레임 및 분쟁해결을 논할 때도 건설업 특성에 대한 인식이 선행되어야 합니다. 여기서 주의할 점이 있습니다. 건설공사의 특성을 언급한 것은 다른 산업부문에 비하여 별도의 특별한 혜택을 요구하기 위한 것이 아니라는 것입니다. 지속적 관심은 필요하되, 특별한 혜택에 치중하게 되면 자생적 경쟁력 확보방안 강구를 게을리하여 종국적으로는 건설산업 발전에 장애요인이 될 수 있기 때문입니다.

▌건설업 취업자수 및 취업유발계수

통계청에 의하면 2022년도 건설업 취업자수는 212만 명으로 전체 산업의 7.6%에 해당합니다. 그중 건설기능인력은 건설업 취업자수의 약 75%인 약 160만 명 정도입니다. 최근 건설현장 고용과 관련한 사안들이 사회적 이슈가 되고 있으며, 외국인 근로자 불법고용 인원수에 대해서는 공식적 통계치가 없기에 개별적 연구용역 보고서 등에 의하면 약 25만 명 내외 정도로 추정되고 있습니다.

한국은행이 2021년 6월 21일 발표한 「2019년 산업연관표(공산품)」 보도내용 중 산업별 취업자 추이를 보면, 건설업 취업자수는 178만 명으로 전체 취업자의 7.3%입니다(한국은행의 취업자수 통계는 통계청과 조금 상이합니다).

〈표 1-1〉 건설업 취업자수 현황(2012~2022년)

(단위: 천 명)

구분	2012년	2013년	2014년	2015년	2016년	2017년	2018년	2019년	2020년	2021년	2022년
전체 산업	24,955	25,299	25,897	26,178	26,409	26,725	26,822	27,123	26,904	27,273	28,089
건설업 (%)	1,797 7.2%	1,780 7.0%	1,829 7.1%	1,854 7.1%	1,869 7.1%	1,988 7.4%	2,034 7.6%	2,020 7.4%	2,016 7.5%	2,090 7.7%	2,123 7.6%

자료: 통계청 국가통계포털(KOSIS), 건설업조사

서비스업이 1,741만 명의 70.9%로 가장 많고, 그다음은 공산품(제조업) 부문이 386만 명의 15.7%이고 건설업은 세 번째의 비중을 보이고 있습니다. 자주 언급되는 것은 전(全) 산업에서 직·간접적으로 유발되는 환산 취업자수인 10억 원당 취업유발계수입니다. 건설업 취업유발계수는 10.8명으로 공산품 부문 6.2명보다 높으나 농림수산업(25.0명)과 서비스업(12.5명)에 비해서는 낮은 수준입니다. 참고로 산업연관표는 일정 기간(보통 1년) 동안 한 나라의 경제 내에서 발생하는 재화와 서비스의 생산 및 처분과 관련된 모든 거래내역을 일정한 원칙과 형식에 따라 기록한 통계표로, 한국은행은 5년마다 기준년 실측 산업연관표를 작성하고 있습니다.

▌시설물 생애주기비용

우리나라 건설산업 규모는 국내총생산(GDP)의 약 13%를 차지할 정도로 단일 산업부문으로는 규모가 가장 크다고 하겠습니다. 하나의 목적물을 완성하기 위한 건설사업은 '구상·기획→설계→시공' 과정을 거쳐야 하고, 완성된 이후에는 장기간의 사용기간 경과 후 폐기되어 소멸하는 과정을 거칩니다. 이러한 일련의 과정을 시설물 생애주기(Life Cycle)라 하고, 시설물 생애주기에 비용(Cost)을 추가한 개념을 생애주기비용(LCC: Life Cycle Cost)

이라 합니다. 생애주기비용을 최소화하기 위한 다양한 방안들이 제시되고 있으며, 부분적으로는 계약법령의 기술형입찰 입·낙찰제도에 고려돼 있다고 합니다.

생애주기비용 중 단위 시간당 비용이 가장 많이 투입되는 시기는 단연 건설(시공) 단계입니다. 건설공사 계약관리에서 생애주기비용을 언급하는 이유는 건설 단계에서 클레임 및 분쟁이 가장 많이 발생하고 있기 때문입니다. 준공 이후 유지관리 단계에서 하자보수책임 분쟁이 있으며, 이 또한 건설 단계에서 제공된 원인(시공상 잘못으로 인해 발생한 하자)이 발현된 형태일 뿐입니다.

[그림 1-1] 계약목적물 생애주기(비용)

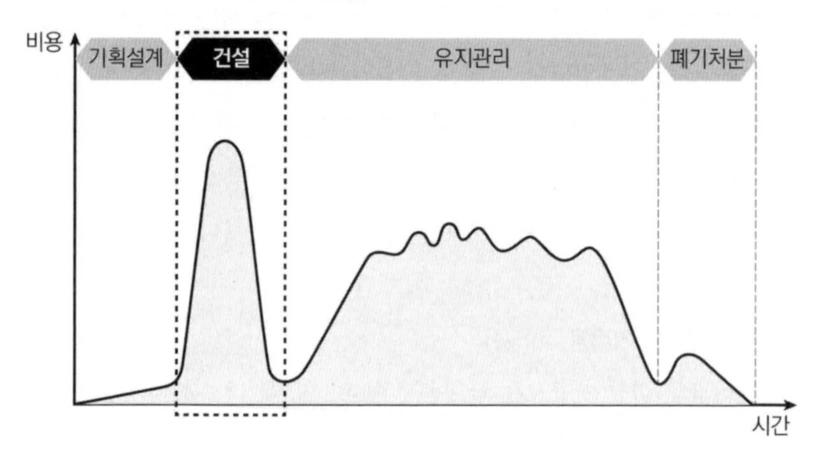

1.2 건설공사 기성액 및 계약액

통계청은 주기적으로 건설업조사 결과를 발표하고 있습니다. 가장 최근은 2022년 8일 30일자로 발표한 2021년 건설업조사 결과(잠정) 공사실적 부분입니다. 총(국내+해외)건설공사액은 전년 대비 6.5%p 증가한 308조 원, 총(국내+해외)건설계약액은 전년 대비 9.7%p 증가한 315조 원입니다. 총공사액 및 총계약액 모두 300조 원을 초과 기록하여 역대 가장 큰 규모를 달성한 것입니다. 수주산업인 건설업의 가장 큰 관심사는 단연 기성액(공사액)과 계약액이 아닐 수 없기에 국내의 공공 및 민간, 그리고 해외 공사실적을 정리·비교해보았습니다.

❙ 건설공사 기성액

건설공사 계약액은 향후 시공 잔액으로서 중요한 의미가 있습니다. 그러나 시공 잔액은 매출로 현실화해야 비로소 의미가 있고, 계약액은 계약이행 과정에서 변경 상황이 얼마든지 발생할 수 있으므로 계약당사자들 입장에서는 건설공사 기성액이 가장 중요하다고 하겠습니다. 이에 2010년부터 2021년까지의 부문별 건설공사 기성액 추이를 살펴보았습니다.

2021년도의 두드러진 점은 국내 공사 기성액이 처음으로 280조 원을 돌파하였으며(총공사 기성액은 처음으로 300조 원을 돌파하였습니다), 대부분 민간부문의 증가에 기인한 것이었습니다. 특히 2020년 1월경부터 시작된 COVID-19 팬데믹에도 불구하고 2021년도 국내 기성액이 가장 높았다는 점입니다. 다만 공사 기성액 증가만큼 영업이익(=총이익-판매비-일반관리비) 또한 증가하고 있는지는 살펴볼 필요가 있습니다. 이에 한국상장회사협의회가 매년 4월경 발표하는 건설업 결산실적을 살펴보았습니다. 2022년도 건설업 결산실적(코스피 22개 종목)에 따르면, 매출액은 전년 대비 16.33%가 증가하였으나 영업이익은 21.81% 감소하였고, 당기순이익[=경상이익+(특별이익-특별손실)-법인세] 또한 전년 대비 25.65%로 감소한 것으로 나타났습니다. 1년 전인 2021년도 건설업 결산실적(코스피 21개 종목)에 따르면, 매출액은 전년 대비 2.53% 증가하였으나 영업이익은 4.34% 감소하였고, 당기순이익[=경상이익+(특별이익-특별손실)-법인세]은 전년 대비 36.28% 증가하였습니다. 2022년도의 영업이익과 순이익의 감소가 2021년도보다 확대되었다는 것을 알 수 있으며, 이는 향후 건설현장 계약관리 및 원가관리의 필요성이 더 중요해졌음을 의미합니다.

건설공사 기성액은 국내(공공+민간+기타)와 해외로 구분하여 살펴볼 필요가 있습니다. 국내 기성액을 보면 2010년도 184.0조 원 규모에서 2021년에는 281.1조 원으로 약 100조 원가량 증가하였습니다. 반면 해외 기성액은 2014년도 53.5조 원으로 정점을 기록한 이후 지속적으로 감소하여 2020년도는 23.8조 원으로 절반 이상 줄어들었으며, 2021년도에는 26.6조 원으로 소폭 증가하였습니다.

국내 기성액을 크게 공공부문과 민간부문으로 구분하여 살펴보았습니다. 2010년도는 공공:민간의 비율이 41.8%:57.9%(기타 0.3%)이었으나, 2021년도에는 28.9%:70.9%(기타 0.2%)로 공공부문의 비중이 심하게 감소한 것으로 나타났습니다. 공공부문 기성액은 2020년도에 80조 원을 상회하면서 증가 추세에 있었지만, 민간부문 기성액 증가가 월등함으로 인하여 공공부문이 축소된 것 같은 착시를 보이게 만듭니다.

공공부문 기성액 증가율을 보면 2019년도에 10.7%p로 크게 늘었으나, 연평균 증가율은 0.5%p로서 물가상승률을 고려하면 감소한 추세를 보인다고 할 수 있습니다. 민간부문 기성액은 2010년도 106.4조 원에서 꾸준히 증가한 후 2018년부터 증가세가 주춤하거나 소폭 하락하였지만, 2021

년도는 역대 가장 큰 199.4조 원을 기록하였는데 2010년도와 비교하면 거의 두 배가량의 급격한 양적 성장을 보였습니다.

〈표 1-2〉 발주자별 건설공사 기성액 추이(2010~2021년)

(단위: 십억 원, %)

구분	2010년	2011년	2012년	2013년	2014년	2015년	2016년	2017년	2018년	2019년	2020년	2021년	구성비
합계	214,530	224,229	232,503	242,275	249,011	264,835	277,593	291,224	292,560	293,676	288,749	307,656	-
국내	184,002	185,454	184,727	193,380	195,473	213,735	232,243	259,047	258,853	264,665	264,958	281,097	100
공공	76,963	73,610	69,887	72,895	69,434	71,602	68,203	69,286	68,970	76,317	80,242	81,225	28.9
민간	106,437	111,240	114,331	120,127	125,599	141,617	163,722	189,402	189,457	187,920	184,257	199,393	70.9
기타	602	605	509	358	440	516	317	360	426	428	458	479	0.2
해 외	30,528	38,775	47,776	48,896	53,537	51,100	45,350	32,177	33,706	29,011	23,791	26,559	-

자료: 통계청, 건설업조사

* 기타: 국내 외국기관 발주 국내공사 및 해외발주 국내공사

▌건설공사 계약액

통계청 자료를 근거로 2013년부터 최근 9년 동안(2013~2021년)의 건설공사 계약액 추이를 살펴보았습니다. 통계청은 2013년부터 계약액이 중복되지 않도록 원도급 및 하도급 계약액을 구분하여 발표하고 있으므로, 추이 비교를 2013년부터 살펴보게 된 것입니다. 전반적으로 건설공사 계약액은 공공부문뿐만 아니라 민간부문도 지속적으로 증가하는 추이를 보이고 있습니다(국토교통부 또한 공사대장에 통보한 도급금액을 기준으로 발주자별 건설공사 계약액 통계자료를 발표하고 있습니다. 이 책에서는 통계자료의 일원화를 위하여 통계청의 건설업조사 통계를 중심으로 서술하였습니다). 2021년도의 두드러진 점은 공사 계약액이 처음으로 300조 원을 돌파하였으며, 이 역시 공사 기성액 현황과 마찬가지로 민간부문의 증가에 기인한 것이었습니다.

건설공사 계약액 또한 국내(공공+민간+기타)와 해외로 구분하여 살펴보았습니다. 국내 계약액을 보면 2010년도 174.0조 원 규모에서 2021년도 279.4조 원으로 100조 원 이상 증가하였습니다. 반면 해외 계약액은 2013년 및 2014년도에 67.9조 원 및 67.8조 원으로 정점을 기록한 이후 지속적으로 감소하여 2019년도는 16.9조 원으로 1/3 이하로 줄어들었으며, 2020년도부터 증가세로 전환되어 2021년도에는 35.6조 원으로 증가한 것으로 나타났습니다. 해외공사에 있어서 기성액과 계약액의 급격한 증가와 감소에 대한 원인분석이 필요해 보입니다.

국내 계약액을 크게 공공부문과 민간부문으로 구분해보았습니다. 2013년도는 공공:민간의 비율이 33.8%:66.0%(기타 0.2%)이었으나, 2021년도에는 25.3%:74.6%(기타 0.1%)로 공공부문의 비중이 크게 감소한 것으로 나타났습니다. 공공부문 계약액은 2016년까지 60조 원에 미달하다가 2017년부터 60조 원을 넘기면서 2021년도에는 70.8조 원으로 증가하였습니다. 공공부문 계약액 증가율을 보면 2019년도에 20.3%로 크게 늘었고, 그 이후로는 소폭 감소 추세를 보이고 있습니다. 연평균 증가율은 2.5%p입니다. 국내 건설공사 계약액 추이에서 두드러진 점은 민간부문의 높은 상승률입니다. 민간부문 계약액은 2013년도 115.0조 원에서 2021년도 208.2조 원으로 81.0%가 증가하여 연평균 증가율은 공공부문의 네 배가 넘는 10.1%의 증가율을 보였으며, 그중 2015년도의 증가율이 36.7%로 가장 높았습니다.

공공부문 계약액 또한 지속적으로 증가해왔지만, 민간부문의 급격한 계약액 증가로 인하여 공공부문 계약액 구성비는 2013년도 33.8%에서 2021년도엔 25.3%로 감소하게 되었습니다. 한편 민간부문의 높은 계약액 증가율은 전체 건설공사 계약액 증가를 주도해왔는데, 그것이 마냥 좋은 것인지는 곰곰이 생각해볼 필요가 있어 보입니다. 특정 부문의 급격한 상승은 투입 재화의 특정 분야 집중 및 불균형으로 수급 조절의 불일치(Mismatch)를 발생시킬 수 있으며, 만약 내림세로 전환되면 사회적으로도 큰 파문이 발생할 수 있기 때문입니다.

〈표 1-3〉 발주자별 건설공사 계약액 추이(2013~2021년)

(단위: 십억 원, %)

구분	2013년	2014년	2015년	2016년	2017년	2018년	2019년	2020년	2021년	구성비
합계	241,983	253,295	286,037	273,579	266,844	254,941	255,942	287,186	314,996	-
국내	174,078	185,477	236,915	242,507	240,747	230,068	239,082	258,154	279,357	100
공공	58,827	55,025	58,923	56,844	60,376	62,141	74,729	74,241	70,792	25.2
민간	114,960	130,104	177,790	185,278	180,087	167,436	163,812	183,705	208,247	74.1
기타	290	348	202	385	283	491	542	209	318	0.1
해 외	67,906	67,818	49,122	31,072	26,098	24,873	16,860	29,032	35,639	-

자료: 통계청, 건설업조사
* 기타: 국내 외국기관 발주 국내공사 및 해외발주 국내공사

▌기성액과 계약액 증감률 비교

국내 공공 및 민간부문의 기성액과 계약액의 증감률을 그래프로 그려서 비교해보았습니다. 전반적으로 증감률 진폭이 줄어드는 경향을 보이고 있으나, 민간부문의 증감 정도는 여전히 크게 나타나고 있습니다. 공공부문은 기성액과 계약액 증감률이 비슷한 흐름을 보이고 있습니다. 이와 달리 민간부문은 기성액이 계약액 증감을 따라가는 현상을 보이고 있는데, 이는 계약액이 기성액으로 현실화하는 데 약간의 시차가 있기 때문이라 하겠습

니다. 단 9년간의 흐름으로 향후를 판단할 수는 없겠지만, 증감률의 진폭이 크면 그로 인한 영향도 크게 나타날 것에는 이견이 없어 보입니다.

[그림 1-2] 부문별 기성액 및 계약액 증감률(2014~2021년)

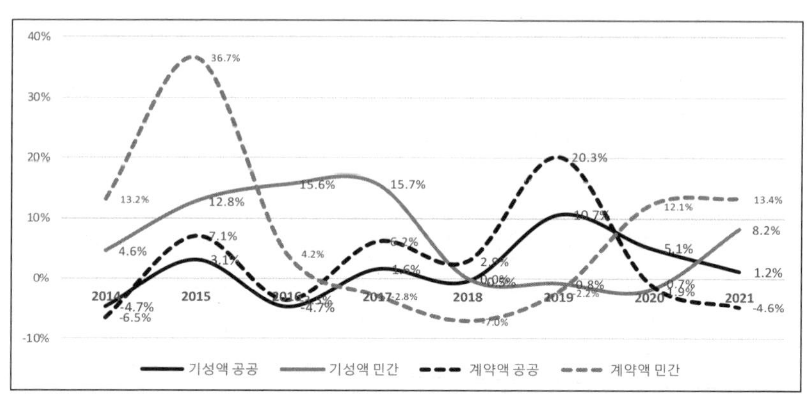

1.3 건설산업에서 정부의 지위

정부는 국가계약법령과 지방계약법령을 관장하면서 각종 정책과 제도를 수립하고 집행하는 역할을 하고 있습니다. 개별 정책과 제도들은 수주산업의 특성이 강한 건설산업 특성상 실로 엄청난 영향을 미칩니다. 이런 이유로 정책입안자인 정부는 단연코 가장 큰 영향력을 가진 최상의 지위에 있다고 하겠습니다. 개별 공무원들이 다루고 있는 하위 법령 및 법규에서 추상적 법률 내용을 보다 구체적이고 세부적으로 규정하고 있기 때문일 것입니다. 물론 법률은 상위 법규범으로서의 영향력이 당연하지만, 건설업체의 수주 및 이익에 실질적이고도 직접적인 영향을 주는 것은 사실상 하위 법령 및 법규라고 하겠습니다. 건설업계 등 여러 이해당사자가 자기

조직에 유리한 방향으로의 제도 변경을 요구하는 것은 당연할 수밖에 없는데, 이해당사자 그룹으로는 설계사, 감리사, 원·하도급 건설사뿐만 아니라 자재·장비업자 및 노동단체 등 매우 광범위합니다. 건설 관련 이해당사자가 아닌 일반 국민도 정부 건설정책의 영향을 받게 되는데, 대표적인 대상은 재개발·재건축사업이라 하겠습니다. 이러한 현실적 상황으로 볼 때 정부는 건설공사에서의 정책입안자이자 실행자로서 가장 큰 영향력을 가진 지위에 있다고 하겠습니다.

특히 정부는 정책입안자일 뿐만 아니라 매년 약 70조 원의 건설공사를 발주하고 기성액을 지급하는 국내의 가장 큰 발주자라는 지위에 있습니다(〈표 1-2〉 및 〈표 1-3〉 참조). 정부는 다양한 개별 발주기관(수요기관)으로 분산되어 있지만, 국가계약법령 및 계약예규라는 동일한 기준에 따라 건설사업을 집행하므로 가장 큰 덩치의 단일한 발주기관이라고 볼 수 있습니다. 건설업과 유사한 수주산업이라는 특성의 산업부문은 조선업이 있지만, 건설업은 정부가 발주하는 공공공사를 주요 수주 대상으로 하고 있으므로 (공공발주기관이 아닌) 민간과 해외 선주들을 주요 발주자로 하는 조선업과는 근본적인 차이를 보인다고 하겠습니다.

관련 법령에 따라 운영되는 국가계약분쟁조정위원회(국가계약법), 지방자치단체 계약분쟁조정위원회(지방계약법), 건설분쟁조정위원회(건설산업기본법) 및 건설하도급분쟁조정협의회(하도급법) 등의 갈등 조정기구가 있습니다. 정부는 이들을 구성·운영하고 있을 뿐 갈등 조정자로 직접 참여하지 않습니다. 건설산업에서 조정자나 중재자로서 정부의 지위나 역할이 법규로서 명문화되어 있지 않기 때문입니다. 정부가 조정자나 중재자 지위에 있다고 단정할 수 있는 명문 규정이 없다는 점은 사실입니다. 하지만 현실적으로 정부는 갈등 조정자 또는 중재자의 지위에 있다고 하겠습니다. 정부는 정책입안자이자 발주기관에 해당하기에 건설사업 추진과정에서 사실상 유일한 갈등 조정자가 될 수밖에 없기 때문일 것입니다.

2. 건설공사 4대 관리대상

건설공사에는 네 가지 주요한 관리대상이 있습니다. 관리대상의 중요도를 순번으로 나열하는 것이 필요한지는 이견이 있겠지만, 가장 중요한 것이 안전이라는 점에는 이견이 없을 것입니다. 그다음으로는 품질이 해당합니다. 부실 공사는 계약위반에 해당할 수 있으므로, 반드시 지켜야 하는 관리대상이 됩니다. 이외에 건설공사에서의 주요 관리대상은 비용과 시간이 있습니다. 비용과 시간은 어찌 보면 도급계약서 중 가장 중요한 계약내용에 해당하는 대상이기도 합니다. 최근에는 안전, 품질, 비용, 시간의 네 가지 외에 환경을 포함하여 논해야 한다는 의견이 있으며 일견 타당해 보입니다. 다만 환경문제는 주로 설계 단계에서 반영되었다고 볼 사안이므로 시공 단계에서의 주요 관리대상에서는 제외하는 것이 무방하다고 생각됩니다.

건설공사의 4대 관리대상을 합리적으로 수행하는 것을 '공사관리'라 할 수 있습니다. 이러한 합리적 공사관리는 다섯 가지 목표(5R: Right-Product, -Quality, -Price, -Time, -Quantity)를 달성하기 위한 전문가적 행위라 할 수 있습니다. 이를 위해 건설기술인은 건설현장의 다섯 가지 수단(5M: Method,

Men, Money, Machinery, Material)과 네 가지 방법(4er: Safer, Better, Cheaper, Faster)을 효과적으로 수행하기 전문가 집단에 해당합니다. 이때 달성 목표의 우선순위가 따로 정해져 있지는 않으나, 다른 어떤 대상들과도 그 가치를 교환해서는 안 되는 것이 바로 '안전'과 '품질'입니다. 안전과 품질은 무조건 준수해야 하는 계약적 의무사항이기 때문입니다. 안전·품질 확보 의무사항을 제외한다면 건설공사의 핵심적 관리대상으로 '비용'과 '시간'이 남겨집니다. 비용은 원가관리, 시간은 공정관리가 되므로 건설현장의 건설기술인에게는 기술력을 최대한 발휘하여 원가절감과 적기준공 완수가 가장 큰 덕목이 됩니다.

[그림 1-3] 건설공사 4대 관리대상 / 건설공사 공사관리의 방법 및 목표

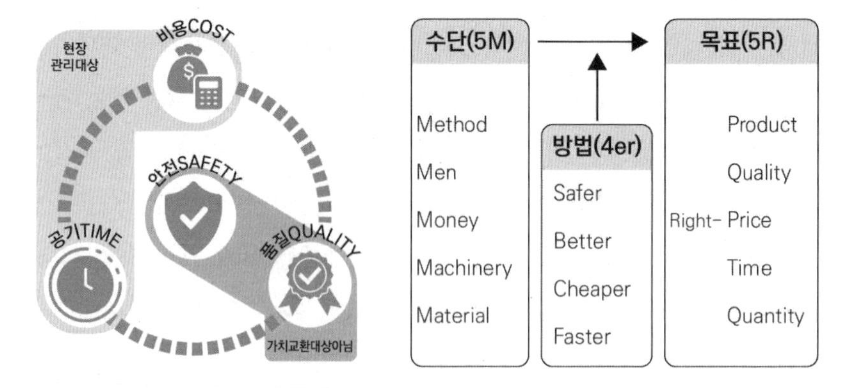

2.1 안전, Safety is First

❙ 건설업 사고사망자수

안전제일. 우리나라는 근대화의 압축 고도성장 과정을 거치면서 그 이면에는 근로자 희생이라는 그늘이 상당하였습니다. 하여 1964년도에 산재보험제도가 4대 사회보험(산재보험, 건강보험, 국민연금, 고용보험) 중 가장 먼저 도입되었던 것입니다. 건설공사 또한 급속한 양적 성장을 거치는 과정에서 1994년 성수대교 붕괴, 1995년 삼풍백화점 붕괴사고와 최근의 광주 공동주택 붕괴사고 등의 인적·물적 피해가 상당하였습니다. 유독 건설공사에서의 안전사고가 빈번하게 발생하고 있어 건설산업 관련자들에게 참담한 현실이 아닐 수 없습니다. 2022년 1월 27일부터 시행된 「중대재해 처벌 등에 관한 법률(중대재해처벌법)」이 아니더라도 안전은 건설공사에서 가장 중대한 사안이 아닐 수 없습니다. 기존의 산업안전보건법에 더하여 이제는 건설산업에만 적용될 건설안전특별법이 입법 진행 중이고, 벌칙 또한 기존 법률보다는 매우 높은 수준으로 중복입법 논란이 있으나, 안전 문제와 관련되다 보니 반대의견을 내기가 쉽지 않은 상황이기도 합니다. 그렇다면 건설업의 안전사고가 어느 정도로 발생하고 있는지를 먼저 살펴보아야 하겠습니다.

안전사고의 발생 정도를 알기 위해 건설업 취업자와 사고사망자수 현황을 비교해보았습니다. 앞에서 알아본 바와 같이 2022년도 건설업 취업자수는 전체 산업의 7.6% 정도이나, 건설업 사고사망자수는 전체 산업의 46%를 차지했습니다. 건설업 사고사망자수 비율은 2016년부터 꾸준히 50%를 상회했습니다. 중대재해처벌법의 영향인지는 모르겠지만 2022년이 되어서야 겨우 50% 밑으로 줄어들었을 뿐입니다. 건설업 관련 정책과 제도를 관장하는 정부로서는 심히 불편한 진실이 아닐 수 없습니다. 건설현장을 관리·감독하는 시공참여자들의 책임감이 무겁습니다.

[그림 1-4] 건설업 사고사망자수 현황(2012~2022년)

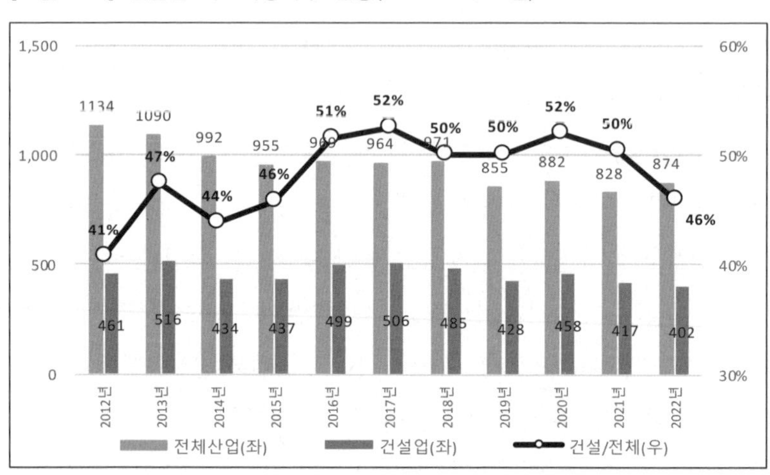

〈표 1-4〉의 2018년도 공사규모/발주자별 건설업 사고사망자 발생 현황을 살펴보면, 몇 가지 시사하는 바가 있습니다. 먼저 민간공사에서의 사고사망자가 월등히 많다는 것입니다. 이에 따르면 안전사고에 있어서는 공공공사와 민간공사를 분리한 정책 접근이 필요함을 알 수 있습니다. 다음으로는 사망사고의 66.6%가 50억 원 미만의 중·소규모 건설현장에서 발생했다는 점입니다. 특히 20억 원 미만의 소규모 민간공사 현장에서의 안전관리는 사실상 방치되고 있다고 볼 수 있을 정도입니다. 그리고 300억 원 이상의 대형공사 현장에서의 사망사고 또한 잦았는데, 대부분이 민간공사 현장에서 발생한다는 점은 안타까운 대목이 아닐 수 없습니다.

〈표 1-4〉 2018년도 공사규모/발주자별 건설업 사고사망자 발생 현황

규모 발주자	계		20억 이하		20~50억		50~120억		120~300억		300억 이상		분류 불능	
계(명, %)	485	(100)	261	(53.8)	62	(12.8)	37	(7.6)	27	(5.6)	87	(17.9)	11	(2.3)
공공	120	(24.7)	59	(12.2)	25	(5.1)	14	(2.9)	13	(2.6)	9	(1.9)	0	(0.0)
민간	365	(75.3)	202	(41.7)	37	(7.6)	23	(4.7)	14	(2.9)	78	(16.1)	11	(2.3)

▌안전관리비와 (산업)안전보건관리비

안전에 대한 사항은 비용과도 직결되는 사안이므로 관련 법령으로 안전비용에 관하여 규정하고 있습니다. 「건설기술진흥법」 제63조(안전관리비용)는 건설공사에 대하여 공사계약 체결 시 안전관리비를 반드시 공사금액에 계상토록 하였으며, 같은 법 시행규칙 제60조(안전관리비) 제1항은 안전관리비에 안전관리계획 작성 및 검토 비용, 정기안전점검 등 점검 비용, 주변 건축물 피해방지대책 비용, 공사장 주변의 통행 안전 관리대책 비용, 안전 모니터링 장치의 설치·운용 비용, 가설구조물의 구조적 안전성 확인 비용 등을 포함토록 하였습니다.

건설기술진흥법
제63조(안전관리비용) ① 건설공사의 발주자는 건설공사 계약을 체결할 때에 건설공사의 안전관리에 필요한 비용(이하 "안전관리비"라 한다)을 국토교통부령으로 정하는 바에 따라 공사금액에 계상하여야 한다.
② 건설공사의 규모 및 종류에 따른 안전관리비의 사용방법 등에 관한 기준은 국토교통부령으로 정한다.

건설기술진흥법 시행규칙
제60조(안전관리비) ① 법 제63조 제1항에 따른 건설공사의 안전관리에 필요한 비용(이하 "안전관리비"라 한다)에는 다음 각 호의 비용이 포함되어야 한다.
1. 안전관리계획의 작성 및 검토 비용 또는 소규모 안전관리계획의 작성 비용
2. 영 제100조 제1항 제1호 및 제3호에 따른 안전점검 비용
3. 발파·굴착 등의 건설공사로 인한 주변 건축물 등의 피해방지대책 비용
4. 공사장 주변의 통행안전관리대책 비용

5. 계측장비, 폐쇄회로 텔레비전 등 안전 모니터링 장치의 설치·운용 비용
6. 법 제62조 제11항에 따른 가설구조물의 구조적 안전성 확인에 필요한 비용
7. 「전파법」 제2조 제1항 제5호 및 제5호의2에 따른 무선설비 및 무선통신을 이용한 건설공사 현장의 안전관리체계 구축·운용 비용

위와 같은 건설공사 안전관리비와 유사한 용어로 건설업 산업안전보건관리비(2020년 1월 23일 개정 시 안전보건관리비로 약칭하고 있습니다)가 있습니다. 안전보건관리비는 산업안전보건법(2019년 1월 15일 전부 개정되어 2020년 1월 16일부터 시행되고 있습니다) 제72조(건설공사 등의 산업안전보건관리비 계상 등) 및 「건설업 산업안전보건관리비 계상 및 사용기준」(고용노동부고시 제2022-43호, 2022. 6. 2.)에 따라 공사계약을 체결하면 공사도급계약서에 별도로 표시해야 합니다. 안전보건관리비 사용기준은 건설업 산업안전보건관리비 계상 및 사용기준 제7조(사용기준)에서 안전관리자·보건관리자 임금 등 아홉 가지로 열거하고 있습니다. 이때 안전보건관리비는 관급자재를 포함하여 총공사금액 2,000만 원 이상 건설공사를 대상으로 하고 있으며, 일반건설공사(갑)의 경우 재료비와 직접노무비 합계액(대상액)에 대하여 1.86%에서 2.93%의 요율을 곱하여 계상토록 규정하고 있습니다(동 사용기준 제4조). 2021년도 국내 건설공사 계약액은 약 279조 원 규모이므로 안전보건관리비가 총공사비(직접공사비+간접공사비)의 약 1% 수준으로 책정·지급된다고 가정했을 때, 연간 안전보건관리비로 책정되는 비용은 약 3조 원(≒279조×1%) 정도로 추정됩니다.

한편 고용노동부는 2018년 10월 5일 「건설업 산업안전보건관리비 계상 및 사용기준」 제5조(계상방법 및 계상시기 등) 제1항의 '도급계약상의 대상액을 기준으로 제4조(계상기준)를 적용하여 안전(보건)관리비를 조정할 수 있다'는 단서 규정을 삭제하여 안전보건관리비에 낙찰률을 적용하지 않도록 하였

습니다. 개정된 내용은 2019년 1월 1일부터 신규 체결되는 건설공사부터 적용되기 시작했습니다. 동 제5조는 2022년 6월 2일 삭제되었는데, 동일한 내용이 2021년 5월 18일 산업안전보건법 제67조(건설공사발주자의 산업재해 예방 조치)의 제2항 및 제3항이 신설되었기 때문으로 생각합니다.

〈안전보건관리비 사용기준〉
1. 안전관리자·보건관리자의 임금 등 2. 안전시설비 등 3. 보호구 등 4. 안전보건진단비 등 5. 안전보건교육비 등 6. 근로자 건강장해예방비 등 7. 건설재해예방전문지도기관의 지도에 대한 대가로 지급하는 비용 8. 안전보건 본사 전담조직 소속 근로자의 임금 및 업무수행 출장비 전액(5% 범위 내) 9. 유해·위험요인 개선사항을 이행하기 위한 비용(10% 범위 내)

산업안전보건법

제72조(건설공사 등의 산업안전보건관리비 계상 등) ① 건설공사 발주자가 도급계약을 체결하거나 건설공사의 시공을 주도하여 총괄·관리하는 자(건설공사 발주자로부터 건설공사를 최초로 도급받은 수급인은 제외한다)가 건설공사 사업 계획을 수립할 때에는 고용노동부장관이 정하여 고시하는 바에 따라 산업재해 예방을 위하여 사용하는 비용(이하 "산업안전보건관리비"라 한다)을 도급금액 또는 사업비에 계상(計上)하여야 한다.
② 고용노동부장관은 산업안전보건관리비의 효율적인 사용을 위하여 다음 각 호의 사항을 정할 수 있다.
1. 사업의 규모별·종류별 계상기준
2. 건설공사의 진척 정도에 따른 사용비율 등 기준
3. 그 밖에 산업안전보건관리비의 사용에 필요한 사항
③ 건설공사도급인은 산업안전보건관리비를 제2항에서 정하는 바에 따라 사용하고 고용노동부령으로 정하는 바에 따라 그 사용명세서를 작성하여 보존하여야 한다.
④ 선박의 건조 또는 수리를 최초로 도급받은 수급인은 사업 계획을 수립할 때에는 고용노동부장관이 정하여 고시하는 바에 따라 산업안전보건관리비를 사업비에 계상하여야 한다.
⑤ 건설공사도급인 또는 제4항에 따른 선박의 건조 또는 수리를 최초로 도급받은 수급인은 산업안전보건관리비를 산업재해 예방 외의 목적으로 사용해서는 아니 된다.

기획재정부 계약예규 예정가격 작성기준 제19조(경비)에서는 안전관리비 및 (산업)안전보건관리비를 별개의 개념으로써 각자의 목적과 대상이 다른 것으로 정의하고 있습니다. 안전관리비는 건설공사의 안전관리를 위하여 관계 법령에 의하여 요구되는 비용으로, 안전보건관리비는 작업현장 산업재해 및 건강장해 예방을 위하여 법령에 따라 요구되는 비용으로 각각 다름을 알 수 있습니다.

> 예정가격 작성기준
> 제3절 공사원가계산
> 제19조(경비)
> ③ 경비의 세비목은 다음 각 호의 것으로 한다.
> 14. 산업안전보건관리비는 작업현장에서 산업재해 및 건강장해 예방을 위하여 법령에 따라 요구되는 비용을 말한다.
> 23. 안전관리비는 건설공사의 안전관리를 위하여 관계 법령에 의하여 요구되는 비용을 말한다.

▌건설공사 안전관리 종합정보망(CSI)

국토교통부는 건설공사의 안전 확보를 위하여 「건설공사 안전관리 업무수행 지침」을 운용하고 있습니다(2016년 10월 31일 전부 개정하여 최초 고시하였습니다). 위 지침은 건설기술진흥법령에서 위임한 건설공사 참여자의 안전관리 체계, 역할 및 업무 범위를 체계적으로 정립하고, 건설현장 안전관리, 건설공사 참여자의 안전관리 수준 평가, 스마트 안전관리 보조·지원에 관한 사항을 규정함으로써 건설공사의 품질 및 안전 확보에 이바지함을 목적으로 하고 있으며, 안전관리계획을 수립하는 건설공사와 건설사고를 건설공사 안전관리 종합정보망에 통보해야 하는 건설공사에 적용됩니다.

건설공사 안전관리 종합정보망(CSI: Construction Safety Management Integrated Information)이란 국토교통부가 기존의 건설안전정보시스템(COSMIS)을 보완하여 건설공사 참여자의 안전관리 수준의 평가업무와 건설사고 통계 등 건설안전에 필요한 자료를 효율적으로 관리하고 공동활용을 촉진하기 위하여 국토교통부가 구축하고 관리원이 운영하는 시스템입니다(국토교통부 보도자료, "건설현장 모든 사고는 발생 즉시 국토부에 알려야…", 2019. 7. 1.). CSI의 건설사고 신고·조사 운영 시스템은 1단계에서 3단계로 이루어집니다([그림 1-5] 참조). 건설공사 참여자별 건설사고 신고 절차는, 건설공사 참여자가 6시간 이내 건설사고 신고 등록 페이지로 이동하여 사고내용을 입력하는 1단계, 발주청 및 인·허가기관은 48시간 이내 참여자의 입력사항을 확인 수정 및 사고내용을 상세 입력하는 2단계가 기본입니다. 여기에 더하여 3단계는 추가적인 사고조사가 필요한 경우 국토교통부(건설사고조사위원회 사무국)가 정밀현장조사를 완료한 날로부터 7일 이내 보고서를 제출하는 절차로 운영되고 있습니다. 참고로 건설기술진흥법 시행령 제121조(과태료의 부과기준)에 따르면 건설사고 발생 사실을 통보하지 않으면 위반 횟수에 따라 200만 원 내지 300만 원의 과태료 부과 대상이 되며, 이에 대한 과태료 부과·징수권자는 국토교통부장관입니다.

[그림 1-5] 건설사고 참여자별 신고 절차

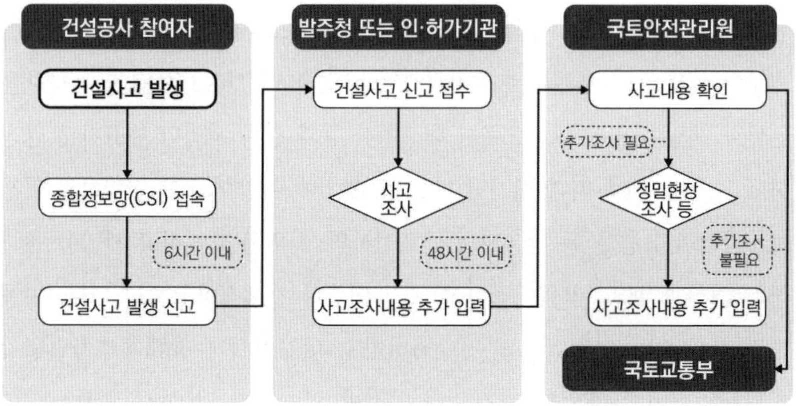

건설기술진흥법
제62조(건설공사의 안전관리)
⑮ 국토교통부장관은 건설사고 통계 등 건설안전에 필요한 자료를 효율적으로 관리하고 공동활용을 촉진하기 위하여 건설공사 안전관리 종합정보망(이하 "정보망"이라 한다)을 구축운영할 수 있다.
제67조(건설공사 현장의 사고조사 등) ① 건설사고가 발생한 것을 알게 된 건설공사참여자(발주자는 제외한다)는 지체 없이 그 사실을 발주청 및 인허가기관의 장에게 통보하여야 한다.
② 발주청 인허가기관의 장은 제1항에 따라 사고 사실을 통보받았을 때에는 대통령령으로 정하는 바에 따라 다음 각 호의 사항을 즉시 국토교통부장관에게 제출하여야 한다.
1. 사고 발생 일시 및 장소
2. 사고 발생 경위
3. 조치사항
4. 향후 조치계획

건설기술진흥법 시행령
제121조(과태료의 부과기준) ① 법 제91조 제1항부터 제3항까지의 규정에 따른 과태료의 부과기준은 별표 11과 같다.
② 법 제91조 제1항 각 호, 같은 조 제2항 각 호, 같은 조 제3항 제1호부터 제4호까지 및 제12호부터 제16호까지의 규정에 해당하는 자에 대한 과태료(이 영 제115조 제1항에 따른 과태료는 제외한다)는 국토교통부장관이 부과·징수하고, 법 제91조 제3항 제5호부터 제11호까지의 규정에 해당하는 자에 대한 과태료는 시·도지사가 부과·징수한다.

한편 일부에서는 안전을 전담하는 안전담당임원(CSO: Chief Safety Officer)을 두어 중대재해처벌법상 대표이사(CEO: Chief Executive Officer) 책임을 회피할 수 있다는 대안이 거론되고 있으나, 고용노동부는 경영책임자의 범위를 상당히 넓은 개념으로 해석하고 있습니다. 고용노동부는 중대재해처벌법상 의무와 책임의 귀속주체는 원칙적으로 사업을 대표하고 사업을 총괄하는 권한과 책임이 있는 사람으로서 대표이사 등과 같은 사업의 대표자로 규정하고 있으며, 이에 따라 형식적으로 안전보건에 관한 업무를 담당하는 안전보건담당이사 등을 둔 경우라도 대표이사의 '사업을 대표하고 사업을 총괄하는 권한과 책임'이 없어진다고 보기 어렵다고 해석하고 있습니다. 이에 따르면 CSO가 안전업무를 전담하더라도 대표이사가 중대재해처벌법상 경영책임자에서 제외되는 것으로 인정받기는 쉽지 않아 보입니다.

중대재해처벌법령 FAQ 중대산업재해 부문(고용노동부, 2022. 01.)

Q) 회사에 안전보건담당이사를 두고 대표이사를 대신하여 안전보건에 관한 업무를 총괄하게 하면 중대재해처벌법상 경영책임자가 될 수 있나요?

A)

○ 중대재해처벌법상 의무와 책임의 귀속주체는 원칙적으로 사업을 대표하고 사업을 총괄하는 권한과 책임이 있는 사람, 즉 대표이사 등과 같은 사업의 대표자입니다.

○ 또한 '이에 준하여 안전보건에 관한 업무를 담당하는 사람'이 경영책임자에 해당하려면, 사업 전반의 안전 및 보건에 관한 예산·조직·인력 등 안전보건관리체계 구축·이행 등에 관하여 대표이사에 준하는 정도로 총괄하는 권한과 책임을 가지는 등 최종적 의사결정권을 행사하여야 합니다.

○ 단지 형식적으로 안전보건에 관한 업무를 담당하는 안전보건담당이사 등을 둔 경우에는 대표이사의 "사업을 대표하고 사업을 총괄하는 권한과 책임"이 없어진다고 보기는 어려우므로, 사업의 대표자는 안전 및 보건 확보의무 이행에 대한 보고를 받는 등 현장의 산업재해 예방을 위한 시스템 작동 여부를 직접 관리하는 것이 바람직합니다.

하인리히 법칙(Heinrich's Law)

건설공사에서 유독 사고사망자가 많이 발생하는 이유에 대하여 일각에서는 공사금액 및 공사기간 부족을 언급하기도 하지만, 건설업의 특성에 따른 구조적 문제가 근본적 원인이라는 견해가 더 타당해 보입니다. 왜냐하면 국내 건설업체들이 시공하는 해외 건설현장과 비교하여 국내 현장에서의 사고 사망이 월등히 높게 발생하기 때문에 그러합니다.

산업재해에 있어서 큰 재해와 작은 재해 그리고 사소한 사고의 발생 비율이 1:29:300이라는 하인리히 법칙(Heinrich's Law)이 자주 인용됩니다. 하인리히 법칙은, 큰 사고는 우연히 또는 어느 순간 갑작스럽게 발생하는 것이 아니라 그 이전에 반드시 경미한 사고들이 반복되는 과정에서 발생한다는 것을 실증적으로 밝힌 것으로, 큰 사고가 일어나기 전 일정 기간 여러 번의 경고성 징후와 전조들이 있다는 사실을 통계적으로 입증한 것입니다([그림 1-6] 참조). 건설업의 특성상 위험도가 높고 다단계 하도급 방식으로 현장운영이 이루어지는 과정에서 안전관리에 상대적으로 빈틈이 생기면서 안전사고 발생 정도가 높아진다는 것이 합리적 추론으로 이해되기 때문입니다.

[그림 1-6] 하인리히의 300-29-1 모델

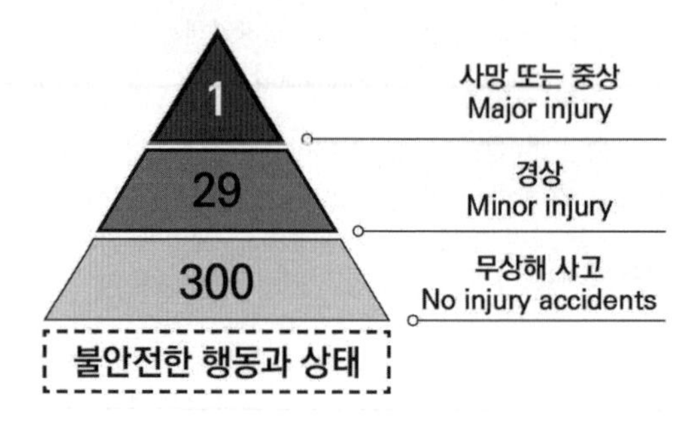

2.2 품질(Quality)은 거래대상이 아닙니다

▌품질관리

'품질관리'란 건설기술진흥법 제5장(건설공사의 관리) 중 제53조(건설공사 등의 부실 측정)부터 제61조(품질검사의 대행에 대한 평가기관)까지의 품질과 관련된 법령, 설계도서 등의 요구사항을 충족시키기 위한 활동으로써 시공 및 사용 자재에 대한 품질시험·검사 활동뿐 아니라 설계도서와 불일치된 부적합공사를 예방하기 위한 공사관리 활동을 말합니다. 공사관리의 관점에서 바라보면 건설공사의 수행은 인력, 자재, 공법, 장비, 자금 등의 생산수단으로 더 안전하게(안전관리), 더 좋게(품질관리), 더 저렴하게(원가관리), 더 빨라지(공정관리)라는 공사수행 방법(공법)으로 노력하는 일련의 전문가적 행위라고 할 것입니다. 그중 '더 좋게'에 초점을 맞추어 관리하는 것을 품질관리라 할 수 있습니다.

건설기술진흥법 제55조(건설공사의 품질관리) 및 같은 법 시행령 제89조(품질관리계획 등의 수립대상 공사)에 따라 총공사비 500억 원 이상, 연면적 3만 ㎡ 이상 건축물은 건설공사 품질관리계획을, 총공사비 5억 원 이상 토목공사 또는 2억 원 이상 전문공사, 연면적 660㎡ 이상 건축물은 품질시험계획을 수립하여 발주자의 승인을 받아야 합니다. 이때 총공사비는 순공사비에 일반관리비·이윤, 부가가치세 및 공사손해보험료를 포함하는 비용개념으로, 관급자재비는 포함하되 보상비는 제외합니다(영 제89조 제1항 제1호).

〈표 1-5〉 품질관리계획 및 품질시험계획 수립대상 공사

품질관리계획	품질시험계획
1. 건설사업관리 대상인 건설공사로서 총공사비가 500억 원 이상인 건설공사	1. 총공사비가 5억 원 이상인 토목공사
2. 다중이용 건축물의 건설공사로서 연면적이 3만 ㎡ 이상인 건축물의 건설공사	2. 연면적이 660㎡ 이상인 건축물의 건축공사
3. 해당 건설공사의 계약에 품질관리계획을 수립하도록 되어 있는 건설공사	3. 총공사비가 2억 원 이상인 전문공사

건설기술진흥법

제55조(건설공사의 품질관리) ① 건설사업자와 주택건설등록업자는 대통령령으로 정하는 건설공사에 대하여는 그 종류에 따라 품질 및 공정관리 등 건설공사의 품질관리계획(이하 "품질관리계획"이라 한다) 또는 시험 시설 및 인력의 확보 등 건설공사의 품질시험계획(이하 "품질시험계획"이라 한다)을 수립하고, 이를 발주자에게 제출하여 승인을 받아야 한다. 이 경우 발주청이 아닌 발주자는 미리 품질관리계획 또는 품질시험계획의 사본을 인·허가기관의 장에게 제출하여야 한다.

② 건설사업자와 주택건설등록업자는 품질관리계획 또는 품질시험계획에 따라 품질시험 및 검사를 하여야 한다. 이 경우 건설사업자나 주택건설등록업자에게 고용되어 품질관리 업무를 수행하는 건설기술인은 품질관리계획 또는 품질시험계획에 따라 그 업무를 수행하여야 한다.

③ 발주청, 인·허가기관의 장 및 대통령령으로 정하는 기관의 장은 품질관리계획을 수립하여야 하는 건설공사에 대하여 건설사업자와 주택건설등록업자가 제2항에 따라 품질관리계획에 따른 품질관리를 적절하게 하는지를 확인할 수 있다.

④ 품질관리계획 또는 품질시험계획의 수립 기준·승인 절차, 제3항에 따른 품질관리의 확인 방법·절차와 그 밖에 확인에 필요한 사항은 대통령령으로 정한다.

품질관리계획과 품질시험계획을 수립·승인받아야 한다면, 이를 수행할 건설기술인(품질관리기술인이라고 합니다)과 관련 시설에 대한 기준이 별도로 마련되어 있을 것으로 생각할 수 있습니다. 품질관리기술인 배치에 대해서는 건설기술진흥법 시행규칙 제50조(품질시험 및 검사의 실시) 제4항에서 '건설공사 품질관리를 위한 시설 및 건설기술인 배치기준'을 [별표 5]로 정해놓고 있습니다([표 1-6] 참조).

문제는 중소규모 건설현장에서 현장별로 2명 이상의 품질관리기술인을 상시 배치하기가 쉽지 않다는 점인데, 한 현장에서의 업무 겸직이나 인근 타 현장과의 중복·통합 배치할 수 있는지에 대한 문의가 많은 상황입니다. 건설기술진흥법 시행규칙 제50조 제5항은 "건설사업자 또는 주택건설등록업자는 발주청이나 인허가기관의 장의 승인을 받아 공종이 유사하고 공사현장이 인접한 건설공사를 통합하여 품질관리를 할 수 있다"라는 규정을 두어 인접 현장과의 통합 배치·관리할 수 있는 여지를 마련해놓고 있습니다. 이렇듯 관련 법령에서는 품질관리기술인의 중복배치를 할 수 없다는 명시적 규정을 별도로 두고 있지 않습니다. 하지만 실무에서는 발주청이나 인허가기관장의 통합 배치·관리 승인이 쉽지 않아 인력 운용에 다소 곤란한 측면이 있는 실정입니다. 참고로 건설기술진흥법 제60조(품질검사의 대행 등) 제1항은 건설공사의 품질관리를 위한 시험·검사 등을 국립·공립 시험기관 또는 건설엔지니어링사업자로 하여금 대행할 수 있도록 하였습니다.

〈표 1-6〉 건설공사 품질관리를 위한 시설 및 건설기술인 배치기준

대상공사 구분	공사규모	시험·검사 장비	시험실 규모	건설기술인
특급	총공사비 1,000억 원 이상 또는 연면적 5만 ㎡ 이상의 다중이용건축물	영 제91조 제1항에 따른 품질검사를 실시하는 데 필요한 시험·검사장비	50㎡ 이상	특급 1인 이상 중급 1인 이상 초급 1인 이상
고급	품질관리계획 수립대상이나 특급품질관리 대상이 아닌 건설공사		50㎡ 이상	고급 1인 이상 중급 1인 이상 초급 1인 이상
중급	총공사비 100억 원 이상 또는 연면적 5,000㎡ 이상인 다중이용건축물로서 특급 및 고급 품질관리대상공사가 아닌 건설공사		20㎡ 이상	중급 1인 이상 초급 1인 이상
초급	품질시험계획을 수립대상으로 중급품질관리 대상 공사가 아닌 건설공사		20㎡ 이상	초급 1인 이상

▌품질관리제도 연혁

품질관리제도의 연혁은 국토교통부 홈페이지 정책자료에서 옮겨왔으며, 일부 내용을 추가하였습니다. 1963년 12월 민간부문 건축감리제도가 도입되었으며, 1987년 10월 건설공사 품질관리제도가 건설기술관리법(現 건설기술진흥법)에 개정·도입되었습니다. 1997년 1월 건설기술관리법에 건설공사의 품질관리에 필요한 비용을 공사금액에 계상하도록 규정하면서 품질관리비에 대한 개념이 법제화되었으며, 1999년 1월에는 품질검사전문기관지정제도가 도입되었습니다.

그리고 2010년 12월에는 건설공사 품질관리지침을 제정하였으며, 2015년 6월에는 건설공사 품질관리지침 등을 하나로 묶어 '건설공사 품질관리 업무지침'으로 통합·제정하였습니다.

〈표 1-7〉 건설공사 품질관리제도 연혁

연혁	내용
1963. 12.	· 민간부문 건축감리제도 도입(건축법)
1987. 10.	· 건설공사 품질관리제도 도입(건설기술관리법) - 품질시험계획 대상공사의 범위 설정 - 품질시험의 종류를 3가지(선정시험, 관리시험, 검사시험)로 구분
1990. 01.	· 공공부문 감리제도 도입
1995. 01.	· 설계감리제도, 설계 등 경제(VE) 검토 도입
1997. 01.	· 건기법에 국제품질관리규격인 품질보증시스템 도입 - 공사규모 · 종류에 따라 품질보증계획(ISO 9001, 1994)과 품질시험계획 수립대상 건설공사로 구분 - 선정시험, 관리시험, 검사시험을 품질시험으로 통합 - 품질관리에 필요한 비용을 공사금액에 계상하도록 규정
1999. 01.	· 품질검사전문기관 지정제도 도입
2004. 12.	· 품질경영시스템(ISO 9001, 2000) 반영 - 품질보증계획 → 품질관리계획으로 변경
2005. 01.	· 설계 등 경제성(VE) 검토 의무화
2007. 11.	· 레미콘·아스콘 품질관리지침 개정
2007. 12.	· 품질검사전문기관 등록기준 개정
2008. 03.	· 주요건설자재 품질인증제품 사용 의무화(레미콘 등)
2008. 12.	· 레미콘·아스콘 공장점검 매뉴얼 작성·배포
2010. 12.	· 건설공사 품질관리지침 제정 - 품질관리계획 수립 기준, 품질검사전문기관의 품질관리규정 수립기준, 기존의 품질시험기준(국토부 고시)을 포함 통합지침 마련
2011. 07.	· 레미콘·아스콘 품질관리지침 개정 - 혼화재를 사용한 레미콘의 품질관리 도입
2015. 06.	· 「건설공사 품질관리 지침」, 「품질시험비 산출 단위량 기준」, 「레미콘·아스콘 품질관리 지침」, 「레미콘 현장 배치플랜트 설치 및 관리에 관한 지침」, 「철강구조물 제작공장 인증심사 세부기준 및 절차」 내용을 「건설공사 품질관리 업무지침」으로 통합 제정
2017. 07.	· 가설기자재 품질관리 기준 신설
2020. 10.	· 부적합 레미콘 승인 거부 및 취소기준 제시

▌품질관리비

‘품질관리비’란 품질을 관리하는 데 사용되는 비용을 말하며, ‘품질시험비’ 및 ‘품질관리활동비’로 구분하고서 품질관리비 산출기준에 따른 용도 외에는 사용할 수 없습니다.

품질관리비의 산출 및 사용기준은 건설기술진흥법 시행규칙 제53조(품질관리비의 산출 및 사용기준) 제1항에 따라 [별표 6]에서 규정하고 있습니다. 먼저 품질관리비 중 ‘품질시험비’는 품질시험에 필요한 비용(인건비, 공공요금, 재료비, 장비손료, 시설비용, 시험·검사기구의 검교정비, 차량 관련 비용 등)이며 시험 관리인의 인건비는 포함하지 않습니다. 다음으로 ‘품질관리활동비’는 품질시험비 외에 품질관리 활동에 필요한 비용(품질관리 업무를 수행하는 건설기술인 인건비, 품질 관련 문서작성 및 관리에 관련된 비용, 품질 관련 교육·훈련비, 품질검사비, 그 밖의 비용)으로 계상할 수 있는 항목을 말합니다. 품질관리 활동은 발주자의 요구에 의해서가 아니라 계약자에게 필수적인 능동적 활동이라는 점을 인식해야 하며 생산관리 활동을 체계적으로 수행함으로써 시설물의 품질 하자로 인한 추가비용을 막고 또 발주자로부터 신뢰성을 계속 확보하자는 데 그 목표가 있습니다. 결국 품질은 곧 신용과도 직결되는 문제라고 하겠습니다.

> 건설기술진흥법
> **제56조(품질관리 비용의 계상 및 집행)** ① 건설공사의 발주자는 건설공사 계약을 체결할 때에는 건설공사의 품질관리에 필요한 비용(이하 “품질관리비”라 한다)을 국토교통부령으로 정하는 바에 따라 공사금액에 계상하여야 한다.
> ② 건설공사의 규모 및 종류에 따른 품질관리비의 사용 방법 등에 관한 기준은 국토교통부령으로 정한다.
>
> 건설기술진흥법 시행규칙
> **제53조(품질관리비의 산출 및 사용기준)** ① 법 제56조 제1항에 따른 건설공사의 품질관리에 필요한 비용(이하 “품질관리비”라 한다)의 산출 및 사용기준은 [별표 6]과 같다. 다만, 품질검사를 실시하는 자가 영 제97조 제1항 각 호에 따른 국립·공립 시험기관이고 해당 기관이 검사비용의 기준을 따로 정하고 있는 경우에는 그 기준을 따른다.
> ② 건설사업자 또는 주택건설등록업자는 제1항에 따라 산출된 품질관리비를 해당 목적에만

사용해야 하며, 발주자 또는 건설사업관리용역사업자는 품질관리비 사용에 관하여 지도·감독할 수 있다.
③ 건설사업자 또는 주택건설등록업자는 법 제60조 제1항에 따라 품질검사 등을 대행하게 하는 경우에는 그 비용을 부담해야 한다.

2.3 비용(Cost)은 사업 성공 여부의 핵심 관리대상

▌원가와 원가관리(Cost Control)

원가(原價)는 어떠한 목적으로 소비된 경제가치를 화폐 액으로 표시한 것으로, 영어로는 Cost(비용)라고 정의하고 있습니다. 기획재정부 계약예규 예정가격 작성기준은 원가계산을 위한 비목으로 재료비, 노무비, 경비, 일반관리비 및 이윤으로 구분하여 작성토록 합니다. 이러한 개념으로 본다면 원가(Cost)는 실제로 투입되는 재·노·경을 기준으로 산정하는 것으로 이해할 수 있습니다.

건설공사 현장에서 이루어지는 일련의 전문가적 행위는, 최소한의 비용으로 도급계약에서 정한 시설물을 안전하고 설계기준 품질 이상으로 만드는 것이라고 할 수 있습니다. 공사관리는 최소의 비용으로 최대의 성과를 얻기 위한 행위로, 건설현장에서의 공사관리 역시 경제원칙의 범주에서 이해되어야 할 것입니다. 그렇다면 도급계약에 따른 건설공사 목적물을 성공적으로 완성하기 위해서는 체계적인 원가관리가 필요함은 지극히 당연하다 하겠습니다. 따라서 원가관리는 주어진 예산과 일정을 토대로 건설공사가 원만히 진행되고 예산의 집행이 계획대로 이루어져 품질, 원가, 공기 등의 목표를 성공적으로 달성할 수 있도록 제반 자원의 소요비용을 효율적으로 관리하고 통제하는 것을 의미하며, 영리법인인 건설회사의 사업목표 달성에 직접 관련된 가장 중요한 관리요소라고 하겠습니다. 참고로 건설공사를 관리대상에 따라 분류하면 안전관리, 품질관리, 공정관리, 원가관리 등이 있으며, 이들은 서로 긴밀한 영향을 미치고 있습니다.

▌건설공사 원가구성 체계

예정가격 작성기준의 원가계산 비목은 재료비, 노무비, 경비를 기준으로 구분하고 있지만, 실제 건설현장의 발생비용 비목은 재료비, 노무비, 경비뿐만 아니라 외주비가 상당한 비중으로 한 지출구조를 이루고 있습니다. 실무에서는 각 요소가 서로 더 세분되거나 결합해서 수주 단계의 견적원가, 시공 단계의 실행예산 원가, 준공 단계의 확정정산 원가 등의 개념으로 파생되어 이용되기도 합니다. 건설공사 시공 단계에서 발생하는 원가는 외주비 요소를 제외하고는 모두 미완성공사의 지출금으로서 항목별 원가계정으로 계상되었다가 공사의 준공과 더불어 완성공사 원가로 확정됩니다. 그러므로 건설공사의 이익도 준공과 더불어 완성공사 이익으로 확정된다고 하겠습니다. 참고로 대한건설협회는 매년 종합건설업자가 1년 동안 (1.1.~12.31.) 완공한 국내건설공사 중 계약금액이 3억 원 이상인 공사를 대상으로 하여, 착공에서 완공까지의 기간 내에 투입·발생한 재료비, 노무비, 외주비, 현장경비 등 완성공사 원가를 조사하여 '완성공사원가통계'를 발표하고 있습니다.

예정가격 작성기준에 따르면, 건설공사의 공사원가계산서 비목은 재료비, 노무비, 경비를 합한 순공사원가가 먼저 구성되고, 순공사원가에 일반관리비 및 이윤을 합한 것을 총원가라 하며, 총원가에 공사손해보험료와 부가가치세를 합하여 이를 예정가격이라고 합니다. 이때 예정가격은 부가가치세를 포함하고 있음을 알 수 있습니다. 이와 같은 공사원가 비목들을 모식도로 만들면 [그림 1-7]과 같습니다.

[그림 1-7] 건설공사원가(예정가격) 구성체계

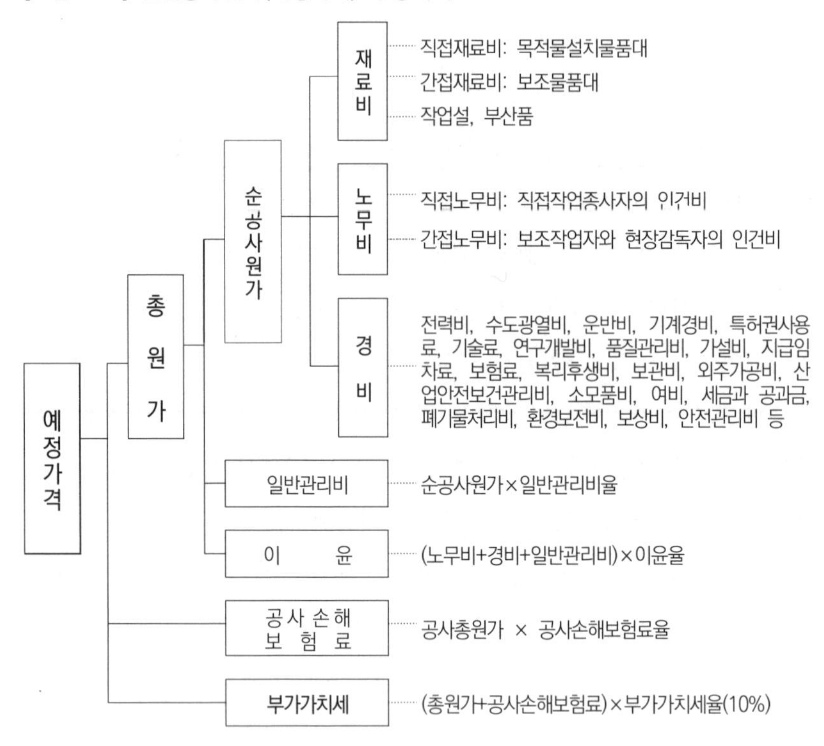

▌총사업비 관리지침

건설공사 비용과 관련해서는 다양한 용어들이 있습니다. 일반적으로 사용되는 용어는 건설산업기본법령에 있는 공사(예정)금액(가격), (하)도급금액, 계약금액 등이 있으며, 국가계약법령에서는 다소 생소하게 사용되는 추정가격, 추정금액, 예정가격, 기초금액 등의 비용 관련 용어가 있습니다. 이러한 용어들은 관련 법령에서 설명토록 하겠으며, 여기서는 비용관리적 측면에서 '총사업비 관리' 개념을 살펴보고자 합니다.

총사업비는 「국가재정법」 제50조(총사업비의 관리)에서 규정한 개념으로서, 정부는 총사업비를 사업추진 단계별로 합리적으로 조정·관리함으로써 재정지출의 효율성을 제고할 목적으로 「총사업비 관리지침」을 운용하고 있습니다. 총사업비라 함은 대규모 사업추진에 소요되는 모든 비용을 합한 금액을 말하는데, 토목, 건축 등 건설사업에서는 건설공사에 소요되는 모든 경비로서 공사비, 보상비(지자체가 부담하는 부지 관련 비용 포함), 시설부대경비 등으로 구성됩니다(총사업비 관리지침 제1조 내지 제3조 참조).

위와 같은 총사업비 관리대상 사업은 국가가 직접 시행하는 사업, 국가가 위탁하는 사업, 국가의 예산이나 기금의 보조·지원을 받아 지자체·「공공기관의 운영에 관한 법률」 제5조(공공기관의 구분)에 따른 공기업·준정부기관·기타 공공기관 또는 민간이 시행하는 사업 중 완성에 2년 이상이 소요되는 사업으로서 총사업비가 500억 원 이상이고 국가의 재정지원 규모가 300억 원 이상인 토목사업 및 정보화사업, 총사업비가 200억 원 이상 건축사업(전기·기계·설비 등 부대공사비 포함), 총사업비가 200억 원 이상인 연구시설 및 연구단지 조성 등 연구기반구축 R&D사업(기술개발비, 시설 건설 이후 운영비 등 제외) 등을 대상으로 합니다.

국가재정법

제50조(총사업비의 관리) ① 각 중앙관서의 장은 완성에 2년 이상이 소요되는 사업으로서 대통령령으로 정하는 대규모사업에 대하여는 그 사업규모·총사업비 및 사업기간을 정하여 미리 기획재정부장관과 협의하여야 한다. 협의를 거친 사업규모·총사업비 또는 사업기간을 변경하고자 하는 때에도 또한 같다.

② 기획재정부장관은 제1항의 규정에 따른 사업 중 다음 각 호의 어느 하나에 해당하는 사업 및 감사원의 감사결과에 따라 감사원이 요청하는 사업에 대하여는 사업의 타당성을 재조사(이하 "타당성재조사"라 한다)하고, 그 결과를 국회에 보고하여야 한다.

1. 총사업비 또는 국가의 재정지원 규모가 예비타당성조사 대상 규모에 미달하여 예비타당성조사를 실시하지 않았으나 사업추진 과정에서 총사업비와 국가의 재정지원 규모가 예비타당성조사 대상 규모로 증가한 사업

2. 예비타당성조사 대상사업 중 예비타당성조사를 거치지 않고 예산에 반영되어 추진 중인 사업
3. 총사업비가 대통령령으로 정하는 규모 이상 증가한 사업
4. 사업여건의 변동 등으로 해당 사업의 수요예측치가 대통령령으로 정하는 규모 이상 감소한 사업
5. 그 밖에 예산낭비 우려가 있는 등 타당성을 재조사할 필요가 있는 사업

▌총사업비 관리업무 절차

총사업비 관리업무 절차는 기획 단계, 예비타당성조사 단계, 타당성 조사 및 기본계획 수립/고시 단계, 기본 및 실시설계 단계, 마지막으로 공사 발주 및 계약/시공 단계로 구분되어 있습니다. 단계별 업무내용을 간략하게 정리해보았습니다.

기획 단계에서는 적정 사업규모에 대한 비용을 개략적으로 책정합니다. 이를 위해 유사사업의 예 등을 참조하여 사업규모, 총사업비, 사업기간 등을 적정하게 책정해야 하며, 향후 설계 및 시공 단계에서 총사업비의 변경이 최소화될 수 있도록 사업추진에 있어서 제반 여건 등을 충분히 고려해야 합니다.

예비타당성조사 단계에서는 국가재정법 제38조(예비타당성조사), 같은 법 시행령 제13조(예비타당성조사), 예비타당성조사 운용지침(기획재정부훈령 제622호) 및 예비타당성조사 수행 총괄지침(기획재정부훈령 제621호)의 규정에 따라 실시되어야 합니다. 예비타당성조사 종합평가는 AHP(분석적 계층화 과정, Analytic Hierarchy Process)를 활용하여 계량화된 수치로 도출하는데, 평가항목 경제성, 정책성, 지역균형발전, 기술성 등에 대하여 평가 가중치를 적용하여 산정합니다. 예비타당성조사제도는 예산절감을 위한 「공공 건설사업 효율화 종합대책」(1999. 3.)에서 제시한 개선방안으로 재정의 문지기(Gate-Keeper) 역할을 위해 도입되었으며, 대상사업 기준은 총사업비 500억

원(국비 300억 원) 이상으로 시행해오다가 2022년 9월 13일 비상경제장관회의에서 총사업비 1,000억 원(국비 500억 원) 이상으로 상향·조정하기로 결정하였습니다. 다만 예비타당성조사 대상사업은 국가재정법 제38조(예비타당성조사) 제1항에서 규정하고 있으므로 법률개정 절차를 이행해야 하는데, 비판 여론을 의식해 개정하지는 않고 있습니다.

타당성조사 및 기본계획 수립/고시 단계에서는 총사업비가 500억 원 이상이 되는 건설공사 생애주기 전체를 대상으로 기술·환경·사회·재정·용지·교통 등 필요한 요소를 고려하여 타당성조사를 실시하여야 합니다(건설기술진흥법 제47조, 영 제81조 참조). 타당성조사 결과 사업규모, 총사업비, 사업기간 등이 예비타당성조사 결과와 차이가 발생한 경우에는 기획재정부장관과 총사업비 등의 변경에 대하여 협의하여야 하며(총사업비관리지침 제13조), 기본계획을 수립함에 있어서의 사업규모 및 총사업비는 원칙적으로 물가상승 금액을 제외하고는 예비타당성조사(타당성재조사 포함) 또는 타당성조사(예비타당성조사가 면제되는 사업의 경우)에서 정한 규모 및 금액을 초과할 수 없습니다(총사업비 관리지침 제14조). 다만 기본계획 수립 등의 단계에서 관계부처와의 협의내용 반영, 예측할 수 없었던 비용의 발생 등 불가피한 사유로 사업규모 및 총사업비가 예비타당성조사 또는 타당성조사에서 정한 규모 및 금액보다 10% 이상 증가할 경우(물가 또는 지가상승분 제외) 총사업비 조정 요구시 당해 사업에 대한 예비타당성조사 수행기관의 검토의견서를 첨부토록 하여 변경된 원인과 책임소재를 명확히 하도록 하고 있습니다.

기본 및 실시설계 단계에서는 충분하고 합리적인 사유 없이 기본설계 단계에서 기획재정부장관과 협의된 사업규모를 변경하여서는 아니 되나, 실시설계 과정에서 대형 신규 구조물 설치, 일부 구간의 차로 수 변경(도로사업 및 철도사업의 경우), 신규 내역 및 공종 추가, 전체 노선의 1/3 이상 변경 등 사업내용과 규모 등에 중대한 변경이 있는 경우 미리 기획재정부장관과 사업규모, 총사업비, 사업기간 등을 협의하여야 합니다(총사업비 관리지침 제19조). 실시설계· 용역이 완료되면 조달청장에게 공사계약체결 의뢰 이전에 결과보고서, 단가 적정성 검토의견서 및 적정 공사기간 검토결과 등의 서류를 첨부하여 기획재정부장관과 사업규모, 총사업비, 사업기간 등을 협의하여야 합니다(총사업비 관리지침 제23조).

공사발주 및 계약/시공 단계에서는 공사를 입찰·발주함에 있어 「국가를 당사자로 하는 계약에 관한 법률(이하 '국가계약법') 시행령」 제8조(예정가격의 결정방법) 제2항에 따라 관급자재 금액을 제외한 총공사금액의 범위 안에서 예정가격을 결정한 후 계약체결 및 시공을 진행하며, 낙찰차액이 발생한 경우에는 계약체결일로부터 30일 이내에 총사업비를 감액해야 합니다(총사업비 관리지침 제25조 및 제26조). 공사 착공 이후에 총사업비의 변경을 협의하고자 하는 경우에는 설계변경의 필요성, 설계서(공종별 세부 공사단가 포함), 종합공정표, 기타공사비 산출내역을 명확히 하는 서류를 첨부해야 합니다(총사업비 관리지침 제27조).

▌중앙조달기관 조달청

우리나라는 조달사업에 관한 법률에 따라 중앙조달방식으로 운용되고 있습니다. 조달청은 정부조직법 제27조(기획재정부) 제7항의 "정부가 행하는 물자(군수품을 제외한다)의 구매·공급 및 관리에 관한 사무와 정부의 주요시설 공사계약에 관한 사무를 관장하기 위하여 기획재정부장관 소속으로 조달청을 둔다"라는 규정에 따라 정부의 주요 시설공사 계약에 관한 사무를 관장하는 중앙조달기관입니다.

국가기관은 조달사업에 관한 법률 제11조(계약체결의 요청) 및 같은 법 시행령 제11조의3(계약체결의 요청 등) 제1항 제3호에 따라 추정가격 30억 원(전문·전기·정보통신·소방은 3억 원) 이상인 공사를 조달청에 계약체결을 요청해야 합니다. 다만 지방자치단체는 계약체결 요청범위를 점진적으로 축소해오다가 2010년 1월 1일부터는 임의로 요청할 수 있도록 하였습니다(〈표 1-8〉 참조).

〈표 1-8〉 조달청에 대한 계약체결 요청범위의 변천

<table>
<tr><th colspan="2">요청기관</th><th>94.6.30.
이전</th><th>94.6.30.
이후</th><th>95.1.1.
이후</th><th>98.7.9.
이후</th><th>05.1.1.
이후</th><th>07.1.1.
이후</th><th>08.1.1.
이후</th><th>10.1.1.
이후</th></tr>
<tr><td colspan="2">국가기관</td><td>2억 원
이상</td><td>20억 원
이상</td><td>좌동</td><td>30억 원
이상</td><td>좌동</td><td>좌동</td><td>좌동</td><td>좌동</td></tr>
<tr><td rowspan="3">지방자치단체</td><td>서울시</td><td>15억 원
이상</td><td>50억 원
이상</td><td>pq, 대안,
일괄 입찰</td><td>pq, 대안,
일괄 입찰</td><td>200억 원
이상 pq,
대안, 일괄
입찰</td><td>500억 원
이상 pq,
대안, 일괄
입찰</td><td>대안, 일괄
입찰</td><td rowspan="3">임의</td></tr>
<tr><td>광역시</td><td>상동</td><td>pq, 대안,
일괄입찰</td><td>상동</td><td>상동</td><td>상동</td><td>상동</td><td>상동</td></tr>
<tr><td>도시군</td><td>상동</td><td>pq, 대안,
일괄입찰</td><td>상동</td><td>상동</td><td>상동</td><td>상동</td><td>상동</td></tr>
</table>

조달청은 총사업비 관리업무 절차에서 실시설계 및 공사발주 수행기관 역할을 담당하고 있습니다. 조달청 검토사항으로는 총사업비 관리대상 사업의 실시설계에 대한 단가 적정성 검토(총사업비관리지침 제22조) 및 물가변동으로 인한 계약금액 조정 적정성 검토(총사업비관리지침 제64조) 등이 있습니다. 총사업비 관리업무 절차를 성실하게 적용하더라도 해당 건설사업의 공사비에 대한 설계변경 등의 계약변경이 이루어질 수밖에 없으므로, 성공적인

프로젝트 완수를 위하여 사업비용 관리의 중요성은 매우 높다고 하겠습니다.

2.4 시간(Time)은 가장 중요한 계약내용 중 하나

▌건설공사는 1회성 사업

건설사업은 제조업 등 다른 산업부문과 달리 비(非)반복적이고 개별 생산이라는 1회성의 특성을 보이고 있습니다. 건설공사에 있어서 공정관리는 한 프로젝트의 계약 단계에서 완공, 인도에 이르기까지 모든 활동의 계획, 통제, 투입자원의 조달 및 관리, 프로젝트 수행에 따라 발생하는 비용의 최적화를 도모하는 종합적인 관리행위가 있어야 합니다.

건설공사는 규모와 상관없이 전체 사업기간 동안의 공정이행은 대부분 반복 없이 진행됩니다. 문제는 공정관리가 계획에 맞춰 진행한다고 해도 건설업의 특성으로 인해 발주처 또는 도급사의 여건변화로 시간이 지체되어 공기지연이 빈번하게 이루어지는 것이 현실입니다. 특히 최근의 대형 건설공사 현장에서 발생하는 공기지연은 건설분쟁 사건에서 가장 중요하고 빈번하게 다루어지는 이슈이기도 합니다. 따라서 건설공사 공기 지연에 대해서는 초기 단계부터 면밀한 점검 계획을 세우고 선제적 공정관리를 통하여 체계적으로 대응해나가야 하며, 발주자와 시공자가 파트너십(Partnership)으로 현장을 운영한다면 서로 윈윈하는 결과를 만들어낼 것입니다. 이를 위해서는 관리기술능력 배양으로 품질보장 및 시공능력 확보는 물론 공기(工期) 준수, 단축 및 원가절감을 위한 효율적이고 합리적인 공사관리 체계가 정립돼 있어야 합니다.

합리적인 공사관리 체계 정립을 위해서는 착공부터 완성까지 각 부분의 공사 진행 상황을 미리 제출한 공정 계획서대로 실시하기 위한 공사관리, 즉 공정관리가 제대로 이루어져야 합니다. 공정관리는 Planning, Scheduling, Monitoring, Control&Analysis의 네 단계를 거치는데, 가능한 한 실제와 잘 맞는 공정계획을 수립하여 사전에 철저히 준비하고 주기적으로 실적을 정확하게 조사하여 현황을 파악한 후 피드백하여 계획을 수정하는 과정을 거치게 됩니다.

❙ Deming's Cycle

공정관리와 관련하여 일반적으로 언급되는 것이 Deming's Cycle의 PDCA(Plan-Do-Check-Action)입니다. PDCA의 핵심 원리는 행동과 행동의 결과인 피드백을 통해 이를 수정해 나감으로써 목표에 접근하는 방식으로 이해할 수 있으며, Do(실행)와 Check(확인)이라는 시행착오를 통한 업무개선 과정에 과학적 방법을 적용한 사례의 기반을 제공하였다고 할 수 있습니다. 반복적으로 행해지는 공정관리(PDCA)를 통하여 공사기간과 특정 작업의 착수시기 및 종료시기 예측, 분쟁 시 분쟁의 조정, 문제점 조기 발견 등을 할 수 있습니다.

Deming's Cycle의 순환을 건설공사 공정관리에 대입할 수 있습니다. 공사계획에서는 일정 및 비용을 통합하여 효율적으로 예측할 수 있는 공정표를 작성하여 계획을 세워야 하고(Plan), 공사수행에서는 공사의 지시, 감독, 작업원의 교육 등이 이루어지고(Do), 공사 현황에서는 작업량, 작업 진도를 점검하고(Check), 공사수정에서는 작업 방법의 개선 및 계획의 수정(Action)이 되는 사이클이 반복적으로 이루어지도록 하는 것입니다.

❙ EVMS, PMIS 등

효과적인 공정관리를 위하여 많이 활용하고 있는 방법으로 공정-비용 통합시스템(EVMS: Earned Value Management System) 등이 있습니다. EVMS란 건설공사의 원가관리, 견적, 공정관리 등을 유기적으로 연결하여 종합적으로 관리하는 시스템을 말하는 것으로, 비용과 일정계획 대비 성과를 예측하여 현재 공사수행의 문제 분석과 대책을 수립할 수 있는 예측 시스템에 해당합니다. 공정관리뿐만 아니라 건설사업 정보를 통합적으로 관리하려는 방법으로 건설정보관리시스템(PMIS: Project Management Information System)을 활용하는 사례도 많습니다. PMIS는 건설공사의 기획에서 설계, 구매, 시공, 유지보수까지 건설프로젝트 단계에서 생성되는 모든 정보를 통합적으로 관리하고 필요한 정보를 공유화할 것을 목적으로 하고 있으며, 발주기관인 서울시에서는 발주공사의 체계적 관리를 위해 One-PMIS를 운용하고 있습니다.

3. 하도급 위주의 생산구조 변화

건설공사는 도급계약에 따른 목적물 완성의무 이행을 위해 하도급 방식을 이용하는 대표적인 산업부문입니다. 타 산업부문에서도 하도급 방식이 일반적으로 이용되고 있지만, 하도급에 의한 생산구조는 건설업에서 더욱 도드라진 특성으로 나타나고 있습니다. 건설공사에서는 법·제도적으로 하도급 생산구조 이용을 직·간접적으로 유도하고 있기 때문이기도 합니다. 건설산업의 구조적 문제해결을 위하여 직접시공을 견인하려고 하지만, 건설공사 생산구조는 여전히 하도급 방식에 의해 이루어지고 있다고 하겠습니다. 그럼에도 원·하도급 관계에 대한 개선방안들은 나름대로 변경이 지속적으로 이루어져 왔습니다. 그중 대표적인 사항으로는 2018년 말에 개정된 '칸막이식 업역규제 폐지'가 가장 클 것이고(2021년 1월 1일부터 단계적 시행), 그 외에 의무하도급제 폐지(2004년 12월 31일 개정 → 2008년 1월 1일 시행), 직접시공제 도입(2004년 12월 31일 개정 → 2006년 1월 1일 시행), 겸업제한 폐지(2007년 5월 17일 개정 → 2008년 1월 1일 시행) 및 주계약자관리방식 도입(1999년 4월 15일 개정·시행) 등이 있습니다.

3.1 칸막이식 영업범위 규제 폐지

우리나라 건설산업의 기본은 종합건설업체와 전문건설업체의 수주 영업범위(업역)를 분명하게 구분하는 것이었습니다. 상대 업종의 물량을 수주(입찰)할 수 없도록 해왔던 것입니다. 종합건설업체는 원도급 수주만을, 전문건설업체는 하도급 수주만 가능토록 법률로 규정한 것으로, 이는 업종 간의 영업범위를 제한(규제)한 것이기에 일명 '칸막이식 업역규제'라고 불렸습니다. 선진외국은 건설업체의 수주를 위한 영업범위를 제한하지 않기에, 이러한 글로벌 스탠더드에 맞도록 '칸막이식 업역규제 폐지' 논의는 오래전부터 이어져 왔습니다. 하지만 각 업종의 이해관계로 인하여 칸막이식 업역규제가 좀처럼 해소되지 않았습니다.

[그림 1-8] 건설산업 생산구조 혁신방안(현행→개선)

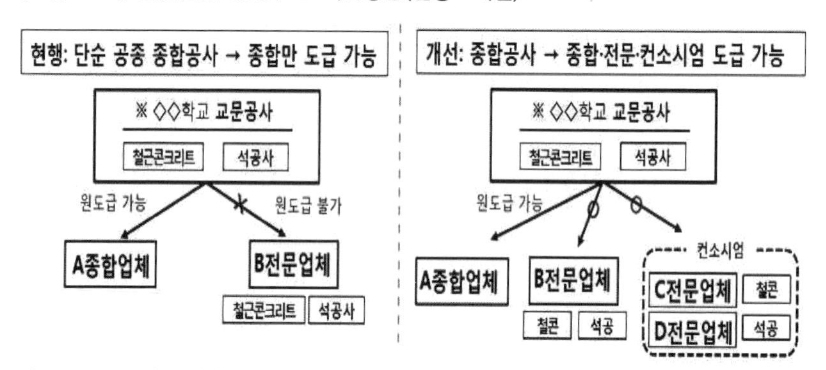

자료 : 국토교통부(2018), 「건설산업 생산구조 혁신 로드맵」

2018년 4월경 국토교통부(장관 김현미)는 민간 공동협의체로 '건설산업 혁신위원회'를 구성·운영했고, 그 결실로 2018년 12월 31일 건설산업기본법을 개정해 종합건설업체와 전문건설업체 간 상호시장에 자유롭게 진출할 수 있도록 '칸막이식 업역규제'를 비로소 폐지하게 되었습니다. 우여곡절 끝에 법제화된 칸막이식 업역규제 폐지는 2021년 1월 1일 공공공사부터 시행되었습니다(시행: 공공공사는 2021년 1월 1일부터, 민간공사는 2022년 1월 1일부터).

건설산업기본법 [법률 제16136호, 2018. 12. 31., 일부개정]

◇ 개정이유

그동안 국내 건설산업은 종합건설업체와 전문건설업체의 업무영역을 법령으로 엄격히 제한하는 생산구조로 인하여 종합건설업체의 경우 시공기술의 축적보다는 하도급관리·입찰 영업에 치중하고, 실제 시공은 하도급업체에 의존하여 페이퍼컴퍼니가 양산되는 등의 문제가 노출되었으며, 전문 건설업체의 경우에도 사업물량 대부분을 하도급에 의존함으로써 수직적 원·하도급 관계가 고착화되어 저가 하도급이나 다단계 하도급 등으로 인한 불공정 관행이 확산되는 부작용이 발생하고 있음.

또한 이와 같은 업역구조는 건설산업의 소비자인 발주자의 건설업체 선택권을 제약하고 우량 전문업체가 원도급시장으로 진출하거나 종합업체로 성장하는 데 걸림돌로 작용하는 등 분업·전문화를 위해 도입된 종합·전문간 업역제한이 상호경쟁을 차단하고 생산성 향상을 떨어뜨리는 '칸막이'로 변질되는 결과를 초래한 것으로 평가되고 있음.

이에 따라 해당 공사를 시공하는 업종의 등록기준을 충족하는 등 일정한 자격요건의 구비를 전제로, 종합·전문업체가 상호 공사(종합 ↔ 전문)의 원·하도급이 모두 가능하도록 업역을 전면 폐지하고, 이에 부합하도록 건설공사의 직접시공을 원칙으로 하면서 하도급 제한 범위를 개편함으로써 건설공사의 시공효율을 높이고 종합-전문 간 상호 기술경쟁의 촉진을 통한 글로벌 경쟁력을 강화하려는 것임.

또한 건설사업자가 발주자에게 약정내용 변경요청 시 상대 공동도급자에게 그 사유를 통지하도록 하고, 수급인이 하도급 입찰정보를 공개하도록 의무화하는 등 하도급제도의 개선을 통해 저가 하도급 방지 및 하도급 투명성을 제고하려는 것임.

건설산업기본법
제16조(건설공사의 시공자격)

① 건설공사를 도급받으려는 자는 해당 건설공사를 시공하는 업종을 등록하여야 한다. 다만, 다음 각 호의 어느 하나에 해당하는 경우에는 해당 건설업종을 등록하지 아니하고도 도급받을 수 있다. 〈개정 2019.4.30.〉

1. 2개 업종 이상의 전문공사를 시공하는 업종을 등록한 건설사업자가 그 업종에 해당하는 전문공사로 구성된 종합공사를 도급받는 경우

2. 전문공사를 시공할 수 있는 자격을 보유한 건설사업자가 전문공사에 해당하는 부분을 시공하는 조건으로 하여, 종합공사를 시공할 수 있는 자격을 보유한 건설사업자가 종합적인 계획, 관리 및 조정을 하는 공사를 공동으로 도급받는 경우
3. 전문공사를 시공하는 업종을 등록한 2개 이상의 건설사업자가 그 업종에 해당하는 전문공사로 구성된 종합공사를 공정관리, 하자책임 구분 등을 고려하여 국토교통부령으로 정하는 바에 따라 공동으로 도급받는 경우
4. 종합공사를 시공하는 업종을 등록한 건설사업자가 제8조 제2항에 따라 시공 가능한 시설물을 대상으로 하는 전문공사를 국토교통부령으로 정하는 바에 따라 도급받는 경우
5. 제9조 제1항에 따라 등록한 업종에 해당하는 건설공사(제1호, 제3호 및 제4호에 해당하는 건설공사를 포함한다)와 그 부대공사를 함께 도급받는 경우
6. 제9조 제1항에 따라 등록한 업종에 해당하는 건설공사를 이미 도급받아 시공하였거나 시공 중인 건설공사의 부대공사로서 다른 건설공사를 도급받는 경우
7. 발주자가 공사품질이나 시공상 능률을 높이기 위하여 필요하다고 인정한 경우로서 기술적 난이도, 공사를 구성하는 전문공사 사이의 연계 정도 등을 고려하여 대통령령으로 정하는 경우

[전문개정 2018. 12. 31.]

[시행일] 제16조 개정규정 중 다음 각 호의 구분에 따른 날

1. 국가, 지방자치단체 또는 대통령령으로 정하는 공공기관이 발주하는 공사: 2021년 1월 1일
2. 국가, 지방자치단체 또는 대통령령으로 정하는 공공기관 외의 자가 발주하는 공사: 2022년 1월 1일

[시행일: 2024. 1. 1.] 제16조 제1항 제3호, 제16조 제1항 제4호(공사예정금액이 2억 원 미만인 전문공사를 원도급 받는 경우에 한정한다)

당시 영업범위 규제 폐지 논의에 참여한 전문가들은, 업종 간 상호시장 진출 이후 직접시공 원칙이 제대로 준수되어야 한다는 주문이 있었습니다. 이에 따라 국토교통부는 2021년 10월 이후 국가, 지자체, 공공기관 등이 발주한 종합·전문건설업 간 상호시장 진출이 허용된 공공공사 현장 중에서 불법 하도급이 의심되는 161개소를 선별하여 발주청과 함께 실태점검을 하였고, 2022년 8월 4일 결과를 발표하였습니다. 전국 161개 건설현장 대상 하도급 규정 준수 여부 실태점검 결과 점검 현장의 약 22%에 해당하는 36개 현장에서 불법 하도급이 이루어졌고, 적발된 36건에 대해 해당 건설사업자에 대한 행정처분 및 해당행위가 형사처벌 대상인 경우에는 고발할 수 있도록 등록관청(지자체)에 요청할 예정이라고 하였습니다. 참고

로 건설산업기본법 제29조(건설공사의 하도급 제한) 제2항 및 같은 법 시행령 제31조의2(건설공사 하도급 제한의 예외)에 의하면 종합·전문건설업 간 상호시장 진출 시 총 도급금액의 80% 이상 직접시공 의무(20% 이내의 하도급 가능)가 있으며, 이때의 하도급은 발주자의 서면승낙을 받는 조건입니다.

3.2 직접시공제 도입 및 의무하도급제 폐지

건설산업기본법은 2004년 12월 31일 일괄하도급으로 인한 부실시공 방지 등을 목적으로 100억 원 이하 공사에 대하여 일정비율 이상을 직접 시공하도록 하는 직접시공의무제를 도입하였습니다(시행 2006. 1. 1.). 이와 병행하여 건설사업자가 시장원리에 따라 자율적으로 건설공사를 수행할 수 있도록, 도급금액의 20~30% 이상을 의무적으로 하도급해야 하는 의무하도급 규제 또한 폐지하였습니다(시행 2008. 1. 1.).

그런데 의무하도급제를 폐지하고 이에 앞서 직접시공의무제를 도입하였지만, 여전히 하도급에 의한 생산구조의 큰 틀은 변화하지 않았다고 하겠습니다. 하도급에 의한 생산방식이 워낙 오랫동안 지속되어 관행처럼 굳어져 왔기 때문에, 비록 법률이 개정되었더라도 실제 현장에 정착되기까지는 상당한 시간이 걸릴 것으로 예상됩니다. 한편 일부에서는 공공공사의 경우 하도급비율(원도급공사 중 하도급하는 비율)이 높을수록 낙찰 가능성이 높아지도록 운영되고 있기에, 실질적으로는 세부기준을 통하여 하도급을 유도하고 있다는 문제점을 제기하고 있습니다.

현행 직접시공제는 70억 원 미만 공사에 대해서만 10~50% 이상 직접 시공비율을 규정해놓고 있습니다. 이와 달리 70억 원 이상 공사에 대해서는 직접시공제가 의무적으로 적용되지 않으므로 직접시공을 하거나 전문 공종별로 나눠서 하도급 하든 시공업체의 재량에 맡기고 있습니다.

〈표 1-9〉 건설산업기본법상 공사규모별 직접시공 비율 비교

<table>
<tr><th rowspan="2">공사규모</th><th colspan="3">직접시공 비율</th></tr>
<tr><th>2006.1.1.~2011.11.24.</th><th>2011.11.25.~2019.3.25.</th><th>2019.3.26.~</th></tr>
<tr><td>3억 미만</td><td rowspan="3">30% 이상</td><td>50% 이상</td><td>50% 이상</td></tr>
<tr><td>3억~10억</td><td>30% 이상</td><td>30% 이싱</td></tr>
<tr><td>10억~30억</td><td>20% 이싱</td><td>20% 이상</td></tr>
<tr><td>30억~50억</td><td rowspan="2">기준 없음</td><td>10% 이상</td><td rowspan="2">10% 이상</td></tr>
<tr><td>50억~70억</td><td>기준 없음</td></tr>
<tr><td>70억 이상 공사</td><td colspan="3">직접시공 비율 의무기준 없음 (직접시공 가능함)</td></tr>
</table>

건설산업기본법

제28조의2(건설공사의 직접 시공) ① 건설사업자는 1건 공사의 금액이 100억 원 이하로서 대통령령으로 정하는 금액 미만인 건설공사를 도급받은 경우에는 그 건설공사의 도급금액 산출 내역서에 기재된 총 노무비 중 대통령령으로 정하는 비율에 따른 노무비 이상에 해당하는 공사를 직접 시공하여야 한다. 다만, 그 건설공사를 직접 시공하기 곤란한 경우로서 대통령령으로 정하는 경우에는 직접 시공하지 아니할 수 있다.

건설산업기본법 시행령

제30조의2(건설공사의 직접시공) ① 법 제28조의2 제1항 본문에서 "대통령령으로 정하는 금액 미만인 건설공사"란 도급금액이 70억 원 미만인 건설공사를 말한다.

② 법 제28조의2 제1항 본문에서 "대통령령으로 정하는 비율"이란 다음 각 호의 구분에 따른 비율을 말한다.

1. 도급금액이 3억 원 미만인 경우: 100분의 50
2. 도급금액이 3억 원 이상 10억 원 미만인 경우: 100분의 30
3. 도급금액이 10억 원 이상 30억 원 미만인 경우: 100분의 20
4. 도급금액이 30억 원 이상 70억 원 미만인 경우: 100분의 10

우리나라의 직접시공제는 다른 나라와 비교하여 큰 차이가 있습니다. 다른 나라는 직접시공의무를 계약조건으로 규정하고 있으나, 우리나라는 법령으로 강제한다는 것입니다. 외국에서는 발주자의 다양한 재량권이 부

여되다 보니 발주자 스스로 안전·품질 확보를 위한 역량 강화 노력 등의 선순환구조가 되도록 직접시공제가 자연스럽게 형성되었다고 생각합니다. 선진외국은 계약문화가 발달되어 있다 보니, 다단계 하도급이 금지가 아님에도 불구하고 하도급이 적극적으로 이용되지 않습니다.

3.3 겸업제한 금지 및 시공참여자제도 폐지

건설산업기본법은 2007년 5월 17일 건설업 생산구조와 관련한 두 가지 중요한 개정이 있었습니다(시행 2008. 1. 1.). 하나는 건설업체가 자율적으로 사업범위를 선택할 수 있도록 그동안 일반건설업(종합건설업으로 명칭 변경)과 전문건설업의 상이한 업종을 동시에 등록하지 못하도록 한 일명 '겸업(兼業) 금지' 규제를 폐지하는 것이었고, 다른 하나는 십장(什長) 등이 건설공사의 일부를 건설사업자와 도급계약을 체결하고 건설근로자를 고용하여 건설공사를 수행하는 '시공참여자제도'를 폐지하는 것이었습니다. 위와 같은 두 가지 개정사항은 모두 건설공사의 생산구조를 크게 바꾸는 것이었기에, 두 제도의 폐지 결론에 다다를 때까지 오랫동안 많은 논쟁이 있었을 것으로 유추할 수 있습니다.

익숙한 용어는 아니지만, 방금 설명한 '겸업금지'와 '업역규제'가 비슷해 보이지만 다른 내용임을 설명하겠습니다. 겸업금지는 어느 한 건설업체가 종합건설업과 전문건설업을 동시에 등록(겸업)하지 못하도록 하여 타 업종 분야 수주를 제한하기 위한 것입니다. 겸업금지 규제를 폐지하더라도 종합건설업과 전문건설업 간의 영업범위 제한 규제는 여전히 존재하게 되는 것입니다. 반면 업역규제를 폐지하면 어느 한 건설업체가 타 업종을 등록

하지 않더라도 타 업종 분야 공사를 수주할 수 있으므로 종합·전문의 업종 개념 구분이 필요 없게 되는 것입니다.

시공참여자제도는 1999년 4월 15일 도입된 건설공사 재(再)하도급 방식으로 2008년 1월 1일에 폐지될 때까지 약 9년 동안 시행되었습니다. 도입 당시 시공참여자는 건설업의 등록을 하지 않았지만 당해 건설공사에 사실상 참여하는 건설업종사자·건설기계대여업자·건설기술인 및 성과급으로 고용된 건설근로자로 정의하였습니다(건설산업기본법 시행규칙 제1조의2). 하지만 십장 등이 시공참여자로서 건설공사의 일부를 건설사업자와 도급계약을 체결하고 건설근로자를 고용하여 건설공사를 수행하는 과정에서 임금 및 장비대 체불, 사회보험료 미납 등으로 인한 건설근로자 처우 악화 등의 사회적 문제가 커지자 결국 도입한 지 9년 만에 폐지된 것입니다. 건설업 생산구조와 관련한 제도가 9년 만에 폐지된 경우는 이례적인 것으로, 시공참여자제도의 폐해가 상당했음을 유추할 수 있습니다.

3.4 주계약자관리방식 도입과 한계

주계약자관리방식은 전문건설업체로 하여금 공동도급의 지분참여방식으로 종합공사를 수주할 수 있도록 하여 원도급 지위를 가질 수 있도록 한 것입니다. 칸막이식 업역규제 폐지가 쉽사리 합의에 이르지 못할 것으로 보이자, 전문건설업체가 원도급자 지위를 가질 수 있는 방편으로 제시되어 1999년 4월 15일 건설산업기본법에 도입된 공동도급방식의 하나입니다(건설산업기본법 제16조 제3항 제1호). 칸막이식 업역규제를 폐지하지 못하게 되자, 어색한 방식을 고안해낸 것이라 하겠습니다.

건설산업기본법
제16조 (건설사업자의 영업범위)
③ 전문건설사업자는 일반건설사업자만이 도급받아 시공할 수 있는 건설공사를 도급받아서는 아니 된다. 다만, 다음 각 호의 1에 해당하는 경우에는 그러하지 아니하다. 〈개정 1999.4.15.〉
1. 일반건설사업자가 종합적인 계획·관리 및 조정을 하는 공사 중 전문공사에 해당하는 부분만을 시공하는 조건으로 당해 일반건설사업자와 공동으로 도급받는 경우

주계약자관리방식이 건설산업의 일반법에 해당하는 건설산업기본법에 1999년 4월 15일 도입되었으나 이를 적용하여 발주한 사업은 거의 없었습니다. 국가계약법령에는 2009년 4월 8일 공동계약 운용요령에 주계약자관리방식이 신설·개정되었는데, 적용대상 공사는 당시 추정가격 500억 원 이상의 최저가낙찰제(2016. 1. 1. 폐지)를 대상으로 하였습니다. 최저가낙찰제가 폐지된 2016년 1월 1일부터는 300억 원 이상의 종합심사낙찰제(이하 '종심제') 공사를 대상으로 확대하였으나, 이 또한 발주 사례가 많지는 않았습니다(적용대상: 300억 원 이상 종심제 공사). 주계약자관리방식은 국가계약법령보다 지방계약법령에 먼저 관련 규정이 신설되었습니다. 하지만 2005년 12월 30일 지방계약법 시행령이 제정되어서도 낯선 제도 때문인지 발주 사례가 없었습니다. 주계약자관리방식은 2007년 10월 5일 지방자치단체 공동계약 운영요령이 제정된 이후 지방자치단체가 발주하는 공공공사(적용대상: 2억~100억 원 적격심사 공사)에 대하여 본격적으로 시행되기 시작하였습니다.

한편 주계약자관리방식은 공동도급 발주방식 중 한 형태일 뿐임에도, 다른 공동도급방식과 달리 중앙정부 공사와 지자체 공사에서의 적용대상 공사규모가 상이하다는 특이점에 대한 지적이 지속되어왔습니다. 발주기관에 따라 주계약자관리방식 적용대상이 달라지는 것을 명쾌하게 설명하지 못하다가, 최근 모든 공사에 적용할 수 있도록 적용대상 공사규모 제한

규정을 삭제하였습니다. 국가계약법령에서 먼저 2020년 12월 28일 계약예규 공동계약운용요령 제2조의3(주계약자관리방식에 의한 공동계약)을 삭제한 것입니다. 지방계약법령은 2023년 1월 1일 「지방자치단체 입찰 및 계약집행기준」 제8장 주계약자 공동도급 운용요령을 삭제하여 제7장 공동도급 운용요령으로 통합하면서 적용대상 공사규모 제한 규정을 삭제했습니다.

[그림 1-9] 주계약자 관리방식 개념도

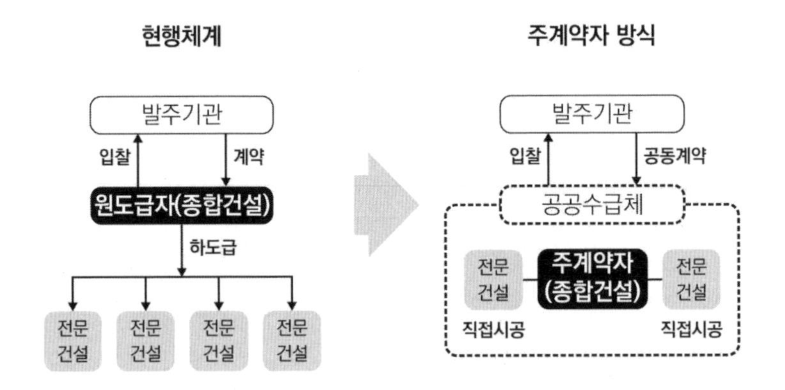

제2장 | 건설 관련 법률 현황과 주요 계약법령

1. 건설사업 관련 주요 법률

법령이란 국회에서 제정되는 '법률'과 행정기관에 의해 제정되는 '명령'을 아울러 이르는 말입니다. 법제처의 2022년 말 기준 법령통계 현황에 의하면 법률은 1,594개이고, 여기에 대통령령 1,893개 및 총리령·부령 1,437개를 합하면 총 4,924개라고 합니다. 이러한 법령 개수는 지속적으로 증가하는 추세를 보이고 있습니다. 2010년 말 기준은 법률 1,182개, 대통령령 1,426개 및 총리령·부령 1,103개를 합한 총 3,711개로, 단순 비교하면 12년 동안 약 30% 넘게 증가한 것입니다. 물론 헌법은 유일한 최상위 법규범입니다.

현재 우리나라 국가행정조직은 18개 부처로 구성되어 있습니다. 건설산업과 관련된 정부 부처별 법률을 생각나는 대로 찾아본 결과 국토교통부를 제외하더라도 대략 10개 부처 이상에서 건설 관련 법률을 운용하고 있습니다. 그중 기획재정부, 행정안전부, 환경부와 고용노동부가 상대적으로 많은 건설 관련 법률을 관장하고 있었습니다. 건설사업과 관련되지 않는 부처가 과연 있겠느냐는 생각이 들 정도입니다. 참고로 중대재해처벌법은 법무부 등 소관 부처가 여럿이나, 고용노동부를 주무 부처로 보아 소관

부처 법률로 편재하였습니다.

〈표 2-1〉 중앙정부 부처별 건설 관련 법률

소관 부처	법률(괄호 안은 약칭)
기획재정부	국가를 당사자로 하는 계약에 관한 법률(국가계약법) 국가재정법 / 사회기반시설에 대한 민간투자법(민간투자법) 조달사업에 관한 법률 / 전자조달의 이용 및 촉진에 관한 법률(전자조달법) 공공기관의 운영에 관한 법률(공공기관운영법) / 정부기업예산법
행정안전부	지방자치단체를 당사자로 하는 계약에 관한 법률(지방계약법) 지방재정법 / 지방공기업법 / 행정대집행법 / 행정규제기본법 / 온천법 자연재해대책법 / 농어촌도로 정비법(농어촌도로법)/ 소방시설공사업법 지진·화산재해대책법(지진대책법) / 재난 및 안전관리 기본법(재난안전법)
공정거래위원회	하도급거래 공정화에 관한 법률(하도급법) 독점규제 및 공정거래에 관한 법률(공정거래법)
중소벤처기업부	중소기업제품구매 촉진 및 판로지원에 관한 법률(판로지원법)
산업통상자원부	엔지니어링산업 진흥법(엔지니어링산업법) 전기공사업법/ 전력기술관리법
과학기술정보통신부	정보통신공사업법 / 기술사법
환경부	환경정책기본법 / 환경영향평가법 / 폐기물관리법 / 지하수법 / 하천법 댐건설·관리 및 주변지역지원 등에 관한 법률(댐건설관리법) 폐기물처리시설 설치촉진 및 주변지역지원 등에 관한 법률(폐기물시설촉진법)
고용노동부	근로기준법 / 고용정책기본법 / 국가기술자격법 / 산업안전보건법 중대재해 처벌 등에 관한 법률(중대재해처벌법) / 산업재해보상보험법(산재보험법) 건설근로자의 고용개선 등에 관한 법률(건설근로자법) 외국인근로자의 고용 등에 관한 법률(외국인고용법)
농림축산식품부	농어촌정비법
해양수산부	신항만건설촉진법 / 항만법
교육부	학교시설사업촉진법
문화체육관광부	체육시설의 설치·이용에 관한 법률(체육시설법)

건설산업과 관련해서는 단연 국토교통부가 가장 많은 법률을 관장하고

있습니다. 국토교통부 소관 법률이 워낙 많다 보니 이를 직무분야, 개발사업, 시설물, 시설관리, 안전, 각종 관리 등으로 구분해야 할 정도입니다. 직무분야는 분야별로 다양한 법률이 있고, 개발사업 분야는 가장 많은 법률이 있습니다. 시설물과 관련하여 최근에 제정된 법률로는 2021년 1월 5일 제정된 도시공업지역법(시행 2022. 1. 6.), 2021년 3월 16일 제정된 가덕도신공항법(시행 2021. 9. 17.), 2018년 12월 31일 제정된 기반시설관리법(시행 2020. 1. 1.), 2016년 1월 7일 제정된 지하안전관리법(시행 2018. 1. 1.) 등이 있습니다.

〈표 2-2〉 국토교통부 소관 법률(일부)

구분	법률(괄호 안은 약칭)
직무분야	건설산업기본법 / 건설기술진흥법 / 건축사법 / 기술사법 해외건설촉진법 / 골재채취법
개발사업	국토기본법 / 국토의 계획 및 이용에 관한 법률(국토계획법) / 택지개발촉진법 도시 및 주거환경 정비법(도시정비법) / 측량·수로조사 및 지적에 관한 법률(측량수로지적법) 도시개발법 / 공익사업을 위한 토지 등의 취득 및 보상에 관한 법률(토지보상법) 도시교통정비 촉진법(도시교통정비법) / 지역 개발 및 지원에 관한 법률(지역개발지원법) 가덕도신공항 건설을 위한 특별법(가덕도신공항법) 도시 공업지역의 관리 및 활성화에 관한 특별법(도시공업지역법)
시설물	건축법 / 주택법 / 도로법 / 유료도로법 / 사도법 / 하천법 / 도시철도법
시설관리	공사중단 장기방치 건축물의 정비 등에 관한 특별조치법(방치건축물정비법) 지속가능한 기반시설 관리 기본법(기반시설관리법)
안전	시설물의 안전 및 유지관리에 관한 특별법(시설물안전법) 지하안전관리에 관한 특별법(지하안전법)
각종 관리	건설기계관리법 / 건축물관리법 / 공동주택관리법 / 수도권정비계획법 녹색건축물 조성 지원법(녹색건축법)

건설사업의 계약과 직접적으로 관련된 주요 법령에 대해 알아보고자

합니다. 건설공사 도급계약 및 이행과 관련하여 가장 빈번하게 인용되는 법률은, 공공공사에 대한 계약 전반을 규정하고 있는 국가를 당사자로 하는 계약에 관한 법률(약칭 국가계약법)과 지방자치단체를 당사자로 하는 계약에 관한 법률(약칭 지방계약법), 건설업 등록 및 도급 등을 규정해놓은 건설산업기본법(舊 건설업법), 건설공사 설계·건설사업관리 및 건설기술인 관련 내용을 규정해놓은 건설기술진흥법(舊 건설기술관리법)이 있으며, 건설공사에서 필연적으로 발생하는 하도급거래의 공정성을 담보하기 위해 특별법 형태로 운영되고 있는 하도급거래 공정화에 관한 법률(약칭 하도급법)을 들 수 있습니다. 이들 4개 주요 법률을 간략하게 정리하면 〈표 2-3〉과 같습니다.

〈표 2-3〉 건설사업과 직접적 관련 주요 법률

구분	소관 부처	소관 내용	제정
국가를 당사자로 하는 계약에 관한 법률 (국가계약법)	기획재정부 (舊 재경부)	- 공공공사 입찰 및 계약에 관한 사항 (예산편성 및 지출은 국가재정법)	1995. 1. 5. 제정
건설산업기본법 (舊 건설업법)	국토교통부 (舊 건설교통부)	- 건설업 등록 및 도급 등에 관한 사항 - 건설영업범위, 시공 및 공제제도 전반	1996. 12. 30. 전부개정
건설기술진흥법 (舊 건설기술관리법)	〃	- 건설공사의 설계 및 사업관리에 관한 사항 - 설계심의, 사업관리, 건설기술인력관리	2013. 5. 22. 전부개정
하도급거래 공정화에 관한 법률 (하도급법)	공정거래 위원회	- 공정한 하도급거래 및 보호에 관한 사항 - 불공정한 하도급거래 제재	1984. 12. 31. 제정

본격적인 건설클레임 및 건설분쟁을 서술하기에 앞서 전술한 세 가지 주요 법령(국가계약법, 건설산업기본법, 하도급법)의 제정 경위 및 연혁, 그리고 주요 내용에 대한 개략적인 내용을 살펴보도록 하겠습니다(지방계약법은 국가계약법과 내용이 유사한 것으로 보면 되겠습니다).

1.1 국가계약법 제정 경위 및 연혁

본 내용은 국가계약법령의 제정 경위 및 연혁 등에 대한 것으로, 그 외 국가계약법령의 주요 내용은 후술하는 '국가계약법령 톺아보기'를 참고하시고, 건설클레임 및 계약관리 등과 관련된 내용은 제3장의 건설사업 분류 및 발주방식, 제4장의 공공공사 계약금액 조정 부분에서 설명하였습니다.

▌국가계약법 제정 경위

우리나라는 1994년 4월 15일 모로코의 마라케시(Marrakesh)에서 정부조달시장 개방을 기본내용으로 하는 WTO(국제무역기구) 정부조달협정(GPA: Government Procurement Agreement)에 서명하였습니다. 정부조달협정이 1997년 1월 1일부터 발효됨에 따라 정부계약에 관한 사항이 예산과 회계, 결산업무를 주 내용으로 하는 예산회계법의 한 부분으로 규정되어 있기보다는 별도의 독립된 법체계를 가지는 것이 필요해졌습니다. GPA 발효 이전인 1995년 1월 5일 당시 예산회계법 제6장 '계약편'을 국가계약법으로 별도 분리하여 제정하였습니다. 참고로 예산회계법 중 지출원인행위와 함께 정부계약 업무를 수행하는 재무관 업무 등 정부회계 및 국고금 관리에 관한 사항을 2003년 1월 1일 별도로 분리하여 국고금관리법을 제정하였으며, 2007

국가를 당사자로 하는 계약에 관한 법률 [법률 제4868호, 1995. 1. 5., 제정]
◇ 신규제정
정부조달협정의 타결에 따른 정부조달시장의 개방에 대비하여 정부조달협정의 차질없는 이행과 계약업무의 원활한 수행을 도모하기 위하여 정부조달협정 및 국제규범을 반영하여 공정하고 효율적인 정부계약에 관한 제도를 마련하고자 현행 예산회계법상 계약에 관하여 규정한 제6장을 대체하는 법률을 따로 제정하려는 것임.

년 1월 1일에는 예산회계법을 대체하여 국가재정법을 제정하였습니다.

국가계약법 제2조(적용범위)에 따르면 "이 법은 국제입찰에 따른 정부조달계약과 국가가 대한민국 국민을 계약상대자로 하여 체결하는 계약[세입(歲入)의 원인이 되는 계약을 포함한다] 등 국가를 당사자로 하는 계약에 대하여 적용한다"라고 하여, 국내입찰과 국제입찰 모두에 적용되고 있음을 알 수 있습니다.

국가계약법은 공공공사의 입찰 및 계약 등을 규정하고 있어 계약과 관련해서는 규범적 법률이라고 할 수 있습니다. 그런데 입찰 및 계약이행의 실무에 있어서는 하위 법령 및 제반 행정규칙의 직접적 영향력이 더 절대적이라는 아이러니가 있습니다. 공공공사를 주요 사업 대상으로 삼고 있는 건설업체에는 하위법규가 오히려 더 큰 영향을 미치고 있으며, 그 이유는 입·낙찰제도 및 계약금액 조정 등에 대한 실질적이고도 직접적 영향을 발휘하는 세부적인 사항들을 하위법규에서 규정하고 있기 때문입니다.

국가계약법을 관장하는 기획재정부는 국가계약법령을 보완하기 위한 행정규칙으로 계약예규, 훈령 및 고시를 운용하고 있습니다. 그중 기획재정부 계약예규는 입찰·계약 집행기준, 예정가격 작성기준, 다양한 낙찰제도 심사기준, 계약조건 등 18개가 있으며, 예규일 뿐이지만 실제로는 입·낙찰 및 계약이행(계약금액 조정 포함 등) 등과 관련해서 가장 직접적인 영향을 미치고 있습니다. 그 때문에 계약예규 한 구절이 변경되는 것만으로 정부 입장에서는 재정지출의 변동이 상당할 수 있고, 개별 기업의 입장에서는 수익성 변동을 가져올 수 있으므로 개별 개정내용에 대해 촉각을 기울이는 주요한 대상이 될 수밖에 없습니다. 한편 국가계약법령은 공공공사에 대해 적용되는 것이지만, 민간공사에서도 준용되거나 참고로 활용되고 있으므로 실제로는 우리나라 대부분의 건설공사에 영향을 미치고 있다고 볼 수 있겠습니다. 이러한 이유로 서두에서 언급한 바와 같이 하위 법령 및 제반 행정규칙들이 국내 건설공사의 계약과 관련하여 가장 큰 영향력이 있다고 한 것입니다.

▌국가계약법령 연혁

국가계약법령에서의 계약방식은 일반공개경쟁입찰을 원칙으로 하며, 대통령령에서 정하는 바에 따라 제한경쟁입찰, 지명경쟁입찰을 실시하거

〈표 2-4〉 국가계약법령 연혁

법률	시행령	시행규칙
1995. 01. 05.	1995. 07. 06.	1995. 07. 06.
	1996. 12. 31.	1996. 12. 31.
1997. 12. 13.		
	1998. 02. 02. 02. 24.	1998. 02. 23.
	1999. 09. 09.	1999. 09. 09.
	2000. 12. 17.	2000. 12. 30.
	2002. 03. 25. 07. 30.	2002. 03. 25. 08. 24.
	2003. 12. 11.	2003. 12. 12.
	2004. 04. 06.	
2005. 12. 14.	2005. 09. 08.	2005. 09. 08.
	2006. 05. 25. 12. 29.	2006. 05. 25. 07. 05. 12. 29.
	2007. 10. 10.	2007. 10. 10.
	2008. 12. 31.	
	2009. 06. 29.	2009. 03. 05. 08. 31.
	2010. 07. 21.	2010. 07. 21.
	2011. 01. 26. 02. 09. 12. 31.	
2012. 03. 21. 12. 18.	2012. 05. 14.	2012. 05. 18.
2013. 08. 13.	2013. 01. 16. 06. 17. 12. 30. 12. 30.	2013. 06. 19.
2014. 12. 30.	2014. 11. 04.	2014. 11. 04.
	2015. 06. 22. 12. 31.	2015. 06. 30.
2016. 03. 02.	2016. 09. 02.	2016. 02. 01. 09. 23.
2017. 12. 19.		2017. 12. 28.
	2018. 03. 06. 12. 04.	2018. 12. 04.
2019. 11. 26.	2019. 09. 17.	2019. 09. 17.
2020. 03. 31.	2020. 04. 07. 05. 01. 09. 29.	
2021. 01. 05.	2021. 07. 06.	2021. 07. 06.
	2022. 06. 14.	
12회 변경	37회 변경	26회 변경

나 수의계약을 체결할 수 있도록 하였고, 정부조달협정의 내용에 따라 충분한 계약이행능력이 있는 자 중 최저가입찰자 또는 가장 유리한 조건을 제시한 자를 낙찰자로 하고, 계약의 성질·규모 등을 감안하여 별도의 기준을 정한 경우에는 그 기준에 가장 적합한 자를 낙찰자로 하고 있으며, 정부조달협정에 분쟁처리 기구를 설치하도록 되어 있으므로 이의 이행을 위하여 기획재정부에 국제계약분쟁조정위원회를 두도록 명시하였습니다.

위와 같은 국가계약법령 연혁을 살펴보면, 1995년 1월 5일 제정된 이후 지금까지 타법개정 경우를 제외하고 법률은 12회, 시행령은 37회, 시행규칙은 26회의 일부개정이 있었습니다. 시행령의 개정 횟수가 법률의 3배가 넘게 많이 이루어졌습니다.

1.2 건설산업기본법 연혁 및 주요 내용

건설산업기본법은 우리나라의 모든 건설공사에 영향을 주는 대표적인 법률이라 하겠으며, 법령 명칭에 '기본'이라고 명시한 몇 안 되는 경우이기도 합니다.

건설산업기본법의 모태는 1958년 3월 11일 제정된 건설업법으로서, 1996년 12월 30일 건설공제조합법(1963. 7. 31. 제정)과 전문건설공제조합법(1987. 10. 24. 제정)을 통합하여 법 제명을 건설산업기본법으로 전부개정한 것입니다. 1996년 12월 30일자로 전부개정된 건설산업기본법의 주요 내용은 당시의 건설업 면허제를 건설업 등록제로 전환하여 일정 기준을 충족한 경우에 건설업을 영위할 수 있도록 하였으며, 일정 금액 이상을 도급받지 못하게 한 도급한도액제도를 폐지하는 대신 시공능력평가제도를 도입하여 이를 참고로 도급받을 수 있는 자격을 제한할 수 있도록 하였습니다.

건설산업기본법은 전부개정된 법률이지만 기존 건설업법의 일반건설업(종합) 및 전문건설업의 이원화된 체계는 그대로 유지하였으며, 2018년 12월 31일이 되어서야 종합·전문건설업체 간의 이원화된 체계인 칸막이식 업역 규제가 폐지되었습니다.

건설산업기본법 [법률 제5230호, 1996. 12. 30., 전부개정]

[전문개정]

건설시장의 개방 등 건설환경의 변화에 부응하여 건설업체의 경쟁력을 강화하고 부실공사를 근원적으로 방지할 수 있도록 건설산업 관련 제도를 전반적으로 재정비하는 한편, 현행규정의 운영상 나타난 일부 미비점을 개선·보완하려는 것임.

① 이 법의 제명을 건설업법에서 건설산업기본법으로 변경하고, 건설산업(건설업 및 건설용역업)에 관하여 다른 법률에서 규정하고 있는 경우를 제외하고는 이 법을 적용하도록 함.

② 일반건설업·특수건설업 및 전문건설업으로 구분하던 건설업의 종류를 일반건설업 및 전문건설업으로 단순화하고, 매년 1회에 한하여 발급하던 건설업면허를 수시로 발급하도록 함.

③ 공사금액이 일정 금액을 초과하면 건설공사를 도급받지 못하게 하는 도급한도액제도를 폐지하는 대신 건설교통부장관이 건설사업자의 시공능력을 평가하여 공시하도록 하고, 발주자가 이 시공능력평가를 참고로 하여 건설공사의 특성에 따라 그 공사를 도급받을 수 있는 건설사업자의 자격을 제한할 수 있도록 함.

④ 시공관리대장에 건설공사에 참여한 기능공·장비임대업자 등 시공참여자를 명시하도록 하는 현장실명제를 도입하고, 시공참여자에 대하여는 하도급의 경우와 같이 공사대금을 현금으로 지급하게 하거나 수급인이 직접지급할 수 있도록 함.

⑤ 표준산업분류표상 건설업으로 분류되는 가스시설공사업·시설물유지관리업·온돌시공업 등 건설 관련 5개 시공업을 이 법에 의한 건설업에 포함시키되, 관계중앙행정기관의 장에게 이들 시공업에 관한 권한을 위탁할 수 있도록 함.

건설산업기본법령 연혁

건설산업기본법 연혁을 살펴보면, 1996년 12월 30일 전부개정된 이후 지금까지 타법개정 경우를 제외하면 법률은 34회, 시행령은 40회, 시행규칙은 31회의 일부개정이 있어 비슷한 개정 횟수를 기록하고 있습니다.

〈표 2-5〉 건설산업기본법령 연혁

법률	시행령	시행규칙
1996. 12. 30.		
	1997. 07. 10.	1997. 08. 02.
1999. 04. 15.	1999. 08. 06.	1999. 01. 25.
2000. 01. 12.	2000. 04. 18.	2000. 07. 10.
	2001. 07. 08.	2001. 08. 28.
	08. 25.	
2002. 01. 26.	2002. 09. 18.	2002. 09. 18.
12. 18.		
2003. 07. 25.	2003. 08. 21.	2003. 08. 26.
2004. 12. 31.		
2005. 05. 26.	2005. 05. 07.	2005. 01. 15.
11. 08.	06. 30.	06. 30.
	11. 25.	
2007. 05. 17.	2007. 12. 28.	2007. 12. 31.
2008. 03. 21.	2008. 06. 05.	2008. 06. 05.
	12. 31.	12. 31.
2009. 12. 29.	2009. 11. 10.	
	2010. 05. 27.	2010. 02. 16.
		06. 29.
2011. 05. 24.	2011. 04. 14.	2011. 11. 03.
08. 04.	11. 01.	
2012. 01. 17.	2012. 02. 02.	2012. 12. 05.
06. 01.	06. 21.	
12. 18.	11. 27.	
2013. 08. 06.	2013. 06. 17.	2013. 06. 17.
2014. 05. 14.	2014. 02. 05.	2014. 02. 06.
	11. 14.	11. 14.
		12. 31.
2015. 08. 11.		
2016. 02. 03.	2016. 02. 11.	2016. 02. 12.
	08. 04.	06. 13.
		08. 04.
2017. 03. 21.	2017. 09. 19.	09. 20.
08. 09		
12. 26.		
2018. 08. 14.	2018. 06. 26.	
12. 18.	08. 07.	
12. 31.	12. 24.	
2019. 04. 30.	2019. 03. 26.	2019. 03. 26.
11. 26.	06. 18.	06. 19.
2020. 04. 07.	2020. 02. 18.	2020. 03. 02.
10. 20.	09. 08.	09. 08.
	10. 08.	10. 07.
	12. 09.	
2021. 07. 27.	2021. 04. 06.	2021. 08. 31.
12. 07.	08. 03.	12. 31.
	12. 28.	
2022. 02. 03.	2022. 07. 19.	
	2023. 05. 09.	2023. 05. 03.
34회 변경	40회 변경	31회 변경

건설산업기본법령에서 계약과 관련된 주요 내용을 정리하면 다음과 같습니다.

▌신의성실의 원칙(법 제22조)

도급계약은 공정하고 신의성실의 원칙(민법의 대원칙이며, 줄여서 신의칙이라고 합니다. 상대방의 정당한 이익을 고려하고 상대방의 신뢰를 저버리지 않도록 행동하여야 하며, 형평에 어긋나지 않아야 한다는 계약의 기본원칙입니다)으로 이행되어야 함을 천명하고 있습니다. 이를 위해 계약체결 시 도급금액, 공사기간, 그 외 사항(노무비, 설계변경 등)을 분명하게 적어야 하고, 기명날인한 계약서를 상호 보관해야 하고, 건설공사대장을 작성하고, 이를 발주자에게 통보해야 합니다. 아울러 도급금액 산출내역서에는 4대 보험(고용보험, 산재보험, 국민연금보험, 건강보험료), 노인장기요양보험료 등을 분명하게 적어야 합니다.

건설산업기본법

제22조(건설공사에 관한 도급계약의 원칙) ① 건설공사에 관한 도급계약(하도급계약을 포함한다. 이하 같다)의 당사자는 대등한 입장에서 합의에 따라 공정하게 계약을 체결하고 신의를 지켜 성실하게 계약을 이행하여야 한다.

② 건설공사에 관한 도급계약의 당사자는 계약을 체결할 때 도급금액, 공사기간, 그 밖에 대통령령으로 정하는 사항을 계약서에 분명하게 적어야 하고, 서명 또는 기명날인한 계약서를 서로 주고받아 보관하여야 한다.

③~④ -생략-

⑤ 건설공사 도급계약의 내용이 당사자 일방에게 현저하게 불공정한 경우로서 다음 각 호의 어느 하나에 해당하는 경우에는 그 부분에 한정하여 무효로 한다.

1. 계약체결 이후 설계변경, 경제상황의 변동에 따라 발생하는 계약금액의 변경을 상당한 이유 없이 인정하지 아니하거나 그 부담을 상대방에게 떠넘기는 경우
2. 계약체결 이후 공사내용의 변경에 따른 계약기간의 변경을 상당한 이유 없이 인정하지 아니하거나 그 부담을 상대방에게 떠넘기는 경우
3. 도급계약의 형태, 건설공사의 내용 등 관련된 모든 사정에 비추어 계약체결 당시 예상하기 어려운 내용에 대하여 상대방에게 책임을 떠넘기는 경우
4. 계약내용에 대하여 구체적인 정함이 없거나 당사자 간 이견이 있을 경우 계약내용을 일방의 의사에 따라 정함으로써 상대방의 정당한 이익을 침해한 경우
5. 계약불이행에 따른 당사자의 손해배상책임을 과도하게 경감하거나 가중하여 정함으로써 상대방의 정당한 이익을 침해한 경우
6. 「민법」 등 관계 법령에서 인정하고 있는 상대방의 권리를 상당한 이유 없이 배제하거나 제한하는 경우

⑥ -생략-

⑦ 건설공사 도급계약의 당사자는 「고용보험 및 산업재해보상보험의 보험료징수 등에 관한 법률」에 따른 보험료, 「국민연금법」에 따른 국민연금보험료, 「국민건강보험법」에 따른 건강보험료, 「노인장기요양보험법」에 따른 노인장기요양보험료 등 그 건설공사와 관련하여 건설사업자가 의무적으로 부담하여야 하는 비용의 금액을 대통령령으로 정하는 바에 따라 그 건설공사의 도급금액 산출내역서(하도급금액 산출내역서를 포함한다. 이하 이 항에서 같다)에 분명하게 적어야 한다. 이 경우 그 건설공사의 도급금액 산출내역서에 적힌 금액이 실제로 지출된 보험료 등보다 많은 경우에 그 정산에 관한 사항은 대통령령으로 정한다.

위와 같은 신의성실의 원칙은 하도급계약에 대해서도 당연히 적용됩니다. 건설공사의 (하)도급계약은 계약자유의 원칙이 적용되므로 일정한 방식이나 양식에 따르지 않아도 되는 불요식행위입니다. 이때 구두(口頭)에 의한 (하)도급계약도 법적으로 유효한지 여부가 논란이 됩니다. 결론적으로 말씀드리면 구두에 의한 계약도 유효하지만 향후 분쟁 발생 시 입증책임의 곤란함으로 인하여 정당한 권리를 주장하지 못할 수 있으므로, 이를 방지하기 위해서는 반드시 서면계약서가 작성되어야 합니다.

▍불공정한 도급계약의 한정 무효(법 제22조 제5항)

건설산업기본법은 도급계약의 내용이 현저히 불공정한 경우, 그 부분에 한정하여 무효로 한다는 규정(법 제22조 제5항)을 2013년 8월 6일 신설하였습니다(이를 한정 무효라고 합니다). 건설산업기본법은 한정 무효가 되는 여섯 가지 경우를 열거하고 있습니다. 1. 계약체결 이후 설계변경, 경제상황의 변동에 따라 발생하는 계약금액의 변경을 상당한 이유 없이 인정하지 아니하거나 그 부담을 상대방에게 전가하는 경우, 2. 계약체결 이후 공사내용의 변경에 따른 계약기간의 변경을 상당한 이유 없이 인정하지 아니하거나 그 부담을 상대방에게 전가하는 경우, 3. 도급계약의 형태, 건설공사의 내용 등 관련된 모든 사정에 비추어 계약체결 당시 예상하기 어려운 내용에 대하여 상대방에게 책임을 전가하는 경우, 4. 계약내용에 대하여 구체적인 정함이 없거나 당사자 간 이견이 있을 경우 계약내용을 일방의 의사에 따라 정함으로써 상대방의 정당한 이익을 침해한 경우, 5. 계약불이행에 따른 당사자의 손해배상책임을 과도하게 경감하거나 가중하여 정함으로써 상대방의 정당한 이익을 침해한 경우, 6. 「민법」 등 관계 법령에서 인정하고 있는 상대방의 권리를 상당한 이유 없이 배제하거나 제한하는 경우입니다.

실무에서는 도급계약의 현저한 불공정을 입증하기가 쉽지 않은 까닭에 해당 계약조건을 무효로 인정받은 사례 또한 흔하지 않습니다. 그러므로 계약체결 시 충분한 검토를 거쳐 불공정한 내용이 계약내용으로 포함되지 않도록 주의가 요구됩니다.

▍4대 보험료 등 사후정산(법 제22조 제7항)

건설산업기본법은 건설공사에 있어서 사후정산 비목을 규정하고 있습니다. 그 대상은 간접비 항목에 해당하는 보험료(국민연금, 건강보험, 노인장기요양보험)와 일용직근로자에 대한 퇴직공제부금비(법 제87조 및 영 제83조 제6항)가 있습니다. 건설산업기본법에서 보험료 사후정산 규정은 2007년 5월 17일 개정(시행 2008. 1. 1.)하여 도입되었습니다.

대법원은, 발주자는 건강보험료 등의 정산을 배제하는 별도의 규정이나 당사자의 합의가 있는 등 특별한 사정이 없는 한 도급금액 산출내역서에 명시된 건강보험료 등이 실제로 지출된 보험료보다 많은 경우 초과하는 금액을 정산할 수 있고, 이는 공공공사에서도 마찬가지라고 판단하고 있습니다(대법원 2020. 10. 15. 선고 2018다209157 판결).

▍하도급계약 통보 의무(법 제29조 제6항 등)

2016년 1월 1일부터 100억 원 이하 공사에 대하여 직접시공제가 시행되었고, 2021년 1월 1일 공공공사부터 칸막이식 업역규제 폐지가 시행되었지만, 건설공사에서의 생산구조는 여전히 하도급 방식이 가장 일반적

형태입니다. 하도급건설업체, 즉 하수급인은 발주자와 직접적인 계약관계가 없지만 실제 시공을 담당하는 실질적인 공사 참여자이기에 하수급인에 관한 여러 가지 규정을 명시하고 있습니다. 그 때문에 하도급관리는 중요한 계약관리에 해당합니다.

먼저 하도급계약 통보 의무입니다. 수급인이 하도급계약을 체결한 경우에는, 하도급계약을 체결한 날로부터 30일 이내에 발주자에게 통보해야 합니다. 하도급계약 통보서류에는 하도급계약서(변경계약서를 포함합니다), 공사내역서, 예정공정표, 하도급대금지급보증서, 현장설명서, 공동도급인 경우 공동도급 협정서 등이 해당됩니다.

위와 같은 하도급 통보에 있어서 실무에서 자주 거론되는 것은 하도급계약 준공 및 정산계약도 통보의무 대상에 해당되는지 여부입니다. 하도급계약 통보는 변경계약을 포함하므로 준공하거나 최종 정산된 계약도 포함된다고 하겠습니다.

하도급 통보를 거짓으로 하거나 아예 하도급 통보를 하지 않았을 때는 벌칙이 있습니다. 하도급 통보를 거짓으로 한 경우에는 3~4개월의 영업정지 또는 영업정지에 갈음하는 6,000만~8,000만 원의 과징금을 부과받을 수 있습니다(법 제82조 제1항 제4호 및 영 [별표 6]). 반면 하도급 통보를 하지 않은 경우에는 100만~150만 원의 과태료를 부과받을 수 있습니다(법 제99조 제5호 및 영 [별표 7]).

건설산업기본법
제29조(건설공사의 하도급 제한)
⑥ 도급받은 공사의 일부를 하도급(제3항 단서에 따라 다시 하도급하는 것을 포함한다)한 건설사업자와 제3항 제2호에 따라 다시 하도급하는 것을 승낙한 자는 대통령령으로 정하는 바에 따라 발주자에게 통보를 하여야 한다. 다만, 다음 각 호의 어느 하나에 해당하는 경우에는 그러하지 아니하다.
1. 제2항 단서, 제3항 제1호, 제5항 단서에 따라 발주자가 하도급을 서면으로 승낙한 경우

2. 하도급을 하려는 부분이 그 공사의 주요 부분에 해당하는 경우로서 발주자가 품질관리상 필요하여 도급계약의 조건으로 사전승인을 받도록 요구한 경우

건설산업기본법 시행령
제32조(하도급등의 통보) ① 법 제29조 제6항 각 호 외의 부분 본문에 따른 통보는 국토교통부령으로 정하는 바에 따라 하도급계약을 체결하거나 다시 하도급하는 것을 승낙한 날부터 30일 이내에 해야 한다. 하도급계약 등을 변경 또는 해제한 때에도 또한 같다.
② 감리자가 있는 건설공사로서 하도급 등을 한 자가 제1항의 규정에 의한 기한 내에 감리자에게 통보한 경우는 이를 발주자에게 통보한 것으로 본다.
③ 삭제 〈1999. 8. 6.〉

▍내용과 비율(법 제36조)

수급인이 발주자로부터 설계변경 또는 경제상황의 변동에 따라 늘려 지급받은 경우, 수급인이 늘려 지급받은 공사금액의 '내용과 비율'에 따라 하수급인에 대해서도 관련 비용을 늘려 지급하여야 합니다(법 제36조 제1항). 발주자는 설계변경 등으로 수급인에게 계약금액을 조정하여 지급한 경우에는, 공사금액 조정사유와 내용을 하수급인에게 통보하여야 합니다(법 제36조 제2항). 발주자의 하수급인에 대한 통보기한은 수급인에게 조정하여 지급한 날로부터 15일 이내이며, 통보내용에는 공사금액 조정시기, 조정사유 및 조정률·금액 등이 해당합니다(영 제34조의6 및 규칙 제30조). 이때 실무에서 가장 빈번하게 논쟁되는 것은 건설산업기본법 제36조(설계변경 등에 따른 하도급대금의 조정 등)에서의 '내용과 비율'을 어떻게 해석하는 것이 합당한지에 대한 부분입니다. 아직까지 '내용과 비율'에 대한 직·간접적인 정의 규정이 없어 이에 대한 논쟁은 여전히 현재진행 중입니다.

건설산업기본법
제36조(설계변경 등에 따른 하도급대금의 조정 등) ① 수급인은 하도급을 한 후 설계변경 또는 경제상황의 변동에 따라 발주자로부터 공사금액을 늘려 지급받은 경우에 같은 사유로 목적물의 준공에 비용이 추가될 때에는 그가 금액을 늘려 받은 공사금액의 내용과 비율에 따라 하수급인에게 비용을 늘려 지급하여야 하고, 공사금액을 줄여 지급받은 때에는 이에 준하여 금액을 줄여 지급한다.

② 발주자는 발주한 건설공사의 금액을 설계변경 또는 경제 상황의 변동에 따라 수급인에게 조정하여 지급한 경우에는 대통령령으로 정하는 바에 따라 공사금액의 조정사유와 내용을 하수급인(제29조 제3항에 따라 하수급인으로부터 다시 하도급받은 자를 포함한다)에게 통보하여야 한다.

▍하도급률 산정방법(법 제31조, 영 제34조 제1항)

건설하도급에 있어서 저가 하도급을 방지하기 위한 방안으로 시행되고 있는 것은 하도급적정성심사제도입니다. 공공공사에 대해서는 의무적으로 하도급적정성심사를 하도록 하였으며, 심사의 주된 내용은 하도급률이 일정비율 이상이 되어야 한다는 것입니다. 계약자유의 원칙에서 보자면 민간 업체들 간의 계약에 대해서까지 정부가 관여하는 것이 과연 적정한가에 대한 논란이 있기에, 현행은 공공공사에 대해서만 강행규정으로 운영되고 있습니다. 현행 하도급적정성심사의 기준이 되는 하도급률은 수급인 공사금액의 82% 미만 또는 예정가격 대비 64%(2019. 3. 26. 시행) 미만 시 적정성 심사를 받도록 하고 있습니다.

건설산업기본법

제31조(하도급계약의 적정성심사 등) ① 발주자는 하수급인이 건설공사를 시공하기에 현저하게 부적당하다고 인정되거나 하도급계약금액이 대통령령으로 정하는 비율에 따른 금액에 미달하는 경우에는 하수급인의 시공능력, 하도급계약내용의 적정성 등을 심사할 수 있다.

② 국가, 지방자치단체 또는 대통령령으로 정하는 공공기관이 발주자인 경우에는 하수급인이 건설공사를 시공하기에 현저하게 부적당하다고 인정되거나 하도급계약금액이 대통령령으로 정하는 비율에 따른 금액에 미달하는 경우에는 하수급인의 시공능력, 하도급계약내용의 적정성 등을 심사하여야 한다.

건설산업기본법 시행령

제34조 (하도급계약의 적정성심사 등) ① 법 제31조 제1항 및 제2항에서 "하도급계약금액이 대통령령으로 정하는 비율에 따른 금액에 미달하는 경우"란 다음 각 호의 어느 하나에 해당되는 경우를 말한다.

1. 하도급계약금액이 도급금액 중 하도급부분에 상당하는 금액[하도급하려는 공사 부분에 대하여 수급인의 도급금액 산출내역서의 계약단가(직접·간접 노무비, 재료비 및 경비를 포함한다)를 기준으로 산출한 금액에 일반관리비, 이윤 및 부가가치세를 포함한 금액을 말하며, 수급인이 하수급인에게 직접 지급하는 자재의 비용과 법 제34조 제3항에 따른 하도급대금 지급보증서 발급에 드는 금액 등 관계 법령에 따라 수급인이 부담하는 금액은 제외한다]의

100분의 82에 미달하는 경우
2. 하도급계약금액이 하도급부분에 대한 발주자의 예정가격의 100분의 64에 미달하는 경우

가장 빈번하게 사용되는 하도급률에 대한 정의가 명확해야 합니다. 하도급률은 수급인의 '하도급부분 도급액'(분모)에 대한 하도급계약금액(분자)의 비율입니다. 이때 분모에 해당하는 수급인의 하도급부분 도급액 범위가 추상적이라 이를 적용함에 있어 실무에서의 논쟁이 많았던 사항입니다. 분모에 해당하는 하도급부분 도급액을 축소시키면 하도급률이 상향되므로, 수급인으로서는 법령에서 언급한 비목을 가능한 최소로 반영하여 하도급률을 실제보다 높게 산정되게 하려는 의도의 결과물이라고 하겠습니다. 지금은 하도급률 산정에 있어서 수급인의 하도급부분 도급액을 적게 적용하려는 경향이 많이 개선되었지만 이 또한 여전히 현재진행 중인 사안입니다. 참고로 하도급공사 계약자료 등의 공개에서는 하도급부분 도급액 및 하도급률을 공개토록 규정하고 있습니다(법 제31조의3, 2014. 5. 14. 신설).

[그림 2-1] 하도급부분 도급액의 정의

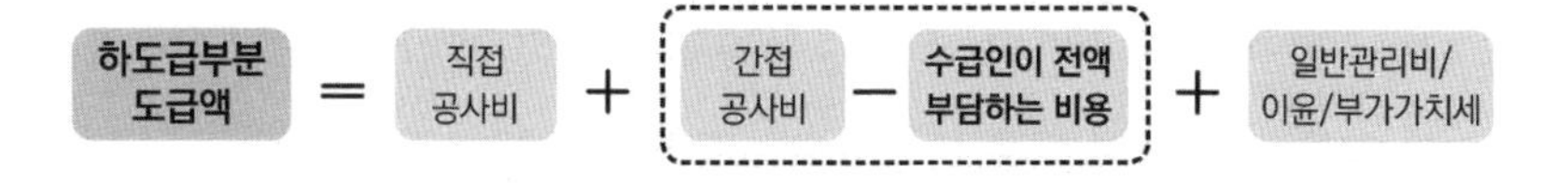

▌하수급인에 대한 부당특약요구 금지(법 제38조, 영 제34조의8)

수급인은 하수급인의 계약상 이익을 부당하게 제한하는 특약을 요구해서는 아니 되며, 시행령에서는 부당특약 유형 7가지를 열거하고 있습니다. 부당특약을 강요한 경우에는 시정명령이 내려지거나, 2개월의 영업정지 또는 영업정지에 갈음하는 4,000만 원의 과징금을 부과받을 수 있습니다.

그런데 2020년 10월 20일 발주자에 대해서도 부당특약 설정을 금지토록 개정하였으나, 전술한 벌칙은 수급인에 대해서만 부과되며 발주자에게는 벌칙 적용기준이 없습니다. 그렇다 보니 두 가지 상황이 발생하고 있습니다. 하나는 수급인이 부당특약 관련 사항을 신고내용에서 빠뜨리는 경우인데, 발주기관이 하도급계약에 대한 부당특약을 알지 못하도록 하는 것입니다. 다른 하나는 발주기관이 수급인의 하수급인에 대한 특약 설정을 기피하는 경우인데, 부당특약 여부를 아예 판단조차 하지 않으려는 시도로 추정됩니다.

건설산업기본법

제38조(불공정행위의 금지) ① 발주자 및 수급인은 수급인 또는 하수급인에게 도급계약을 체결한 공사(하도급공사를 포함한다)의 시공과 관련하여 자재구입처의 지정 등으로 수급인 또는 하수급인에게 불리하다고 인정되는 행위를 강요하여서는 아니 된다.

② 수급인은 하수급인에게 제22조, 제28조, 제34조, 제36조 제1항, 제36조의2 제1항, 제44조 또는 관계 법령 등을 위반하여 하수급인의 계약상 이익을 부당하게 제한하는 특약을 요구하여서는 아니 된다. 이 경우 부당한 특약의 유형은 대통령령으로 정한다.

③ 발주자가 국가, 지방자치단체 또는 대통령령으로 정하는 공공기관인 경우로서 제29조 제6항에 따라 통보받은 하도급계약 등에 제2항에 따른 부당한 특약이 있는 경우 그 사유를 분명하게 밝혀 수급인에게 하도급계약 등의 내용변경을 요구하고, 해당 건설사업자의 등록관청에 그 사실을 통보하여야 한다. 〈신설 2014. 5. 14.〉

건설산업기본법 시행령

제34조의8(부당특약의 유형) 법 제38조 제2항 후단에 따른 부당한 특약의 유형은 다음 각 호와 같다.

1. 법 제22조에 따라 하도급금액산출내역서에 명시된 보험료를 하수급인에게 지급하지 아니하기로 하는 특약
2. 법 제22조 제1항을 위반하여 수급인이 부당하게 하수급인에게 각종 민원처리, 임시 시설물 설치, 추가 공사 또는 현장관리 등에 드는 비용을 전가하거나 부담시키는 특약
3. 법 제28조에 따라 수급인이 부담하여야 할 하자담보책임을 하수급인에게 전가·부담시키거나 도급계약으로 정한 기간을 초과하여 하자담보책임을 부담시키는 특약
4. 법 제34조 제1항에 따라 하수급인에게 지급하여야 하는 하도급대금을 현금으로 지급하거나 지급기한 전에 지급하는 것을 이유로 지나치게 감액하기로 하는 특약
5. 법 제34조 제4항에 따라 하수급인에게 지급하여야 하는 선급금을 지급하지 아니하기로 하는 특약 또는 선급금 지급을 이유로 기성금을 지급하지 아니하거나 하도급대금을 감액하기로 하는 특약
6. 법 제36조 제1항에 따라 수급인이 발주자로부터 설계변경 또는 경제상황 변동에 따라 공사금액을 조정받은 경우에 하도급대금을 조정하지 아니하기로 한 특약

7. 법 제44조 제1항에 따라 수급인이 부담하여야 할 손해배상책임을 하수급인에게 전가하거나 부담시키는 특약

건설산업기본법은 2014년 5월 14일 공공공사의 경우 발주기관으로 하여금 하도급 부당특약을 검증하도록 제38조(불공정행위의 금지) 제3항을 신설·개정하면서, 해당 부당특약에 대한 무효규정까지는 별도로 신설하지 않았습니다. 하지만 같은 법 제22조(건설공사에 관한 도급계약의 원칙) 제5항은 건설공사 도급계약의 내용이 당사자 일방에게 현저하게 불공정한 경우에는 그 부분에 한정하여 무효가 될 수 있는바, 어느 규정을 적용할 수 있는지가 유사시엔 중요한 판단사항이 될 것입니다. 참고로 민법 제104조(불공정한 법률행위)는 "당사자의 궁박, 경솔 또는 무경험으로 인하여 현저하게 공정을 잃은 법률행위는 무효로 한다"라고 규정하고 있습니다. 하지만 건설도급계약은 대부분 법인(法人) 간의 계약체결로 형성되는데, 건설업체 법인은 경험 있는 인력을 보유한 조직으로 간주할 수 있으므로 민법 제104조에 적용될 가능성은 매우 희박하다고 하겠습니다.

▌건설사업자의 손해배상책임(법 제44조)

건설사업자(수급인)는 부실시공으로 타인에게 손해를 입히면 손해배상책임이 있습니다. 그 손해가 발주자 또는 하수급인에 의하여 발생한 경우라도 수급인에게 손해배상책임이 있으며, 다만 수급인은 손해배상을 발주자 또는 하수급인에 대하여 구상권을 행사할 수 있을 뿐입니다. 수급인에게 구상권이 있더라도 부실시공으로 인한 발생 손해의 실질적인 책임은 수급인이 질 수밖에 없습니다. 부실시공 행위자인 하수급인에게 구상권을 행사하더라도 수급인에 대한 유·무형의 손해가 훨씬 더 클 수 있으므로, 안전사

고뿐만 아니라 부실시공의 원천 차단은 숙명이 아닐 수 없습니다.

1.3 하도급법 제정 배경·경위 및 주요 내용

하도급법은 1984년 12월 31일 하도급거래에 있어서 원사업자(건설산업기본법에서의 수급인과 비슷한 개념의 용어입니다)의 부당한 행위를 억제하고 수급사업자(건설산업기본법에서의 하수급인과 비슷한 개념의 용어입니다)의 열위적 지위를 보완하여 하도급거래가 상호보완적인 협조관계에서 이루어지도록 유도함으로써 분업화와 전문화를 통한 생산성의 향상에 기여하도록 하기 위하여 신규 제정된 법률입니다(1985. 4. 1. 시행).

> **하도급거래공정화에관한법률 [법률 제3779호, 1984. 12. 31., 제정]**
> **◇ 신규제정**
> 하도급거래에 있어서 원사업자의 부당한 행위를 억제하고 수급사업자의 열위적 지위를 보완하여 하도급거래가 상호보완적인 협조관계에서 이루어지도록 유도함으로써 분업화와 전문화를 통한 생산성의 향상에 기여하도록 하려는 것임.

▌하도급법 제정 배경

우리나라 경제에서 하도급거래 비중이 증가하면서 원사업자에 의해 자행되는 불공정한 하도급거래행위(하도급대금의 미지급, 하도급대금의 부당한 감액, 거래중단 등)를 방지하고 위반행위에 대하여 적극적으로 시정할 필요성이 제기되었고, 이러한 취지에서 정부는 구(舊)「독점규제 및 공정거래에 관한 법률」 제15조 제4호 및 같은 법 시행령 제21조의 규정에 의하여 「하도급거래상의 불공정거래행위지정고시」를 1982년 12월 경제기획원고시 제59호로 고시하여 1983년 4월 1일부터 시행하였습니다.

고시 시행 이후 하도급거래와 관련하여 경제기획원이 처리한 사건 건수가 1983년 48건(건설 34건, 제조 14건)에서 1984년 211건(건설 127건, 제조 84건)으로 대폭 증가하여 고시 체계보다는 독립법률로써 운용해야 할 필요성이 대두되어, 고시의 미비점을 보완하여 하도급거래 공정화의 기본 준거법인 「하도급거래 공정화에 관한 법률」이 1984년 12월 31일 제정·공포되었습니다(김홍석·구상모(2010), 『하도급법』, 화산미디어. 내용을 요약 정리한 것입니다).

❙ 하도급법 제정 경위

1980년대의 시대적 상황을 생각해본다면 하도급법 제정 경위를 살펴보지 않을 수 없습니다. 1982년 10월 11일 박관용 의원(당시 민주한국당) 외 80인이 「하도급불공정거래행위규제법안」을 발의하여 1982년 10월 13일 경제과학위원회에 회부되어 1982년 12월 13일 동 위원회에 상정되었으며, 1984년 3월 6일 이진우 의원(당시 민주정의당) 외 47인이 「하도급불공정거래촉진법안」을 발의하여 경제과학위원회에 회부되어 1984년 3월 14일 동 위원회에 상정되었습니다. 양 법안의 내용과 체제 등이 유사한 점이 많아 양 법안을 병합심사 하였으며, 소위원회에서 법안을 심사한 결과, 양 법안이 '규제법안'과 '촉진법안'이라는 법 명칭상 차이 이외에는 하도급거래에 있어서 그동안 관행화되어온 '원사업자의 불공정 거래행위를 시정하고 신뢰를 바탕으로 한 상호협조적 풍토를 결성함으로써 원·수급사업자가 공평한 지위에서 균형적 발전을 추구'한다는 점에서 유사하여 양 법안을 통합·조정하여 위원회 대안을 제안하기로 하였고, 경제과학위원회에서는 소위원회의 안을 받아들여 「하도급거래 공정화에 관한 법률안」을 위원회의 대안으로 제안(1984. 12. 1.)하여 법제사법위원회의 체계와 자구심사(1984. 12. 13. 의결)를 거쳐 1984년 12월 14일 본회의에 상정하여 가결되어 1985년 4월 1일 시행되었습니다(국회 의안정보시스템을 검색하여 관련 회의록을 요약 정리한 것입니다).

한편 우리나라처럼 하도급에 특화된 법률을 가지고 있는 국가는 일본을 제외하고는 없는 것으로 알려지고 있습니다. 계약문화가 발달한 서구권 국가는 원사업자와 수급사업자 간의 계약자유의 원칙을 존중하여 정부의 개입을 자제하고 있으며, 다만 하도급대금 지급보증제, 하도급대금직불제, 표준하도급계약조건 등 바람직한 하도급관계의 설정을 위한 제도적인 노력을 강구하고 있는 정도입니다. 이러한 이유로 일각에서는 선진외국과 같이 하도급법과 같은 특별법에 대한 의존성은 줄이고 (하)도급계약의 기본원칙인 계약당사자 간의 계약자유의 원칙에 따른 계약문화 정착을 위한 단계로의 진입을 준비해야 한다는 의견이 제기되고 있는 중입니다.

우리나라는 민법에서 당사자인 도급인과 수급인 간의 권리·의무관계에 관하여 규정을 두고 있으며(민법 제664조 내지 제674조), 상법 또한 작업 또는 노무 도급의 인수를 영업으로 하는 행위를 기본적 상행위로 규정(상법 제46조 제5호)하고 있습니다. 이에 일부에서는 위와 같은 민·상법 규정을 활용하여 현행 하도급법상 불공정한 하도급거래행위를 제어할 수 있을 것이라는 의견이 있습니다. 하지만 민·상법은 사법(私法)으로 거래주체의 대등성(동등한 지위의 거래당사자)을 전제로 규율된다는 점에서 수급사업자의 열위적 지위가 관행화된 하도급거래의 문제점을 충분하게 해소하지 못하는 한계가 있으므로 상당 기간 동안은 하도급법이 존치될 것으로 생각됩니다.

하도급법령의 주요 내용을 정리하면 다음과 같습니다.

▎하도급법 적용대상(법 제2조, 영 제2조)

하도급법은 건설업 관련 법령에서도 특별법적 지위에 있습니다. 하여 하도급법 적용대상을 먼저 특정해야 하며, 이를 위해서는 하도급법 제2조(정의)의 '하도급거래' 정의를 명확히 이해해야 합니다. 대법원 판례에 의하면 하도급법 적용범위는 하도급관계냐 아니냐에 따르는 것이 아니라 원사업자의 규모에 의하여 결정됨을 분명히 하고 있습니다. 그러므로 하도급법은 하도급관계뿐만 아니라 원도급관계에 대해서도 적용될 수 있게 됩니다(대법원 2003. 5. 16. 선고 2001다27470 판결 등).

대법원 2003. 5. 16. 선고 2001다27470 판결 [보증금]

【판시사항】

하도급거래 공정화에 관한 법률이 원도급관계에 적용되는지 여부(적극)

【판결요지】

하도급거래 공정화에 관한 법률 제2조 제1항은 일반적으로 흔히 하도급이라고 부르는 경우, 즉 원사업자가 다른 사업자로부터 제조위탁·수리위탁 또는 건설위탁을 받은 것을 수급사업자에게 다시 위탁을 하는 경우뿐만 아니라 원사업자가 수급사업자에게 제조위탁·수리위탁 또는 건설위탁을 하는 경우도 하도급거래로 규정하여 그 법률을 적용하도록 정하고 있고, 같은 조 제2항에 의하여 그 법률의 적용범위는 하도급관계냐 아니냐에 따르는 것이 아니라 원사업자의 규모에 의하여 결정됨을 알 수 있으므로 하도급거래 공정화에 관한 법률은 그 명칭과는 달리 일반적으로 흔히 말하는 하도급관계뿐만 아니라 원도급관계도 규제한다.

하도급법

제2조(정의) ① 이 법에서 "하도급거래"란 원사업자가 수급사업자에게 제조위탁(가공위탁을 포함한다. 이하 같다)·수리위탁·건설위탁 또는 용역위탁을 하거나 원사업자가 다른 사업자로부터 제조위탁·수리위탁·건설위탁 또는 용역위탁을 받은 것을 수급사업자에게 다시 위탁한 경우, 그 위탁(이하 "제조 등의 위탁"이라 한다)을 받은 수급사업자가 위탁받은 것(이하 "목적물 등"이라 한다)을 제조·수리·시공하거나 용역수행하여 원사업자에게 납품·인도 또는 제공(이하 "납품 등"이라 한다)하고 그 대가(이하 "하도급대금"이라 한다)를 받는 행위를 말한다.

② 이 법에서 "원사업자"란 다음 각 호의 어느 하나에 해당하는 자를 말한다.

1. 중소기업자(「중소기업기본법」 제2조 제1항 또는 제3항에 따른 자를 말하며, 「중소기업협동조합법」에 따른 중소기업협동조합을 포함한다. 이하 같다)가 아닌 사업자로서 중소기업자에

게 제조 등의 위탁을 한 자

2. 중소기업자 중 직전 사업연도의 연간매출액[관계 법률에 따라 시공능력평가액을 적용받는 거래의 경우에는 하도급계약 체결 당시 공시된 시공능력평가액의 합계액(가장 최근에 공시된 것을 말한다)을 말하고, 연간매출액이나 시공능력평가액이 없는 경우에는 자산총액을 말한다. 이하 이 호에서 같다]이 제조 등의 위탁을 받은 다른 중소기업자의 연간매출액보다 많은 중소기업자로서 그 다른 중소기업자에게 제조 등의 위탁을 한 자. 다만, 대통령령으로 정하는 연간매출액에 해당하는 중소기업자는 제외한다.

③ 이 법에서 "수급사업자"란 제2항 각 호에 따른 원사업자로부터 제조 등의 위탁을 받은 중소기업자를 말한다.

하도급법 시행령
제2조(중소기업자의 범위 등)
④ 법 제2조 제2항 제2호 단서에서 "대통령령으로 정하는 연간매출액에 해당하는 중소기업자"란 다음 각 호에 해당하는 자를 말한다.
1. 제조위탁·수리위탁의 경우: 연간매출액이 30억 원 미만인 중소기업자
2. 건설위탁의 경우: 시공능력평가액이 45억 원 미만인 중소기업자
3. 용역위탁의 경우: 연간매출액이 10억 원 미만인 중소기업자

건설공사 위탁의 경우, 원사업자는 대기업 또는 중견기업 사업자를 대상으로 하며 중소기업자인 경우에는 하도급계약 체결 당시 공시된 시공능력평가액의 합계액이 수급사업자보다 많은 경우에 적용되며(법 제2조 제2항 제2호), 건설위탁을 한 중소기업자의 시공능력평가액이 45억 원 미만인 경우에는 하도급법 적용대상에서 제외하고 있습니다(영 제2조 제4항 제1호)(2021. 1. 12. 당초 30억 원에서 45억 원으로 상향 개정하였습니다). 하도급법은 원사업자의 규모가 수급사업자보다 큰 경우만을 대상으로 하지만, 건설하도급거래에 있어서는 원사업자의 시공능력평가액이 45억 원 미만인 때도 하도급법 적용이 제외됨에 유의해야 합니다.

▌착공 전 서면발급 의무(법 제3조, 영 제3조 및 제6조)

원사업자는 수급사업자가 공사를 착공하기 전에 서면을 발급해야 하며, 하도급거래가 끝난 날로부터 3년간 보존해야 합니다. 해당 서면에는 하도

급대금(조정된 금액을 포함)과 그 지급방법 등의 하도급계약내용과 하도급대금 조정요건, 방법 및 절차 등 사항을 적고서 서명 또는 기명날인하도록 규정하고 있습니다. 참고로 이전에는 '서면의 교부'라고 하였으며, '서면의 발급'이란 용어는 2009년 4월 1일 하도급법을 개정한 이후부터 지금까지 사용되고 있습니다. 대법원은 "원사업자는 건설위탁을 할 때에 수급사업자

대법원 1995. 6. 16. 선고 94누10320 판결 [시정명령 취소]

【판시사항】

가. 하도급거래공정화에관한법률 제3조 제1항 소정의 원사업자의 서면교부시기 및 추가공사에 관한 서면교부의무

나. 원사업자가 하도급거래 공정화에 관한 법률 제9조 제2항 소정의 기간 내에 검사결과를 수급사업자에게 통지하지 아니한 경우의 효과

다. 원사업자의 수급사업자에 대한 하도급대금 미지급을 이유로 공정거래위원회가 원사업자를 제재함에 있어 그 미지급행위에 상당한 이유가 있는지 여부에 대하여 판단하여야 하는지 여부

【판결요지】

가. 하도급거래 공정화에 관한 법률 제3조 제1항 규정에 의하면 건설위탁에 있어 원사업자는 건설위탁을 할 때에 수급사업자에게 계약서 등의 서면을 교부하여야 함이 원칙이나 늦어도 수급사업자가 공사에 착수하기 전까지는 이를 교부하여야 하고, 또 당초의 계약내용이 설계변경 또는 추가공사의 위탁 등으로 변경될 경우에는 특단의 사정이 없는 한 반드시 추가·변경서면을 작성·교부하여야 한다.

나. 수급사업자가 추가공사를 포함한 하도급공사를 종료하여 원사업자가 수급사업자로부터 시공완료의 통지를 받고서도 그날로부터 10일 이내에 검사결과를 수급사업자에게 서면으로 통지하지 아니하였다면, 원사업자가 그 통지의무를 해태한 데에 정당한 사유가 있는지 여부에 관하여 아무런 주장·입증이 없는 이상, 수급사업자의 하도급공사는 검사에 합격한 것으로 간주되고 그 결과 원사업자는 수급사업자에 대하여 공사잔대금을 지급할 의무가 발생한다.

다. 원사업자가 지급기일을 경과하여 수급사업자에게 하도급대금을 지급하지 아니하는 경우 그 자체가 하도급거래 공정화에 관한 법률 위반행위가 되어 제재대상이 되고, 따라서 공정거래위원회로서는 특단의 사정이 없는 한 원사업자가 대금지급기일에 하도급대금의 지급을 거절하거나 그 지급을 미루고 있는 사실 자체에 의하여 법 위반행위가 있는지 여부를 판단하면 되지, 원사업자가 하도급대금의 지급을 거절하거나 그 지급을 미룰 만한 상당한 이유가 있는지 여부에 대하여까지 나아가 판단할 필요는 없다.

에게 계약서 등의 서면을 교부하여야 함이 원칙이나 늦어도 수급사업자가 공사에 착수하기 전까지는 이를 교부하여야 하고, 또 당초의 계약내용이 설계변경 또는 추가공사의 위탁 등으로 변경될 경우에는 특단의 사정이 없는 한 반드시 추가·변경서면을 작성·교부하여야 한다"라고 판단하였으며 (대법원 1995. 6. 16. 선고, 94누10320 판결 등), 이는 현행 하도급법 규정과 같습니다.

한편 하도급법은 2022년 1월 11일 국가계약법령에 따른 추정가격 100억 원 이상의 종합심사낙찰제 건설공사에 한하여 건설하도급에 대한 입찰결과(입찰금액, 낙찰금액 및 낙찰자, 유찰된 경우 유찰 사유)를 각 입찰참가자에게 알리도록 하는 법 제3조의5(건설하도급 입찰결과의 공개) 조문을 신설하였으며, 그 적용은 2023년 1월 12일 법시행 후 발주하는 공공공사를 대상으로 합니다. 참고로 같은 법 제3조의5 조문은 지방자치단체가 발주하는 공공공사를 포함하지 않고 있습니다.

하도급법

제3조의5(건설하도급 입찰결과의 공개) 국가 또는 「공공기관의 운영에 관한 법률」 제5조에 따른 공기업 및 준정부기관이 발주하는 공사입찰로서 「국가를 당사자로 하는 계약에 관한 법률」 제10조 제2항에 따라 각 입찰자의 입찰가격, 공사수행능력 및 사회적 책임 등을 종합 심사할 필요가 있는 대통령령으로 정하는 건설공사를 위탁받은 사업자는 경쟁입찰에 의하여 하도급계약을 체결하려는 경우 건설하도급 입찰에 관한 다음 각 호의 사항을 대통령령으로 정하는 바에 따라 입찰참가자에게 알려야 한다.
1. 입찰금액
2. 낙찰금액 및 낙찰자(상호, 대표자 및 영업소 소재지를 포함한다)
3. 유찰된 경우 유찰 사유
[본조신설 2022. 1. 11.]

▌부당한 특약 설정 금지(법 제3조의4, 영 제6조의2)

하도급법은 원사업자로 하여금 수급사업자의 이익을 부당하게 침해하거나 제한하는 계약조건(부당한 특약) 설정을 금지하고 있습니다. 부당한 특약의 예시로는 서면에 기재되지 않은 사항을 요구, 발생비용을 전가, 원사업자

부담의 민원처리·산재 등 비용 부담, 입찰내역에 없는 사항에 따른 비용 부담, 원사업자에게 부과된 의무를 수급사업자에게 전가 등을 열거하고 있습니다.

2013년 8월 13일 신설된 조문에 근거하여 공정거래위원회는 2014년 2월 14일 부당특약 심사지침(공정위 예규, 2014. 2. 12.)을 제정·운용하고 있습니다. '부당특약'이란 원사업자가 수급사업자에게 제조 등을 위탁할 때 교부하거나 수령한 설계도면, 시방서, 유의서, 현장설명서, 제안요청서, 물량내역서, 계약 및 견적 일반조건·특수조건, 과업내용서, 특약조건, 도급업무내역서, 발주서, 견적서, 계약서, 약정서, 협약서, 합의서, 각서 등 그 명칭이나 형태를 불문하고 원사업자와 수급사업자 간의 권리·의무관계에 영향을 미치는 약정을 통해 설정한 계약조건으로서 수급사업자의 이익을 부당하게 침해하거나 제한하는 것이라고 정의하고 있습니다(부당특약 심사지침 Ⅲ. 용어의 정의).

참고로 정부(국가정책조정회의)는 2013년 6월 14일 '건설산업 불공정 거래관행 개선 종합대책'을 발표하면서 그 첫 번째로 불공정 하도급계약 무효화 방안을 언급한 바 있습니다. 그 직후에 진행되었던 개정 하도급법에는 부당특약 무효화 규정이 신설되지는 않았지만, 일명 '부당특약 무효'에 대한 논의가 공식화되었다는 점은 의미가 크다고 하겠습니다.

▌부당한 하도급대금 결정 금지(법 제4조) 및 감액 금지(법 제11조)

일반적으로 지급되는 대가보다 낮은 수준으로 하도급대금 결정(부당한 하도급대금의 결정)을 금지(법 제4조)하고 있으며, 정당한 이유 없이 하도급계약 때 정한 하도급대금을 감액해서는 아니 됩니다(법 제11조). 이를 위해 공정위는 「부당한 하도급대금 결정 및 부당감액행위에 대한 심사지침」(공정거래위원회 예규 제331호)을 운영하고 있습니다.

부당한 하도급대금 결정행위 예시로는, ① 원사업자가 수급사업자들로부터 낮은 견적가를 받기 위해 발주수량, 규격(사양), 품질, 원재료, 결제수단·운송·반품 등의 거래 조건, 민원처리비용 부담주체 등 목적물 등의 대가 결정에 영향을 미치는 주요 내용이나 자료·정보 등을 수급사업자에게 충분히 제공하지 아니하거나 사실과 다르게 제공하는 경우, ② 원사업자가 건설산업기본법령 등에 의거 하도급관리계획을 발주처에 제출하여 발주받은 후 하도급계약금액을 하도급관리계획상의 하도급계약 금액보다 낮은 수준으로 재조정하거나, 견적가보다 낮은 금액으로 하도급계약을 체결하는 경우, ③ 설계변경 등에 따른 신규항목 등에 대한 물량 및 단가를 수급사업자의 의사와 무관하게 원사업자가 일방적으로 결정·작성한 변경내역서를 제시하며, 변경계약에 서명할 때까지 기성금 지급을 유보하는 등의 방법으로 수급사업자를 압박하여 신규항목 등에 대한 하도급대금을 낮게 결정하는 경우 등이 있습니다. 대법원은 "… 수급사업자와 합의하지 않고 일방적으로 낮은 단가로 하도급대금을 결정한 경우에는 통상 지급되는 대가보다 현저하게 낮은 수준으로 하도급대금을 결정하였는지를 따질 필요 없이 부당한 하도급대금의 결정으로 보아야 한다"라고 판단하고 있습니다(대법원 2018. 3. 13., 선고, 2016두59430, 판결 등).

하도급대금 감액에 있어서 감액의 '정당성' 여부는 하도급계약 체결 및 감액의 경위, 계약이행 내용, 목적물의 특성과 그 시장상황, 감액된 하도급대금의 정도, 감액방법과 수단, 수급사업자의 귀책사유 등 여러 사정을 종합적으로 고려하여 판단하며, 만약 감액명목이나 방법, 시점, 금액의 다소를 불문하고, 원사업자가 수급사업자의 귀책사유 등 감액의 정당한 사유를 입증하지 못하는 경우를 법 위반으로 판단합니다. 참고로 동 심사지침 중 V. 1. 법 제11조 제1항의 규정에 의한 '감액' 해당 여부 심사기준은, 추가비용을 보전해주지 않는 경우(단가 및 물량에는 변동이 없으나 운송조건, 납품기한 등의 거래조건을 당초 계약내용과 달리 추가비용이 발생하는 내용으로 변경하고 그에 따른 추가비용을 보전해주지 아니하는 행위)를 법 위반으로 예시하고 있으므로 이 점에 유의할 필요가 있습니다.

▌설계변경 등에 따른 하도급대금의 조정(법 제16조)

법 제16조(설계변경 등에 따른 하도급대금의 조정) 조문은 원사업자가 발주자로부터 설계변경 또는 물가변동 등의 이유로 추가금액을 지급받은 때에는 수급사업자에게 지급을 강제하기 위한 것입니다. 예전에는 원사업자가 추가금액 수령 여부를 알려주지 않고서 수급사업자와의 계약을 준공처리하는 경우가 상당하였기에, 이러한 불공정한 하도급거래를 방지하기 위한 것이 입법 목적입니다. 만약 원사업자가 추가금액을 지급받았음에도 15일 이내에 수급사업자에게 하도급대금을 지급하지 않으면, 그 초과일수에 대하여 지연이자(지연이자율은 2015년 7월 1일부터 당초 20%에서 15.5%로 변경되었습니다)를 부담토록 하는 벌칙 규정이 강행규정으로 적용됩니다.

일견 법 제16조 조문내용이 합리적이고 타당해 보이지만 몇 가지 한계가 있습니다. 중요도를 고려하여 두 가지만 정리해보았습니다. 먼저 본 조는 수급사업자의 현장 실무에서 독소조항(일반적으로 법률이나 공식 문서 등에서 본래 의도하는 바를 교묘하게 제한하는 내용을 말합니다)으로 이용되기도 합니다. 설계변경 등이 분명한 상황임에도 원사업자가 "발주자로부터 추가금액(또는 계약내용 변경)을 지급받지 못하였으므로 법 제16조에 해당하지 않는다"라면서 수급사업자에 대한 하도급대금 지급을 회피하기 위한 방편으로 이용되기 때문입니다. 다른 하나는 '증액받은 계약금액의 내용과 비율'에 대한 정의가 불명확하다는 점입니다. 원사업자는 '내용과 비율'의 정의가 불명확한 점을 이용하여 그 적용 시 원사업자에게 유리한 경우로만 해석하여 결과적으로 수급사업자의 정당한 권리주장이 제대로 받아들이지 않도록 해석·적용하는 경우입니다. 하도급법은 이와 같은 논쟁을 차단하기 위하여 법 제16조 제2항에 "하도급대금을 증액 또는 감액할 경우, 원사업자는 발주자로부터 계약금액을 증액 또는 감액받은 날부터 15일 이내에 발주자로부터 승액 또는 감액받은 사유와 내용을 해당 수급사업자에게 통지하여야 한다"라는 규정을 2010년 1월 25일 신설하였는바, 관련 정보를 확보하기 위하여 활용할 수 있는 규정으로 생각됩니다.

한편 공정위는 하도급은 하도급대금 조정의 절차 및 일반원칙(내용과 비율대로 조정)만을 정하고 있어 관련한 민원이 많음을 인지하여, 2021년 12월 21일 건설분야 하도급대금 조정 지침서(가이드북)를 마련하였습니다. 동 지침서는 하도급대금 조정 시 준수해야 할 기본원칙, 절차와 함께 조정방법 예시 6건 및 응답 사례 21건을 담고 있습니다.

하도급법

제16조(설계변경 등에 따른 하도급대금의 조정) ① 원사업자는 제조 등의 위탁을 한 후에 다음 각 호의 경우에 모두 해당하는 때에는 그가 발주자로부터 증액받은 계약금액의 내용과 비율에 따라 하도급대금을 증액하여야 한다. 다만, 원사업자가 발주자로부터 계약금액을 감액받은 경우에는 그 내용과 비율에 따라 하도급대금을 감액할 수 있다.

1. 설계변경, 목적물 등의 납품 등 시기의 변동 또는 경제상황의 변동 등을 이유로 계약금액이 증액되는 경우
2. 제1호와 같은 이유로 목적물 등의 완성 또는 완료에 추가비용이 들 경우

② 제1항에 따라 하도급대금을 증액 또는 감액할 경우, 원사업자는 발주자로부터 계약금액을 증액 또는 감액받은 날부터 15일 이내에 발주자로부터 증액 또는 감액받은 사유와 내용을 해당 수급사업자에게 통지하여야 한다. 다만, 발주자가 그 사유와 내용을 해당 수급사업자에게 직접 통지한 경우에는 그러하지 아니하다. 〈신설 2010. 1. 25.〉

▍표준하도급계약서상의 낙찰률

공정위가 사용·권고하는 2022년 12월 28일 자 건설업종 표준하도급계약서(본문) 제36조(설계변경 등에 따른 계약금액의 조정)는 법 제16조(설계변경 등에 따른 하도급대금의 조정) 조문에 대하여 계약금액 조정방법을 구체적으로 규정한 것으로 볼 수 있습니다. 표준하도급계약서 제36조는 사실상 유일한 하도급 계약금액 조정방식으로 실무에서 가장 많이 인용되고 있으나, 해당 조문의 본문에 규정된 '설계변경 당시를 기준으로 산정한 단가'와 '낙찰률'을 어떻게 적용하는지에 대한 이견이 상당합니다. 이에 대하여 공정위는 2021년 12월 21일자로 배포한 「건설분야 하도급대금 조정 가이드북」에서 Q&A를 내놓았습니다. 먼저 '설계변경 당시를 기준으로 산정한 단가'는 기획재

Q. 건설업종 표준하도급계약서(본문) 제34조의 "설계변경 당시를 기준으로 산정한 단가"는 기획재정부 계약예규 공사계약일반조건 제20조(설계변경으로 인한 계약금액의 조정)에 규정된 "설계변경 당시를 기준으로 산정한 단가"와 동일한지?

A. 양 규정이 적용되는 계약의 주체 및 내용이 다르므로 동일한 의미로 보기 어려움

- o 기획재정부의 계약예규인 공사계약일반조건 제20조와 표준하도급계약서 제34조는 설계변경 등에 따른 대금조정을 규정하는 내용 측면에서는 유사하나,
- \- 계약주체(발주자-원사업자 vs. 원사업자-수급사업자) 및 적용되는 계약내용(도급계약 vs. 하도급계약)이 서로 상이하므로 양 규정에서 정하고 있는 "설계변경 당시를 기준으로 산정한 단가"가 동일한 단가를 의미하지는 않음.

Q. 건설업종 표준하도급계약서(본문) 제34조의 낙찰률은 하도급 낙찰률인지, 도급 낙찰률인지, 원·하도급 복합 낙찰률(도급 낙찰률×하도급 낙찰률)인지?

A. 하도급 낙찰률을 의미함

- o 표준하도급계약서는 하도급계약에 대한 내용을 정한 것으로,
- \- 별도로 정의하는 바가 없는 경우에 표준하도급계약서상의 낙찰률은 하도급계약의 낙찰률을 의미함.

> **건설업종 표준하도급계약서(본문) _ 2022. 12. 28.**
> **제36조(설계변경 등에 따른 계약금액의 조정)**
> ④ 제1항의 규정에 의한 계약금액의 조정은 다음 각 호의 기준에 의한다. 다만 발주자의 요청에 의한 설계변경의 경우 조정받은 범위 내에서 그러하다.
> 1. 증감된 공사의 단가는 산출(공사)내역서상의 단가(이하 "계약단가"라 한다)로 한다.
> 2. 계약단가가 없는 신규비목의 단가는 설계변경 당시를 기준으로 산정한 단가에 낙찰률을 곱한 금액으로 한다.
> 3. 발주자가 설계변경을 요구한 경우에는 제1호 및 제2호의 규정에 불구하고 증가된 물량 또는 신규비목의 단가는 설계변경 당시를 기준으로 하여 산정한 단가와 동 단가에 낙찰률을 곱한 금액을 합한 금액의 100분의 50 이내에서 계약당사자 간에 협의하여 결정한다.

정부 계약예규 공사계약일반조건 제20조(설계변경으로 인한 계약금액의 조정)와 내용 측면에서는 유사하나, 양 규정이 적용되는 계약의 주체(발주자-원사업자 vs. 원사업자-수급사업자) 및 내용(도급계약 vs. 하도급계약)이 다르므로 동일한 의미로 보기 어렵다고 해석하였습니다. 다음으로 '낙찰률'에 대해서는 표준하도급계약서(본문)가 하도급계약에 대한 내용을 정한 것이므로, 별도로 정의하는 바가 없는 경우에는 하도급계약의 낙찰률을 의미한다고 해석하였습니다.

▌하도급법 위반한 경우의 사법적 효력 여부(유효)

하도급법령을 위반한 경우 사법적 효력이 인정되는지 여부에 대해 분명한 이해가 요구됩니다. 대법원은 "하도급법은 그 조항에 위반된 도급 또는 하도급 약정의 효력에 관하여는 아무런 규정을 두지 않는 반면 위의 조항을 위반한 원사업자를 벌금형에 처하도록 하면서 그 조항 위반행위 중 일정한 경우만을 공정거래위원회에서 조사하게 하여 그 위원회로 하여금 그 결과에 따라 원사업자에게 시정조치를 명하거나 과징금을 부과하도록 규정하고 있을 뿐이어서 그 조항은 그에 위배한 원사업자와 수급사업자 간의 계약의 사법상의 효력을 부인하는 조항이라고 볼 것은 아니다"라고 일관되게 판단하고 있습니다(대법원 2011. 1. 27. 선고 2010다53457 판결 등 참조). 즉, 하도급계약내용이 하도급법에 위배된 경우일지라도 사법적으로는 효력이 있으며(유효), 다만 하도급법을 위반한 원사업자는 시정조치나 과징금 등의 행정처분을 받을 뿐입니다.

대법원 2011. 1. 27. 선고 2010다53457 판결 [손해배상(기)][공2011상,412]

【판시사항】

하도급대금의 부당감액을 금지하는 하도급거래 공정화에 관한 법률 제11조를 위반한 계약의 사법상 효력(유효)

【판결요지】

하도급거래 공정화에 관한 법률 제11조는 그 규정에 위반된 대금감액 약정의 효력에 관하여는 아무런 규정을 두지 않는 반면 그 규정을 위반한 원사업자를 벌금형에 처하도록 하면서 그 규정 위반행위 중 일정한 경우만을 공정거래위원회에서 조사하게 하여 그 위원회로 하여금 그 결과에 따라 원사업자에게 시정조치를 명하거나 과징금을 부과하도록 규정하고 있을 뿐이므로, 위 규정은 그에 위배한 원사업자와 수급사업자 간의 계약의 사법상의 효력을 부인하는 조항이라고 볼 것은 아니다.

수급사업자들은 하도급법 조항을 위반한 하도급계약이 무효가 되는 것으로 잘못 이해하는 경우가 상당합니다. 공정거래위원회에 불공정 하도급거래행위를 신고한 이후 비로소 미지급된 하도급대금을 지급받게 된 사례들이 많다면서, 이것을 하도급법 위반사항에 대한 사법상 효력이 부인되었기 때문으로 오인한 것으로 보입니다. 하지만 전술한 바와 같이 하도급법에 위배된 하도급계약 내용이라도 법적 효력이 있으므로, 금전적 구제를 받기 위해서는 공정거래위원회의 행정처분과는 별도로 민사소송을 진행해야 합니다. 《대한전문건설신문(코스카저널)》의 2019년 12월 16일자 "3년 싸워 공정거래위원회서 이겼지만 남은 건 빚"이라는 제목의 기사를 보면,

피해업체가 공정거래위원회로부터 하도급법 위반결과(시정명령, 과징금 4.5억 원, 검찰 고발)를 끌어냈지만 4개 현장에서 총 26억 원가량의 피해 금액에 대해서는 손해배상 소송을 통해야 한다면서 주의를 당부하고 있습니다.

참고로 하도급법은 2011년 3월 29일 원사업자가 같은 법 규정을 위반함으로써 수급사업자에게 발생한 손해에 대하여 3배를 넘지 않는 범위에서의 배상책임 규정을 신설하였습니다. 최근 들어 원사업자에 대한 손해배상책임 판결이 이어지고 있으므로 하도급법 준수가 더욱 요구됩니다.

하도급법

제35조(손해배상책임) ① 원사업자가 이 법의 규정을 위반함으로써 손해를 입은 자가 있는 경우에는 그 자에게 발생한 손해에 대하여 배상책임을 진다. 다만, 원사업자가 고의 또는 과실이 없음을 입증한 경우에는 그러하지 아니하다.

② 원사업자가 제4조, 제8조 제1항, 제10조, 제11조 제1항·제2항, 제12조의3 제4항 및 제19조를 위반함으로써 손해를 입은 자가 있는 경우에는 그 자에게 발생한 손해의 3배를 넘지 아니하는 범위에서 배상책임을 진다. 다만, 원사업자가 고의 또는 과실이 없음을 입증한 경우에는 그러하지 아니하다.

③, ④ -생략-

[본조신설 2011. 3. 29.]

2. 국가계약법령 톺아보기

2.1 국가계약법 성격 및 특징

▍공공계약에 관한 기본법

국가계약법은 제1조(목적)에 명시한 대로 정부(조달)계약에 관한 기본법의 역할을 담당하고 있습니다. 그 적용범위에 있어서는 제2조(적용범위)에 따라 국제입찰에 의한 정부계약업무뿐만 아니라 국가가 대한민국 국민을 계약상대자로 하는 계약업무에 적용하고 있습니다. 일반적으로 정부(Government)는 중앙정부와 지방정부를 포괄하는 개념으로 사용되며, 넓게는 공공기관의 조달사업까지 포함한다고 하겠습니다. 이에 따라 국가계약, (지방)정부계약 등을 아우르는 의미로 '공공(조달)계약'이라 할 수 있으며, 건설공사에 대해서는 공공공사라고 하겠습니다.

기획재정부장관은 국가계약법 제4조(국제입찰에 따른 정부조달계약의 범위) 제1항 규정에 의해 국제입찰에 부쳐야 하는 고시금액을 고시하고 있으며, 가장 최근인 2022년 12월 30일 WTO 정부조달협정상 개방대상금액은 공사 83억 원(500만 SDR), 물품·용역 2억 2,000만 원(13만 SDR)입니다.

SDR(Special Drawing Rights, 특별인출권)이란 금과 기축통화인 달러의 운영축을 보완하기 위해 IMF(국제통화기금)가 운영하는 제3의 세계화폐를 말하며, WTO 및 FTA 정부조달협정에서 개방대상 여부를 결정하는 기준 금액 단위 역할을 하고 있습니다. SDR에 대한 원화 환산은 IMF가 발표하는 국제금융통계를 기초로 2년에 한 번 산정하고 있습니다.

❙ 전반적으로 사법 성격의 법규

국가계약법 제5조(계약의 원칙)는 제1항에서 "계약은 서로 대등한 입장에서 당사자의 합의에 따라 체결되어야 하며, 당사자는 계약의 내용을 신의성실의 원칙에 따라 이행하여야 한다"라고 명시하고 있어, 원칙적으로 행정주체인 국가기관이 공권력주체로서 계약업무를 수행하는 것이 아니라 사인(私人)의 지위에서 상대방과 대등한 관계로 계약업무를 수행하는 것이므로 사법 성격을 갖는다고 합니다(대법원 2017. 12. 21. 선고 2012다74076 판결 등). 그렇기에 국가계약법과 관련한 분쟁이 민사소송 대상이 되는 것입니다.

대법원 2017. 12. 21. 선고 2012다74076 전원합의체 판결 [부당이득금반환등]

[판결요지]

… 국가를 당사자로 하는 계약이나 공공기관의 운영에 관한 법률의 적용대상인 공기업이 일방 당사자가 되는 계약(이하 편의상 '공공계약'이라 한다)은 국가 또는 공기업(이하 '국가 등'이라 한다)이 사경제의 주체로서 상대방과 대등한 지위에서 체결하는 사법(사법)상의 계약으로서 본질적인 내용은 사인 간의 계약과 다를 바가 없으므로, 법령에 특별한 정함이 있는 경우를 제외하고는 서로 대등한 입장에서 당사자의 합의에 따라 계약을 체결하여야 하고 당사자는 계약의 내용을 신의성실의 원칙에 따라 이행하여야 하는 등[국가계약법 제5조 제1항] 사적 자치와 계약자유의 원칙을 비롯한 사법의 원리가 원칙적으로 적용된다.

국가계약법 제5조 제1항은 민법상의 일반원칙인 신의성실의 원칙을 규정한 것이므로, 신의성실의 원칙으로부터 파생되는 계약자유의 원칙, 사정변경의 원칙, 권리남용금지의 원칙이 적용되는 것으로 보고 있습니다. 참고로 국가계약법은 2019년 11월 26일 부당한 특약에 대한 무효규정을 신설했습니다(시행 2020. 5. 27.).

> **국가계약법**
> **제5조(계약의 원칙)** ① 계약은 서로 대등한 입장에서 당사자의 합의에 따라 체결되어야 하며, 당사자는 계약의 내용을 신의성실의 원칙에 따라 이행하여야 한다.
> ② 각 중앙관서의 장 또는 계약담당공무원은 제4조 제1항에 따른 국제입찰의 경우에는 호혜(互惠)의 원칙에 따라 정부조달협정 가입국(加入國)의 국민과 이들 국가에서 생산되는 물품 또는 용역에 대하여 대한민국의 국민과 대한민국에서 생산되는 물품 또는 용역과 차별되는 특약(特約)이나 조건을 정하여서는 아니 된다.
> ③ 각 중앙관서의 장 또는 계약담당공무원은 계약을 체결할 때 이 법 및 관계 법령에 규정된 계약상대자의 계약상 이익을 부당하게 제한하는 특약 또는 조건(이하 "부당한 특약 등"이라 한다)을 정해서는 아니 된다. 〈신설 2019. 11. 26.〉
> ④ 제3항에 따른 부당한 특약 등은 무효로 한다. 〈신설 2019. 11. 26.〉

▌절차법규(일부 실체법 규정 병존)

법은 적용방법에 따라 실체법과 절차법으로 분류되고 있습니다. 실체법은 권리·의무의 실질적 사항(종류, 변동, 효과, 귀속주체 등)을 규정하는 것이고, 절차법은 실체법상의 권리를 실행하거나 의무를 실현시키기 위한 절차를 정해놓은 것입니다. 대표적인 예를 든다면, 민법은 실체법이고 민사소송법은 절차법이라고 하겠습니다.

국가계약법은 계약방법의 결정에서부터 입찰, 낙찰자 결정, 계약체결, 계약이행 및 (준공)대가지급 등의 절차를 규정하고 있다는 점에서 대부분 절차법규의 성격이 있다고 하겠습니다. 다만 국가계약법 중 신의성실의 원칙(제5조 제1항), 물가변동 등에 따른 계약금액 조정(제19조), 부정당업자의 입찰참가자격 제한 및 과징금부과(제27조) 등은 실체법 성격의 규정이므로 국가계약법은 '전반적으로 절차법규이면서 일부 실체법 성격이 병존'하는 법률이라고 할 수 있습니다.

내부 훈시 성격의 법규

국가계약법은 대부분 직접 국민의 권리 의무를 기속하지 않고, 국가기관 또는 소속 계약담당공무원에 대해 계약사무처리에 관한 사항을 규정해놓은 내부 훈시적 성격의 법규입니다. 법 조문은 대부분 "각 중앙관서의 장 또는 계약담당공무원은 …로 하여금 …하게 하여야 한다"라는 형식으로 규정되어 있는 것을 보아도 알 수 있습니다.

국가계약법이 내부 훈시규정이라는 특징에서인지 이를 위반한 사항에 대한 벌칙 규정이 없습니다. 국가계약법령에 위반되거나 절차에 하자가 있는 경우라 하더라도, 다른 입찰자의 정당한 이익을 해하거나 발생한 하자가 입찰절차의 공정성을 현저히 침해할 정도로 중대한 경우 등에 해당하는 경우를 제외하고는 대외적으로는 유효한 것으로 판단하고 있습니다(다만, 계약담당공무원에 대하여 내부적 절차 위반 등에 따른 문책, 변상 등 책임은 별도로 논의될 것입니다). 대법원은 국가가 사인과의 사이의 계약관계를 공정하고 합리적·효율적으로 처리할 수 있도록 관계 공무원이 지켜야 할 계약사무처리에 관하여 필요한 사항을 규정한 것으로, 국가의 내부규정에 불과한 것으로 판단하고 있습니다. 이에 터 잡아 대법원은 국가계약법령이 적격심사를 세부심사기준에 어긋나게 하였더라도, 그 사유만으로 당연히 낙찰자 결정이나 계약이 무효가 되는 것은 아니라고 하였습니다(대법원 2001. 12. 11. 선고 2001다33604 판결 등 다수).

대법원 2001. 12. 11. 선고 2001다33604 판결

【판시사항】

1. 국가를 당사자로 하는 계약에 관한 법률 및 그 시행령상의 입찰절차나 낙찰자 결정기준에 관한 규정의 성질(=국가의 내부규정)
2. 국가를 당사자로 하는 계약에 있어서 낙찰자 결정 및 그에 기한 계약이 무효로 되는 경우

【판결요지】

1. 국가를 당사자로 하는 계약에 관한 법률은 국가가 계약을 체결하는 경우 원칙적으로 경쟁입찰에 의하여야 하고(제7조), 국고의 부담이 되는 경쟁입찰에 있어서 입찰공고 또는 입찰설명서에 명기된 평가기준에 따라 국가에 가장 유리하게 입찰한 자를 낙찰자로 정하도록(제10조 제2항 제2호) 규정하고 있고, 같은 법 시행령에서 당해 입찰자의 이행실적, 기술능력, 재무상태, 과거 계약이행 성실도, 자재 및 인력조달가격의 적정성, 계약질서의 준수 정도, 과거 공사의 품질 정도 및 입찰가격 등을 종합적으로 고려하여 재정경제부장관이 정하는 심사기준에 따라 세부심사기준을 정하여 결정하도록 규정하고 있으나, 이러한 규정은 국가가 사인과의 사이의 계약관계를 공정하고 합리적·효율적으로 처리할 수 있도록 관계 공무원이 지켜야 할 계약사무처리에 관한 필요한 사항을 규정한 것으로, 국가의 내부규정에 불과하다 할 것이다.
2. 계약담당공무원이 입찰절차에서 국가를 당사자로 하는 계약에 관한 법률 및 그 시행령이나 그 세부심사기준에 어긋나게 적격심사를 하였다 하더라도 그 사유만으로 당연히 낙찰자 결정이나 그에 기한 계약이 무효가 되는 것은 아니고, 이를 위배한 하자가 입찰절차의 공공성과 공정성이 현저히 침해될 정도로 중대할 뿐 아니라 상대방도 이러한 사정을 알았거나 알 수 있었을 경우 또는 누가 보더라도 낙찰자의 결정 및 계약체결이 선량한 풍속 기타 사회질서에 반하는 행위에 의하여 이루어진 것임이 분명한 경우 등 이를 무효로 하지 않으면 그 절차에 관하여 규정한 국가를 당사자로 하는 계약에 관한 법률의 취지를 몰각하는 결과가 되는 특별한 사정이 있는 경우에 한하여 무효가 된다고 해석함이 타당하다.

❙ 부당한 특약의 효력(무효)

국가계약법령은 계약상대자(시공자)의 계약상 이익을 부당하게 제한하는 특약이나 조건을 금지하고 있습니다. 한편 효력규정에 대해서는 명문규정이 없었으나, 2019년 11월 26일에야 국가계약법 조문으로 신설되었습니다. 이보다 앞서 공사계약일반조건은 특수조건의 해당 내용이 계약상대자

의 계약상 이익을 제한하는 내용이 있는 경우 해당 내용의 효력이 인정되지 않는다는 무효 내용을 일찌감치 두고 있었습니다(공사계약일반조건 제3조 제3항 및 제4항). 구체적으로 살펴보면 국가계약법령에서의 부당특약 무효규정은 2019년 11월 26일 국가계약법 제5조(계약의 원칙) 제4항으로 신설되었으며, 동조 제3항 또한 같은 날 신설됨에 따라 같은 내용에 해당하는 시행령 제정 때부터 규정된 국가계약법 시행령 제4조(계약의 원칙)는 2020년 4월 7일 삭제되었습니다.

공사계약일반조건
제3조(계약문서) ① 계약문서는 계약서, 설계서, 유의서, 공사계약일반조건, 공사계약특수조건 및 산출내역서로 구성되며 상호보완의 효력을 가진다. 다만, 산출내역서는 이 조건에서 규정하는 계약금액의 조정 및 기성부분에 대한 대가의 지급 시에 적용할 기준으로서 계약문서의 효력을 가진다.
② 〈신설 2011. 5. 13., 삭제 2016. 1. 1.〉
③ 계약담당공무원은 「국가를 당사자로 하는 계약에 관한 법령」, 공사관계 법령 및 이 조건에 정한 계약일반사항 외에 해당 계약의 적정한 이행을 위하여 필요한 경우 공사계약특수조건을 정하여 계약을 체결할 수 있다.
④ 제3항에 의하여 정한 공사계약특수조건에 「국가를 당사자로 하는 계약에 관한 법령」, 공사관계 법령 및 이 조건에 의한 계약상대자의 계약상 이익을 제한하는 내용이 있는 경우에 특수조건의 해당 내용은 효력이 인정되지 아니한다.
⑤ 이 조건이 정하는 바에 의하여 계약당사자 간에 행한 통지문서 등은 계약문서로서의 효력을 가진다.

국가계약법 및 공사계약일반조건에 부당한 특약에 대한 무효규정이 설정돼 있지만, 부당한 특약 등에 대한 무효 여부 판단은 개별 사안에 따라 법원의 판단을 받을 수밖에 없습니다. 대표적 사례로는 물가변동배제특약이 부당특약에 해당하지 않는다는 대법원 판례가 있습니다. 대법원은 ① 수급인이 1군 건설업체로서 계약조건을 잘 알면서 도급계약을 체결하거나 시장에서 독점적 공급자의 지위에 있다는 점(대법원 2018. 10. 25. 선고 2015다221958 판결), ② 물가변동에 따른 계약금액 조정제도는 물가하락 시 계약금액을 감액시키는 효과도 있다는 점(대법원 2018. 11. 29. 선고 2014다233480 판결, 대법원 2018. 10. 25. 선고 2015다221958 판결) 등의 사정을 이유로 공공공사의 계약내용에 포함되는 물가변동 계약금액 조정 배제특약은 국가계약법령상의 부당특약에 해당하지 않는다고 판단한 바 있습니다(대법원 2017. 12. 21. 선고 2012다74076 전원합의체 판결).

대법원 2017. 12. 21. 선고 2012다74076 전원합의체 판결 [부당이득금반환 등]

【판시사항】

구 국가를 당사자로 하는 계약에 관한 법률에서 정한 '물가의 변동으로 인한 계약금액 조정' 규정이 국가 등이 계약상대자와의 합의에 기초하여 계약당사자 사이에만 효력이 있는 특수조건 등을 부가하는 것을 금지하거나 제한하는 것인지 여부(소극)

【판결요지】

공공계약의 성격, 국가계약법령상 물가변동으로 인한 계약금액 조정 규정의 내용과 입법 취지 등을 고려할 때, 위 규정은 국가 등이 사인과의 계약관계를 공정하고 합리적·효율적으로 처리할 수 있도록 계약담당자 등이 지켜야 할 사항을 규정한 데에 그칠 뿐이고, 국가 등이 계약상대자와의 합의에 기초하여 계약당사자 사이에만 효력이 있는 특수조건 등을 부가하는 것을 금지하거나 제한하는 것이라고 할 수 없으며, 사적 자치와 계약자유의 원칙상 그러한 계약내용이나 조치의 효력을 함부로 부인할 것이 아니다.

다만 국가를 당사자로 하는 계약에 관한 법률 시행령(이하 '국가계약법 시행령'이라 한다) 제4조는 '계약담당공무원은 계약을 체결함에 있어서 국가계약법령 및 관계 법령에 규정된 계약상대자의 계약상 이익을 부당하게 제한하는 특약 또는 조건을 정하여서는 아니 된다'고 규정하고 있으므로, 공공계약에서 계약상대자의 계약상 이익을 부당하게 제한하는 특약은 효력이 없다. 여기서 어떠한 특약이 계약상대자의 계약상 이익을 부당하게 제한하는 것으로서 국가계약법 시행령 제4조에 위배되어 효력이 없다고 하기 위해서는 그 특약이 계약상대자에게 다소 불이익하다는 점만으로는 부족하고, 국가 등이 계약상대자의 정당한 이익과 합리적인 기대에 반하여 형평에 어긋나는 특약을 정함으로써 계약상대자에게 부당하게 불이익을 주었다는 점이 인정되어야 한다. 그리고 계약상대자의 계약상 이익을 부당하게 제한하는 특약인지는 그 특약에 의하여 계약상대자에게 생길 수 있는 불이익의 내용과 정도, 불이익 발생의 가능성, 전체 계약에 미치는 영향, 당사자들 사이의 계약체결 과정, 관계 법령의 규정 등 모든 사정을 종합하여 판단하여야 한다.

아울러 대법원은, 발주기관은 적격심사입찰에 있어서 공사에 소요되는 비용을 예정가격 또는 기초금액 결정에 모두 반영시켜야 함을 전제한 후, 그에 반영되어야 할 기술사용료를 계약상대자에게 전가시키는 약정을 부당특약으로 보아 무효라고 판단하여 발주기관에게 부당이득을 반환하라고 판단하였습니다(대법원 2013. 2. 14. 선고 2012다202017 판결).

대법원 2013. 2. 14. 선고 2012다202017 판결 [부당이득금반환]

【판결이유】

… 원심은, 지방계약법, 같은 법 시행령 및 같은 법 시행규칙을 비롯한 여러 규정에서 지방자치단체에 입찰예정가격을 정할 의무를 지우고 그 구체적인 산정방법과 절차에 관하여 상세히 규정하고 있는 점 및 적격심사입찰에서의 입찰자 결정절차와 방법을 고려하면 적격심사입찰에 있어서 예정가격 또는 기초금액의 결정은 공사 등에 소요되는 비용항목의 적정성을 따져서 모두 포함시켜야 하고, 이를 누락한 경우에 누락한 비용항목의 비중이 클 때에는 그로 인한 부담을 계약상대자에게 부담시키는 특약은 위 법 제6조 제1항의 계약상대자의 계약상 이익을 부당하게 제한함과 동시에 공공성과 공정성을 현저히 침해한 때에 해당한다고 전제한 다음, 이 사건 각 특약은 피고가 부담하여야 할 기술사용료를 원고들에게 전가시키는 약정으로서 계약상대자의 계약상의 이익을 부당하게 제한하는 특약이므로 위 법 제6조 제1항에 위반되어 무효라고 판단하여 원고들의 피고에 대한 주위적 청구인 이 사건 부당이득반환 청구를 모두 인용하였다.

… 원심의 이와 같은 판단은 정당한 것으로 수긍이 가고, 거기에 상고이유 주장과 같은 이 사건 각 특약의 효력에 관한 법리오해나 심리미진의 위법이 없다.

2.2 사업추진 단계별 주요 규정

앞서 설명한 것과 같이 국가계약법령은 공공공사의 입찰 및 계약 등에 관한 사항을 정하고 있는 계약법령입니다. 이에 공공공사 사업추진 단계별로 영향을 크게 미치는 관련 규정을 정리해보았습니다. 사업추진 단계는 입찰, 계약체결, 계약이행, 준공 단계의 네 가지로 구분하였으며, 향후 건설클레임 및 계약관리를 위해서도 이해가 요구되는 내용입니다.

▍입찰 단계

국가계약법 제8조의2(예정가격의 작성), 시행령 제7조(추정가격의 산정)부터 제9조(예정가격의 결정기준)까지, 시행규칙 제4조(예정가격조서의 작성)부터 13조(예정가격의 변경)까지는 각 중앙관서의 장 또는 계약담당공무원이 입찰 또는 수의계약 등에 부칠 사항에 대해 낙찰자 및 계약금액의 결정기준으로 삼기 위해 미리 해당 규격서 및 설계서 등에 따라 작성해야 할 예정가격/추정가격 산정 및 결정기준을 제시하고 있습니다.

낙찰자 결정절차에 있어서는 국가계약법 제10조(경쟁입찰에서의 낙찰자 결정), 시행령 제42조(국고의 부담이 되는 경쟁입찰에서의 낙찰자 결정), 제85조의2(일괄입찰 등의 실시설계적격자 또는 낙찰자 결정방법 등 선택) 내지 제87조(일괄입찰의 낙찰자 결정)에서 국고의 부담이 되는 입찰에 있어서는 예정가격 이하로서 최저가격으로 입찰한 자부터 순서대로 해당 계약이행능력을 심사하여 낙찰자를 결정하도록 되어 있으며, 일괄입찰·대안입찰 등에서의 낙찰자 결정기준을 제시하고 있습니다. 아울러 국가계약법령은 2007년 10월 10일 신설된 제8장(기술제안입찰 등에 의한 계약)에서 기술제안입찰 등에 의한 계약 관련 규정을 정해 놓고 있습니다.

그리고 입찰 단계에서는 부정당업자에 대해 입찰참가를 제한하므로, 이 또한 중요한 규정이라 하겠습니다. 국가계약법 제27조(부정당업자의 입찰참가자격 제한 등), 시행령 제76조(부정당업자의 입찰참가자격 제한), 시행규칙 제76조(부정당업자의 입찰참가자격 제한기준 등)에서는 계약을 이행할 때 부실·조잡 또는 부당하게 하거나 부정한 행위를 한 자, 경쟁입찰, 계약체결 또는 이행과정에서

입찰자 또는 계약상대자 간에 서로 상의하여 미리 입찰가격, 수주물량 또는 계약의 내용 등을 협정하거나 특정인의 낙찰 또는 납품대상자 선정을 위하여 담합한 자, 사기, 그 밖의 부정한 행위로 입찰·낙찰 또는 계약의 체결·이행 과정에서 국가에 손해를 끼친 자 등을 '부정당업자'로 정의하여 이들에 대해 2년 이내의 범위에서 입찰참가자격을 제한하도록 하고 있습니다.

한편 국가계약법은 2012년 12월 18일 입찰참가자격 제한에 갈음하는 과징금 부과 규정을 국가계약법 제27조의2(과징금)로 신설했는데, 부정당업자의 위반행위가 예견할 수 없음이 명백한 경제여건 변화에 기인하는 등 부정당업자의 책임이 경미한 경우에 입찰참가자격 제한 적용을 대체하여 과징금을 계약금액의 10% 또는 30% 이내에서 부과할 수 있도록 했습니다.

[그림 2-2] 입찰 단계에서의 주요 규정

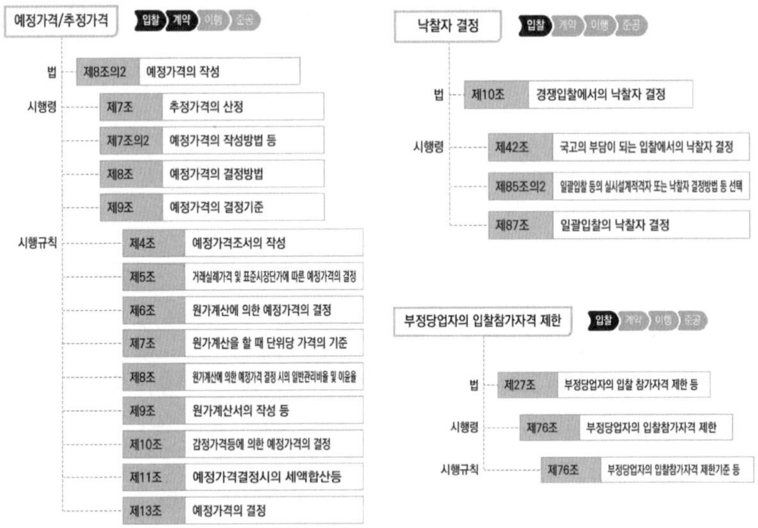

예정가격/추정가격 (입찰 · 계약 · 이행 · 준공)

구분	조문	내용
법	제8조의2	예정가격의 작성
시행령	제7조	추정가격의 산정
	제7조의2	예정가격의 작성방법 등
	제8조	예정가격의 결정방법
	제9조	예정가격의 결정기준
시행규칙	제4조	예정가격조서의 작성
	제5조	거래실례가격 및 표준시장단가에 따른 예정가격의 결정
	제6조	원가계산에 의한 예정가격의 결정
	제7조	원가계산을 할 때 단위당 가격의 기준
	제8조	원가계산에 의한 예정가격 결정 시의 일반관리비율 및 이윤율
	제9조	원가계산서의 작성 등
	제10조	감정가격등에 의한 예정가격의 결정
	제11조	예정가격결정시의 세액합산등
	제13조	예정가격의 결정

낙찰자 결정 (입찰 · 계약 · 이행 · 준공)

구분	조문	내용
법	제10조	경쟁입찰에서의 낙찰자 결정
시행령	제42조	국고의 부담이 되는 입찰에서의 낙찰자 결정
	제85조의2	일괄입찰 등의 실시설계적격자 또는 낙찰자 결정방법 등 선택
	제87조	일괄입찰의 낙찰자 결정

부정당업자의 입찰참가자격 제한 (입찰 · 계약 · 이행 · 준공)

구분	조문	내용
법	제27조	부정당업자의 입찰 참가자격 제한 등
시행령	제76조	부정당업자의 입찰참가자격 제한
시행규칙	제76조	부정당업자의 입찰참가자격 제한기준 등

위와 같이 예정가격과 추정가격, 낙찰자 결정 및 부정당업자 제재 등에 관한 조문 규정은 입찰 및 낙찰 단계에 해당하는 주요 규정이라고 볼 수 있는바, 이러한 법령 조문들을 트리(Tree) 형식으로 도식화해보았습니다([그림 2-2]). 참고로 예정가격/추정가격 산정 및 결정기준은 계약체결 단계에서의 주요 규정이라고도 할 수 있습니다.

❙ 계약체결 단계

국가계약법 제21조(계속비 및 장기계속계약), 시행령 제69조(장기계속계약 및 계속비계약)는 예산배정방식과 관련된 조문으로, 적용되는 공사에 대해서는 계속비공사 또는 장기계속공사라고 표현되기도 합니다. 먼저 계속비공사는 국가재정법에 따라 총액과 연부액을 명백히 하여 계약체결하는 경우이므로, 계약건수는 1건이 됩니다. 이와 달리 장기계속공사는 이행에 수년이 필요한 공사에 대해 결정된 총공사금액을 부기(장부기입의 약칭으로 장부를 기록하는 요령이나 기술을 의미)하고 당해연도 예산의 범위 안에서 1차 공사를 이행하도록 계약을 체결하는 방식으로서, 이 경우 2차 공사 이후의 계약은 부기된 총공사금액에서 이미 계약된 금액을 공제한 금액의 범위 안에서 계약을 체결할 것을 부관(附款)으로 약정하도록 규정하고 있습니다. 따라서 장기계속공사는 하나의 사업이지만 계약건수는 여러 개가 발생됩니다.

국가계약법 제25조(공동계약)는 각 중앙관서의 장 또는 계약담당공무원이 필요하다고 인정하면 계약상대자를 2명 이상으로 하는 공동계약을 체결할 수 있으며, 이에 더하여 시행령 제72조(공동계약)는 계약의 목적 및 성질상 공동계약에 의하는 것이 부적절하다고 인정되는 경우를 제외하고는 가능한 한 공동계약에 의하도록 하여 공동도급을 권장하고 있습니다. 참고로 공동도급제도는 1983년 중소기업체의 수주기회 확대를 통한 중소기업 육성 및 지역경제 활성화, 업체들 간 공사수행능력(시공경험, 기술능력, 경영상태, 신인도) 상호보완, 시공기술 이전을 통한 기술력 향상 및 시공경험이 없는 업체의 시공경험 축적, 전문 분야별 분담시공을 통한 우수한 품질의 시설물 완공을 위해 도입되었습니다(감사원, 「공동도급 운용실태 감사결과 보고서」, 2012. 12.).

한편 분쟁은 계약이행 또는 준공 단계에 즈음하여 본격화되는 경향이 있지만, 그 해결방법은 계약체결 시 정할 수 있도록 하였습니다. 2017년 12월 19일 신설된 국가계약법 제28조의2(분쟁해결방법의 합의)는 계약체결 시 분쟁해결방법을 법 제29조(국가계약분쟁조정위원회)의 국가계약분쟁조정위원회의 조정 또는 중재법에 따른 중재로 분쟁해결방법을 정할 수 있도록 한 것입니다.

계속비계약 및 장기계속계약, 공동도급과 분쟁해결방법에 관한 조문을 계약체결 단계에 해당하는 주요 규정으로 추려보았습니다.

[그림 2-3] 계약체결 단계에서의 주요 규정

계속비 및 장기계속계약
입찰 계약 이행 준공
법 제21조 계속비 및 장기계속계약
시행령 제69조 장기계속계약 및 계속비계약

공동계약
입찰 계약 이행 준공
법 제25조 공동계약
시행령 제72조 공동계약

분쟁해결방법의 합의
입찰 계약 이행 준공
법 제28조의2 분쟁해결방법의 합의
제29조 국가계약분쟁조정위원회
시행령 제110조 이의신청을 할 수 있는 정부조달계약의 최소 금액 기준 등
제111조 국가계약분쟁조정위원회 위원 등

▌계약이행 단계

국가계약법 제19조(물가변동 등에 따른 계약금액 조정), 시행령 제64조(물가변동으로 인한 계약금액의 조정) 내지 제66조(기타 계약내용의 변경으로 인한 계약금액의 조정)에서는 물가변동, 설계변경 및 공기연장 등으로 인한 계약금액 조정에 관한 사항들을 규정하고 있습니다. 국가계약법령에서의 조문 내용이 많지는 않지만, 실제 공공공사 계약이행 과정에서 가장 빈번하면서도 많은 질의 대상이 되는 사항입니다. 그 때문에 계약금액 조정과 관련된 규정들은 이 책의 주요 내용에 해당하는 건설클레임 및 계약관리의 핵심적 서술대상이라 하겠습니다.

계약이행과 관련해서는 계약불이행에 대한 내용이 언급되지 않을 수 없는데, 계약불이행의 결과물은 계약의 해제·해지일 가능성이 큽니다. 계약의 해제·해지에 대해서는 국가계약법에서는 별도의 규정이 없고, 시행령 제75조(계약의 해제·해지)에서 규정하고 있습니다. 굳이 계약 해제·해지 법률 규정을 살펴보면 법 제12조(계약보증금) 제3항의 '계약상대자가 계약상의 의무를 이행하지 아니하였을 때는 해당 계약보증금을 국고에 귀속시켜야 한다'가 근거 규정이 되는 것으로 볼 수 있습니다. 계약보증금을 국고에 귀속시키는 경우에는 계약을 해제·해지하고, 만약 계약을 유지할 필요가 있다고 인정되는 경우에는 계약금액의 30%까지 계약보증금을 추가 납부하게 하고서 계약을 유지할 수 있습니다. 한편 지방계약법은 계약의 해제·해지 규정을 별도 조문으로 마련해두고 있습니다(지방계약법 제30조의2).

국가계약법 제14조(검사), 시행령 제55조(검사) 내지 제57조(감독과 검사직무의 겸직), 시행규칙 제67(감독 및 검사) 내지 제69조(감독 및 검사를 위탁한 경우의 확인)에서는 각 중앙관서의 장 또는 계약담당공무원은 계약상대자가 계약의 전부 또는 일부의 이행을 끝내면 이를 확인하기 위하여 계약서·설계서 및 그 밖의 관계 서류에 따라 이를 검사하거나 소속 공무원 등에게 위임하여 검사하도록 하고 있습니다.

위와 같은 계약금액의 조정, 계약의 해제·해지 및 검사에 관한 조문을 계약이행 단계에 해당하는 주요 규정이라고 추려보았습니다.

[그림 2-4] 계약이행 단계에서의 주요 규정

▌준공 단계

국가계약법 제18조(하자보수보증금), 시행령 제62조(하자보수보증금) 및 제63조(하자보수보증금의 직접사용), 시행규칙 제72조(하자보수보증금률) 및 제73조(하자보수보증금의 직접사용)는 하자담보책임의 존속기간을 정한 경우에 계약상대자로 하여금 그 계약의 하자보수를 보증하기 위하여 하자보수보증금을 내도록 하고 있으며, 그 납부면제 기준 및 하자보수보증금률을 따로 정하고 있습니다. 국가계약법 제26조(지체상금), 시행령 제74조(지체상금), 시행규칙 제75조(지체상금률)는 정당한 사유 없이 계약의 이행을 지체한 계약상대자로 하여금 지체상금을 내도록 하고 있으며, 지체상금률을 따로 정하고 있습니다(지방계약법령에서는 지연배상금이라는 용어를 사용하고 있습니다).

위와 같은 하자보수보증금 및 지체상금에 대해서는 계약 시 계약내용으로 결정되는 것이지만, 준공 단계에 이르러서야 현안으로 발현되므로 준공 단계에서의 주요 규정으로 편재하였습니다.

[그림 2-5] 준공 단계에서의 주요 규정

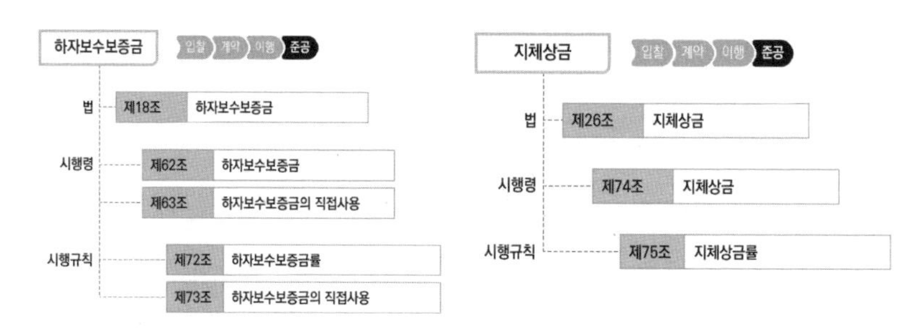

지금까지 입찰, 계약체결, 계약이행 및 준공 단계에서의 주요 규정을 부분적으로 추려서 정리하였는데, 편의상 구분하여 편재한 것이므로 개별 현장의 상황에 맞게 자연스럽게 판단하면 될 것입니다. 그리고 언급된 국가계약법령 조문들에 대해서는 실무에서 편리하게 활용할 수 있도록 3단 비교표를 부록으로 첨부하였으니 참고하시기 바랍니다.

2.3 공사비 및 계약금액 관련 주요 규정

▌공사비 종류: 추정가격, 추정금액, 예정가격 등

건설공사 공사비와 관련된 규정은 여럿 있습니다. 각 규정의 결과로서 공사비 종류 또한 여러 가지가 생기게 되었습니다. 공공건설사업 추진 단계별로 공사비를 나열하면 사업예산, 추정가격(추정금액), 설계가격 및 조사가격, 기초금액, 복수 예비가격, 예정가격이 있으며 입·낙찰 이후에는 낙찰금액 및 계약금액, 그리고 시공과정에서의 하도급금액 등이 있습니다. 이 외에도 원·하도급 건설업체가 내부적으로 관리하는 실행금액 또한 빼놓을 수 없습니다. 여기서 하나의 궁금증이 생기게 됩니다. 하나의 건설사업에 대한 공사비를 여러 종류로 구분할 필요가 있다고 하더라도, 그중 어느 것이 가장 합리적인 공사비라고 보아야 하는지입니다.

사업예산은 사업추진 단계에서 해당 공공사업에 소요될 금액을 산출·청구하여 확정된 사업비(=공사비+보상비+설계비+감리비+시설부대비+예비비 등)를 의미합니다(총사업비관리지침 제2조 제6항 제1호 및 〈별표 3〉 부문별 표준내역서 참조). 추정가격은 기획 단계에서 추정한 가격으로 국제입찰 대상 여부 및 공사계약 방법을 판단하는 기준으로 관급자재와 부가가치세를 제외한 금액입니다(국가계약법 시행령 제2조 제1호). 설계가격 및 조사가격은 설계도서에 따라 거래실례가격, 원가계산에 의한 가격, 표준시장단가에 의한 가격, 감정가격 등을 통해 산정한 가격을 말하며, 공종별 규격·수량·단위·단가·금액 등이 명시된 세부내역서의 최종 결과물에 해당합니다.

입·낙찰 절차 진행을 위하여 활용되는 금액으로는 기초금액과 예정가격이 있습니다. 기초금액은 설계가격 및 조사가격이 '예정가격 작성기준'에 적정한지 아닌지를 검토한 이후 확정한 금액으로, 부가가치세를 포함하며 입찰공고 시 제시하는 금액입니다. 복수 예비가격은 기초금액을 기준으로 ±2%(지방계약법은 ±3%) 내에서 무작위로 산정된 15개의 예비가격을 말하며, 낙찰자 선정을 위해 활용되는 예정가격은 복수 예비가격 중 입찰자들이 가장 많이 선택한 4개 복수 예비가격의 평균으로 산정되는 가격으로 낙찰률 산정 시 이용됩니다.

국가계약법령에서 사용하는 공사비 종류에는 추정가격, 추정금액, 예정가격이 있으며, 건설산업기본법령에서는 공사예정금액이란 용어가 나옵니다. 위와 같은 공사비 관련 용어들을 정리하면 〈표 2-6〉과 같습니다.

〈표 2-6〉 공사비 용어 정의

구분	추정가격	추정금액	예정가격	공사예정금액
근거 법령	영 제2조 제1호	규칙 제2조 제2호	영 제8조 규칙 제11조 등	건설산업기본법 시행령 제8조
관급자재대	제외	포함	제외	지급자재 포함
부가가치세	제외	포함	포함	포함

총사업비관리지침
제2조(정의)
⑥ 사업 유형별 총사업비는 다음 각 호와 같다.
1. 건설사업: 토목, 건축 등 건설공사에 소요되는 모든 경비로서 공사비, 보상비(제3항에 따라 지자체가 부담하는 부지 관련 비용을 포함한다. 이하 같다), 시설부대경비 등으로 구성

국가계약법 시행령
제2조(정의) 이 영에서 사용하는 용어의 정의는 다음과 같다.
1. "추정가격"이라 함은 물품·공사·용역 등의 조달계약을 체결함에 있어서 국가계약법 제4조의 규정에 의한 국제입찰 대상 여부를 판단하는 기준 등으로 삼기 위하여 예정가격이 결정되기 전에 제7조의 규정에 의하여 산정된 가격을 말한다.

국가계약법 시행규칙
제2조(정의) 이 규칙에서 사용하는 용어의 정의는 다음과 같다.

1. “추정금액”이라 함은 공사에 있어서 국가계약법 시행령 제2조 제1호에 따른 추정가격에 부가가치세법에 따른 부가가치세와 관급재료로 공급될 부분의 가격을 합한 금액을 말한다.

건설산업기본법 시행령

제8조(경미한 건설공사 등) ① 법 제9조 제1항 단서에서 “대통령령으로 정하는 경미한 건설공사”란 다음 각 호의 어느 하나에 해당하는 공사를 말한다.

1. 별표 1에 따른 종합공사를 시공하는 업종과 그 업종별 업무내용에 해당하는 건설공사로서 1건 공사의 공사예정금액[동일한 공사를 2개 이상의 계약으로 분할하여 발주하는 경우에는 각각의 공사예정금액을 합산한 금액으로 하고, 발주자(하도급의 경우에는 수급인을 포함한다)가 재료를 제공하는 경우에는 그 재료의 시장가격 및 운임을 포함한 금액으로 하며, 이하 “공사예정금액”이라 한다]이 5천만 원 미만인 건설공사

경쟁촉진을 위한 공사의 수의계약사유 평가기준

5. ‘공사금액’이란 시설부대비(용역비, 보상비 등)를 제외한 공사 예정금액(추정가격 + 부가가치세 + 도급자설치 관급금액)을 말하며, 전차공사가 설계변경 등으로 계약금액이 증감된 경우에는 증감된 금액을 당초 공사예정금액에 가감한 금액을 말한다.

▍예정가격의 결정기준(국가계약법 시행령 제9조)

발주기관은 입찰 또는 수의계약 등에 부칠 사항에 대하여 낙찰자 및 계약금액의 결정기준이 되는 예정가격을 작성해야 합니다(국가계약법 제8조의 2). 예정가격 결정방법은 국가계약법 시행령 제8조(예정가격의 결정방법)에서 계약을 체결하고자 하는 사항의 가격 총액으로 결정해야 하며, 예정가격 결정기준은 같은 법 시행령 제9조(예정가격의 결정기준) 제1항에서 거래실례가격, 원가계산에 의한 가격(표준품셈방식), 표준시장단가(이미 수행한 공사의 계약단가, 입찰단가, 시공단가 등으로 산정), 감정가격·견적가격 등으로 열거하고 있습니다. 건설공사비 산정방식으로 가장 많이 적용되는 예정가격 결정기준은 원가계산방식과 표준시장단가방식의 두 가지가 가장 대표적입니다. 참고로 표준시장단가방식은 2015년 3월부터 기존 실적공사비방식(실적단가: 이미 수행한 공사의 계약단가로 산정)을 대체하여 적용되기 시작했습니다. 건설공사비 산정방식 제도 흐름을 정리하면 [그림 2-6]과 같습니다.

예정가격 결정기준의 적용비율은 개별 공사마다 상이하고 공식적인 통

계수치는 없습니다. 다만 2018년 12월 31일자 국토교통부 보도자료(제목: "올해 표준시장단가 3.39%↑ … 공사비 0.66% 상승효과")에 의하면 표준시장단가방식의 적용 비중은 약 20%로 추정됩니다. 국토교통부는 위 보도자료에서 공사비 총액 0.66% 상승효과를 추정하면서 "1,862개 공종의 단가를 적용하여 모의실험 대상 234개 사업의 전체 공사비에서 표준시장단가가 적용되는 비중(19.97%)을 고려하여 산출"이라고 한 내용에 따른 것입니다. 이로 유추해보면 원가계산방식이 65~75%로 가장 높은 비중이고, 다음으로는 표준시장단가방식이 약 20%, 그 외 견적가격 등이 약 5~15% 정도로 추정됩니다.

[그림 2-6] 건설공사비 산정방식 제도 흐름

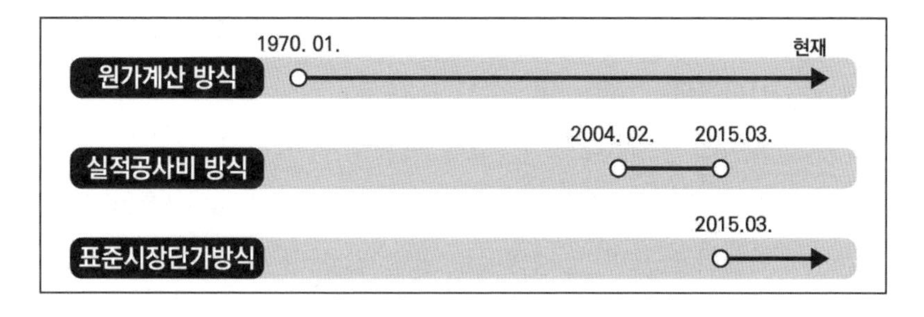

국가계약법 시행령

제9조(예정가격의 결정기준) ① 각 중앙관서의 장 또는 계약담당공무원은 다음 각 호의 가격을 기준으로 하여 예정가격을 결정하여야 한다.

1. 적정한 거래가 형성된 경우에는 그 거래실례가격(법령의 규정에 의하여 가격이 결정된 경우에는 그 결정가격의 범위 안에서의 거래실례가격)
2. 신규개발품이거나 특수규격품 등의 특수한 물품·공사·용역 등 계약의 특수성으로 인하여 적정한 거래실례가격이 없는 경우에는 원가계산에 의한 가격. 이 경우 원가계산에 의한 가격은 계약의 목적이 되는 물품·공사·용역 등을 구성하는 재료비·노무비·경비와 일반관리비 및 이윤으로 이를 계산한다.
3. 공사의 경우 이미 수행한 공사의 종류별 시장거래가격 등을 토대로 산정한 표준시장단가로서 중앙관서의 장이 인정한 가격
4. 제1호 내지 제3호의 규정에 의한 가격에 의할 수 없는 경우에는 감정가격, 유사한 물품·공사·용역 등의 거래실례가격 또는 견적가격

▍설계공사비의 재·노·경 비율

건설공사에 있어서 재료비, 노무비 및 경비의 각 비율이 어느 정도 형성되어 있는지가 궁금할 수 있습니다. 이에 대하여 경기연구원은 「건설공사비 산정방식 기초연구」(2019. 11.)에서 경기도가 발주한 14개 공공공사 사업장을 대상으로 직접공사비와 설계공사비(공급가액)를 구분하여 재·노·경 비율 추출결과를 제시하고 있습니다. 위 보고서는 작업 성격을 고려하여 토목공사와 건축공사로 구분하여 조사·분석한 각 비율을 제시하고 있습니다.

먼저 직접공사비에 대한 재·노·경 비율을 추출한 결과입니다. 10개 토목공사의 재료비·노무비·경비 비율은 40.4%:39.8%:19.8%이며, 이를 단순화하면 토목공사의 직접공사비 재·노·경 비율은 40:40:20 정도라고 할 수 있겠습니다. 4개 건축공사의 재료비·노무비·경비 비율은 46.1%:50.4%:3.5%이며, 이를 단순화하면 건축공사의 직접공사비 재·노·경 비율은 45:50:5 정도라고 할 수 있겠습니다. 토목공사와 건축공사의 재·노·경 비율을 비교해본 결과 노무비와 경비 비목에서 다소 큰 차이를 보이고 있었습니다. 그 이유는 일반적으로 토목공사는 장비가 많이 투입되므로 (기계)경비 비율이 높으며, 건축공사는 골조 및 마감 작업으로 인한 인원 투입이 많아 노무비 비율이 상대적으로 높아지는 경향을 재·노·경 비율 분석결과로 확인할 수 있습니다(〈표 2-7〉 참조).

다음으로 설계공사비(공급가액)에 대하여는 재·노·경·일반관리비 등의 네 가지 비목으로 구분하여 각 비율을 정리할 수 있습니다. 이때 노무비는 직접노무비와 간접노무비의 합계이고, 경비는 직접경비(기계경비 등)와 제경비의 합계입니다. 10개 토목공사의 재료비·노무비·경비·일반관리비 등 비율은 30.5%:33.3%:25.2%:11.0%이고, 건축공사의 재료비·노무비·경비·일반관리비 등 비율은 33.6%:39.4%:14.8%:12.2%로 토목공사와 비교하면 노무비와 경비 비목에서 다소 큰 차이를 보이고 있습니다.

〈표 2-7〉 14개 설계공사비의 재·노·경 비율 추출결과

(단위: 백만 원)

공사명		직접공사비				간접공사비			일반관리비	이윤	공급가액
		재료비	노무비	경비	소계	노무비	경비	소계			
토목공사 10개	공사비	43,918	43,349	21,522	108,789	4,661	14,702	19,363	6,050	9,760	143,962
	비율	**40.4%**	**39.8%**	**19.8%**	100%						
		30.5%	30.1%	14.9%	75.6%	3.2%	10.2%	13.5%	4.2%	6.8%	100%
건축공사 4개	공사비	10,552	11,515	799	22,866	854	3,861	4,715	1,529	2,288	31,398
	비율	**46.1%**	**50.4%**	**3.5%**	100%						
		33.6%	36.7%	2.5%	72.8%	2.7%	12.3%	15.0%	4.9%	7.3%	100%
합계	공사비	54,470	54,864	22,321	131,655	5,515	18,563	24,078	7,579	12,048	175,360
	비율	41.4%	41.7%	17.0%	100%						
		31.1%	31.3%	12.7%	75.1%	3.1%	10.6%	13.7%	4.3%	6.9%	100%

▌계약금액 사전확정주의(법 제11조)

정부가 공공공사에 대한 계약을 체결하고자 할 때에는 계약의 목적·계약금액·이행기간·계약보증금·위험부담·지체상금 등 기타 필요한 사항을 명백히 기재한 계약서를 작성해야 하고, 그 담당공무원과 계약상대자가 계약서에 기명·날인 또는 서명함으로써 계약이 확정됩니다. 이를 계약금액으로만 한정해서 보면, 계약금액은 계약체결 시 계약이행에 앞서 미리 확정해야 하므로 건설공사는 '계약금액 사전확정주의'를 천명하고 있다고 볼 수 있습니다.

국가계약법령에 규정한 계약서 작성 등의 절차를 거치지 않은 경우에

그 계약서의 효력 유무가 논쟁이 된 적이 있었습니다. 결론적으로 말하면 공공공사는 민간공사와 달리 국가계약법령 규정의 요건과 절차를 이행하지 않은 계약에 대해서는 효력을 인정하지 않습니다. 우리 대법원은 공공공사는 정부가 사경제의 주체로서 사인(私人)과 사법상의 계약을 체결함에 있어서 국가계약법령 또는 지방계약법령의 규정에 따른 계약서를 따로 작성하는 등 그 요건과 절차를 이행하여야 하고, 정부와 사인 간에 사법상의 계약이 체결되었다 하더라도 위 규정상의 요건과 절차를 거치지 아니한 계약은 그 효력이 없다고 판단하고 있습니다(대법원 2005. 5. 27. 선고 2004다30811 판결 등 다수).

대법원 2005. 5. 27. 선고 2004다30811, 30828 판결

지방재정법 제63조는 지방자치단체를 당사자로 하는 계약에 관하여 이 법 및 다른 법령에서 정한 것을 제외하고는 국가를 당사자로 하는 계약에 관한 법률의 규정을 준용한다고 규정하고 있고, 이에 따른 준용조문인 국가를 당사자로 하는 계약에 관한 법률 제11조 제1항, 제2항에 의하면 지방자치단체가 계약을 체결하고자 할 때에는 계약의 목적, 계약금액, 이행기간, 계약보증금, 위험부담, 지체상금 기타 필요한 사항을 명백히 기재한 계약서를 작성하여야 하고, 그 담당공무원과 계약상대자가 계약서에 기명·날인 또는 서명함으로써 계약이 확정된다고 규정하고 있는바, 위 각 규정의 취지에 의하면 지방자치단체가 사경제의 주체로서 사인과 사법상의 계약을 체결함에 있어서는 위 법령에 따른 계약서를 따로 작성하는 등 그 요건과 절차를 이행하여야 할 것이고, 설사 지방자치단체와 사인 사이에 사법상의 계약이 체결되었다 하더라도 위 법령상의 요건과 절차를 거치지 아니한 계약은 그 효력이 없다고 할 것이다.

국가계약법

제11조(계약서의 작성 및 계약의 성립) ① 각 중앙관서의 장 또는 계약담당공무원은 계약을 체결할 때에는 다음 각 호의 사항을 명백하게 기재한 계약서를 작성하여야 한다. 다만, 대통령령으로 정하는 경우에는 계약서의 작성을 생략할 수 있다.

1. 계약의 목적
2. 계약금액
3. 이행기간
4. 계약보증금
5. 위험부담
6. 지체상금(遲滯償金)
7. 그 밖에 필요한 사항

② 제1항에 따라 계약서를 작성하는 경우에는 그 담당공무원과 계약상대자가 계약서에 기명하고 날인하거나 서명함으로써 계약이 확정된다.

▌낙찰률 산정방법(영 제31조)

건설공사에서는 낙찰률(%)이란 용어를 자주 사용합니다. 설계변경 등에서 협의율 산정 시 중요한 기준이 되는 수치이기 때문입니다. 국가계약법령에서도 낙찰률 용어가 자주 언급되고 있지만, 정작 낙찰률 용어에 대한 정의를 규정으로 마련해놓지는 않고 있습니다. 다만 국가계약법 시행령 제31조(계속공사에 대한 수의계약 시의 계약금액) 조문내용에서 낙찰률의 개념을 '예정가격에 대한 낙찰금액 또는 계약금액의 비율'이라고 설명하고 있습니다. 이에 따르면 낙찰률 산정식은 '계약금액(낙찰금액)÷예정가격'이라 할 수 있습니다. 아울러 계약예규 공사계약일반조건 또한 별도로 낙찰률 용어 정의 없이 동 조건 제20조(설계변경으로 인한 계약금액의 조정) 제1항 제2호에서 낙찰률이란 용어가 설명되어 있습니다.

국가계약법 시행령
제31조(계속공사에 대한 수의계약 시의 계약금액) 계속공사(제26조 제1항 제2호 가목부터 다목까지의 규정에 따라 직전 또는 현재의 시공자와 수의계약을 체결할 수 있는 공사를 말한다)에 있어서 해당 공사 이후의 계약금액은 예정가격에 제1차 공사의 낙찰률(예정가격에 대한 낙찰금액 또는 계약금액의 비율을 말한다)을 곱한 금액 이하로 하여야 한다. 다만, 기획재정부장관이 정하는 경우에는 그러하지 아니하다.

낙찰률 산정식에 따르면 낙찰률은 예정가격이 존재해야만 산정되는 결과물임을 할 수 있습니다. 그렇다면 국가계약법 제8조의2(예정가격의 작성)에 따른 예정가격을 작성하지 않는 턴키공사(일괄입찰) 및 기본설계 기술제안입찰공사의 경우는 낙찰률을 산정할 수 없다고 하겠습니다. 그 때문에 턴키공사와 기술제안입찰공사에서 설계변경으로 인한 계약금액 조정 시의 협의율을 100%로 적용할 수밖에 없을 것입니다.

한편 건설공사 하도급계약에서 낙찰률에 대한 정의를 어떻게 적용할지가 논쟁이 되곤 합니다. 전술한 건설산업기본법의 주요 내용에서 하도급률 산정식을 설명하였는데, 하도급계약에서는 낙찰률과 하도급률 개념의 구분 및 그 적용방법에 따라 분쟁이 발생하기도 합니다. 공정거래위원회가 사용 권고하고 있는 건설업종 표준하도급계약서(본문)에서도 낙찰률이란 용어가 명시되어 있지만 표준계약서라는 성격상 낙찰률 용어를 특정하여 일괄적으로 정의하지 않고 있다고 생각합니다.

▌분할계약 금지(영 제68조)

공공공사는 '통합발주'를 원칙으로 규정하고 있습니다. 확정된 전체 공사에 대하여 시기적 또는 공사량으로 분할(division)하지 못하도록 규정하고 있는데 이를 '통합발주'라 합니다. 국가계약법 시행령 제68조(공사의 분할계약 금지)는 분할발주금지 내용과 아울러 분리(separation)발주금지에 대한 내용을 포함하고 있습니다. 다만 분리발주에 대해서는 다른 법률에 의하여 규정된 공사에 대해서는 예외로 하고 있는데, 전기공사업법에 의한 전기공사가 대표적이며(전기공사업법 제3조 및 제11조), 이외에도 정보통신공사업법에 의한 정보통신공사(정보통신공사업법 제3조 및 제25조), 소방시설공사업법에 의한 소방시설공사(소방시설공사업법 제21조) 등이 있으며, 이들 분리발주 공사들은 전문공사이므로 직접시공 원칙(하도급 제한)이 적용되고 있습니다. 한편 「건설폐기물의 재활용 촉진에 관한 법률(건설폐기물법)」 제15조(건설폐기물 처리용역의 발주)에 따라 건설폐기물의 양이 100톤 이상인 건설공사는 건설폐기물처리용역으로 분리발주해야 합니다.

국가계약법 시행령

제68조(공사의 분할계약금지) ① 각 중앙관서의 장 또는 계약담당공무원은 기획재정부장관이 정하는 동일 구조물공사 및 단일공사로서 설계서 등에 의하여 전체 사업내용이 확정된 공사는 이를 시기적으로 분할하거나 공사량을 분할하여 계약할 수 없다. 다만, 다음 각 호의 1에 해당하는 공사의 경우에는 그러하지 아니하다.

1. 다른 법률에 의하여 다른 업종의 공사와 분리발주할 수 있도록 규정된 공사
2. 공사의 성질이나 규모 등에 비추어 분할시공함이 효율적인 공사
3. 하자책임 구분이 용이하고 공정관리에 지장이 없는 공사로서 분리시공함이 효율적이라고 인정되는 공사

▌계약 관련 정보의 공개(영 제92조의2 및 규칙 제82조)

계약 관련 정보의 공개는 2005년 9월 8일 시행령 제92조의2(계약 관련 정보의 공개)로 신설된 규정입니다. 개별 사업에 대하여 공개해야 하는 세부 내용은 계약체결 및 계약변경, 계약의 목적, 계약내용(변경 전 포함), 계약변경 사유들을 열거하고 있습니다.

국가계약법 시행령

제92조의2(계약 관련 정보의 공개) ① 각 중앙관서의 장 또는 계약담당공무원은 분기별 발주계획, 계약체결 및 계약변경에 관하여 기획재정부령이 정하는 사항을 전자조달시스템 또는 제39조 제1항 단서에 따라 각 중앙관서의 장이 지정·고시한 정보처리장치에 공개하여야 한다. …

② 각 중앙관서의 장 또는 계약담당공무원은 제1항 본문의 규정에 의한 공개내용에 변경이 있는 경우에는 변경된 사실을 지체 없이 공개하여야 한다.

[본조신설 2005. 9. 8.]

국가계약법 시행규칙

제82조(계약정보의 공개) 영 제92조의2 제1항 본문에서 "기획재정부령이 정하는 사항"이란 다음 각 호의 사항을 말한다.

3. 계약변경에 관한 사항
   가. 계약의 목적
   나. 계약변경 전의 계약내용(계약 물량 또는 규모, 계약금액)
   다. 계약의 변경내용
   라. 계약변경의 사유

2.4 18개 계약예규 주요 내용

기획재정부는 국가계약법령을 관장하는 중앙부처로서, 입찰·계약 집행 기준, 예정가격 작성기준, 각종 낙찰제도 심사기준, 공사계약·용역계약 계약조건 등 18개 계약예규를 마련해놓고 있습니다. 전술한 바와 같이 계약예규는 벌칙 규정이 없는 내부 훈시규정의 법규일 뿐이지만, 실제로는 입·낙찰 및 계약이행(계약금액 조정 포함 등) 등에 직접적 영향을 미치고 있어 실무에서의 관심은 매우 높습니다. 이에 2023년 5월 31일자 기준의 18개 계약예규에 대해 개략적 내용을 살펴보고자 합니다. 18개 계약예규 중 용역·물품 관련 예규와 폐지된 최저가낙찰제의 입찰금액 적정성 심사기준은 설명에서 제외하였습니다.

▌정부입찰·계약 집행기준[계약예규 제533호, 2020. 12. 28.]

공사 등의 입찰·계약의 집행과 관련하여 국가계약법령 및 시행령 특례규정에서 위임된 사항과 그 시행에 관하여 필요한 사항을 규정한 것으로, 기획재정부 계약예규 중 분량이 가장 많습니다.

이 예규는 총 23개 장으로 구성되어 있으며, 주요 내용을 장별로 정리해보았습니다. 제1장 총칙에서는 목적, 정의, 하도급 관련 사항의 공고, 예정가격 결정과 관련한 책정기준 등의 공고, 순공사원가 기준 등의 공고, 계약담당공무원 유의사항 등을 정하고, 제2장에서는 제한경쟁입찰의 운용에 관한 사항, 제3장에서는 공사의 지명경쟁입찰 시 지명업체 선정기준을 언급하고 있습니다. 제4장과 제5장은 긴급에 따른 수의계약 및 소액수의계약, 일괄입찰 및 기술제안입찰로 발주된 공사의 수의계약 집행에 관한 사항을 정하고 있으며, 제6장의 혁신제품 수의계약내용은 삭제되었고(2020. 9. 24.), 제7장에서는 지명경쟁계약, 수의계약 및 개산계약 집행 시 구비해야 할 서류에 대해 설명하고 있습니다(제6장은 2020. 9. 24. 삭제되었습니다). 제8장에서는 동일구조물공사 및 단일공사의 집행에 관한 사항, 제9장에서는 내역입찰의 집행에 관한 사항을 정하고 있으며, 제10장은 일괄입찰보증제도의 운용, 제11장은 계약보증금의 감면에 대한 내용을 다루고 있습니다. 제12장은 선금의 지급 등, 제13장은 공사의 이행보증제도 운용, 제14장은 공사의 손해보험가입 업무집행에 대한 사항을 정하고 있으며, 제15장은 물가변동 조정률 산출, 제16장은 실비의 산정, 제16장의2는 시행규칙 제23조의3 각 호의 용역계약의 집행, 제16장의3은 디지털서비스 계약의 집행에 대한 내용을 다루고 있습니다. 제17장부터 제20장까지는 계약정보의 공개 등, 대형공사 및 기술제안입찰의 설계비 등 보상, 국민건강보험료 및 국민연금보험료 사후정산 등, 입찰 관련 서류의 진위 여부 검증에 관한 사항을 다루고 있으며, 제21장부터 제23장까지는 청렴·공정계약의 집행, 분쟁해결방법의 합의, 보칙에 관한 사항을 정하고 있습니다.

▌예정가격 작성기준[계약예규 제577호, 2021. 12. 1.]

이 예규는 총 5개의 장으로 구성되어 있으며, 주요 내용으로는 원가계산 및 표준시장단가에 의한 예정가격 작성, 전문가격조사기관의 등록 등에 있어 적용해야 할 기준을 정하고 있습니다.

제1장 총칙에서는 목적과 계약담당공무원의 주의사항을 설명하고 있고, 제2장 원가계산에 의한 예정가격의 작성에서는 원가계산의 구분 및 비목, 비목별 가격 결정의 원칙을 설명하는 총칙과 제조·공사·학술연구용역·기타

용역의 원가계산, 원가계산용역기관 등에 관한 사항을 다루고 있습니다. 제3장 표준시장단가에 의한 예정가격작성에서는 직·간접공사비, 일반관리비, 이윤, 공사손해보험료 등 표준시장단가에 의한 작성기준을 자세하게 설명하고 있으며, 제4장에서는 복수 예비가격에 의한 예정가격의 결정에 관한 사항을, 제5장에서는 전문가격조사기관의 등록 및 조사업무에 관한 사항을 다루고 있습니다.

▌입찰참가자격사전심사요령[계약예규 제600호, 2022. 6. 1.]

총 17개 조항으로 구성된 동 예규는 중앙관서의 장 또는 계약담당공무원이 입찰참가자격사전심사를 위하여 심사기준을 정하는 경우 고려해야 하는 사항과 사전심사를 실시하는 경우 따라야 할 절차, 방법 및 기타 필요한 사항을 정하고 있습니다. 참고로 입찰참가자격사전심사는 영문으로 Pre-Qualification이며 약어로 PQ라고 합니다.

주요 내용으로는 입찰공고·심사기준 등의 열람·교부, 사전심사신청, 사전심사신청자격 제한, 심사기준, 심사방법, 심사결과의 통보 및 재심사, 부정한 방법으로 신청한 자의 처리, 현장설명참가자격, 공동계약의 운용 등에 관하여 정하고 있습니다.

▌적격심사기준[계약예규 제601호, 2022. 6. 1.]

이 예규는 낙찰자 결정 시의 계약이행능력 심사방법·항목·배점한도액 기타 필요한 사항을 정하고 있으며, 총 13개 조문으로 구성되어 있습니다.

주요 내용으로는 낙찰자 결정방법 등의 공고, 세부심사기준 등의 열람, 심사항목 및 배점한도, 세부심사기준, 심사방법, 낙찰자 결정, 재심사, 적격심사의 결격 및 재심사, 부정한 방법으로 심사서류를 제출한 자의 처리 등에 관한 사항을 정하고 있습니다. 동 예규 제5조(심사항목 및 배점한도)에 따른 공사규모별 배점한도는 [별표]로 제시하고 있으며, 이를 통하여 일명 '낙찰하한율(낙찰자 결정을 위한 종합평점 기준을 통과할 수 있는 입찰가격의 하한률)'을 산출할 수 있습니다.

▍공사계약 종합심사낙찰제 심사기준[계약예규 제602호, 2022. 6. 1.]

이 예규는 낙찰자 결정 시의 심사방법·항목·배점한도 등 심사기준과 각 중앙관서의 장 또는 계약담당공무원이 준수해야 할 사항을 정하고 있으며, 3개의 장으로 구성되어 있습니다.

제1장 총칙에서는 목적, 정의, 심사기준, 세부심사기준의 작성, 입찰공고, 현장설명 시 교부서류, 입찰서 등의 제출, 균형가격 산정에 대하여 정하고, 제2장 종합심사 방법에서는 심사서류의 보완, 종합심사점수 산정, 물량 및 시공계획 심사 및 심사대상자 선정, 낙찰자 결정에 대한 사항을 다루고 있으며, 제3장 기타에서는 위원회의 구성, 결격사유 등, 부정한 방법으로 심사서류를 제출한 자 등에 대한 처리, 입찰결과의 공개 등, 설계변경에 의한 계약금액 조정의 제한에 관하여 정하고 있습니다.

▍일괄입찰 등에 의한 낙찰자 결정기준[계약예규 제322호, 2016. 12. 30.]

이 예규는 일괄입찰 또는 대안입찰과 관련하여 낙찰자 결정 및 그 밖에 필요한 사항을 정하고 있으며, 4개의 장으로 구성되어 있습니다.

제1장 총칙에서는 목적, 입찰참가자격사전심사(PQ), 일괄입찰 등의 실시 설계적격자 또는 낙찰자 결정방법 공고, 입찰 및 설계심의 의뢰 등, 세부심

사기준을 정하고 있으며, 제2장에서는 일괄입찰의 실시설계적격자 및 낙찰자 결정, 적격자 결정대상자 선정, 설계적합최저가방식, 입찰가격조정방식, 설계점수조정방식, 가중치기준방식, 확정가격최상설계방식, 설계점수의 조정 등에 관한 사항을 정하고 있습니다. 제3장에서는 대안입찰의 낙찰자 결정 및 낙찰자 결정대상자 선정, 설계적합최저가방식, 입찰가격조정방식, 설계점수조정방식 등 대안입찰의 낙찰자 결정에 필요한 사항을 다루고 있으며, 제4장 보칙에서는 입찰결과의 공개 및 재검토기한 등을 정하고 있습니다.

▌협상에 의한 계약체결기준[계약예규 제538호, 2020. 12. 28.]

이 예규는 국가계약법 시행령 제43조(협상에 의한 계약체결) 및 제43조의2(지식기반산업의 계약방법)에 따른 협상에 의한 계약의 체결에 필요한 사항을 정하고 있으며, 총 18개 조문으로 구성되어 있습니다.

주요 내용으로는 적용범위, 입찰공고, 제안서 등의 제출 및 제안서의 평가, 입찰가격 개봉 및 평가, 협상적격자 및 협상순위의 선정, 협상적격자에 대한 통지, 협상절차에 관한 사항을 다루고 있습니다.

▌공동계약운용요령[계약예규 제539호, 2020. 12. 28.]

이 예규는 국가계약법 시행령 제72조(공동계약)에 의한 공동계약 체결방법과 기타 필요한 사항을 정하고 있으며, 17개 조문으로 구성되어 있습니다.

주요 내용으로는 공동계약의 유형, 공동수급체 대표자의 선임, 공동수급협정서의 작성 및 제출, 계약의 체결, 입찰공고, 공동수급체의 구성, 대가지급 등에 관한 사항을 정하고 있습니다.

▌공사계약일반조건[계약예규 제581호, 2021. 12. 1.]

이 예규는 계약담당공무원과 계약상대자가 공사도급표준계약서에 기재한 공사의 도급계약에 관하여 계약문서에서 정하는 바에 따라 신의와 성실의 원칙에 입각한 계약조건을 일반적 기준에 따라 정해놓은 것으로, 현재는 68개 조문으로 구성되어 있습니다.

주요 내용으로는 계약문서, 계약보증금, 손해보험, 공사용지의 확보, 공사자재의 검사, 착공 및 공정보고, 설계변경 등, 계약금액의 조정, 지체상금, 하자보수 등에 관한 다양한 사항들을 정하고 있습니다. 공사계약일반조건은 가장 중요한 계약문서이며, 그중 계약금액 조정에 대해서는 후술하는 제4장 내용을 참고하시기 바랍니다.

▌공사입찰유의서[계약예규 제513호, 2020. 9. 24.]

이 유의서는 정부가 행하는 공사계약에 대한 입찰에서 해당 입찰에 참가하고자 하는 자가 유의해야 할 사항을 정하고 있으며 총 32개 조문으로 구성되어 있습니다.

주요 내용으로는 입찰참가신청 및 참가자격의 판단기준일, 입찰에 관한 서류, 입찰보증금, 입찰서 작성 및 제출, 산출내역서의 제출, 입찰의 무효, 낙찰자의 결정, 계약의 체결 및 이행보증, 부정당업자의 입찰참가자격 제한 등에 관한 사항을 정하고 있습니다.

▌종합계약집행요령[계약예규 제255호, 2015. 9. 21.]

이 예규는 국가계약법 제24조(종합계약) 및 같은 법 시행령 제71조(종합계약)에 의한 종합계약의 체결방법과 기타 필요한 사항을 정하고 있으며, 총

16개 조문으로 구성되어 있습니다. 참고로 종합계약은 같은 장소에서 다른 공공발주기관과 공동으로 발주하는 계약을 말합니다.

주요 내용으로는 사업계획서 등의 작성·제출, 종합계약 적격여부 심사, 관련 기관협의체의 구성, 종합집행계획서의 작성, 계약체결, 입찰공고, 권리행사 및 의무의 이행 등에 관한 사항을 정하고 있습니다.

▍경쟁적 대화에 의한 계약체결기준[계약예규 제465호, 2019. 12. 18.]

이 예규는 국가계약법 시행령 제43조의3(경쟁적 대화에 의한 계약체결)에 의한 경쟁적 대화에 의한 계약체결에 필요한 사항을 정하고 있으며, 18개의 조항으로 구성되어 있습니다.

주요 내용으로는 입찰공고, 경쟁적 대화 참가신청, 참여적격자 선정, 경쟁적 대화 절차, 최종제안요청서의 교부 및 열람, 최종제안서 등의 제출, 낙찰자 선정 등에 관한 사항을 다루고 있습니다.

3. 도급계약

3.1 건설공사 도급계약

▌도급계약의 성격

'계약'이란 일정한 법률 효과 발생을 목적으로 두 사람 이상의 의사표시의 합의에 의한 법률행위로서 일방의 청약에 합치하는 상대방의 승낙으로 성립합니다. 공사계약 역시 계약자유의 원칙이 적용되므로 그 내용과 형식은 기본적으로 당사자의 자유의사에 따라 결정됩니다. 우리나라 민법은 (1) 재산의 이전(移轉)에 관한 계약으로서 증여, 매매, 교환, (2) 물건의 이용(利用)에 관한 계약으로서 소비대차, 사용대차, 임대차, (3) 노력의 이용에 관한 계약으로서 고용, 도급, (4) 그 외의 계약으로서 현상광고, 위임, 임치, 조합, 종신정기금, 화해, 여행계약의 15개 전형계약을 규정하고 있습니다. 그중 여행계약은 사회의 변화로 인해 비교적 최근인 2016년 2월경 민법에 신설되어 전형계약으로 인정된 경우입니다. 참고로 15개 전형계약은 모두 불요식계약(계약을 성립시킬 때 일정한 방식을 요구하지 않는 계약)입니다.

그런데 건설공사계약에 있어서 건설산업기본법 제22조(건설공사에 관한 도급계약의 원칙) 제2항 및 같은 법 시행령 제25조(공사도급계약의 내용) 제1항은 건설공사 도급계약체결 시 도급금액(임금에 해당되는 금액 별도 명시), 공사기간(착공시기와 준공시기), 공사내용, 도급금액 및 공사내용 변경사항(설계변경, 물가변동 등에 기인한 사항), 손해부담(공사중지, 계약해제, 천재지변 등), 손해배상(위약금, 지연이자 등), 하자담보책임, 분쟁해결방법 등을 계약서에 분명하게 적어야 하고, 서명 또는 기명날인한 계약서를 서로 주고받아 보관토록 규정하고 있습니다.

위에 따르면 건설공사계약이 일견 요식계약으로 보이지만, 건설공사 도급계약을 체결하지 않거나 계약서를 교부하지 않은 경우라도 해당 도급계약이 여전히 유효하다(불요식계약)는 점을 간과하지 말아야 합니다. 이를 위반한 경우 건설산업기본법 시행령[별표 7]은 50만 원 과태료 행정벌을 부과할 수 있을 뿐, 해당 규정들은 행정적 감독을 목적으로 하고 있으므로 설령 구두에 의한 공사도급계약일지라도 이를 무효로 규정하지 않습니다. 다만 국가나 지방자치단체가 당사자가 되는 건설공사 도급계약은 국가계약법 제11조(계약서의 작성 및 계약의 성립) 또는 지방계약법 제14조(계약서의 작성 및 계약의 성립)에 의해 원칙적으로 서면으로 작성되어야 효력이 있으므로 요식계약에 해당한다 하겠습니다(대법원 2009. 9. 24. 선고 2009다52335 판결 등 다수)

대법원 2009. 9. 24. 선고 2009다52335 판결

지방자치단체가 계약을 체결하고자 할 때에는 계약의 목적·계약금액·이행기간·계약보증금·위험부담·지체상금 기타 필요한 사항을 명백히 기재한 계약서를 작성하여야 하고, 그 담당공무원과 계약상대자가 계약서에 기명·날인 또는 서명함으로써 계약이 확정된다고 정하고 있다. 그러므로 지방자치단체가 사경제의 주체로서 사인과 사법상의 계약을 체결함에 있어서는 위 규정에 따른 계약서를 따로 작성하는 등 그 요건과 절차를 이행하여야 하고, 설사 지방자치단체와 사인 간에 사법상의 계약이 체결되었다 하더라도 위 규정상의 요건과 절차를 거치지 아니한 계약은 그 효력이 없다고 할 것이며, 위 관련 법규정의 취지에 비추어 이는 본계약체결의 강제를 핵심으로 하는 예약에 관하여도 마찬가지로 보아야 할 것이다.

▍공사대금채권 소멸시효

도급받은 공사의 공사대금채권은 3년의 단기소멸시효가 적용되고, 공사에 부수되는 채권의 소멸시효기간도 3년입니다. 이는 하도급공사에서도 마찬가지인데, 하도급받은 공사를 시행하던 도중에 폭우로 인하여 침수된 지하 공사장과 붕괴된 토류벽을 복구하는 데 소요된 복구공사대금 채권을 민법 제163조(3년의 단기소멸시효) 제3호 소정의 '도급받는 자의 공사에 관한 채권'으로 보아, 3년의 단기소멸시효라고 판단한 대법원 판례가 있습니다(대법원 1994. 10. 14. 선고 94다17185 판결 등). 아울러 도급받은 공사에 부수되는 채권의 소멸시효도 3년의 단기소멸시효에 해당한다면서(대법원 2009. 11. 12. 선고 2008다41451 판결 등), 건설공사에 대한 저당권설정청구권(민법 제666조)은

대법원 1994. 10. 14. 선고 94다17185 판결 [공사대금]

【판시사항】

가. 민법 제163조 제3호 소정의 "도급받은 자의 공사에 관한 채권"의 범위

나. '가'항의 채권을 약정금으로 청구하는 경우, 단기소멸시효 규정의 적용을 배제할 수 있는지 여부

다. 하도급공사 시행 중 폭우로 침수된 지하 공사장과 붕괴된 토류벽에 관한 복구공사대금채권을 '가'항 소정의 채권으로 본 사례

【판결요지】

가. 민법 제163조 제3호가 3년의 단기소멸시효에 걸리는 채권으로 들고 있는 "도급을 받은 자의 공사에 관한 채권"에서, 그 "채권"이라 함은 도급받은 공사의 공사대금채권뿐만 아니라 그 공사에 부수되는 채권도 포함하는 것이다.

나. 당사자가 공사에 관한 채권을 약정에 기한 채권이라고 주장한다고 하더라도 그 채권의 성질이 변경되지 아니한 이상 단기소멸시효에 관한 민법 제163조 제3호의 적용을 배제할 수는 없다.

다. 하도급받은 공사를 시행하던 도중에 폭우로 인하여 침수된 지하 공사장과 붕괴된 토류벽을 복구하는 데 소요된 복구공사대금채권을 민법 제163조 제3호 소정의 "도급받는 자의 공사에 관한 채권"으로 본 사례.

대법원 2016. 10. 27. 선고 2014다211978 판결 [근저당권설정등기]

【판시사항】

민법 제666조에 따른 저당권설정청구권의 소멸시효기간(=3년)

【판결요지】

도급받은 공사의 공사대금채권은 민법 제163조 제3호에 따라 3년의 단기소멸시효가 적용되고, 공사에 부수되는 채권도 마찬가지인데, 민법 제666조에 따른 저당권설정청구권은 공사대금채권을 담보하기 위하여 저당권설정등기절차의 이행을 구하는 채권적 청구권으로서 공사에 부수되는 채권에 해당하므로 소멸시효기간 역시 3년이다.

공사대금채권을 담보하기 위하여 저당권설정등기절차의 이행을 구하는 채권적 청구권으로서 공사에 부수되는 채권에 해당하므로 그 소멸시효기간 역시 3년이라고 판단하였습니다(대법원 2016. 10. 27. 선고 2014다211978 판결).

다만 3년의 단기소멸시효에 해당하는 공사대금채권이라 하더라도 채권자가 채권의 소멸시효 완성을 중단시키기 위하여 채무자를 상대로 소송을 제기하여 확정판결을 받는다면, 판결로 확정된 채권이 되어 민법 제165조(판결 등에 의하여 확정된 채권의 소멸시효) 제1항에 따라 소멸시효기간은 10년이 됩니다.

한편 (가)압류, 가처분, 청구·승인은 소멸시효를 중단시킵니다(민법 제168조). 가압류를 시효중단 사유로 포함한 이유는 가압류에 의하여 채권자가 소송상 권리를 행사하였다고 할 수 있기 때문입니다. 가압류 채권자의 권리행사는 가압류를 신청한 때에 시작되므로(소송은 민사소송법 제265조에 의하여 소를 제기한 때 시효중단의 효력이 발생합니다), 가압류가 인용되면 가압류에 의한 시효중단의 효력은 가압류 신청을 한 때로 소급합니다.

▌시공자의 공사중지권

민간건설공사에 있어서 도급인이 선금과 기성대금을 지급하지 않을 때는 수급인은 공사중지 기간을 정하여 공사의 일부 또는 전부를 일시 중지할 수 있으며, 이와 같은 공사중지에 따른 비용은 도급인에게 부담토록 하였습니다(민간건설공사 표준도급계약서 제37조). 공공공사에서도 민간건설공사와 유사한 규정을 두고 있는데, 계약예규 공사계약일반조건 제47조의2(계약상대자의 공사정지 등) 조항입니다. 시공자의 공사중지권은 '상대방의 이행이 곤란할 현저한 사유가 있는 때'에 동시이행의 항변권을 가지는 이른바 '불안의 항변권'에 해당합니다.

판례에 따르면 '상대방의 이행이 곤란한 현저한 사유가 있는 때에 자기의 채무이행을 거절할 수 있는 경우'란 선이행채무를 지게 된 채권자가 계약성립 후 채무자의 신용불안이나 재산상태의 악화 등의 사정으로 반대급부를 이행 받을 수 없는 사정변경이 생기고 이로 인하여 당초의 계약내용에 따른 선이행의무를 이행케 하는 것이 공평과 신의칙에 반하게 되는 경우를 말하는 것이고, 이와 같은 사유는 당사자 쌍방의 사정을 종합하여 판단하여야 한다고 하였습니다(대법원 1990. 11. 23. 선고 90다카24335 판결 등). 나아가 대법원은 불안의 항변권 발생사유를 신용불안이나 재산상태 악화와 같은 사정만으로 제한적으로 해석할 이유가 없다고 하였습니다. 특히 상당한 기간에 걸쳐 공사를 수행하는 도급계약에서 일정 기간마다 기성공사 대가를 지급하기로 약정되었으면, 비록 도급인에게 신용불안 등과 같은 사정이 없다고 하여도 수급인은 민법 제536조(동시이행의 항변권) 제2항에 의하여 계속공사의무의 이행을 거절할 수 있다고 판단하였습니다(대법원 2012. 3. 29. 선고 2011다93025 판결).

대법원 2012. 3. 29. 선고 2011다93025 판결 [계약보증금]

【판시사항】

도급계약에서 일정 기간마다 이미 행하여진 공사부분에 대하여 기성공사금 등의 대가를 지급하기로 약정되어 있는데도 도급인이 정당한 이유 없이 이를 지급하지 않아 수급인에게 당초 계약내용에 따른 선이행의무의 이행을 요구하는 것이 공평에 반하게 되는 경우, 수급인이 민법 제536조 제2항에 의하여 계속공사의무의 이행을 거절할 수 있는지 여부(적극)

【판결요지】

민법 제536조 제2항의 이른바 불안의 항변권을 발생시키는 사유에 관하여 신용불안이나 재산상태 악화와 같이 채권자 측에 발생한 객관적·일반적 사정만이 이에 해당한다고 제한적으로 해석할 이유는 없다. 특히 상당한 기간에 걸쳐 공사를 수행하는 도급계약에서 일정 기간마다 이미 행하여진 공사부분에 대하여 기성공사금 등의 이름으로 그 대가를 지급하기로 약정되어 있는 경우에는, 수급인의 일회적인 급부가 통상 선이행되어야 하는 일반적인 도급계약에서와는 달리 위와 같은 공사대금의 축차적인 지급이 수급인의 장래의 원만한 이행을 보장하는 것으로 전제된 측면도 있다고 할 것이어서, 도급인이 계약체결 후에 위와 같은 약정을 위반하여 정당한 이유 없이 기성공사금을 지급하지 아니하고 이로 인하여 수급인이 공사를 계속해서 진행하더라도 그 공사내용에 따르는 공사금의 상당 부분을 약정대로 지급받을 것을 합리적으로 기대할 수 없게 되어서 수급인으로 하여금 당초의 계약내용에 따른 선이행의무의 이행을 요구하는 것이 공평에 반하게 되었다면, 비록 도급인에게 신용불안 등과 같은 사정이 없다고 하여도 수급인은 민법 제536조 제2항에 의하여 계속공사의무의 이행을 거절할 수 있다고 할 것이다.

민간건설공사 표준도급계약서

제37조("수급인"의 동시이행 항변권) ① "도급인"이 계약조건에 의한 선금과 기성부분금의 지급을 지연할 경우 "수급인"이 상당한 기한을 정하여 그 지급을 독촉하였음에도 불구하고 "도급인"이 이를 지급치 않을 때에는 "수급인"은 공사중지기간을 정하여 "도급인"에게 통보하고 공사의 일부 또는 전부를 일시 중지할 수 있다.
② 제1항의 공사중지에 따른 기간은 지체상금 산정 시 공사기간에서 제외된다.
③ "도급인"은 제1항의 공사중지에 따른 비용을 "수급인"에게 지급하여야 하며, 공사중지에 따라 발생하는 손해에 대해 "수급인"에게 청구하지 못한다.

건설업종 표준하도급계약서 또한 '공사중지' 규정을 두고 있습니다. 하도급공사계약에 있어서 원도급업체가 선급금, 기성금 또는 추가공사대금을 지급하지 않는 경우 그 지급을 독촉하였음에도 불구하고 그 지급이 이루어지지 않으면 공사의 전부 또는 일부를 일시 중지할 수 있습니다. 동 규정은 2006년 8월 18일 표준하도급계약서 개정 시 신설되었습니다.

> **건설업종 표준하도급계약서(본문)** _ 2022. 12. 28.
> **제13조(공사의 중지 또는 공사기간의 연장)** ① 원사업자가 이 계약에 따른 선급금, 기성금 또는 추가공사 대금을 지급하지 않는 경우에 수급사업자가 상당한 기한을 정하여 그 지급을 독촉할 수 있으며, 원사업자가 그 기한 내에 이를 지급하지 아니하면 수급사업자는 공사중지 기간을 정하여 원사업자에게 통보하고 공사의 전부 또는 일부를 일시 중지할 수 있다. 이 경우 중지된 공사기간은 표지에서 정한 공사기간에 포함되지 않으며, 지체상금 산정 시 지체일수에서 제외한다.
> ② 원사업자에게 책임 있는 사유 또는 태풍·홍수·악천후·전쟁·사변·지진·전염병·폭동 등 불가항력(이하 "불가항력"이라고 한다)의 발생, 원자재 수급불균형 등으로 현저히 계약이행이 어려운 경우 등 수급사업자에게 책임 없는 사유로 공사수행이 지연되는 경우에 수급사업자는 서면으로 공사기간의 연장을 원사업자에게 요구할 수 있다.
> ③ 원사업자는 제2항에 따른 공사기간 연장의 요구가 있는 경우 즉시 그 사실을 조사·확인하고 공사가 적절히 이행될 수 있도록 공사기간의 연장 등 필요한 조치를 한다.
> ④ 원사업자는 제3항에 따라 공사기간의 연장을 승인하였을 경우 동 연장기간에 대하여는 지체상금을 부과하지 아니한다.
> ⑤ 제3항에 따라 공사기간을 연장하는 경우에 원사업자와 수급사업자는 협의하여 하도급대금을 조정한다. 다만, 원사업자가 이를 이유로 발주자로부터 대금을 증액받은 경우에는 그 증액된 금액에 전체 도급대금 중 하도급대금이 차지하는 비율을 곱한 금액 이상으로 조정한다.

▌지체상금은 손해배상 예정액

지체상금은 수급인이 약정한 공사기간 내 공사를 완성하지 못하는 등 도급계약에 따른 의무의 이행을 지체할 경우에 대비해 도급인에게 지급해야 할 손해배상액을 미리 정해둔 것입니다. 지체상금 약정은 손해배상액을 미리 정해둔 약정으로서, 수급인으로 하여금 이행을 강제하고 손해를 전보하며, 입증의 곤란을 덜어주고 분쟁을 예방하려는 목적에서 대부분의 계약에서 적용되고 있습니다. 이러한 지체상금 약정은 아직 발생하지 않은 수급인의 공사이행 지체를 정지조건(법률행위 효력의 발생을 조건으로 하는 것을 말합니다)으로 하여 효력이 발생하는 정지조건부 계약이라 하겠으며, 지체상금의 약정에 따라 산정한 지체상금이 부당히 과다하다고 인정되는 경우 법원은 민법 제398조(배상액의 예정) 제2항에 의해 이를 적당히 감액할 수 있습니다.

한편 약정준공기한이 도래하기 전에 수급인의 귀책사유를 이유로 도급인이 공사도급계약을 해제한 경우, 준공기한 전에 도급계약이 해제되더라도 수급인의 지체상금 지급의무가 당연히 면제되지는 않습니다. 대법원은 "수급인이 완공기한 내에 공사를 완성하지 못한 채 공사를 중단하고 계약이 해제된 결과 완공이 지연된 경우에 있어서 지체상금은 약정 준공일 다음 날부터 발생하되 그 종기는 수급인이 공사를 중단하거나 기타 해제사유가 있어 도급인이 공사도급계약을 해제할 수 있었을 때(실제로 해제한 때가 아니고)부터 도급인이 다른 업자에게 의뢰하여 공사를 완성할 수 있었던 시점까지이고, 수급인이 책임질 수 없는 사유로 인하여 공사가 지연된 경우에는 그 기간만큼 공제되어야 한다"라고 판단하여 지체상금 부과가 가능할 수 있다고 하였습니다(대법원 2006. 4. 28. 선고 2004다39511 판결 등 다수). 참고로 공공공사에 있어서 장기계속공사의 경우에는 연차별 계약내용을 기준으로 지체상금 발생 여부를 판단합니다.

대법원 2006. 4. 28. 선고 2004다39511 판결 [이행보증금]

[1] 구 건설공제조합법 제8조 제1항 제1호의 '계약보증'의 내용 및 도급인과 수급인 사이에 지체상금의 약정이 있는 경우, 그 약정에 따라 산정되는 지체상금액도 계약보증의 대상이 되는지 여부(적극)
[2] 공사도급계약에 있어서의 지체상금 약정이 수급인의 귀책사유로 인하여 도급계약이 해제되고 그에 따라 도급인이 수급인을 다시 선정하여 공사를 완공하느라 완공이 지체된 경우에도 적용되는지 여부(적극)
[3] 공사도급계약에 있어서 수급인이 완공기한 내에 공사를 완성하지 못한 채 공사를 중단하고 계약이 해제된 결과 완공이 지연된 경우, 지체상금의 발생 시기 및 종기
[4] 공사도급계약에 있어서 공사가 미완성된 경우와 공사를 완성하였으나 하자가 있음에 불과한 경우의 구별기준

민법
제398조(배상액의 예정) ① 당사자는 채무불이행에 관한 손해배상액을 예정할 수 있다.
② 손해배상의 예정액이 부당히 과다한 경우에는 법원은 적당히 감액할 수 있다.
③ 손해배상액의 예정은 이행의 청구나 계약의 해제에 영향을 미치지 아니한다.
④ 위약금의 약정은 손해배상액의 예정으로 추정한다.
⑤ 당사자가 금전이 아닌 것으로써 손해의 배상에 충당할 것을 예정한 경우에도 전4항의 규정을 준용한다.

❙ 준공도서란

대법원 2014. 10. 15. 선고 2012다18762 판결은 "특별한 사정이 없는 한 아파트에 하자가 발생하였는지는 원칙적으로 준공도면을 기준으로 판단함이 타당하다. 따라서 아파트가 사업승인도면이나 착공도면과 달리 시공되었더라도 준공도면에 따라 시공되었다면 특별한 사정이 없는 한 이를 하자라고 볼 수 없다"라고 판단한 바 있습니다. 위 판례는 하자판단의 기준인 설계도서 중 하자판단의 기준도면이 무엇인가라는 쟁점만을 정리한 것이므로, 준공도서의 범위가 어디까지 인지를 알아야 합니다.

「시설물 안전관리에 관한 특별법(약칭: 시설물안전법)」 제9조(설계도서 등의 제출 등) 제1항은 제1종시설물(500m 이상 교량, 1000m 이상 터널, 갑문시설 및 1000m 이상 방파제, 다목적댐, 21층 이상 또는 연면적 5만 ㎡ 이상 건축물, 광역상수도 등) 및 제2종시설물(100m 이상 교량, 도로·철도 터널, 500m 이상 방파제, 100만 ton 이상 용수댐, 16층 이상 또는 연면적 3만 ㎡ 이상 건축물, 3만 ton 미만 지방상수도 등) 사업주체에게 설계도서 및 시설물관리대장 등을 국토교통부장관에게 제출하도록 규정하고 있습니다. 시설물안전법 시행령 제6조(설계도서 등) [별표 2]는 제1, 2종 시설물에 해당하는 설계도서 등으로 준공도면, 준공내역서 및 시방서, 구조계산서와 그 밖에 시공상 특기한 사항에 관한 보고서 등이라고 규정하고 있습니다. 이를 종합해보면 준공도서는 준공도면뿐 아니라 준공내역서 및 시방서 등도 포함하는 개념이라고 해석하는 것이 타당하며, 준공도서와 다르게

대법원 2014. 10. 15. 선고 2012다18762 판결 [손해배상(기)]

【판시사항】

아파트에 하자가 발생하였는지 판단하는 기준 및 아파트가 사업승인도면이나 착공도면과 달리 시공되었으나 준공도면에 따라 시공된 경우 이를 하자라고 볼 수 있는지 여부(원칙적 소극)

【판결요지】

사업승인도면은 사업주체가 주택건설사업계획의 승인을 받기 위하여 사업계획승인권자에게 제출하는 기본설계도서에 불과하고 대외적으로 공시되는 것이 아니어서 별도의 약정이 없는 한 사업주체와 수분양자 사이에 사업승인도면을 기준으로 분양계약이 체결되었다고 보기 어려운 점, 실제 건축과정에서 공사의 개별적 특성이나 시공 현장의 여건을 감안하여 공사 항목 간의 대체시공이나 가감시공 등 설계변경이 빈번하게 이루어지고 있는 점, 이러한 설계변경의 경우 원칙적으로 사업주체는 주택 관련 법령에 따라 사업계획승인권자로부터 사업계획의 변경승인을 받아야 하고, 경미한 설계변경에 해당하는 경우에는 사업계획승인권자에 대한 통보절차를 거치도록 하고 있는 점, 이처럼 설계변경이 이루어지면 변경된 내용이 모두 반영된 최종설계도서에 의하여 사용검사를 받게 되는 점, 사용검사 이후의 하자보수는 준공도면을 기준으로 실시하게 되는 점, 아파트 분양계약서에 통상적으로 목적물의 설계변경 등에 관한 조항을 두고 있고, 주택 관련 법령이 이러한 설계변경절차를 예정하고 있어 아파트 분양계약에서의 수분양자는 당해 아파트가 사업승인도면에서 변경이 가능한 범위 내에서 설계변경이 이루어진 최종설계도서에 따라 하자 없이 시공될 것을 신뢰하고 분양계약을 체결하고, 사업주체도 이를 계약의 전제로 삼아 분양계약을 체결하였다고 볼 수 있는 점 등을 종합하여 보면, 사업주체가 아파트 분양계약 당시 사업승인도면이나 착공도면에 기재된 특정한 시공내역과 시공방법대로 시공할 것을 수분양자에게 제시 내지 설명하거나 분양안내서 등 분양광고나 견본주택 등을 통하여 그러한 내용을 별도로 표시하여 분양계약의 내용으로 편입하였다고 볼 수 있는 등 특별한 사정이 없는 한 아파트에 하자가 발생하였는지는 원칙적으로 준공도면을 기준으로 판단함이 타당하다. 따라서 아파트가 사업승인도면이나 착공도면과 달리 시공되었더라도 준공도면에 따라 시공되었다면 특별한 사정이 없는 한 이를 하자라고 볼 수 없다.

시설물안전법

제9조(설계도서 등의 제출 등) ① 제1종시설물 및 제2종시설물을 건설·공급하는 사업주체는 설계도서, 시설물관리대장 등 대통령령으로 정하는 서류를 관리주체와 국토교통부장관에게 제출하여야 한다.

② 제3종시설물의 관리주체는 제8조 제1항에 따라 제3종시설물로 지정·고시된 경우에는 제1항에 따른 서류를 1개월 이내에 국토교통부장관에게 제출하여야 한다.

③~⑨ -생략-

시설물안전법 시행령
제6조(설계도서 등) 법 제9조 제1항에서 "설계도서, 시설물관리대장 등 대통령령으로 정하는 서류"란 [별표 2]의 서류를 말한다.

시공한 부분은 하자로 판단될 수 있습니다. 아울러 제1, 2종 시설물은 최종 감리보고서를 국토교통부장관에게 제출토록 하고 있습니다. 이와 달리 제3종시설물(제1종시설물 및 제2종시설물 외에 안전관리가 필요한 소규모 시설물)에서의 제출의무 설계도서는 준공도면만으로 정하고 있으며, 감리보고서는 포함되지 않습니다.

참고로 대법원은 사용승인 이후의 하자보수는 준공도면을 기준으로 실시하게 되는 점 등으로 볼 때, 특별한 사정이 없으면 아파트에 하자가 발생하였는지는 원칙적으로 준공도면을 기준으로 판단함이 타당하다고 판단하고 있습니다(대법원 2020. 10. 29. 선고 2019다267679 판결). 참고로 '준공'이라 함은 목적물의 완공상태가 설계서와 부합하는지에 대한 것으로서 서류완성 등과는 직접적 관련이 없으며, 준공내역서는 준공 이후에라도 작성이 가능합니다.

3.2 도급계약 관련 주요 용어

건설업을 이해하기 위해서는 일반적으로 사용되는 용어에 대한 기본적 개념을 먼저 이해해야 합니다. 일반적으로 대부분의 법률은 제1조에서 해당 법률의 목적을, 제2조에서는 용어에 대한 '정의' 내용의 순서로 이루어져 있습니다. 건설 관련 일반적 용어에 대한 정의는 건설산업기본법 제2조(정의)를 참고하면 될 것입니다.

❙ 건설산업의 정의

건설산업기본법 제2조(정의)는 먼저 건설산업에 대한 정의부터 시작하고 있습니다. 건설산업은 건설공사를 하는 업(業)으로 하는 '건설업'과 건설공사에 관한 조사, 설계, 감리, 사업관리, 유지관리 등 건설공사와 관련된 용역을 하는 업(業)으로 하는 '건설용역업'으로 구분하고 있습니다(법 제2조 제1호 내지 제3호).

'건설공사'는 토목공사, 건축공사, 산업설비공사, 조경공사, 환경시설공사, 그 밖에 명칭에 관계없이 시설물을 설치·유지·보수하는 공사 및 기계설비나 그 밖의 구조물의 설치 및 해체공사 등을 말합니다. 이러한 건설공사는 종합공사(종합적인 계획, 관리 및 조정을 하면서 시설물을 시공하는 건설공사)와 전문공사(시설물의 일부 또는 전문 분야에 관한 건설공사)로 다시 구분하고 있습니다(법 제2조 제5호 및 제6호). 건설산업기본법 등에 따라 등록을 하고서 건설공사업을 영위하는 자를 '건설사업자'라고 정의하고 있습니다(제2조 제7호).

한편 건설산업기본법령은 개별법인 「전기공사업법」에 따른 전기공사, 「정보통신공사업법」에 따른 정보통신공사, 「소방시설공사업법」에 따른 소방시설공사와 「문화재 수리 등에 관한 법률」에 따른 문화재 수리공사에 대해서까지 적용되지 않습니다. 전기공사 등은 개별법으로 따로 정하고 있으므로 건설산업기본법에서는 제외하는 것입니다(법 제2조 제4호). 다만 실무에서는 [그림 2-7]과 같이 건설산업기본법 이외 타법으로 규정한 공사들까지를 포괄하여 건설산업의 범주로 보고 있습니다. 이 책에서도 특별한 언급이 없다면 건설공사를 타법에 의한 공사를 모두 포함하는 의미로 사용하고 있습니다.

[그림 2-7] 건설산업 구성도

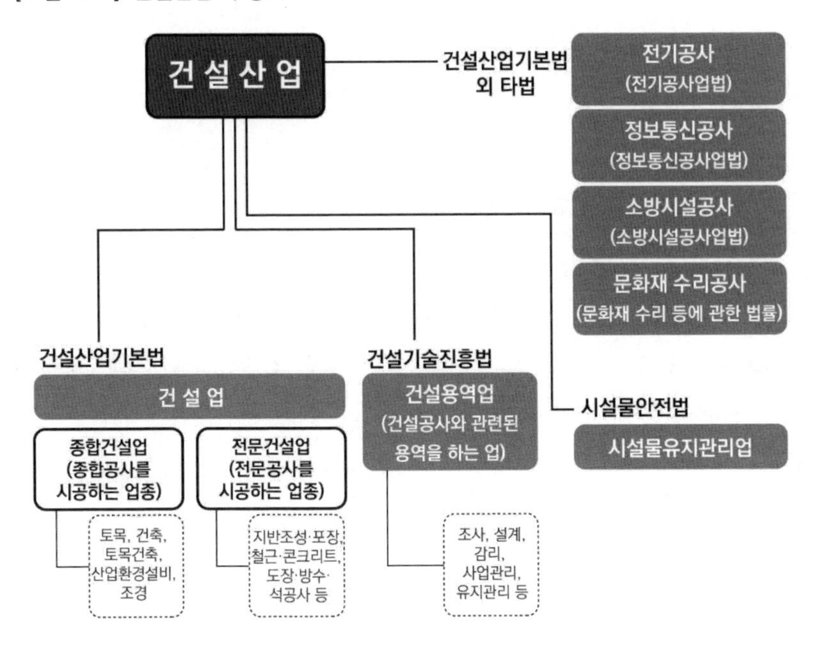

▌건설사업관리: CM for Fee와 CM at Risk

건설산업기본법에는 건설사업관리에 관하여도 규정하고 있습니다. 건설사업관리(CM: Construction Management)는 건설공사에 관한 기획, 타당성 조사, 분석, 설계, 조달, 계약, 시공관리, 감리, 평가 또는 사후관리 등에 관한 관리를 수행하는 것을 말하며, 사업관리에 따른 수수료(fee)를 받는다는 의미에서 CM for Fee 방식이라고 합니다. 이와 별개로 2011년 5월 24일 신설된 시공책임형 건설사업관리가 있습니다. 시공책임형 건설사업관리는 종합공사를 시공하는 업종을 등록한 건설사업자가 건설공사에 대하여 시공 이전 단계에서 건설사업관리 업무를 수행하고 아울러 시공 단계에서 발주자와 시공 및 건설사업관리에 대한 별도의 계약을 통하여 종합적인 계획, 관리 및 조정을 하면서 미리 정한 공사금액과 공사기간 내에 시설물을 시공하는 것을 말합니다(법 제2조 제8호 및 제9호). 시공책임에 따른 위험이 있는 사업관리방식이라 하여 CM at Risk 방식이라고 합니다.

▌원·하도급 개념과 건설기술인

건설산업기본법에서는 도급계약과 관련된 용어로서 현업에서도 익숙하게 사용하고 있는 발주자, 도급, 하도급, 수급인, 하수급인을 각각 정의하고 있습니다(법 제2조 제10호 내지 제14호). '발주자'란 건설공사를 건설사업자에게 도급하는 자이므로 영어로 Owner입니다. 건설공사 도급계약에서 가장 중요한 개념에 해당하는 '도급'은 원도급, 하도급, 위탁 등 명칭에 관계없이 건설공사를 완성할 것을 약정하고, 상대방이 그 공사의 결과에 대하여 대가를 지급할 것을 약정하는 계약이라고 정의하고 있습니다. 건설산업기본법상 도급 개념은 민법 제664조(도급의 의의)의 내용과 거의 같다고 할 수 있는데, 공사의 완성과 대가지급의 쌍무계약(雙務契約: 계약당사자가 서로 대가적 의미를 가지는 채무를 부담하는 계약)이라 하겠습니다.

> **민법 제664조(도급의 의의)**
> 도급은 당사자 일방이 어느 일을 완성할 것을 약정하고 상대방이 그 일의 결과에 대하여 보수를 지급할 것을 약정함으로써 그 효력이 생긴다.

'하도급'이란 도급받은 건설공사의 전부 또는 일부를 다시 도급하기 위하여 수급인이 제3자와 체결하는 계약을 말하는데, 이때 발주자로부터 건설공사를 도급받은 건설사업자(하도급하는 건설사업자를 포함합니다)를 '수급인'이라고 하며, 수급인으로부터 건설공사를 하도급받은 자를 '하수급인'이라고 합니다.

마지막으로 관계 법령에 따라 건설공사에 관한 기술이나 기능을 가졌다고 인정된 사람을 '건설기술인'이라고 하는데(법 제2조 제15호), 건설기술진흥법은 2018년 7월 14일 기존 건설기술자 용어를 건설기술인으로 변경하였습니다. 참고로 건설기술인은 「국가기술자격법」 등 관계 법률에 따른 건설공사 또는 건설기술용역에 관한 자격, 학력 또는 경력을 가진 사람으로 정의하고 있으며, 토목, 건축, 기계, 전기·전자, 안전관리, 환경, 건설지원 등 10개 직무분야와 세부적으로 47개 전문 분야로 분류하고 있습니다(건설기술진흥법 제2조 제8호 및 영 제4조 등).

▍건설공사 참여자와 그에 대한 명칭

전술한 건설 관련 법령을 살펴보면, 각 법령에서 사용하는 계약당사자들을 지칭하는 용어들이 다소 상이함을 알 수 있습니다(〈표 2-8〉 참조). 실무에서 일반적으로 사용하는 원도급업체에 대한 용어는 수급인 또는 원사업자로 상이하고, 하도급업체에 대한 용어는 하수급인 또는 수급사업자로 상이합니다. 개별 법령에서 계약당사자들에 대한 용어가 상이한 이유가 있으나, 이 책에서는 혼동을 방지하기 위해 원도급업체에 대해서는 계약상대자 또는 수급인으로, 하도급업체에 대해서는 하수급인으로 사용토록 하였습

〈표 2-8〉 법률별 건설공사 참여주체에 대한 명칭

구분	민법	국가계약법	건설산업기본법	하도급법
발주자	도급인	발주기관	발주자	발주자
원도급 받은 자 (원도급업체)	수급인	계약상대자	수급인	원사업자
하도급 받은 자 (하도급업체)	-	-	하수급인	수급사업자

니다. 참고로 하도급법에서는 1차 하도급의 수급사업자가 재차 하도급한 경우에는 재하도급업체에 대해서 원사업자의 지위를 가질 수 있습니다(건설산업기본법에서는 재하도급이 원칙적으로 불법이므로, 재하도급업체에 대한 지칭 용어가 필요 없었다고 판단됩니다).

3.3 공사계약일반조건의 계약이행 관련 사항

기획재정부 계약예규에서 언급한 바와 같이 공사계약일반조건은 건설공사 계약이행과 관련한 주요 내용을 담고 있습니다. 계약내용 변경 등에 대해서는 후술하는 제4장의 공공공사 계약금액 조정 편에서 자세히 다룰 예정이며, 그 외 계약이행과 관련하여 인지해야 할 내용 위주로 서술합니다. 필요한 경우에는 공정거래위원회가 사용 권고한 건설업종 표준하도급계약서(본문) 규정과 비교하였습니다.

▌계약보증금 귀속(일반조건 제8조) **및 공사이행보증서**(일반조건 제48조)

발주기관은 계약상대자의 계약불이행 시 계약보증금을 국고에 귀속해야 합니다. 하지만 하도급계약에서의 계약이행 보증사고 시에는 전액 귀속이 아니라 손실금액(계약불이행에 따른 손실에 해당하는 금액)만 지급대상이 되어, 공사계약일반조건과 상이하게 운영되고 있습니다. 공정거래위원회의 건설업종 표준하도급계약서(본문)는 수급사업자(하수급인)로 하여금 계약금액의 10%에 대한 계약이행을 보증토록 하면서, 계약불이행 시에는 계약불이행에 따른 손실금액을 담보하도록 규정되어 있습니다.

> **공사계약일반조건**
> **제8조(계약보증금의 처리)** ① 계약담당공무원은 계약상대자가 정당한 이유 없이 계약상의 의무

를 이행하지 아니할 때에는 계약보증금을 국고에 귀속한다.

건설업종 표준하도급계약서(본문)
제50조(계약이행 및 대금지급보증 등)
⑩ 수급사업자는 원사업자에게 이 계약 표지에서 정한 금액으로 계약이행을 보증하며, 계약이행보증금은 다음 각 호의 사항 등을 포함하여 계약불이행에 따른 손실에 해당하는 금액의 지급을 담보한다. 이 경우 계약이행보증금액이 「하도급거래 공정화에 관한 법률」 등 관련 법령에서 정한 내용보다 수급사업자에게 불리한 때에는 「하도급거래 공정화에 관한 법률」 등에서 정한 바에 따른다.
1. 수급사업자의 교체에 따라 증가된 공사금액. 다만, 그 금액이 과다한 경우에는 통상적인 금액으로 한다.
2. 이 계약의 해제·해지 이후 해당 공사를 완공하기 위해 후속 계약을 체결함에 있어서 소요되는 비용
3. 기존 수급사업자의 시공으로 인해 발생한 하자를 보수하기 위해 지출된 금액. 다만, 수급사업자가 제54조에 따라 하자보수보증금을 지급하거나 보증증권을 교부한 경우에는 그러하지 아니하다.

공사계약일반조건은 국가계약법 시행령 제52조(공사계약에 있어서의 이행보증)에 따른 공사계약 이행보증제도를 운용하고 있습니다. 공사계약 이행보증제도는 해당 공사의 보증기관이 계약상대자를 대신하여 계약상의 의무를 이행하지 않는 경우에 계약금액의 40%(예정가격의 100분의 70 미만으로 낙찰된 공사계약의 경우에는 50%) 이상을 납부할 것을 보증하는 '공사이행보증서'가 제출된 계약입니다. 공사이행보증서가 제출된 계약은 계약상대자의 계약불이행 시 해당 계약을 해제·해지하지 않고서, 보증기관이 공사 완성의무를 이행토록 하는 것입니다.

공사계약일반조건
제48조(공사계약의 이행보증) ① 계약담당공무원은 계약상대자가 제44조 제1항 각 호의 어느 하나에 해당하는 경우로서 시행령 제52조 제1항 제3호에 의한 공사이행보증서가 제출되어 있는 경우에는 계약을 해제 또는 해지하지 아니하고 제9조에 의한 보증기관에 대하여 공사를 완성할 것을 청구하여야 한다.
② 제1항의 청구가 있을 때에는 보증기관은 지체 없이 그 보증의무를 이행하여야 한다. 이 경우에 보증의무를 이행한 보증기관은 계속공사에 있어서 계약상대자가 가지는 계약체결상의 이익을 가진다. 다만, 보증기관은 보증이행업체를 지정하여 보증의무를 이행하는 대신 공사이행보증서에 정한 금액을 현금으로 발주기관에 납부함으로써 보증의무이행에 갈음할 수 있다.

▌공사용지의 확보 및 인도 의무(일반조건 제11조)

공공공사에서는 공사용지의 사전확보(토지보상, 지장물이설 등 완료) 없이 발주 및 계약 체결되는 경우가 빈번합니다. 이는 필연적으로 공정계획의 변경을 발생시키게 하고, 그로 인하여 공정추진 지연을 초래하게 만듭니다. 공정추진 지연을 방지하기 위하여 발주기관은 공사수행에 필요한 날까지 공사용지를 확보하여 계약상대자에게 인도해야 할 의무가 있습니다. 만약 공사수행에 필요한 날까지 공사용지 확보 및 인도 의무를 이행하지 않는다면, 발주기관은 계약상대자의 청구에 따라 공기지연 손실비용을 부담할 수 있습니다. 그간 발주기관은 관행적으로 계약상대자에 대하여 공사용지 확보 및 민원대응 업무를 전가시켜왔으나, 일반조건은 2019년 12월 18일 공사용지 확보 등 업무를 계약상대자에게 전가시키지 않아야 한다는 명문규정을 신설하였습니다.

공사계약일반조건
제11조(공사용지의 확보) ① 발주기관은 계약문서에 따로 정한 경우를 제외하고는 계약상대자가 공사의 수행에 필요로 하는 날까지 공사용지를 확보하여 계약상대자에게 인도하여야 한다.
② 계약상대자는 현장에 인력, 장비 또는 자재를 투입하기 전에 공사용지의 확보 여부를 계약담당공무원으로부터 확인을 받아야 한다.
③ 발주기관은 공사용지 확보 및 민원 대응 등 공사용지 확보와 직접 관련되는 업무를 계약상대자에게 전가하여서는 아니 된다. 〈신설 2019. 12. 18.〉

▌공사현장대리인(일반조건 제14조)

(공사)현장대리인은 계약된 공사와 관련하여 공사 관련 법령에 따른 기술자 배치기준에 적합한 자로서, 현장에 상주하여 계약문서와 공사감독관의 지시에 따라 공사현장의 관리와 공사에 관한 모든 사항을 처리하는 임무를 수행하는 자입니다. 현장대리인은 계약상대자를 대리하여 계약된 공사내용 수행과 관련된 모든 업무를 처리하는 책임을 지게 되므로 현장 상주를

원칙으로 하며, 만약 현장을 벗어날 경우에는 '현장이탈계' 제출 및 승인을 득해야 합니다. 현장대리인은 건설산업기본법 시행령 제35조(건설기술인의 현장배치기준 등) [별표 5] 공사예정금액의 규모별 건설기술인 배치기준 등 공사 관련 법령에 적합한 자를 말하는 것으로, 계약상대자는 현장대리인을 지정하여 발주기관에 통지할 의무가 있습니다(별도의 서면승인 규정은 없습니다). 이에 대하여 계약당사자는 현장대리인에 대한 서면승인 통보를 별도로 하지 않으나, 계약상대자가 현장대리인을 변경하려는 경우에는 실무상 발주기관의 승인과정을 거치고 있습니다.

공공공사에서는 '현장대리인'을 계약적·법적 최고책임자로 규정하고 있으며, 실무에서는 일반적으로 '현장소장'이라고 부르고 있습니다. 이러한 '현장대리인' 혹은 '현장소장' 권한 범위에 대한 분쟁이 발생하고 있습니다. 이에 현장소장 권한들과 관련한 대법원의 판례를 살펴보았습니다.

원도급업체 현장소장이 하도급업체가 임차한 중기임대료에 대한 지급보증을 한 경우에 대하여, 대법원은 "… 공사에 투입되는 중기를 임차하는데 보증하게 되었으며, 그 보증의 내용도 그 공사의 일부를 하도급받은 중기임차인에게 지급할 공사대금 중에서 중기임대료 등에 해당하는 만큼을 중기임대인에게 직접 지급하겠다는 것이어서 회사로서는 공사대금 중에서 중기임대료 등에 해당하는 만큼을 직접 중기임대인에게 지급하면 그에 상당하는 하도급 공사대금 채무를 면하게 되고 그 보증행위로 인하여 별다른 금전적 손해를 입는 것도 아니었다면, 다른 특별한 사정이 없는 한 회사로서는 현장소장에게 위와 같은 보증행위를 스스로 할 수 있는 권한까지 위임하였다고 봄이 상당하고, 설사 그러한 권한이 위임되어 있지 않다고 하더라도 위 보증행위의 상대방으로서는 이러한 권한이 있다고 믿은 데 정당한 이유가 있다고 보아야 한다"라고 하여 현장소장에게 그러한 권한이 있다고 믿은 데 정당한 이유가 있다고 보았습니다(대법원 1994. 9. 30. 선고 94다20884 판결). 이와 달리 원도급업체 현장소장의 지휘 아래 있는 관리부서장이 하도급업체에 대한 레미콘 대금 지급보증을 한 경우에 대하여, 대법원은 건설현장의 관리부서장에게는 건설회사의 부담으로 될 채무보증 또는 채무인수 등과 같은 권한이 없다고 판단하였습니다(1999. 5. 28. 선고 98다34515 판결).

대법원 1994. 9. 30. 선고 94다20884 판결 [장비사용료 등]

【판시사항】
가. 건설회사의 현장소장이 표현지배인인지, 부분적 포괄대리권을 가진 사용인인지의 여부(부분적 포괄대리권)
나. 건설회사 현장소장의 통상적 업무범위에 그 공사시공과 관련 없는 새로운 수주활동도 포함되는지 여부(소극)
다. 건설회사가 현장소장에게 회사의 부담으로 될 채무보증 또는 채무인수 등과 같은 행위를 할 권한까지 위임하였거나, 적어도 그 상대방으로서는 현장소장에게 그러한 권한이 있다고 믿은 데 정당한 이유가 있다고 본 사례

대법원 1999. 5. 28. 선고 98다34515 판결 [약정금]

【판시사항】
도로공사를 도급받은 회사에서 현장소장의 지휘 아래 노무, 자재, 안전 및 경리업무를 담당하는 관리부서장이 회사의 부담으로 될 채무보증 등의 행위를 할 권한이 있는지 여부(소극)

【판결요지】
도로공사를 도급받은 회사에서 그 공사의 시공에 관련한 업무를 총괄하는 현장소장의 지휘 아래 노무, 자재, 안전 및 경리업무를 담당하는 관리부서장은 그 업무에 관하여 상법 제15조 소정의 부분적 포괄대리권을 가지고 있다고 할 것이지만, 그 통상적인 업무가 공사의 시공에 관련된 노무, 자재, 안전 및 경리업무에 한정되어 있는 이상 일반적으로 회사의 부담으로 될 채무보증 또는 채무인수 등과 같은 행위를 할 권한이 있다고 볼 수는 없다.

▌공사감독관(일반조건 제2조 제3호 및 제16조)

공사감독관은 발주기관의 기술공무원 또는 건설감리 수행기술자(감리원)를 말합니다. 공사감독관은 계약된 공사의 수행과 품질 확보·향상이 주요 업무입니다. 이를 위해 계약이행 과정에서의 공사감독관 역할은 공사현장 전반에 대한 업무수행자의 지위에 있는데, 자재의 검사, 공사현장 관리·감독, 설계변경 사항 통지의 수령, 제출된 모든 문서 관리 등의 업무가 그것입니다. 위와 같은 공사감독관의 업무내용과 범위로 볼 때, 공사감독관에 대해 계약상대자의 의무와 책임을 면제(또는 증감)할 수 없도록 규정하고 있습니다.

공사계약일반조건

제2조(정의) 이 조건에서 사용하는 용어의 정의는 다음과 같다.

3. "공사감독관"이라 함은 제16조에 규정된 임무를 수행하기 위하여 정부가 임명한 기술담당공무원 또는 그의 대리인을 말한다. 다만, 「건설기술 진흥법」 제39조 제2항 또는 「전력기술관리법」 제12조 및 그 밖에 공사 관련 법령에 의하여 건설사업관리 또는 감리를 하는 공사에 있어서는 해당 공사의 감리를 수행하는 건설산업관리기술자 또는 감리원을 말한다.

제16조(공사감독관) ① 공사감독관은 계약된 공사의 수행과 품질의 확보 및 향상을 위하여 「건설기술 진흥법」 제39조 제6항 및 동법 시행령 제59조, 「전력기술관리법」 제12조, 그 밖에 공사 관련 법령에 따른 건설사업관리기술인 또는 감리원의 업무범위에서 정한 내용 및 이 조건에서 규정한 업무를 수행한다.

② 공사감독관은 계약담당공무원의 승인 없이 계약상대자의 의무와 책임을 면제시키거나 증감시킬 수 없다.

③~④ -생략-

⑤ 계약상대자는 발주기관에 제출하는 모든 문서에 대하여 그 사본을 공사감독관에게 제출하여야 한다.

공사감독관은 대부분의 경우 감리원을 말하는 것이므로, 건설공사 감리제도를 빼놓을 수 없습니다. 현행 감리는 민간공사에 대하여는 주택법에 의한 주택감리, 건축법 및 건축사법에 의한 시공감리가 있으며, 공공공사에 대하여는 건설기술진흥법에 의한 책임감리 등이 있습니다([그림 2-8] 참조). 이에 우리나라 감리제도의 주요 변천사를 살펴보았습니다.

1962년 1월 20일 제정·시행된 건축법은 건축공사 시공의 적법성과 설계도서대로의 이행 여부를 확인하게 하는 규정을 마련하였고, 1970년 1월 1일 건축물의 설계와 공사감리에 관한 규정을 제6조(건축물의 설계 및 공사감리)로 신설하여 건축공사의 감리(건축감리)제도가 처음 도입되게 되었습니다. 1986년 8월 4일 독립기념관 화재사고를 계기로 경제기획원 주관으로 '건설공사 제도개선 및 부실대책'이 마련되어 감리업무가 강조되었으며, 이듬해인 1987년 10월 24일 건설기술관리법이 제정되면서 공공공사와 민간공사의 감리가 분리·운영되기 시작하였습니다. 1990년대 초 신행주대교 붕괴(1992년), 청주 우암아파트 붕괴(1993년) 등을 계기로 건설기술관리법에 감리전문회사에 의한 감리가 도입·시행되었으며, 1994년부터는 책임감리

[그림 2-8] 현행 감리제도 구분 및 비교

주택법

제43조(주택의 감리자 지정 등) ① 사업계획승인권자가 제15조 제1항 또는 제3항에 따른 주택건설사업계획을 승인하였을 때와 시장·군수·구청장이 제66조 제1항 또는 제2항에 따른 리모델링의 허가를 하였을 때에는 「건축사법」 또는 「건설기술 진흥법」에 따른 감리자격이 있는 자를 대통령령으로 정하는 바에 따라 해당 주택건설공사의 감리자로 지정하여야 한다. 다만, 사업주체가 국가·지방자치단체·한국토지주택공사·지방공사 또는 대통령령으로 정하는 자인 경우와 「건축법」 제25조에 따라 공사감리를 하는 도시형 생활주택의 경우에는 그러하지 아니하다.

제도가 도입되어 지금까지 운영되고 있습니다. 주택감리는 1994년 8월 건축법에 규정된 감리제도 중에서 부실공사 방지대책의 일환으로 국민생활에 직접적인 영향을 미치는 공동주택 건설공사를 분리하고, 설계와 시공에 대한 감리를 구분하여 당시 주택건설촉진법(현 주택법)에 주택감리제도를 새롭게 도입하여 시행되고 있습니다(현 주택법 제43조 제1항).

▌휴일작업(일반조건 제18조), 주 52시간제 및 주휴수당

얼마 전까지만 하더라도 우리나라 대부분 건설공사는 관례적으로 주말(토·일요일)에도 작업을 진행해왔으며, 특별한 경우가 아니고서는 중단하지 않아왔습니다. 당시의 1주일 기간의 평균 근로시간은 60시간보다 훨씬 이상으로 보입니다. 그러다 2018년 3월 30일 근로기준법의 법정근로시간이 주 52시간(법정근로 40시간+연장근로 12시간)으로 개정(300인 이상 사업장 및 공공기관, 시행 2018. 7. 1.)되면서, 건설현장은 근로시간 단축에 따른 인력투입계획과 시간 외 수당 등에 관한 관심이 증가하였습니다. 여기에다 그간 관행적으로 묵인해왔던 주휴수당(1주일 동안 소정의 근로일수를 개근하면 지급되는 유급주휴일수당)의 설계공사비 반영 여부 또한 논쟁적 사안으로 포함되었습니다. 주휴수당의 경우 2019년 5월 30일 계약예규인 예정가격 작성기준에 직접노무비 중 제수당 항목으로 주휴수당을 명확히 기재하게 되었습니다.

건설업종 표준하도급계약서(본문)는 원사업자가 발주자의 사전 서면승인

없이 수급사업자에게 일요일 공사를 시행하지 못하도록 하였고, 수급사업자는 발주자의 서면승인에 따른 원사업자 지시에 의해서만 일요일에 공사를 시행할 수 있습니다. 참고로 민법은 2007년 12월 21일 토요일을 '공휴일 등'의 휴일 기간으로 포함해, 기간의 만료일이 토요일일 때 해당 '공휴일 등'이 지난 다음 날에 만료되도록 하였습니다.

공사계약일반조건
제18조(휴일 및 야간작업) ① 계약상대자는 계약담당공무원의 공기단축 지시 및 발주기관의 부득이한 사유로 인하여 휴일 또는 야간작업을 지시하였을 때에는 계약담당공무원에게 추가비용을 청구할 수 있다.

민법
제161조(공휴일 등과 기간의 만료점)
기간의 말일이 토요일 또는 공휴일에 해당한 때에는 기간은 그 익일로 만료한다. 〈개정 2007.12.21.〉
(구) 제161조(공휴일과 기간의 만료점)
기간의 말일이 공휴일에 해당한 때에는 기간은 그 익일로 만료한다.

건설업종 표준하도급계약서(본문)
제17조(일요일 공사 시행의 제한) ① 긴급 보수·보강 공사 등에 해당하는 경우 등 「건설기술진흥법」에서 정하는 사유에 해당하여 발주자가 사전에 승인한 경우를 제외하고, 원사업자는 수급사업자가 일요일에 공사를 시행하도록 지시하지 않는다. 다만, 재해가 발생하거나 발생할 것으로 예상되어 일요일에 긴급 공사 등이 필요한 경우에 원사업자는 먼저 수급사업자에게 공사의 시행을 지시하고, 사후에 발주자의 승인을 받을 수 있다.
② 수급사업자는 제1항에 따른 지시 없이 일요일에 공사를 시행하지 않는다.

▎일반적 손해의 부담(일반조건 제31조) 및 공사손해보험(일반조건 제10조)

계약상대자는 계약이행 중 자신의 책임 있는 사유로 인한 공사목적물뿐만 아니라 제3자에 대한 손해를 부담해야 합니다. 공사손해보험에 가입한 경우에는 보험에 의해 보전되는 금액을 초과한 부분에 대한 손해를 부담합니다. 계약상대자는 임의로 손해보험에 가입할 수 있습니다. 그러나 국가계약법령에 의한 추정가격 200억 원 이상 공사에 대해서는 계약목적물 및 제3자 배상책임을 담보할 수 있는 손해보험에 가입해야 하고, 보험가입증서는 착공신고서 제출 시 발주기관에 제출해야 합니다. 보험가입금액은 순계약금액(계약금액에서 부가가치세와 손해보험료를 제외한 금액을 말하며, 관급자재가 있을 경우에는 이를 포함합니다)을 기준으로 합니다.

> 공사계약일반조건
> **제31조(일반적 손해)** ① 계약상대자는 계약의 이행 중 공사목적물, 관급자재, 대여품 및 제3자에 대한 손해를 부담하여야 한다. 다만, 계약상대자의 책임 없는 사유로 인하여 발생한 손해는 발주기관의 부담으로 한다.
> ② 제10조에 의하여 손해보험에 가입한 공사계약의 경우에는 제1항에 의한 계약상대자 및 발주기관의 부담은 보험에 의하여 보전되는 금액을 초과하는 부분으로 한다.
> ③ 제28조 및 제29조에 의하여 인수한 공사목적물에 대한 손해는 발주기관이 부담하여야 한다.

▌하자보수책임(일반조건 제33조, 제34조)

계약상대자는 자신이 완성한 계약목적물에 대한 하자를 자신의 비용으로 보수해야 할 책임이 있습니다. 다만 그 하자는 시공상의 잘못으로 인하여 발생한 하자로 한정되는 것인바, 하자 발생책임 여부에 있어서는 시공상 책임 여부를 판단해야 합니다.

하자보수보증금은 현금 또는 보증서로 갈음할 수 있는데, 일반조건에는 하자보수에 소요되는 비용에 대한 제한을 두지 않고 있음에 유념해야 합니다. 이에 따르면 계약상대자는 시공상 책임으로 발생한 하자에 대해서는 하자보수보증금을 초과하더라도 보수할 책임이 있으며, 다만 보증기관은 하자보수보증금의 범위 내에서만 보증책임을 질 뿐입니다.

> 공사계약일반조건
> **제33조(하자보수)** ① 계약상대자는 전체목적물을 인수한 날과 준공검사를 완료한 날 중에서 먼저 도래한 날부터 시행령 제60조에 의하여 계약서에 정한 기간(이하 "하자담보책임기간"이라 한다) 동안에 공사목적물의 하자(계약상대자의 시공상의 잘못으로 인하여 발생한 하자에 한함)에 대한 보수책임이 있다.
> ② 하자담보책임기간은 시행규칙 제70조에 정해진 바에 따라 공종을 구분하여 설정하여야 한다.
> ③~④ -생략-

제34조(하자보수보증금) ① 계약상대자는 공사의 하자보수를 보증하기 위하여 계약서에서 정한 하자보수보증금률을 계약금액에 곱하여 산출한 금액(이하 "하자보수보증금"이라 한다)을 시행령 제62조 및 시행규칙 제72조에서 정한 바에 따라 납부하여야 한다.
② 계약상대자가 제33조 제1항에 의한 하자담보책임기간 중 계약담당공무원으로부터 하자보수 요구를 받고 이에 불응한 경우에 계약담당공무원은 제1항에 의한 하자보수보증금을 국고에 귀속한다.
③ -생략-

▌공사의 일시정지(일반조건 제47조, 제47조의2) 또는 일부중지

도급이란 건설공사를 완성할 것을 약정하고, 상대방이 그 공사의 결과에 대하여 대가를 지급할 것을 약정하는 계약을 말하는 것이므로, 계약상대자에게는 일의 완성 의무가 있습니다. 아울러 공사계약과 관련한 분쟁처리절차 수행기간 중에는 공사수행을 중지(中止: 하던 일을 도중에 그만둠)할 수 없도록 규정하고 있습니다(일반조건 제51조 제4항). 그런데도 계약상대자가 공사를 중지한다면, 이는 계약불이행으로 인한 계약 해제·해지 사유에 해당할 수 있습니다.

다만 발주기관의 책임 있는 사유에 의하여 공사정지(停止: 움직이고 있던 것이 어떤 요인에 의하여 멈추어서 움직임이 없음)가 발생하는 경우, 발주기관은 공사정지기간이 60일을 초과하는 기간에 대하여 잔여계약금액을 기준으로 산출한 금액을 준공대가에 더하여 지급하여야 합니다(일반조건 제47조). 이때 발주기관의 책임 있는 사유에는 계약상대자의 책임 있는 사유나 천재지변 등 불가항력에 의한 사유는 제외합니다. 실무에서는 공사정지 또는 중지 사유(책임)에 대한 서로의 주장이 상반되는 경우가 많으므로, 이를 주장하는 측에서 입증책임이 있는바 관련 입증자료를 체계적으로 구비해야 합니다.

이와 달리 계약상대자가 발주기관에게 계약상의 의무 이행을 서면으로 요청하였음에도 그 이행을 거부한 때는 거부한 날로부터 공사의 전부 또는 일부의 시공을 정지할 수 있습니다. 별도로 열거해놓지는 않았지만 발주기관의 계약상 의무 불이행으로는 공사용지의 미확보(민원으로 인한 불법 점유를 포함합니다), 기성대가의 미지급, 관급자재의 미지급, 계약금액 조정 지연 등의 경우라 하겠습니다. 참고로 동 규정은 1999년 9월 9일 공사계약일반조건 개정 시 신설되었습니다.

공사계약일반조건

제47조(공사의 일시정지) ①~⑤ -생략-

⑥ 발주기관의 책임 있는 사유에 의한 공사정지기간(각각의 사유로 인한 정지기간을 합산하며, 장기계속계약의 경우에는 해당 차수 내의 정지기간을 말함)이 60일을 초과한 경우에 발주기관은 그 초과된 기간에 대하여 잔여계약금액(공사중지기간이 60일을 초과하는 날 현재의 잔여계약금액을 말하며, 장기계속공사계약의 경우에는 차수별 계약금액을 기준으로 함)에 초과일수 매 1일마다 지연 발생시점의 금융기관 대출평균금리(한국은행 통계월보상의 금융기관 대출평균금리를 말한다)를 곱하여 산출한 금액을 준공대가 지급 시 계약상대자에게 지급하여야 한다.

⑦ 제6항에서 정하는 발주기관의 책임 있는 사유란, 부지제공·보상업무·지장물처리의 지연, 공사이행에 필요한 인·허가 등 행정처리의 지연과 계약서 및 관련 법령에서 정한 발주기관의 명시적 의무사항을 정당한 이유 없이 불이행하거나 위반하는 경우를 말하며, 그 외 계약상대자의 책임 있는 사유나 천재·지변 등 불가항력에 의한 사유는 제외한다. 〈신설 2021. 12. 1.〉

제47조의2(계약상대자의 공사정지 등) ① 계약상대자는 발주기관이 「국가를 당사자로 하는 계약에 관한 법률」과 계약문서 등에서 정하고 있는 계약상의 의무를 이행하지 아니하는 때에는 발주기관에 계약상의 의무이행을 서면으로 요청할 수 있다.

② 계약담당공무원은 계약상대자로부터 제1항에 의한 요청을 받은 날부터 14일 이내에 이행계획을 서면으로 계약상대자에게 통지하여야 한다.

③ 계약상대자는 계약담당공무원이 제2항에 규정한 기한 내에 통지를 하지 아니하거나 계약상의 의무이행을 거부하는 때에는 해당 기간이 경과한 날 또는 의무이행을 거부한 날부터 공사의 전부 또는 일부의 시공을 정지할 수 있다.

④ 계약담당공무원은 제3항에 의하여 정지된 기간에 대하여는 제26조에 의하여 공사기간을 연장하여야 한다.

▌분쟁의 해결(일반조건 제51조)

후술하겠지만 건설클레임과 건설분쟁은 다른 개념입니다. 클레임은 청구한다는 의미를 중심으로 하기에 협의과정까지가 해당됩니다. 분쟁은 클레임 청구사안에 대한 협의가 결렬된 이후의 과정으로서 클레임 이후의 절차에 해당합니다. 자세한 내용은 후술하는 제5장 및 제6장의 내용을 참고하시기 바랍니다.

제3장 | 건설사업 분류 및 발주방식

건설공사는 다양한 방법으로 분류할 수 있습니다. 이러한 분류가 건설공사 계약관리 업무에 직결되는 것은 아니지만, 현업실무자의 기본소양이라 생각되어 이 책 내용으로 포함하였습니다. 건설공사 분류의 기본내용을 숙지하였다면, 그다음으로 발주방식에 대한 이해가 요구됩니다. 건설공사 계약관리 업무는 발주방식에 따라 차별적으로 접근되어야 하므로, 공공공사 발주방식에 대한 이해가 반드시 선행되어야 하기 때문입니다.

1. 건설사업 및 건설공사 분류

1.1 건설사업 분류

▎재원조달방식에 따른 분류

건설사업에 대한 분류방식은 공종별(토목·건축·기계설비 등), 규모별(대형·중소형), 사업기간별(장기·중단기 등) 등의 다양한 방법이 있습니다. 그런데 분류방식에 대해서는 별도의 규정이나 기준이 없으므로, 각 건설사업의 특성에 따라 구분하는 것이 일반적입니다. 다만 이 책에서는 건설클레임 및 원가관리에 관한 내용을 중심적으로 다루고 있으므로, 비용개념을 중심으로 한 분류방식으로 살펴보고자 합니다. 건설사업에서의 비용은 자금의 출처, 즉 재원(財源)의 개념으로 접근하는 것이 합리적일 텐데, 이에 건설사업을 재원조달방식에 따라 분류하면 크게 재정사업, 민자사업 및 개발사업의 세 부류로 구분할 수 있습니다.

재정사업은 세금을 재원으로 하므로 '공공사업'으로 불리기도 합니다. 민자사업은 민간자본을 재원으로 창의적이고 효율적인 사회기반시설을 확충하기 위한 사업방식입니다. 하지만 우리나라 민자사업은 민간자본뿐만 아니라 개략적으로 30~50% 정도의 세금이 무상으로 지원되고, 완공 후 운영 단계에서도 정부가 세금으로 투자위험을 분담하고 있으므로, 넓은 범주에서 공공사업이라 할 수 있습니다. 마지막으로 개발사업은 주된 재원이 개발이익으로 추진되는 사업방식으로 볼 수 있습니다. 건설사업을 더 단순화하면 공공공사와 민간공사로 구분할 수 있으며, 재원이 다르므로 발주기관에 따른 분류라고도 할 수 있겠습니다.

〈표 3-1〉 재원조달방식에 따른 건설사업 분류

구분	재정사업	민자사업 (정부고시+민간제안)	개발사업
재원조달	세금	민간자본	개발이익(+세금)
사업주체	공공(정부, 지자체)	공공+민간	민간(일부 공공)
사업 종류	도로, 철도, 항만 등	도로, 철도, 항만 등	주택건설 등

건설산업에서는 '국책사업'이란 표현을 많이 사용합니다. 국책사업이란 대규모 공공서비스를 공급함에 있어서 국가가 주도적으로 재원을 조달하여 시행하는 사업을 의미하는 용어인데, 주로 행정적으로 사용되고 있습니다. 따라서 국책사업에 대한 사회적 통념은 존재하지만 경제적으로나 법적인 개념 정의 및 지위에 대해서는 명확한 규정이 없습니다. 하지만 '국책사업'은 정부가 국토의 종합적 개발계획에 따라 승인하여 추진되는 모든 건설사업을 포괄하는 넓은 개념으로 보는 게 타당할 것이므로, 민자사업뿐만 아니라 신도시 건설사업까지도 포괄한다고 하겠습니다.

▍조달청의 공공공사 분류

공공공사에 대한 분류방법은 다양합니다. 공공공사 종류에 대하여 조달청은 예산배정, 공사규모 및 입찰자의 설계 참여 정도의 세 가지 종류로 분류하고 있습니다.

먼저 예산배정방식에 의한 분류는 계속공사, 계속비공사, 장기계속공사입니다. 계속공사는 수의계약에 의할 수 있는 공사 중에서 현재의 시공자와 수의계약을 체결할 수 있는 공사입니다. 계속비공사는 국가재정법 제23조(계속비)에 따른 계속비사업을 대상으로 하기에 총공사예산을 확보한 계속비 예산으로 발주하는 공사로서 '총액'과 '연부액(年賦額: 당해연도에 들어가는 금액)'으로 관리합니다. 계속비공사는 전체 예산이 확보돼 있으므로 예산 부족으로 인한 공정추진 지연 상황이 발생하지는 않습니다. 이와 달리 장기계속공사는 총공사예산을 확보하지 않은 상태에서 시설공사를 발주하므로, 총공사금액을 부기하고 각 당해연도 예산의 범위 안에서 각 차수공사 계약을 체결하는 공사입니다. 정리하면 계속비공사와 장기계속공사의 가장 큰 차이점은 총사업비 예산을 미리 확보하였는지 여부입니다.

공사규모에 의한 분류는 대형공사, 계속비대형공사, 일반대형공사입니다. 대형공사는 총공사비 추정가격이 300억 원 이상인 신규복합공종공사를 말하며(국가계약법 시행령 제79조 제1항 제1호), 계속비대형공사는 대형공사 중 계속비 예산으로 계상된 공사이며(국가계약법 시행령 제79조 제1항 제9호), 일반대형공사는 공사비가 계속비 예산으로 계상되지 아니한 대형공사를 말합니다(국가계약법 시행령 제79조 제1항 제10호). 그런데 300억 원 미만 공사를 칭하는 용어가 별도로 없어 분류의 편의상 일반공사라고 해도 되겠습니다.

입찰자의 설계 참여 정도에 의한 분류는 대안입찰 대상공사, 일괄입찰

대상공사, 특정공사, 기술제안입찰 대상공사가 있습니다. 참고로 기술제안형 입찰공사는 2007년 10월 10일 국가계약법 시행령 제8장의 '기술제안입찰 등에 관한 계약'으로 신설·도입되었습니다.

1.2 계속비공사 vs. 장기계속공사(예산배정방식에 따른 분류)

▌장기계속공사 방식은 공기지연의 주원인

예산배정방식에 따른 구분은 앞에서도 간단하게 서술하였으나, 공공공사 계약금액 조정 등의 과정 또는 절차에서 빈번하게 언급되는 사업방식이므로 별도의 소제목으로 정리할 필요가 있습니다. 특히 후술하는 공기연장 추가비용 등과 매우 밀접한 관계가 있으므로 다소 생소한 내용이지만 필히 숙지해야 하는 사안에 해당합니다.

논쟁의 대상은 단연 '장기계속공사'의 경우입니다. 장기계속공사는 각 차수별 예산만 확정할 뿐이므로, 대부분의 경우 예산 부족으로 원활한 전체 공정추진을 하지 못하여 공기지연의 주요 원인으로 지목되고 있습니다. 각 차수 계약에 확보된 예산 범위 내에서만 공정추진이 가능하기 때문에 확보된 예산이 부족하게 되면 필연적으로 공기지연이 발생합니다. 이와 달리 계속비공사는 총공사금액과 매년 연부액이 동시에 예산으로 확정 계상됨에 따라 예산 부족 문제가 원칙적으로는 발생하지 않습니다.

한편 장기계속공사는 공공공사에서 존재하는 예산방식일 뿐, 적기(a suitable time) 준공을 목표로 하는 민간건설공사에서는 장기계속예산방식으로 사업을 추진하지 않습니다. 굳이 공공공사의 예산방식을 적용한다면 민간공사는 계속비 예산방식에 해당한다고 하겠습니다. 그렇다면 민간건설업체 간의 하도급계약 역시 민간계약이므로, 사실상 하도급계약에서 장기계속공사라는 개념이 적용되지 않는다고 하겠습니다. 하지만 공공공사가 장기계속공사인 경우가 많으므로, 확보된 예산이 부족한 경우 그로 인한 영향은 원도급업체보다는 직접 공사를 수행하는 하도급업체에게 더 큰 영향을 줄 수 있습니다. 예산 부족으로 인한 공정지연은 하도급업체에게 당초 예상하지 못한 직·간접적 손실비용(작업팀 및 장비 대기 등)을 발생시킬 수 있는바, 수급인은 하수급인에 대한 더 적극적인 공사관리가 필요한 상황에 해당합니다.

〈표 3-2〉 계속비공사와 장기계속공사 비교

구분	계속비공사	장기계속공사
법적 근거	헌법 §55 국가재정법 §23 국가계약법 §21 ① 국가계약법 시행령 §69 ⑤	국가계약법 §21 ② (공사는 명시 없음) 국가계약법 시행령 §8 ②, §69 ②
총예산 확보 여부	확보	미확보 (당해연도분만 확보)
계약체결	총공사금액으로 입찰·계약 (연부액 부기)	총공사부기금액으로 입찰하고, 각 회계연도 예산범위 안에서 계약체결 및 이행 (총공사금액 부기)
계약건수	1개의 계약	매 차수별 계약마다 별건
물가변동적용대가	총공사금액을 기준으로 산정	좌동
지체상금	총공사 준공기한 경과 후 총공사금액을 기준으로 부과	연차계약별로 해당 연차 계약금액을 기준으로 부과

국가계약법
제21조(계속비 및 장기계속계약) ① 각 중앙관서의 장 또는 계약담당공무원은 「국가재정법」

제23조에 따른 계속비사업에 대하여는 총액과 연부액을 명백히 하여 계속비계약을 체결하여야 한다.
② 각 중앙관서의 장 또는 계약담당공무원은 임차, 운송, 보관, 전기·가스·수도의 공급, 그 밖에 그 성질상 수년간 계속하여 존속할 필요가 있거나 이행에 수년이 필요한 계약의 경우 대통령령으로 정하는 바에 따라 장기계속계약을 체결할 수 있다. 이 경우 각 회계연도 예산의 범위에서 해당 계약을 이행하게 하여야 한다.

국가계약법 시행령
제69조(장기계속계약 및 계속비계약) ① 다음 각 호의 어느 하나에 해당하는 계약으로서 법 제21조에 따라 장기계속계약을 체결하려는 경우에는 각 소속중앙관서의 장의 승인을 받아 단가에 대한 계약으로 체결할 수 있다.
1. 운송·보관·시험·조사·연구·측량·시설관리 등의 용역계약 또는 임차계약
2. 전기·가스·수도 등의 공급계약
3. 장비, 정보시스템 및 소프트웨어의 유지보수계약
② 장기계속공사는 낙찰 등에 의하여 결정된 총공사금액을 부기하고 당해연도의 예산의 범위 안에서 제1차 공사를 이행하도록 계약을 체결하여야 한다. 이 경우 제2차 공사 이후의 계약은 부기된 총공사금액(제64조 내지 제66조의 규정에 의한 계약금액의 조정이 있는 경우에는 조정된 총공사금액을 말한다)에서 이미 계약된 금액을 공제한 금액의 범위 안에서 계약을 체결할 것을 부관으로 약정하여야 한다.
③ 장기물품 제조 등과 정보시스템 구축사업(구축사업과 함께 해당 정보시스템의 운영 및 유지보수사업을 포괄하여 계약을 체결하는 경우를 포함한다)의 계약체결방법에 관하여는 제2항을 준용한다.
④ 제2항 및 제3항의 규정에 의한 제1차 및 제2차 이후의 계약금액은 총공사·총제조 등의 계약단가에 의하여 결정한다.
⑤ 계속비 예산으로 집행하는 공사에 있어서는 총공사와 연차별공사에 관한 사항을 명백히 하여 계약을 체결하여야 한다.

▌장기계속공사 유의사항

국가계약법 제21조(계속비 및 장기계속계약)는 '장기계속계약'을 규정하고 있을 뿐, '장기계속공사'에 대한 규정은 없습니다. '장기계속공사'라는 용어는 국가계약법 시행령 제8조(예정가격의 결정방법) 제2항에서 "그 이행에 수년이 걸리며 설계서 등에 의하여 전체의 사업내용이 확정된 공사"라는 설명으로 처음 등장합니다. 반면 지방계약법 제24조(장기계속계약 및 계속비계약) 제1항 제1호는 건설공사를 장기계속계약으로 체결할 수 있도록 하여, 건설공사의 장기계속계약방식 발주를 법률적으로도 터놓고 있습니다.

장기계속공사 계약은 1건의 건설사업임에도 각 차수별 계약을 독립된

별건의 계약으로 보고 있으므로(법제처 법령해석 안건번호 08-0066, 회신일자 2008. 5. 22), 계약관리에 있어서 몇 가지 주의가 요구됩니다. 하나는 부정당업자 제재를 받았을 때 그 이후 차수계약을 체결할 수 있는지 여부입니다. 법제처는 법령해석에서 "낙찰된 자가 제1차 계약 이후 부정당업자로 지정되었다고 하더라도 낙찰된 자가 본 계약인 제2차 계약체결 전 입찰참가자격을 제한받게 된 이상, 국가는 부정당업자와 본 계약인 제2차 계약을 체결할 수 없다"라고 회신한 바 있습니다(법제처 법령해석 안건번호 08-0066, 회신일자 2008. 5. 22). 이러한 법제처 법령해석은 불가피한 결론이었지만 당시 큰 논란이 생겼고, 이에 대해 정부는 2008년 12월 31일 국가계약법 시행령 제76조(부정당업자의 입찰참가자격 제한)를 개정하여 장기계속계약에 대해서는 부정당업자의 연차별 계약을 체결할 수 있도록 개정하여 논란을 비켜갔습니다.

법제처 법령해석(안건번호 08-0066, 회신일자 2008. 5. 22)

[질의요지]

가. 장기계속계약에 있어서 낙찰자 결정과 장기계속계약의 관계 및 각 차수 계약 간의 관계는?

나. 낙찰자로 결정되어 제1차 계약을 체결한 계약상대자가 제2차 계약이 체결되기 전에 부정당업자로 지정되어 입찰참가자격 제한을 받게 된 경우, 국가는 그 부정당업자와 제2차 계약 등 이후의 차수 계약을 체결할 수 있는지?

[회답]

가. 낙찰자 결정은 계약의 편무예약이며, 낙찰자 결정에 대한 본 계약으로서 각 차수별로 체결되는 계약은 각 계약마다 독립된 별건의 계약입니다.

나. 낙찰된 자가 제1차 계약 이후 부정당업자로 지정되었다고 하더라도 낙찰된 자가 본 계약인 제2차 계약체결 전 입찰참가자격을 제한받게 된 이상, 국가계약법 시행령 제76조 제10항에 따라 국가는 부정당업자와 본 계약인 제2차 계약을 체결할 수 없다고 할 것입니다.

국가계약법 시행령

제8조(예정가격의 결정방법)

② 공사계약에 있어서 그 이행에 수년이 걸리며 설계서 등에 의하여 전체의 사업내용이 확정된 공사(이하 "장기계속공사"라 한다) 및 물품의 제조 등의 계약에 있어서 그 이행에 수년이 걸리며 설계서 또는 규격서 등에 의하여 당해 계약목적물의 내용이 확정된 물품의 제조 등의 경우에는 총공사·총제조 등에 대하여 예산상의 총공사금액(관급자재 금액은 제외한다) 또는 총제조금액(관급자재 금액은 제외한다) 등의 범위 안에서 예정가격을 결정하여야 한다.

제76조(부정당업자의 입찰참가자격 제한)

⑧ 각 중앙관서의 장 또는 계약담당공무원은 경쟁입찰에서 낙찰된 자가 계약체결 전에 제3항, 제5항 또는 제6항에 따라 입찰참가자격 제한을 받은 경우에는 그 낙찰자와 계약을 체결해서는 안 된다. 다만, 법 제21조에 따른 장기계속계약의 낙찰자가 최초로 계약을 체결한 이후 입찰참가자격 제한을 받은 경우로서 해당 장기계속계약에 대한 연차별 계약을 체결하는 경우에는 해당 계약상대자와 계약을 체결할 수 있다.

다른 하나는 장기계속공사에 대한 계약금액 조정 청구시기에 대한 것입니다. 일반적으로 계약금액 조정은 전체 총공사에 대한 준공대가를 지급받기 전까지 신청해야 합니다. 계속비공사의 경우가 그러합니다. 하지만 장기계속공사는 각 연차별 계약이 별건 계약이므로, 각 차수별 계약의 준공대가 지급 전까지 계약금액 조정을 신청해야 합니다(일반조건 제20조 제10항 등).

장기계속공사의 계약금액 조정 청구시기는 설계변경뿐만 아니라 공기연장비용 청구에 있어서도 같은 논리가 적용되어야 한다는 것입니다. 대법원은 "차수별 계약에서 정한 공사기간이 아니라 총괄계약에서 정한 총공사기간의 연장을 이유로 한 계약금액 조정신청은 적법한 계약금액 조정신청이라 보기 어렵다"라면서 차수별 계약에 대한 계약금액 조정 신청행위가 존재하지 않았다 하여 계약상대자의 공기연장비용 청구를 기각(원고 패소)한 사례가 있습니다(대법원 2020. 10. 29. 선고 2019다267679 판결).

대법원 2020. 10. 29. 선고 2019다267679 판결 [공사대금]

【판결요지】

[1] … 한편 공사기간 연장으로 인한 계약금액의 조정사유가 발생하였다고 하더라도 그 자체로 계약금액 조정이 자동적으로 이루어지는 것이 아니라, 계약당사자의 상대방에 대한 적법한 계약금액 조정신청에 의하여 비로소 이루어지므로, 차수별 계약에서 정한 공사기간이 아니라 총괄계약에서 정한 총공사기간의 연장을 이유로 한 계약금액 조정신청은 적법한 계약금액 조정신청이라 보기 어렵다.

[2] 공사기간 연장을 이유로 한 조정신청을 당해 차수별 공사기간의 연장에 대한 공사금액 조정신청으로 인정할 수 있으려면, 차수별 계약의 최종 기성대가 또는 준공대가의 지급이 이루어지기 전에 계약금액 조정신청을 마치는 등 당해 차수별 신청의 요건을 갖추어야 하고, 조정신청서에 기재된 공사 연장기간이 당해 차수로 특정되는 등 조정신청의 형식과 내용, 조정신청의 시기, 조정금액 산정 방식 등을 종합하여 볼 때 객관적으로 차수별 공사기간 연장에 대한 조정신청 의사가 명시되었다고 볼 수 있을 정도에 이르러야 한다.

판례에 따르면 각 차수별 계약에 대하여 각각의 공기연장비용을 신청해야 한다는 것입니다. 총공사 준공기한 이내라도 개별 차수계약 준공 이후 해당 차수계약에 대한 공기연장비용을 청구할 경우, 적법한 청구요건을 갖추지 못한 것으로 판단한 2018. 10. 30. 선고 2014다235189 대법원 전원합의체 판결 취지에 따른 것입니다.

기획재정부 계약정책과(舊 회계제도과)의 유권해석 사례에 의하면, 차수별 준공대가를 지급받은 이후에는 해당 차수 때의 초과 물량에 대해 계약금액의 조정이 불가하다는 입장 역시 같은 취지라고 하겠습니다. 이는 반대로 해당 차수 때 이루어진 준공정산이 과다계상된 경우에도 감액을 위한 계약금액 조정이 불가한 것으로 이해할 수 있습니다. 하지만 실무에서는 발주기관과의 관계를 고려하여 차수 준공 사항에 대해서도 감액 계약(준공금 감액)이 이루어지는 경우가 있는데, 원칙적으로는 계약금액 조정이 불가하다는 점을 이해해야 할 것입니다.

1차 준공대가를 받은 후 설계변경으로 인한 계약금액 조정

【질의】

장기계속공사에 있어 1차 계약 시 설계변경으로 인한 공사량이 증가하여 계약금액을 조정한 경우, 당해 차수 준공대가를 지급받은 후 2차 설계변경 시 1차 때의 초과한 물량에 대해서도 계약금액 조정이 가능한지?

【회신】 (회계제도과-1470, 2007. 8. 7.)

장기계속계약에 있어서 설계변경은 공사계약일반조건 제19조 제3항에 따라 설계변경의 필요한 부분의 시공 전에 완료해야 하며 계약담당공무원은 설계변경으로 공사물량이 증감한 경우 계약금액을 조정해야 함. 이 경우 계약상대자의 계약금액 조정 청구는 각 차수별 준공대가를 수령 전까지 하여야 함. 귀 질의의 경우 당해 차수 준공대가지급 이후에는 설계변경으로 인한 계약금액의 조정이 불가함.

▌미국의 총액편성 정책

미국의 공공공사 예산배정이 어떻게 이루어지는지를 살펴보기 위해 「장기계속계약제도 개선방향」(이상호, 2011. 6. 30.)에서 언급된 내용을 옮겨보았습니다. 미국은 우리나라처럼 단년도 예산주의라는 원칙 자체가 없기 때문에 계속비제도라는 게 별도로 존재하는 것이 아니라, 총액편성 정책(Full Funding Policy)에 의하여 예산이 다년도로 편성되고 있습니다. 총액편성 정책은 자본사업의 '유용한 부분(a useful segment)'을 완성하기에 충분한 예산을 전액 배정해주어야 한다는 정책이므로, 우리나라의 계속비제도와 같은 성격을 가진다고 하겠습니다.

미국의 예산당국은 예산권한(Budget Authority)을 매년 개별 사업부처에 부여하는데, 이때 당해연도의 지출금액에만 한정하는 것이 아니라 사업목적 달성에 소요되는 다년간의 총사업비에 대하여 한꺼번에 예산권한을 부여합니다. 대규모 건설 및 조달사업에 대한 예산권한 부여, 즉 사업승인은 프로젝트의 착수 당시에 추정한 총사업비에 대하여 전체적으로 권한을

부여하는 것입니다. 이처럼 사업부처의 장기사업 예산이 모두 예산권한 하에서 편성되기 때문에 사업이 확정되면 다년간 사업예산도 동시에 확정되게 됩니다.

> "대규모 공사 및 조달사업의 경우에는 일반적으로 총액편성 정책이 적용된다. 비록 그 금액이 수년에 걸친 채무로 완결되더라도 총액편성 정책하에서는 공사 또는 조달사업을 완결시키는데 필요한 자금이 1차년도의 지출허용(appropriation)으로 배정되어야 한다. 완결되지 않으면 쓸모가 없을 공사나 사업에 자금이 조각조각으로 지원되는 것을 피하기 위해 총액편성 정책이 시행된다."
> (OMB, Budget System and Concepts of the United States Government, p.12.)

1.3 민자사업

기획재정부는 2022년 6월 28일 '2022년 제2차 민간투자사업심의위원회'를 개최하여 「민간투자사업 활성화 방안」을 발표하면서, 연평균 민간투자 규모가 기존 5조 원에서 향후 '7조 원+α' 수준으로 확대될 것이라고 하였습니다. 건설공사 계약관리는 그 규모가 상당하고 리스크가 큰 민자사업에 오히려 그 중요성이 크다고 하겠습니다. 그 때문에 민자사업제도에 대해 살펴보지 않을 수 없습니다.

▎민자사업 목적 및 전제조건

민자사업제도는 1994년 8월 3일 「사회간접자본시설에 대한 민간자본유치촉진법(약칭 민자유치촉진법)」이 제정되어 본격적으로 추진되었습니다(시행 1994. 11. 4.). 민자사업은 민간자본 투자를 촉진하여 창의적이고 효율적인 사회기반시설(SOC)을 확충·운영함으로써 국민경제 발전을 도모하기 위한 목적으로 도입되었으며(제1조), 1998년 12월 31일 「사회기반시설에 대한 민간투자법(약칭 민간투자법)」으로 전부개정(시행 1999. 4. 1.)되어 현재에 이르고 있습니다.

주무관청이 민자사업을 지정함에 있어서 네 가지 원칙이 적용되고 있습니다. 기획재정부의 민간투자사업기본계획(기획재정부공고 제2021-120호) '제2편 민간투자사업 추진 일반지침' 제4조(민간투자사업 지정의 일반원칙)에서 규정하고 있는 민자사업 지정 일반원칙은 수익자부담능력 원칙, 수익성 원칙, 사업편익의 원칙, 효율성 원칙의 네 가지입니다. 수익자부담능력 원칙을 수익성 원칙보다 먼저 열거하고 있음을 알 수 있습니다.

참고로 '사회기반시설'이란 각종 생산활동의 기반이 되는 시설, 해당 시설의 효용을 증진시키거나 이용자의 편의를 도모하는 시설 및 국민생활의 편익을 증진시키는 시설로서 ① 도로, 철도, 항만, 하수도 등 경제활동의 기반이 되는 시설, ② 유치원, 학교, 도서관 등 사회서비스의 제공을 위하여 필요한 시설, ③ 공공청사, 보훈시설, 방재시설, 병영시설 등 공용시설 또는 생활체육시설, 휴양시설 등 일반 공중의 이용을 위하여 제공하는 공공용 시설로 정의하고 있습니다(민간투자법 제2조 제1호).

민간투자사업 기본계획
제2편 민간투자사업 추진 일반지침
제4조(민간투자사업 지정의 일반원칙)
주무관청은 민간투자사업을 지정함에 있어 다음 각 호의 일반 원칙을 고려하여야 한다.
1. 수익자부담능력 원칙
2. 수익성 원칙
3. 사업편익의 원칙
4. 효율성 원칙

▎수익형 민자사업(BTO)과 임대형 민자사업(BTL)

민간투자사업 유형은 민간투자법 제4조(민간투자사업의 추진방식)에서 여섯 가지 경우를 열거하고 있으며, 민간투자사업기본계획 제3조(민간투자사업의 추진방식)에서 구체적으로 규정해놓고 있습니다. 우리나라에서 가장 많이 사용되는 유형은 크게 수익형 민자사업(BTO: Build- Transfer-Operate)과 임대형 민자사업(BTL: Build-Transfer-Lease)의 두 경우로 볼 수 있습니다. BTO 및 BTL 사업방식을 좀 더 구체적으로 설명합니다. 먼저 수익형 민자사업(BTO)은 민간사업자(SPC; Special Purpose Company, 특수목적법인)가 사회기반시설을 민간자금으로 건설(Build)하고, 소유권을 정부로 이전(Transfer)한 후, 사용료 징수 등 운영(Operate)을 통해 투자비를 회수하는 방식입니다. 주로 도로, 철도 등 수익(통행료 등) 창출이 용이한 시설을 대상으로 하고 있습니다.

임대형 민자사업(BTL)은 2005년 1월 민간투자법의 개정으로 새롭게 도입한 민간투자방식으로, 국가 또는 지방자치단체가 민간이 자금을 투자하여 건설(Build)한 사회기반시설의 소유권을 이전(Transfer)받고, 민간사업자에게 시설임대료(Lease)를 지급하는 방식입니다. BTL 사업은 주로 교육부의 학교, 국방부의 군인아파트 및 군주거시설사업, 환경부의 노후 하수관거 정비사업이 대부분을 차지하고 있으며, 최근에는 철도사업에 대해서도 적용하고 있습니다. BTL 사업의 추진조건을 보면 임대료 지급기간인 사업기간은 20년 정도이며, 임대료는 '국채금리(5~10년)+장기투자 프리미엄' 수준에서 책정되고 있습니다.

BTO 및 BTL 사업방식의 가장 큰 차이점은 민간사업자의 투자비용 회수방식입니다. BTO 방식은 이용자로부터 직접사용료(통행료 등)를 징수하며, BTL 방식은 국가나 지자체로부터 정부지급금(임대료 및 운영비)을 지급받아서 각 투자비용을 회수합니다. 이를 그림으로 설명하면 [그림 3-1]과 같습니다.

[그림 3-1] 투자비용 회수방식에 따른 민자사업 구분(BTO vs. BTL)

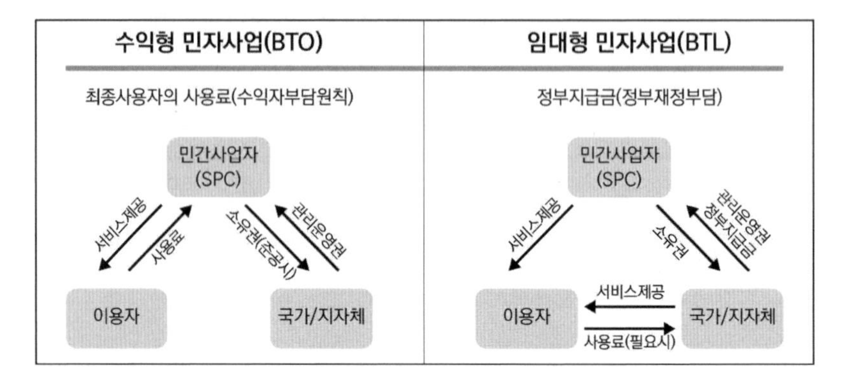

민간투자사업기본계획

제3조(민간투자사업의 추진방식) ① 민간투자사업은 법 제4조에 따라 다음 각 호의 방식으로 시행할 수 있다.

1. BTO(Build-Transfer-Operate) 방식: 사회기반시설의 준공(신설·증설·개량)과 동시에 해당 시설의 소유권이 국가 또는 지방자치단체에 귀속되며 사업시행자에게 일정 기간의 시설관리운영권을 인정하는 방식
2. BTL(Build-Transfer-Lease) 방식: 사회기반시설의 준공(신설·증설·개량)과 동시에 해당 시설의 소유권이 국가 또는 지방자치단체에 귀속되며 사업시행자에게 일정 기간의 시설관리운영권을 인정하되, 그 시설을 국가 또는 지방자치단체 등이 협약에서 정한 기간 동안 임차하여 사용·수익하는 방식
3. BOT(Build-Operate-Transfer) 방식: 사회기반시설 준공(신설·증설·개량) 후 일정 기간 동안 사업시행자에게 당해 시설의 소유권이 인정되며 그 기간의 만료 시 시설소유권이 국가 또는 지방자치단체에 귀속되는 방식
4. BOO(Build-Own-Operate) 방식: 사회기반시설의 준공(신설·증설·개량)과 동시에 사업시행자에게 당해 시설의 소유권이 인정되는 방식
5. BLT(Build-Lease-Transfer)방식: 사업시행자가 사회기반시설을 준공(신설·증설·개량)한 후 일정 기간 동안 타인에게 임대하고 임대 기간 종료 후 시설물을 국가 또는 지방자치단체에 이전하는 방식

6~9. 〈삭제 2015. 4. 20.〉

10. 혼합형 방식: 법 제4조 제1호의 방식과 법 제4조 제2호의 방식을 혼합하여 하나의 사회기반시설을 설치·운영하는 방식
11. 결합형 방식: 사회기반시설을 물리적으로 구분하여 법 제4조 제1호의 방식 내지 법 제4조 제6호의 방식 중 둘 이상을 복수로 활용하는 방식 〈신설 2020. 2. 10.〉
12. 그 밖에 민간부분이 제시하고 주무관청이 타당하다고 인정하거나 주무관청이 민간투자

시설사업기본계획에 제시하는 방식(교육청이 사립학교시설을 제2호와 유사한 방식으로 추진하는 경우를 포함한다)

❚ 민간투자법 연혁, MRG와 투자위험분담제도

민자사업과 관련된 제도의 주요 변천내용을 살펴보겠습니다. 현재의 민간투자법은 1994년 8월 3일 제정된 민자유치촉진법으로부터 시작되었으며, 민자유치촉진법이 제정될 때까지는 개별 법령으로 민자사업이 추진되었습니다. 민자유치촉진법으로 추진된 사업은 인천국제공항민자도로 및 천안~논산 간 민자도로 등으로 추진실적이 많지 않았습니다. 1997년 말경 IMF의 외환위기 이후인 1998년 12월 31일 현재의 민간투자법으로 전부개정되었으며, 이때 시행령 제37조(재정지원) 제1항 제4호에 일명 '최소운영수입보장제도(MRG: Minimum Revenue Guarantee)'가 도입되었습니다. MRG 제도는 도입 이후 민자사업의 양적 성장을 견인하였으나, 비싼 통행료와 MRG 특혜시비로 인하여 정부고시사업은 2006년 1월에, 민간제안사업은 2009년 10월에 민간투자사업 기본계획에서 삭제되었습니다. 참고로 MRG 제도란 실제 운영수입(통행료 수입 등)이 실시협약에서 정한 추정운영수입의 일정비율에 미달하는 경우, 그 미달분을 민간사업자에게 보조금 방식으로 무상지급하는 제도로서 무위험(No Risk)라는 특혜 시비가 상당하였습니다.

민자사업방식은 원칙적으로 정부고시사업으로 진행되고 있었으나, 1998년 12월 31일 전부개정 시 민간제안방식이 민간투자법에 도입되었습니다. 민자사업의 경우 투자적격성심사(VFM: Value For Money) 단계를 두고 있으며, 민자사업에 대한 투자적격성심사기관은 국토연구원의 민간투자지원센터(PICKO)에서 2005년 1월 설립된 KDI(한국개발연구원)의 공공투자관리센터(PIMAC)로 이전되어 지금에 이르고 있습니다. 2015년 4월 20일 민간투자사업 기본계획에 투자위험분담제도에 따라 정부가 사업위험을 부담하는 위험분담형(BTO-rs: risk sharing) 및 정부가 사업운영비를 보전하는 손익공유형(BTO-a: adjusted) 방식이 도입되었습니다.

〈표 3-3〉 민자사업 관련 제도의 변천

기간	주요 내용
1968~ 1994년	· 개별 법령(유료도로법, 철도법, 항만법 등)에 따라 추진 - 도로, 항만, 주차장, 역사 등을 중심으로 민간자본 참여
1994~ 1998년	· 「사회간접자본시설에 대한 민간자본유치촉진법」 제정(1994. 8. 3.) - 총 45개 민자사업 고시, 이 중 5개 사업만이 실행 단계에 진입 ⇨ 1997년 말 외환위기 후 민자사업 추진실적 부진
1999~ 2004년	· 「사회간접자본시설에대한민간투자법」으로 전면 개정(1998. 12. 31.) - 최소운영수입보장제도(MRG) 도입: 대형건설업체, 금융기관 및 외국계투자자 참여(정부고시 90%, 민간제안 80%) - 민자사업 지원 전담기관인 민간투자지원센터(PICKO) 설립 - 민간제안제도 도입 - 2004년 12월 고시기준, 총 157개 사업, 사업비 36.7조 원 규모로 확대
2005~ 2014년	· 「사회기반시설에대한민간투자법」 개정(2005. 1. 27.) - 민간투자적격성심사기관으로 KDI에 공공투자관리센터(PIMAC) 설립 - 투자대상 범위에 9개의 생활기반시설 포함(대상사업 35 → 44개) - BTL 방식 도입 - MRG를 민간투자사업 기본계획에서 삭제[민간제안사업(2006), 정부고시사업(2009)]
2015년~ 현재	· 민간투자사업 기본계획 개정(2015. 4. 20.) - 기획재정부 공고 - 투자위험분담제도 도입 - BTO-rs(-risk sharing, 위험분담형): 정부가 사업위험 부담 - BTO-a(-adjusted, 손익공유형): 정부가 사업운영비 보전 * 신안산선 BTO-rs 1호 사업

민간투자법 [시행 1999. 4. 1.] [법률 제5624호, 1998. 12. 31., 전부개정]
제53조(재정지원) 국가 또는 지방자치단체는 귀속시설사업의 원활한 시행을 위하여 필요한 경우에는 대통령령이 정하는 경우에 한하여 사업시행자에게 보조금을 교부하거나 장기대부를 할 수 있다.

민간투자법 시행령 [시행 1999. 4. 1.] [대통령령 제16220호, 1999. 3. 31., 전부개정]

第37조(재정지원) ① 국가 또는 지방자치단체는 법 제53조의 규정에 의하여 다음 각 호의 1에 해당하는 경우에는 심의위원회의 심의를 거쳐 시설의 건설 또는 운영기간 중 예산의 범위 안에서 사업시행자에게 보조금을 교부하거나 장기대부를 할 수 있다.
1. 법인의 해산을 방지하기 위하여 불가피한 경우
2. 사용료를 적정수준으로 유지하기 위하여 불가피한 경우
3. 용지보상비가 과다하게 소요되어 사업의 수익성이 저하됨으로써 민간자본유치가 어려운 경우
4. 실제 운영수입(당해 시설의 수요량에 사용료를 곱한 금액을 말한다)이 실시협약에서 정한 추정 운영수입보다 현저히 미달하여 당해 시설의 운영이 어려운 경우
5. 민간투자사업에 포함된 시설사업 중 그 자체로서는 민간투자사업으로서의 수익성이 적으나 전체사업과 함께 시행됨으로써 현저한 공기단축이나 경비절감 등 사업의 효율성을 제고할 수 있는 시설사업에 대하여 사전에 보조금의 교부 또는 장기대부가 이루어지지 아니하면 당해 민간투자사업을 원활하게 시행하기가 어렵다고 판단되는 경우

▍민자사업 추진실적

기획재정부의 「2021년도 민간투자사업 운영현황 및 추진실적 등에 관한 보고서」(2022. 5.)에 의하면 1994년부터 2021년까지 BTO 사업 269개, BTL 사업 517개, 총 786개 사업을 추진하였으며, 실시협약체결을 기준으로 한 투자비는 BTO 101.2조 원, BTL 33.4조 원, 합계 134.5조 원입니다.

〈표 3-4〉 민간투자사업 추진 단계별 실적(1994~2021년)

구분	사업수(개)					투자비(조 원)			
	합계	운영 중	시공 중	준비 중	종료	합계	민간투자비	건설보조금	토지보상비
BTO	269	208	16	16	29	101.2	62.8	23.9	14.5
BTL	517	479	15	12	11	33.4	33.0	0.3	0.02
합계	786	687	31	28	40	134.5	95.9	24.2	14.5

KDI 공공투자관리센터(PIMAC)는 주기적으로 민간투자사업 추진실적을 발표하고 있으며, 2022년 8월에 발표된 2021년도 KDI 공공투자관리센터 연차보고서의 연도별 민간투자사업 현황을 그래프로 나타내면 [그림 3-2]

와 같습니다. 1999년 민간제안방식과 운영수입보장제도(MRG)가 도입된 이후엔 민간투자사업에 대한 총투자비가 크게 증가하기 시작하였습니다. 2015년에는 투자비 규모가 큰 철도 및 도로사업(4건)의 실시협약이 체결되면서 사업건수에 비해 총투자비 규모가 증가하였습니다. 2018년에 실시협약 체결된 사업수는 16건으로 2017년에 비해 증가했고, 신안산선 복선전철과 수도권광역급행철도-A(GTX-A)노선의 실시협약이 체결됨에 따라 총투자비 규모도 크게 증가하였습니다.

[그림 3-2] 연도별 사업수 및 총투자비 추이

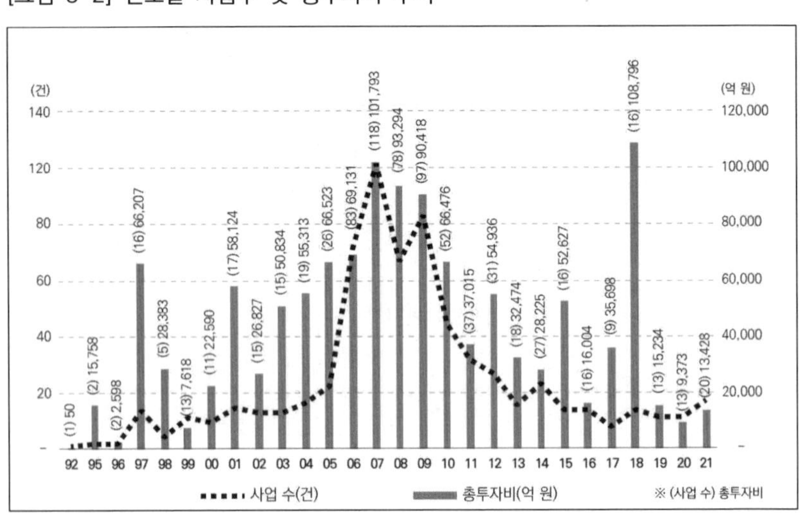

▌실시협약서 및 공사비내역서 공개

최근 들어 민자사업은 사회기반시설(SOC)을 확충하는 대표적인 사업방식으로 이용하고 있는 만큼 국민의 관심도 예전보다 상당히 높아졌습니다. 국민적 관심도가 높아진 가장 큰 이유는 개개인이 직접적 지불하는 비용이

상대적으로 많기 때문일 것입니다. 이에 KDI 공공투자관리센터는 민자사업과 관련한 정기적 보고서를 내고 있습니다. 그런데 개별 사업에 대해서는 계약서(계약조건 포함)에 해당하는 실시협약서와 공사비내역서 등의 정보를 제공하지 않고 있어, 개별 사업에 대한 정보 접근이 상당히 제한적입니다. 이는 대부분의 민자사업에서 비밀유지 규정을 적용하고 있기 때문일 수 있으며, 국토교통부 홈페이지에 공개하고 있는 GTX-A 사업(협약체결일: 2018. 12. 13.) 실시협약서상 비밀유지 조문은 다음과 같습니다.

수도권광역급행철도 A노선(GTX-A) 민간투자사업 실시협약 _ 2018. 12. 13.

제83조(비밀유지)

① 협약당사자들은 본 협약이 유지되는 동안과 본 협약의 해지나 종료 이후 5년 동안은 본 협약의 조건과 본 협약을 수행하면서 얻어지는 정보를 보관하며 상대방의 동의 없이는 어떠한 자에게도 동 정보를 제공하지 아니한다.

② 제1항에 의한 제한은 아래의 경우에는 적용되지 아니한다.

1. 현재 또는 미래의 어느 시점에 공지의 사실이 된 정보의 공개
2. 관련 협약당사자로부터 직·간접적으로 획득하지 않은(공개일에 서면기록으로 입증되는 바와 같이) 협약당사자가 이미 알고 있는 정보
3. 법에 의하여 그 공개가 요구되는 정보의 공개
4. 중재, 재판 또는 행정절차에 따른 정보의 공개

③ 협약당사자는 선의의 경우에는 다음의 자에게 정보를 공개할 수 있다.

1. 사업시행자의 계열회사
2. 협약당사자를 대리하는 외부설계사, 시공자, 고문이나 자문인
3. 협약당사자가 본 협약과 관련하여 자금을 조달하는 금융기관 및 그 자문인
4. 본 협약에 언급된 보험증서 또는 보험제안서상 보험자
5. 협약당사자의 임원, 직원, 대리인 또는 하수급자
6. 기타 주무관청이 본 사업과 관련된다고 인정하는 관계기관

④ 제3항의 공개는 협약당사자가 본 협약이나 본 협약에 따른 기타 계약을 이행, 준수하고 본 협약상의 권리를 보호하거나 집행하는 데 필요한 것이어야 한다.

대부분 SOC 사업에 대한 정보는 '법인 등의 경영·영업상 비밀'을 이유로

공개를 꺼리고 있는데, 우리 법원은 개별 민자사업에 대한 실시협약서 및 공사비내역서를 공개함으로써 실시협약서의 내용(재무모델 제외)이나 공사비의 명세 등을 알 수 있게 되어 국민의 알 권리를 충족시키고, 나아가 국토교통부의 사회간접시설 확충·운영에 관한 정책에 대한 국민의 참여와 그 운영의 투명성을 확보할 수 있는 계기가 될 수 있는 등 민자사업자의 정당한 이익을 현저히 해할 우려가 없다고 보아 관련 정보가 공개되어야 한다고 판단하였습니다(대법원 2011. 10. 27. 선고 2010두24647 판결).

대법원 2011. 10. 27. 선고 2010두24647 판결 [정보공개거부처분취소]

【판결이유】

… 정보공개법 제9조 제1항 제7호 소정의 '법인등의 경영영업상 비밀'은 '타인에게 알려지지 아니함이 유리한 사업활동에 관한 일체의 정보' 또는 '사업활동에 관한 일체의 비밀사항'을 의미하는 것이고, 그 공개 여부는 공개를 거부할 만한 정당한 이익이 있는지 여부에 따라 결정되어야 하는데, 그 정당한 이익이 있는지 여부는 본 법의 입법취지에 비추어 이를 엄격하게 판단하여야 할 뿐만 아니라 국민에 의한 감시의 필요성이 크고 이를 감수하여야 하는 면이 강한 공익법인에 대하여는 보다 소극적으로 판단하여야 한다.

… 참가인은 그 목적의 수행을 위하여 일반 사기업과 다른 특수한 지위와 권한을 가지고 있어서 법상 공공기관에 준하거나 그 유사한 지위에 있다는 점, 피고가 이 사건 각 정보를 공개함으로써 실시협약서의 내용이나 공사비의 명세 등을 알 수 있게 되어 국민의 알 권리를 충족시키고, … 등으로 이 사건 각 정보는 비공개대상정보에 해당되지 않는다.

민간투자법은 2020년 3월 31일 민자사업 실시협약 정보를 인터넷 홈페이지 등에 공개하도록 하는 제51조의3(실시협약에 대한 정보공개)을 신설하였고, 2020년 10월 1일부터 시행되고 있습니다.

민간투자법

제51조의3(실시협약에 대한 정보공개) ① 주무관청은 민간투자사업의 투명성을 높이기 위하여

사업시행자와 체결하는 실시협약의 내용 및 변경사항 등에 대한 정보를 공개하여야 한다. 다만, 사업시행자의 경영상·영업상 비밀에 해당하는 정보는 비공개할 수 있다.
② 제1항에 따른 정보공개의 범위, 방법 및 절차에 관하여 필요한 사항은 대통령령으로 정한다.
[본조신설 2020. 3. 31.]

민간투자법 시행령

제35조의4(실시협약에 대한 정보공개 등) ① 주무관청은 법 제51조의3 제1항 본문에 따라 사업시행자와 체결하는 실시협약의 내용 및 변경사항 등에 대한 정보를 해당 주무관청의 인터넷 홈페이지 등에 공개하고 기획재정부장관에게 제출해야 한다.
② 기획재정부장관은 제1항에 따라 제출받은 실시협약의 내용 및 변경사항 등을 종합하여 기획재정부장관이 구축·운용하는 인터넷 홈페이지 등에 매년 공개해야 한다.
③ 주무관청은 법 제51조의3 제1항 단서에 따라 사업시행자의 경영상·영업상 비밀에 해당하는 정보로서 다음 각 호의 어느 하나에 해당하는 정보는 비공개할 수 있다.
1. 실시협약에 첨부된 재무모델
2. 정보가 공개될 경우 사업시행자의 경영상·영업상 이익을 현저히 해칠 우려가 있다고 주무관청이 인정하는 정보
④ 기획재정부장관은 제2항에 따라 인터넷 홈페이지를 구축·운용하기 위해 공공투자관리센터의 장에게 지원을 요청할 수 있다.
[본조신설 2020. 9. 29.]

2. 건설공사 발주방식

2.1 설계시공 분리방식(DBB) 및 일괄방식(DB)

현행 우리나라 공공공사에 대한 발주방식은 크게 설계와 시공을 분리하는 방식(DBB: Design-Bid-Build)과 설계와 시공을 일괄로 발주하는 방식(DB: Design-Build)으로 구분할 수 있습니다. 먼저 분리방식(DBB)은 설계 완료 후 시공자를 선정하는 방식으로서 지금까지의 일반적인 발주방식이기에 '전통적 발주방식'이라는 표현을 쓰기도 합니다. 분리방식은 설계와 시공에 대한 계약상대자가 다르므로 책임 또한 분리되어 있습니다. 분리방식은 적격심사제를 주축으로 하고서 국가계약법령의 종합심사낙찰제(약칭 '종심제')와 지방계약법령의 종합평가낙찰제(약칭 '종평제')가 있습니다. 종심제와 종평제는 대형공사나 특정공사와 대비되는 개념으로 '기타공사'라고 하는데, 구분의 편의상 적격심사제를 포함시켜도 될 것입니다.

이와 달리 일괄방식(DB)은 설계와 시공에 대한 책임을 일원화하기 위하여 설계와 시공을 하나의 컨소시엄(공동도급)과 도급계약을 체결하는 경우입니다. 일괄방식은 일명 턴키공사(Turn-Key Base)라 불리는 일괄입찰, 대안입찰, 그리고 기술제안입찰이 있습니다. 기술제안입찰은 기본설계 기술제안입찰과 실시설계 기술제안입찰로 다시 구분됩니다. 일괄방식은 대형공사 또는 특정공사에 적용되고 있으며, 국가계약법령은 300억 원 이상인 신규복합공종공사를 대형공사(영 제79조 제1항 제1호)로, 특정공사는 300억 원 미만인 신규복합공종공사 중에서 발주기관이 일괄방식으로 집행하는 것이 유리하다고 인정하는 공사(영 제79조 제1항 제2호)로 정의하고 있습니다.

위와 같은 발주방식을 도식화하면 [그림 3-3]과 같습니다.

[그림 3-3] 공공공사 발주방식별 구분

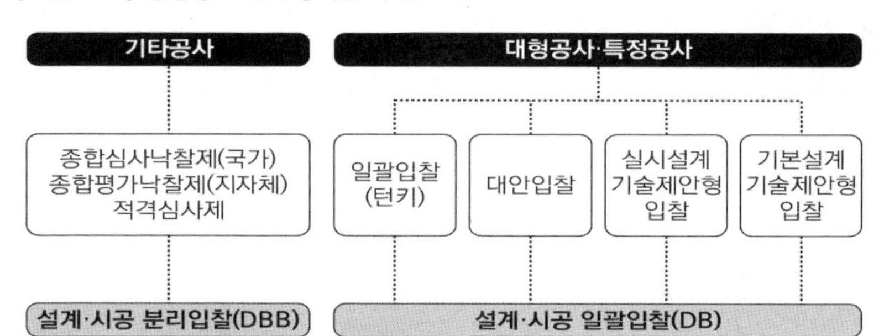

국내건설공사 발주방식에 대한 설명은 〈표 3-5〉와 같으며, 출처는 조달청의 한눈에 보는 조달정책(2018. 4.)입니다. 〈표 3-5〉에서 사용하고 있는 원안입찰, 대안 및 기술제안서에 대한 개념 정의입니다. '원안입찰'은 발주기관이 작성한 실시설계서에 대하여 입찰서를 제출하는 방식이고, '대안'이라 함은 발주기관이 작성한 설계에 대체될 수 있는 동등 이상의 기능 및 효과를 가진 신공법·신기술·공기단축 등이 반영된 설계를 말합니다. 기술제안입찰에서의 '기술제안서'는 입찰자가 발주기관의 설계서 등을 검토하여 공사비 절감방안, 공기단축방안, 공사관리방안 등을 제안하는 문서를 말합니다.

〈표 3-5〉 국내건설공사 발주방식의 구분

구분	내용
일괄입찰	발주기관이 제시하는 공사일괄입찰기본계획 및 지침에 따라 입찰 시에 그 공사의 설계서 기타 시공에 필요한 도면 및 서류를 작성하여 입찰서와 함께 제출하는 입찰
대안입찰	'원안입찰'과 함께 따로 입찰자의 의사에 따라 '대안'이 허용된 공사의 입찰
기술제안입찰	행정중심복합도시와 혁신도시 건설사업을 위하여 발주되는 공사 중 상징성·기념성·예술성 등이 필요하거나 난이도가 높은 기술이 필요한 시설물 공사에 적용하기 위하여 도입(2007. 10.)
기본설계 기술제안입찰	발주기관이 교부한 기본설계서와 입찰안내서에 따라 입찰자가 '기술제안서'를 작성하여 입찰서와 함께 제출하는 입찰
실시설계 기술제안입찰	발주기관이 교부한 실시설계서와 입찰안내서에 따라 입찰자가 '기술제안서'를 작성하여 입찰서와 함께 제출하는 입찰
기타 공사수행방식	일괄입찰, 대안입찰, 기술제안입찰 외의 공사수행방식으로 발주하는 방식으로 일반공사로 인식되고 있음.

2.2 입찰 및 낙찰자 선정방식

▎입찰 및 계약방식

건설사업 참여자들의 실질적 관심사는 단연 입찰 및 낙찰자 결정방법일 것입니다. 국가계약법상의 입찰방법은 국가계약법 시행령 제10조(경쟁방법)에서 기준을 정하고 있습니다. 입찰방식은 크게 여러 사람에게 동시에 청약기회를 제공하는 경쟁입찰(일반경쟁, 지명경쟁, 제한경쟁)과 특정인에게만 청약기회를 제공하는 수의계약으로 구분합니다. 국가계약법과 지방계약법에서는 입찰방법과 계약의 방법을 혼용하여 사용하고 있으며, 특별히 구분하지 않더라도 의미가 달라지는 것이 아니므로 구분의 실익은 없어 보입니다.

〈표 3-6〉 입찰 및 계약방식의 구분

구분		내용
경쟁	일반경쟁	계약대상 물품·용역·시설공사를 규격 및 시방서와 계약조건 등을 공고하여 불특정 다수의 입찰희망자가 모두 입찰에 참여하도록 허용하고, 국가에 가장 유리한 조건을 제시한 자와 계약을 체결하는 방법
	지명경쟁	신용과 실적 등에 있어서 적당하다고 인정되는 특정 다수의 경쟁참가자를 지명하여 계약상대방을 결정하는 방법
	제한경쟁	경쟁입찰 참가자의 자격을 일정한 기준에 따라 제한하여 계약을 체결하는 방법
	시공능력 평가액제한	시공능력 부족업체 배제로 부실 방지
	실적제한	경험·기술 부족업체 배제로 부실방지
	기술보유상황	공사 성질·규모별 제한
	지역제한	지방업체 보호·육성, 지역경제 활성화
	재무상태제한	계약이행의 부실화를 방지
수의계약		경쟁입찰에 의하지 않고 특정인을 계약상대방으로 선정하여 계약을 체결하는 방법(경쟁계약 원칙에 대한 예외)

▍낙찰자 결정방법

계약방법에 따라 입찰이 정해지면 해당 입찰의 공사규모에 따라 적용되는 낙찰자 결정방법이 달라집니다. 공사규모 300억 원 미만 공사의 낙찰자를 선정하는 방법은 적격심사제이고, 공사규모 300억 원 이상 대형공사는 입찰참가자격을 부여하는 입찰참가자격사전심사제도(PQ: Pre-Qualification)를 적용하고 있습니다.

입찰참가자격사전심사제도는 경영상태 부문과 기술적 공사이행능력 부문에 대한 적격 요건을 모두 충족한 적격입찰자에게 종합심사, 일괄·대안·기술제안공사에 입찰참가자격을 부여하며, 적격심사는 공사수행능력 부분 시공경험, 기술능력, 시공평가 결과, 경영상태, 신인도, 입찰가격, 자재 및 인력조달가격의 적정성, 하도급관리계획의 적정성 평가점수의 합산이

92점 이상인 자(단 100억 원 미만은 95점 이상)를 낙찰하한율 직상 1순위 적격자를 낙찰자로 선정합니다. 이러한 낙찰자 결정방법은 종합심사낙찰제, 적격심사낙찰제, 일괄·대안 기술제안공사의 낙찰제로 분류하고 있습니다. 참고로 국가계약법 적용기관은 '종합심사낙찰제'를, 지방계약법 적용기관은 '종합평가낙찰제'를 적용하고 있습니다. 각각의 낙찰자 결정방법을 정리하면 〈표 3-7〉과 같으며, 대안입찰의 경우에는 확정가격 최상설계방식을 제외한 네 가지가 적용됩니다.

〈표 3-7〉 낙찰자 결정방법

구분	각 결정방법에 대한 설명	
종합심사 낙찰제	종합심사(입찰가격, 공사수행능력, 사회적 책임 등을 심사)를 거쳐 점수가 최고인 자를 낙찰자로 결정하는 제도(추정가격 100억 원 이상)	
적격심사 낙찰제	예정가격 이하 최저가격으로 입찰한 자 순으로 공사수행능력과 입찰가격 등을 종합심사하여 일정 점수(95점) 이상 획득하면 낙찰자로 결정하는 제도	
일괄, 대안, 기술제안공사의 낙찰제	설계적합 최저가 방식	설계점수가 계약담당공무원이 정한 기준을 초과한 자로 최저가격 입찰자를 선정
	입찰가격 조정방식	입찰가격을 설계점수로 나누어 조정된 수치가 가장 낮은 자를 선정
	설계점수 조정방식	기본설계입찰 적격자 중 설계점수를 입찰가격으로 나누어 조정된 수치가 가장 높은 자를 선정
	가중치 기준 방식	설계 적격자 중 설계점수와 가격점수에 가중치를 부여하여 각각 평가한 결과를 합산한 점수가 가장 높은 자를 선정
	확정가격 최상설계 방식 (대안입찰 제외)	계약금액을 확정하고 기본설계서만 제출하도록 하여 이중 설계점수가 가장 높은 자를 선정

▌적격심사제 낙찰하한율

우리나라 공공공사 낙찰자 결정방법에 대한 논쟁은 현재진행 중입니다. 기술형 입찰에서는 가격경쟁 여지를 최소화하고 있다는 이유로, 발주건수가 가장 많은 적격심사제는 낙찰하한율 직상의 금액으로 입찰해야 낙찰받는 일명 '운찰제(運札制)'라는 이유로 비판이 제기되고 있습니다. 참고로 적격심사제의 낙찰하한율은 입찰가격을 제외한 당해 공사수행능력 분야의 배점을 모두 만점 받는 경우 입찰가격 평가에서 낙찰할 수 있는 최소한의 비율을 말합니다.

〈표 3-8〉의 배점한도 및 입찰가격 계산식에 따라 낙찰하한율을 산정한 결과, 30억 원 미만 공사는 87.745%, 10억~50억 공사는 86.745%, 마지막 구간인 50억~100억 공사는 85.495%가 됩니다. 공사규모가 커질수록 낙찰하한율은 미세하게 줄어들도록 운영하고 있습니다.

〈표 3-8〉 적격심사낙찰제 심사항목 및 배점한도

구분		2억 미만	2억~3억	3억~10억	10억~50억	50억~100억
계		100점	100점	100점	100점	100점
당해 공사 수행 능력	배점	10점	10점	20점	30점	50점
	심사 항목	경영상태	시공경험, 경영상태	시공경험, 경영상태	시공경험, 경영상태	시공경험, 경영상태, 신인도, 하도급관리계획의 적정성, 자재 및 인력 조달가격의 적정성
입찰 가격	배점	90점	90점	80점	70점	50점
	계산식	90-20×K	90-20×K	80-20×K	70-4×K	50-2×K
낙찰하한율		87.745%			86.745%	85.495%

주 $K = \left| \left(\frac{88}{100} - \frac{\text{입찰가격}-A}{\text{예정가격}-A} \right) \times 100 \right|$

A: 국민연금, 건강보험, 퇴직공제부금비, 노인장기요양보험, 산업안전보건관리비, 안전관리비, 품질관리비의 합산액 〈개정 2020.12.28.〉

3. 발주방식에 따른 영향

3.1 발주 및 낙찰 현황

❙ 발주방식별 낙찰률

공공공사(시설사업)에 대한 공식적 발주 현황은 조달청 통계가 사실상 유일한 것으로 보입니다. 조달청은 홈페이지를 통하여 낙찰방법별 시설사업 실적을 상시 공개하고 있습니다(자료 출처: 조달청 〉 조달정책통계 〉 통계정보 〉 주요통계 〉 시설사업 〉 05 낙찰방법별 시설사업실적).

조달청이 홈페이지를 통하여 공표하고 있는 시설사업실적 통계의 낙찰률을 살펴보았습니다(문화재수리공사는 소액으로 제외하였습니다). 〈표 3-9〉로 정리한 최근 8년간(2015~2022년)의 발주방식별 평균낙찰률을 살펴보면, 설계시공 일괄방식(DB)과 설계시공 분리방식(DBB)의 낙찰률이 뚜렷한 차이를 보이고 있습니다. 설계시공 일괄방식의 평균낙찰률은 일괄입찰(T/K)이 98.3%로 가장 높으나, 대안입찰의 96.4% 및 기술제안입찰의 97.8%와 큰 차이가 나지 않습니다. 설계시공 분리방식에서의 평균낙찰률은 종심제 78.9%, 종평제 81.8%, 300억 원 미만 (간이)종심제 81.7% 및 적격심사제

86.7%입니다. 내역입찰에 해당되는 수의계약의 평균낙찰률은 88.3%로 설계시공 분리방식보다는 조금 높게 형성되고 있습니다.

〈표 3-9〉 발주방식별 시설사업실적(2015~2022년)

(단위: 건, 억 원, %)

구분			2015	2016	2017	2018	2019	2020	2021	2022
설계시공 일괄방식	일괄	건수	9	6	11	3	3	4	11	4
		금액	10,456	5,624	19,677	3,955	4,516	5,406	24,804	7,627
		낙찰률	94.2	99.6	97.7	99.6	99.7	96.1	99.9	99.7
	대안	건수	-	4	1	-	2	1	-	-
		금액	-	3,403	1,336	-	4,348	794	-	-
		낙찰률	-	96.0	97.2	-	94.4	97.9	-	-
	기술제안	건수	5	9	4	1	8	4	6	6
		금액	4,993	6,732	8,424	966	7,563	10,706	11,605	4,735
		낙찰률	99.0	95.2	99.7	98.6	98.2	93.2	99.4	99.0
설계시공 분리방식	종심제	건수	해당 없음	33	43	25	19	18	25	16
		금액		18,620	20,334	15,398	11,023	9,464	14,143	10,738
		낙찰률		80.7	78.6	77.0	75.7	79.5	79.3	81.8
	간이종심제(300억 미만)	건수	해당 없음					76	70	95
		금액						12,008	12,007	16,025
		낙찰률						81.3	81.0	82.7
	종평제	건수	해당 없음	9	26	19	37	32	29	55
		금액		4,710	14,887	10,740	16,513	15,535	14,386	28,982
		낙찰률		87.4	84.1	80.3	79.9	79.3	79.4	82.2
	적격	건수	2,097	1,920	2,226	2,191	2,471	2,224	2,347	2,207
		금액	51,111	47,201	57,813	59,069	63,933	57,933	63,137	71,915
		낙찰률	86.5	86.4	86.3	86.3	86.6	87.0	87.3	87.1
수의		건수	737	714	580	488	481	790	830	772
		금액	475	465	366	818	343	784	943	1126
		낙찰률	88.4	88.5	88.4	88.2	88.0	88.0	88.1	88.4
합계		건수	2,895	2,706	2,870	2,737	3,024	3,161	3,331	3,160
		금액	87,531	91,768	123,060	91,126	108,348	112,968	146,731	141,569
		낙찰률	86.8	86.9	86.7	86.5	86.7	87.0	87.3	87.2

* 2001년부터 시행된 최저가낙찰제는 2016년 1월 1일자로 폐지되었음.

❙ 발주방식별 건수 및 금액

발주방식별 발주건수와 발주금액을 비교해보았습니다. 비교 기간은 종심제·종평제가 시행된 2016년부터 2022년까지로 하였습니다.

먼저 설계시공 일괄방식을 살펴보았습니다. 발주건수는 88건(일괄 42건, 대안 8건, 기술제안 38건)으로 전체의 0.42%에 불과합니다. 그러나 발주금액은 13.2조 원(일괄 7.21조, 대안 1.0조, 기술제안 5.1조)으로 전체의 16.2%를 차지하고 있습니다. 일괄방식 발주건수는 전체의 1%에도 미치지 못하나 낙찰금액은 15%를 상회합니다.

다음은 설계시공 분리방식의 경우로서 종심제(종평제 포함)와 적격심사제를 구분하여 살펴보았습니다. 종심제 발주건수는 627건(종심제 420건, 종평제 207건)으로 전체의 3.0% 정도이나, 발주금액은 24.6조 원(종심제 14.0조, 종평제 10.6조)으로 전체의 30.1%를 차지하고 있습니다. 그리고 적격심사제 발주건수는 가장 많은 15,586건으로 전체의 74.2%로 가장 비중이 높으며, 발주금액은 42.0조 원으로 전체의 51.6%를 차지하고 있습니다. 위 내용들을 종합해보면 낙찰률은 발주방식에 따라 큰 차이를 보이고 있지만, 그 이유를 설명해놓은 공식적 보고서는 없어 보입니다. 다만 일괄입찰방식에서는 가격경쟁요인이 적은 점과 아울러 설계서에 대한 책임을 공사비용으로 반영하면서 그만큼 낙찰률 상승으로 이어진 것으로 추정할 뿐입니다.

❙ 발주방식별 입찰자수

낙찰률만큼 관심을 가지는 통계는 입찰참가자(업체)수라 하겠습니다. 단순하게 생각해보더라도 입찰자수가 적으면 낙찰확률이 높고, 입찰자수가 많으면 낙찰확률이 낮아질 것이므로 발주방식별 입찰참가자 수가 어느 정도인지는 궁금한 사안이 될 것입니다. 일단 발주방식별 입찰자수에 대한 칼럼과 논문을 찾아보았습니다.

「공공부문 건설공사 발주제도 현안과제와 대책」(김재영, 《건설경제》 2015년 봄호) 칼럼에 언급된 2014년도의 평균입찰자수는 최저가낙찰제(실적+PQ) 17개 사, 적격심사제(일반경쟁, 추정가격 100억 원 이상) 255개 사, 적격심사제(일반경쟁, 추정가격 30억~50억 원) 553개 사, 기술제안입찰 2~3개 사, 대안·일괄입찰 2개 사 등이라고 하였습니다. 설계·시공 일괄방식의 평균입찰자수는 2~3개 사에 불과하지만, 설계·시공 분리방식 중 적격심사제는 수백 개 사가 입찰에 참여하고 있다는 분석결과입니다. 「빅데이터를 활용한 공공계약의 입찰참가자 수 영향요인 분석」(최태홍 외, 한국빅데이터학회지 제3권 제2호, 2018) 논문은 15년간(2003~2017년) 나라장터(g2b.go.kr)를 통해 발주한 물품구매·용역 및 시설공사에 입찰 참여한 435만여 건 계약자료를 분석대상으로 하였습니다.

[그림 3-4] 낙찰방법별 평균입찰참가자수

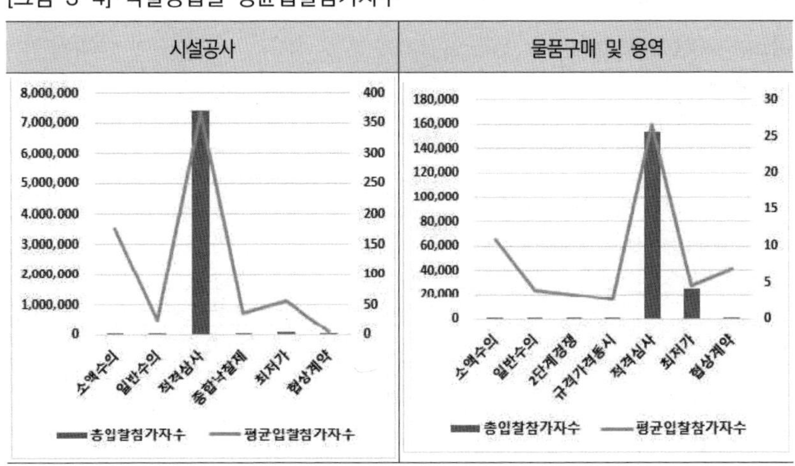

시설공사의 낙찰방법별 평균입찰참가자수(총입찰참가자수÷입찰건수)는 적격심사제가 약 370개 사로 약 20개 사 미만인 최저가낙찰제와 종합심사낙찰제에 비하여 월등히 많았습니다.

조달청의 조달정보개방포털(data.g2b.go.kr)시스템을 통하여 발주방식별 입찰참가자수를 추출할 수 있습니다. 조달정보개방포털에서 '공사 입찰' 검색 후 '공사 입찰공고 및 진행 내역'에서 검색조건 설정한 입찰정보를 추출한 엑셀 파일을 다운받아, 원하는 조건에 해당하는 자료를 찾아볼 수 있습니다. 최근 3년 동안의 낙찰된 사업에 대한 발주방식별 입찰참가자수 자료를 추출한 결과를 보면 일괄방식과 분리방식이 확연한 차이가 있으며, 분리방식에 있어서도 적격심사제와 종심제(종평제)의 입찰참가자수의 차이도 컸습니다(〈표 3-10〉 참조).

먼저 일괄방식의 평균입찰자수는 겨우 유찰을 면한 정도인 대부분 2개 사에 불과하였습니다. 반면 분리방식의 평균입찰자수는 100억 원 미만의 적격심사제와 300억 원 이상의 종심제(종평제)에 따라 편차가 크게 나타났습니다. 적겸심사제의 평균입찰자수는 점점 많아지는 경향을 보이고 있으며, 종평제(300억 원 이상)의 평균입찰자수는 5~10개 사 정도에 불과하였는

〈표 3-10〉 발주방식별 입찰참가자수

발주방식		2020년	2021년	2022년
일괄방식	일괄	2	2	2
	대안	2	-	2
	기술제안	3	2	2
분리방식	적격심사	492	542	580
	종합심사	44	41	48
	종합심사(300억 미만)	359	417	390
	종합평가(300억 이상)	5	10	5

데 그 이유는 일부 사업의 입찰자수가 2~3개 사인 경우가 다수 있었기 때문이었습니다.

▎하수급인 입장에서의 발주방식 이해

우리나라 건설공사 생산구조는 절대적으로 하도급 방식에 의존하고 있습니다. 일반적인 건설공사 하도급계약은 완성된 설계에 대하여 공사비만을 견적 제출하여 하도급계약을 체결하므로, 공공공사 입찰방식 중 하도급계약과 가장 유사한 것은 내역입찰방식이라 하겠습니다. 그리고 하도급계약과 가장 유사한 낙찰자 결정방식은 공공공사에서 2016년에 폐지된 최저가낙찰제라고 할 수 있습니다(일부 원도급업체에서는 저가심의를 적용하는 경우가 많으며, 저가심의제는 최저가낙찰제에 적용된 저가입찰방지방안 중 하나입니다). 원도급공사의 입·낙찰방식이 일괄입찰방식(턴키 등)이나 민자사업인 경우라도 산출내역서만을 작성하여 입찰하는 하도급공사는 내역입찰 및 최저가낙찰제 방식으로 진행될 수밖에 없다는 것입니다.

이때 하도급계약에 대해서도 설계·시공 분리방식과 일괄방식이 구분되어 적용될 수 있는지를 생각해볼 필요가 있습니다. 하도급공사는 원도급계약이 설령 설계·시공 일괄방식으로 계약체결이 된 경우라도, 발주기관 또는 계약상대자(수급인)에 의해 완성된 설계를 기준으로 하도급계약이 체결되므로 논리적으로는 일괄방식이 적용되기가 어려워 보입니다. 하도급공사는 수급인이 제공한 설계(Design)에 대하여 시공(Build)만을 이행하는 것이므로 설계·시공 일괄방식이 적용될 여지가 사실상 없기 때문입니다. 이는 하도급업체에 대하여 하도급 발주 이전에 이미 완성된 설계부실 책임을 부담시키는 것이 합당한 것인가에 대한 논의에서도 같을 것입니다.

하지만 실무에서는 수급인의 원도급공사 발주방식이 일괄방식인 경우에 그 영향이 하도급공사에도 미치고 있으므로 수급인의 발주방식에 대한 이해가 필요합니다. 예를 들어 설명하면 이렇습니다. 수급인의 발주방식이 일괄방식인 경우, 수급인은 설계오류(물량누락, 오류 등)로 인한 추가비용을 원칙적으로 반영받지 못하므로 하수급인에 대하여 수급인이 반영받지 못한 추가비용을 지급하지 않을 가능성이 발생할 수 있습니다. 이때 일괄방식의 원도급업체(수급인)에게는 자신의 설계오류 책임을 하수급인에게도 책임을 분담시키는 특약 등을 설정할 유인이 더 커지게 합니다. 그 때문에 하수급인 입장에서는 수급인 도급공사에 대한 입·낙찰방식 및 관련 제도들을 숙지할 필요가 있는 것입니다.

수급인이 하수급인에 대하여 추가비용을 미지급하기 위해 건설산업기본법 제36조(설계변경 등에 따른 하도급대금의 조정 등) 제1항을 인용하는 경우도 적지 않습니다. 수급인이 해당 추가비용을 발주자로부터 지급받지 못하였으므로 하수급인에게도 지급하지 않아도 되는 것으로 잘못 이해하였기 때문이며, 이는 일괄방식뿐만 아니라 기타공사에서도 빈번하게 발생하고 있으므로 하수급인으로서는 철저한 현장관리에 유념할 필요가 있습니다.

건설산업기본법

제36조(설계변경 등에 따른 하도급대금의 조정 등) ① 수급인은 하도급을 한 후 설계변경 또는 경제 상황의 변동에 따라 발주자로부터 공사금액을 늘려 지급받은 경우에 같은 사유로 목적물의 준공에 비용이 추가될 때에는 그가 금액을 늘려 받은 공사금액의 내용과 비율에 따라 하수급인에게 비용을 늘려 지급하여야 하고, 공사금액을 줄여 지급받은 때에는 이에 준하여 금액을 줄여 지급한다.

② 발주자는 발주한 건설공사의 금액을 설계변경 또는 경제상황의 변동에 따라 수급인에게 조정하여 지급한 경우에는 대통령령으로 정하는 바에 따라 공사금액의 조정사유와 내용을 하수급인(제29조 제3항에 따라 하수급인으로부터 다시 하도급받은 자를 포함한다)에게 통보하여야 한다.

3.2 총액입찰공사와 내역입찰공사

▍총액입찰공사

계약담당공무원이 입찰 시 물량내역서를 교부하면, 입찰참가자가 동 물량내역서에 단가와 금액을 기재한 산출내역서(낙찰 이후에는 도급내역서 또는 계약내역서가 됩니다)를 제출함으로써 입찰이 성립됩니다. 입찰자가 입찰 시 입찰총액을 기재한 입찰서만을 제출하는 경우와 입찰서에 산출내역서를 첨부하여 함께 제출하는 경우가 있습니다. 전자를 '총액입찰'이라 하고, 후자를 '내역입찰'이라고 합니다.

총액입찰은 추정가격 100억 원 미만의 공사입찰에만 적용되는데, 산출내역서는 낙찰자로 결정된 후 착공신고서를 제출하는 때에 제출해야 합니다(영 제14조 제6항). 총액입찰공사는 산출내역서의 제출시기만 다를 뿐, 입·낙찰방식은 설계시공 분리방식인 적격심사제로서 설계변경 요건은 내역입찰과 동일합니다.

> **국가계약법 시행령**
> **제14조(공사의 입찰)** ① 각 중앙관서의 장 또는 계약담당공무원은 공사를 입찰에 부치려는 때에는 다음 각 호의 서류(이하 "입찰관련서류"라 한다)를 작성해야 한다. 다만, 제42조 제4항 제1호 및 제2호에 따른 공사입찰의 경우에는 입찰에 참가하려는 자에게 제2호에 따른 물량내역서를 직접 작성하게 할 수 있다.
> 1. 설계서
> 2. 공종별 목적물 물량내역서(이하 "물량내역서"라 한다)
> 3. 제1호 및 제2호의 서류 외에 입찰에 관한 서류로서 기획재정부령으로 정하는 서류
>
> ⑥ 공사입찰에 참가하려는 자는 입찰 시 입찰서와 함께 산출내역서를 중앙관서의 장 또는 계약담당공무원에게 제출해야 한다. 다만, 추정가격이 100억 원 미만인 공사와 제20조 제1항에 따라 재입찰에 부치는 공사의 경우에는 낙찰자로 결정된 후 착공신고서를 제출하는 때에 제출해야 한다.

▌내역입찰공사

내역입찰은 추정가격이 100억 원 이상인 공사를 대상으로 하되, 입찰참가자가 (물량)내역서를 작성해야 하는 순수내역입찰, 물량내역수정입찰, 대안입찰, 턴키입찰 및 기술제안입찰공사는 제외하고 있습니다. 이로 추론해 보면 내역입찰공사 입찰자는 발주기관이 교부한 물량내역서를 수정할 수 없다는 것을 알 수 있습니다. 참고로 내역입찰은 총액과 단가를 함께 작성하여 제출하는 입찰이라는 점에서 '총액단가입찰'로 명하였으나, 동 용어가 단가계약의 의미로 잘못 이해될 수 있어 1995년경 계약예규 개정 시 '내역입찰'로 변경하여 현재에 이르고 있습니다.

▌총액입찰공사 예산 과소책정 손해 인정 사례

총액입찰공사는 입찰 시 산출내역서 작성 없이 총액만 기재하여 입찰하므로, 입찰자는 발주기관이 제시한 설계금액이 적정한 것으로 신뢰하여 낙찰하한율에 해당하는 금액으로 투찰하는 것이 일반화되어 있습니다. 그 이유는 입찰참가자들 모두가 발주기관이 표준품셈 등에 따라 설계금액을 산출하였을 것으로 전제하였기에 발생하는 현상입니다. 대부분 총액입찰 분쟁의 시작은 여기서부터 발생합니다. 총액입찰에서는 입찰 시 산출내역서를 제출하지 않으므로, 낙찰 후 산출내역서를 작성하는 과정에서 발주기관이 제시한 설계금액이 과소책정되었음을 인지하였더라도 이를 이유로 계약금액을 조정(증액)하지 못한다는 점 때문입니다. 설계금액(예산) 과소책정은 설계서의 오류가 아니므로 계약조건상 계약금액 조정사유에 해당되지 않기 때문입니다. 법원의 판결 이유를 살펴보면, 입찰자는 경험 있는 시공자로 간주할 수 있으므로 총액입찰 입찰과정에서 예산 과소책정을 인지하지 못한 책임은 전적으로 입찰자에게 있다는 것입니다. 다만 산출내역서의 명백한 오류에 대해서는 입찰금액 범위에서 제한적으로 수정할 수 있을 뿐입니다(계약제도과-252, 2015. 3. 10.).

잘못 제출된 산출내역서 수정 가능 여부 (계약제도과-252, 2015. 3. 10.)

【회신내용】

내역입찰의 경우 산출내역서는 입찰자의 입찰서류로서 입찰조건에 해당하므로 수정이 불가하다 할 것이나, 총액입찰의 경우에는 본 사안과 같이 산출내역서에 명백한 오류가 있어 계약상대자가 수정을 신청하는 경우 산출내역서가 기성대가 지급 및 계약금액 조정의 기초자료로 활용되기 전이라면, 발주기관의 승인하에 수정이 가능하다 할 것임.

총액입찰공사는 적격심사제 특징으로 인하여 산출내역서 작성 시 비로소 예산 과소책정 오류를 발견하는 경우가 반복되고 있어 이에 대한 분쟁이 멈추지 않으나 거의 대부분 계약상대자(낙찰자)의 패소로 귀결되고 있습니다. 이러한 상황에서 2016년경 예산 과소책정에 대한 책임을 물어 손해금액의 70%를 인정(입찰자의 과실책임 30%)하는 대법원 판결이 나왔습니다. 대법원은 "국가를 당사자로 하는 계약에 있어 계약담당공무원이 회계예규를 준수하지 않고, 합리적 조정의 범위를 벗어난 방식으로 기초예비가격을 산정한 경우, 국가는 신의성실의 원칙상 입찰참가자들에게 미리 그 사정을 고지할 의무가 있으며, 고지의무 위반과 상당인과관계 있는 손해를 배상할 책임이 있다"라면서 피고 대한민국의 상고를 기각하였습니다(대법원 2016. 11. 10. 선고 2013다23617 판결). 위 사건은 1심에서 원고(계약상대자)가 패소하였으나, 항소심은 이례적으로 피고(발주기관)의 손해배상책임을 인정하면서 그 범위를 70%로 제한하였으며, 대법원은 항소심 판결이 적법하다고 판단하였습니다. 하지만 위와 같은 계약상대자의 일부승소 사례가 계속 유지되지는 않고 있는바, 낙찰예정자의 지위를 얻게 될 때는 예산 과소책정 여부에 대한 검증을 반드시 이행할 필요가 있습니다.

대법원 2016. 11. 10. 선고 2013다23617 판결 [손해배상(기)]

【판시사항】

국가를 당사자로 하는 시설공사계약의 계약담당공무원이 회계예규를 준수하지 아니하고 표준품셈이 정한 기준에서 예측 가능한 합리적 조정의 범위를 벗어난 방식으로 기초예비가격을 산정하였고, 낙찰자가 그러한 사정을 알았더라면 입찰에 참가할지 결정하는 데 중요하게 고려하였을 것임이 경험칙상 명백한 경우, 국가가 입찰참가자들에게 미리 그 사정을 고지할 의무가 있는지 여부(적극)

국가가 고지의무를 위반한 채 계약조건을 제시함으로써 통상의 경우와 다르지 않다고 오인하여 계약을 체결한 낙찰자가 불가피하게 계약금액을 초과하는 공사비를 지출하는 등으로 손해를 입은 경우, 국가가 고지의무 위반과 상당인과관계 있는 손해를 배상할 책임이 있는지 여부(원칙적 적극)

이보다 앞서 대법원은 "지방자치단체 소속 공무원이 건물신축공사의 입찰공고를 함에 있어서 수량산출서 부분을 공사비내역서와 전혀 대조하지 아니하고 이로써 공사원가계산서가 축소 조작되었음을 간과하여 축소 조작된 공사원가계산서대로 설계금액을 공고하였다면, 위 공무원에게 사무 집행상의 과실이 있다"라면서 항소심 판결을 원고의 승소 취지로 파기환송하였는데, 이 또한 참고할 만한 판례에 해당합니다(대법원 2003. 10. 9. 선고 2001다27722 판결).

위 사례는 총액입찰에서 계약체결 이후에 비로소 인지한 예산 과소책정에 따른 손해배상책임에 관한 판결례입니다. 약 6년간의 기나긴 소송을 진행해야 하는 고달픈 일이므로, 입찰 시 곤란한 상황이 발생되지 않도록 유의하는 것이 현재로서는 최선의 방안입니다.

▍낙찰예정자 지위에서의 위험회피 방법

그렇지만 낙찰자가 아닌 낙찰예정자 지위에서조차 예산 과소책정으로 인한 손해까지 책임 범위에 해당하는지는 논란이 있습니다. 만약 개찰 이후 총액공사를 낙찰받을 예정(낙찰예정자 지위에 해당합니다)의 시점에서 예산 과소책정을 비로소 인지하였다면, 아직 낙찰자로 결정되지 않았으므로 본 계약 체결을 이행하지 않아도 부정당업자 제재 등을 면할 수 있는지입니다. 국가계약법령은 2019년 9월 17일 이전까지는 정당한 이유 없이 계약이행능력 심사에 필요한 서류를 제출하지 않거나 심사를 포기한 낙찰예정자를 부정당업자로 보아 입찰참가 제한 처분대상으로 하였습니다. 하지만 이에 대한 문제제기가 지속되자 국가계약법 시행령은 2019년 9월 17일 낙찰예정자가 낙찰자 결정을 위한 심사를 포기하는 경우를 부정당업자제재 사유에서 삭제하였습니다(영 제76조 제2항 제1호 마목 삭제). 그로 인하여 과징금부과 대상에도 해당하지 않게 되었습니다. 이와 달리 지방계약법령은 낙찰예정자가 낙찰자 결정을 위한 심사를 포기하는 경우, 이를 여전히 부정당업자로 보아 입찰참가자격 제한하고 있으며(지방계약법 시행령 제92조 제2항 제1호 마목), 입찰참가자격 제한기간은 2~4개월입니다.

> **지방계약법 시행령**
> **제92조(부정당업자의 입찰참가자격 제한)**
> ② 법 제31조 제1항 제9호 각 목 외의 부분에서 "대통령령으로 정하는 자"란 다음 각 호의 자를 말한다.
> 1. 입찰·계약 관련 서류를 위조 또는 변조하거나 입찰·계약을 방해하는 등 경쟁의 공정한 집행을 저해할 염려가 있는 자로서 다음 각 목의 어느 하나에 해당하는 자
>   마. 정당한 이유 없이 제42조 제1항 각 호 외의 부분 본문에 따른 계약이행능력의 심사에 필요한 서류의 전부 또는 일부를 제출하지 않거나 서류 제출 후 낙찰자 결정 전에 심사를 포기한 자

낙찰예정자 지위가 아닌 낙찰자로 결정된 이후에도 계약체결을 포기할

수 있는지가 관건입니다. 현행 국가계약법령은 낙찰자가 정당한 이유 없이 계약을 체결하지 않는 경우 부정당업자로 보아 6개월의 입찰참가자격을 제한하고 있습니다. 적격심사를 거친 낙찰자가 정당한 이유 없이 본계약을 체결하지 않으면 계약의 적정한 이행을 해칠 염려가 있는 자에 해당한다고 보기 때문에, 부정당업자 제재 대상으로 포함한 것으로 생각합니다. 물론 본계약을 체결하지 않은 낙찰자의 입찰보증금은 전액 발주기관으로 귀속됩니다.

본계약을 체결하지 않은 자에 대한 입찰참가자격 제한기간 6개월은 짧지 않으므로, 낙찰자로 결정되기 전에 예산의 과소책정 여부를 반드시 확인해야 할 것입니다. 한편 낙찰자로 결정된 이후 발주기관의 책임으로 예산이 과소책정되었거나 물가급등 등을 이유로 본 계약을 체결하지 못할 때는 '부정당업자의 책임이 경미한 경우'로 보아 과징금부과 대상으로 적용받는 방법으로 그 피해를 줄여나가는 것을 차후적 대처방안으로 검토할 수 있겠습니다.

국가계약법 시행령
제76조(부정당업자의 입찰참가자격 제한)
② 법 제27조 제1항 제9호 각 목 외의 부분에서 "대통령령으로 정하는 자"란 다음 각 호의 구분에 따른 자를 말한다.
2. 계약의 적정한 이행을 해칠 염려가 있는 자로서 다음 각 목의 어느 하나에 해당하는 자
   가. 정당한 이유 없이 계약을 체결 또는 이행하지 아니하거나 입찰공고와 계약서에 명시된 계약의 주요 조건을 위반한 자

3.3 공동도급 관련 논쟁들

▍공동도급제도

공공공사 공동도급의 법적 근거는 국가계약법 제25조(공동계약) 및 시행령

제72조(공동계약), 그리고 계약예규 공동계약운용요령이 있습니다. 공공공사에서는 공동도급방식이 빈번하게 적용되고 있지만, 공동도급계약이 전체 건설시장에서 차지하는 비중에 대한 통계자료는 드문 실정입니다. (재)건설산업정보센터(현 건설산업정보원)가 2011년 기준 건설공사대장을 분석한 결과, 공동도급계약은 공공부문 위주로 운영(건수 5.5%, 금액 52.1%)되고 있고 민간부문은 비효율성 등의 이유로 실적이 저조(건수 0.7%, 금액 14.2%)하다는 내용이 가장 최근의 분석내용으로 보입니다. 건설산업기본법령에서도 공동도급 규정이 있으나, 민간부문에서는 거의 적용되지 않고 있습니다.

이러한 공동도급제도는 1983년경 중소기업체의 수주기회 확대를 통한 중소기업 육성 및 지역경제 활성화, 업체들 간 수행능력(시공경험, 기술능력, 경영상태, 신인도)의 상호보완, 시공기술 이전을 통한 기술력 향상 및 시공경험이 없는 업체의 시공경험 축적, 전문 분야별 분담시공을 통한 우수한 품질의 시설물 완공을 위해 도입되었습니다. 하지만 공동도급방식은 도입 취지와 달리 운영상 많은 문제점이 제기되었으며, 2012년 12월 감사원은 공동도급제도 운용실태에 대한 감사결과보고서를 내놓기도 했습니다. 공동도급 이행에 있어서 벌칙규정도 간과할 수 없습니다. 계약예규 공동계약운용요령은 단순히 자본참여만 하면서 실제 계약이행에 참여하지 아니하는 구성원, 출자비율 또는 분담내용과 다르게 시공하는 구성원 등에 대해서는 입찰참가자격 제한조치를 하도록 규정하고 있습니다.

공동계약운용요령
제13조(공동수급체 구성원의 제재)
⑤ 각 중앙관서의 장은 공동수급체 구성원 중 정당한 이유 없이 계약이행계획서에 따라 실제 계약이행에 참여하지 아니하는 구성원(단순히 자본참여만을 한 경우 등을 포함) 또는 출자비율 또는 분담내용과 다르게 시공하는 구성원 또는 주계약자관리방식에서 주계약자 이외의 구성원이 발주기관의 사전 서면승인 없이 직접 시공하지 않고 하도급한 경우에 법률 제27조 제1항 제3호 또는 시행령 제76조 제1항 제2호 가목에 의한 입찰참가자격 제한조치를 하여야 한다.

실무에서의 공동도급방식은 공동수급체 구성원들 간의 이해관계뿐만 아니라 하도급관계에서도 큰 영향을 미치고 있습니다. 이에 대표적인 두 가지 사례를 정리해보았습니다.

▌공동수급체 개별 구성원에 대한 가압류 효력

둘 이상의 건설업체가 공동으로 공사를 수행하기 위하여 잠정적으로 공동수급체를 결성하여 발주기관과 도급계약을 체결하는 것을 공동도급이라 합니다(계약예규 공동계약운용요령). 공동수급체 중 개별 구성원에 대한 가압류가 가능한지 여부가 쟁점이 된 적이 있었습니다. 공동도급계약의 법적 성질은 민법상 조합에 해당되고, 조합의 소유 형태는 합유(合有)로서 처분에는 조합원 전원의 동의가 필요합니다. 왜냐하면 발주자에 대한 선금, 기성금채권 등은 조합의 합유재산이기에 지분비율이 있더라도 개별 구성원의 단독 재산으로 보지 않기 때문이었습니다. 그러므로 개별 구성원의 채권자가 제3채무자인 발주자를 상대로 한 기성금 채권을 압류, 가압류 결정문을 부여받아도 무효가 되었던 것입니다.

그런데 대법원은 2012년 5월 17일 구성원 각자가 출자지분에 따라 공사대금 권리를 확보하기로 한 공동수급협정서를 체결한 경우에는 공동수급체와 도급인 사이에 공동수급체 개별 구성원이 출자지분 비율에 따라 공사대금채권을 직접 취득하도록 하는 묵시적인 약정이 있다고 보아 개별 구성원에 대하여 가압류의 효력이 발생하게 된다면서 기존 판례 태도를 변경하였습니다.

대법원 2012. 5. 17. 선고 2009다105406 전원합의체 판결 [공사대금]
【판시사항】
공동이행방식의 공동수급체 대표자가 1996. 1. 8. 개정된 공동도급계약운용요령 제11조에 따라 도급인에게 공사대금채권의 구분 귀속에 관한 공동수급체 구성원들의 합의가 담긴 공동수급협정서를 입찰참가 신청서류와 함께 제출하면서 공동도급계약을 체결한 경우, 공동수급체와 도급인 사이에 공동수급체 개별 구성원이 출자지분 비율에 따라 공사대금채권을 직접 취득하도록 하는 묵시적인 약정이 있다고 볼 수 있는지 여부 (원칙적 적극)

▌공동도급 대표사와 단독명의 하도급계약

공동도급은 공동수급체뿐만 아니라 하도급계약을 체결한 전문건설업체에 대해서도 영향을 미치고 있습니다. 그 대상은 하도급대금 및 추가공사비에 대한 것입니다. 이에 공동도급 대표사와의 단독명의로 하도급계약 체결한 경우, 다른 공동수급체 구성원들이 하도급계약 이행 내용에 대한 책임을 부담하는지 여부를 살펴보겠습니다.

대법원은 공동수급체를 구성한 수급인이 입찰 시 특정 건설회사를 하도급 예정자로 포함해 낙찰받았는데, 이는 공동수급체 대표자가 공동수급체를 위해 위 하도급계약을 체결하였다고 봄이 상당하므로 위 공동수급체의 구성원들은 상법 제57조(다수 채무자 간 또는 채무자와 보증인의 연대) 제1항에 의하여 위 하도급계약에 기한책임을 연대하여 부담해야 한다고 판단했습니다(대법원 2006. 6. 16. 선고 2004다7019 판결 등). 공동수급체는 민법상 조합이므로 대표사와 비주간사(구성원)는 업무집행자와 조합원의 관계에 있다 할 것이므로, 조합인 공동수급체가 공사를 이행한 경우에는 대표사만 공사를 이행한 것으로 볼 것이 아니라 조합의 구성원 전부 공사를 이행한 것으로 봐야 한다는 것입니다. 즉, 공동수급체 구성원은 자신의 명의로 하도급계약을 체결하지 않았더라도 하도급대금 등에 대한 지급의무가 있다는 것입니다.

하도급법 위반 시 과징금부과 범위 논쟁도 있었습니다. 수급인이 공동이행방식으로 공사를 도급받은 다음 그중 일부 공사를 전문건설업체에 하도급하였는데, 수급인의 하도급업체에 대한 추가공사 관련 서면 미발급 행위 등을 이유로 공정거래위원회가 수급인(원사업자)에게 과징금 납부명령을 한 사안에서, 하도급법의 과징금 산정기준이 되는 '하도급대금'은 하도급계약금액 전액이지 해당 공동수급체 구성원만의 지분비율 상당액이 아니라고 판단하여 같은 취지의 원심판결이 정당하다고 본 대법원 판결례 또한 실무에서 참고되어야 하겠습니다(대법원 2018. 12. 13. 선고 2018두51485 판결).

대법원 2018. 12. 13. 선고 2018다51485 판결 [시정명령 등 취소]

【판시사항】

하도급거래 공정화에 관한 법률 위반행위를 한 원사업자에 대한 과징금 산정의 기초가 되는 '하도급대금'의 의미 및 공동이행방식의 공동수급체 구성사업자 전원을 위한 하도급계약을 체결한 공동수급체 구성사업자 중 1인이 하도급거래 공정화에 관한 법률 위반행위를 한 경우, 과징금 산정의 기초가 되는 '하도급대금'은 공동수급약정에 따른 채무부담비율에 해당하는 금액이 아닌 '하도급계약에 따라 수급사업자에게 지급하여야 할 대금' 전액인지 여부(원칙적 적극)

【판결요지】

… 원사업자에 대한 과징금 산정의 기초가 되는 '하도급대금'은 원칙적으로 원사업자가 하도급계약이 정하는 바에 따라 수급사업자에게 지급하여야 할 대금을 뜻한다고 보아야 한다. 나아가 공동이행방식의 공동수급체 구성사업자 중 1인이 공동수급체 구성사업자 전원을 위한 하도급계약을 체결한 경우일지라도 개별 구성원으로 하여금 지분비율에 따라 직접 하수급인에 대하여 채무를 부담하도록 약정하는 경우 등과 같은 특별한 사정이 없다면, 그 구성사업자 1인의 하도급법 위반행위에 대한 과징금 산정의 기초가 되는 '하도급대금' 역시 '하도급계약에 따라 수급사업자에게 지급하여야 할 대금'을 기준으로 함이 원칙이다. 이 경우 그 1인은 수급사업자에게 대금 전액을 지급할 책임이 있고, 그가 공동수급약정에 따라 최종적으로 부담하게 될 내부적 채무 비율은 공동수급체의 내부 사정에 불과하기 때문이다.

공동수급표준협정서(공동이행방식)

제7조(하도급)

공동수급체 구성원 중 일부 구성원이 단독으로 하도급계약을 체결하고자 하는 경우에는 다른 구성원의 동의를 받아야 한다.

상법

제57조(다수 채무자 간 또는 채무자와 보증인의 연대) ① 수인이 그 1인 또는 전원에게 상행위가 되는 행위로 인하여 채무를 부담한 때에는 연대하여 변제할 책임이 있다.

② 보증인이 있는 경우에 그 보증이 상행위이거나 주채무가 상행위로 인한 것인 때에는 주채무자와 보증인은 연대하여 변제할 책임이 있다.

제4장 | 공공공사 계약금액 조정

국가계약법령에 따라 계약체결 및 계약이행이 이루어지는 공공공사 또한 일의 완성과 대가지급의 성격을 갖는 도급계약에 해당합니다. 이러한 공공공사 도급계약의 주요 계약내용은 계약상대자에 대해서는 약정한 기간 내에 목적물 완성의 의무를, 국가(정부)에 대해서는 대가의 지급의무를 각각 부담토록 합니다. 공공공사 공사도급표준계약서를 보면 공사명으로 계약을 특정한 후, 계약금액 및 공사기간을 먼저 명시하면서 계약금액에 대해서는 기성금 지급시기 및 지급주기를, 공사기간에 대해서는 지연 시 지체상금(률)을 별도로 명시하고 있는바, 가장 중요한 계약내용은 단연코 계약금액(비용)과 공사기간(시간)이라고 하겠습니다.
계약금액의 중요성은 공공공사의 계약금액 조정사유에서 뚜렷하게 나타나고 있습니다. 계약금액 조정사유로는 국가계약법 제19조 및 같은 법 시행령 제64조 내지 제66조, 그리고 기획재정부 계약예규 공사계약일반조건에서 더 구체적으로 규정하고 있습니다. 본 장에서는 국가계약법령의 '물가변동·설계변경·기타 계약내용의 변경' 내용들을 구체화시킨 공사계약일반조건(이하 '일반조건') 조항을 위주로 서술하도록 하겠습니다.
특별한 경우가 아니라면 계약금액 조정 청구주체는 발주자와의 계약관계에 있으면서 추가비용(비목)에 대한 시공을 담당하는 수급인(Main contractor)이 당사자입니다(건설산업기본법 제2조 제8호). 참고로 국가계약법령에서는 수급인을 계약상대자(Counter party)라 부르고 있으며, 발주기관과 계약상대자는 계약당사자(Contracting party)라 합니다.

1. 계약금액 조정에 대하여

국가계약법령상 계약예규는 정부입찰·계약 집행기준 등의 18개가 있으며(18개 계약예규의 개략적 내용은 전술한 제2장 내용을 참고 바랍니다), 공사계약일반조건은 계약예규 18개 중의 하나로서 공공공사 계약이행과 관련하여 가장 중요한 계약문서 역할을 담당하고 있습니다.

1.1 계약문서 및 통지문서

▌계약문서 6가지

건설공사계약은 일의 완성과 대가의 지급이라는 '도급' 계약입니다. 도급계약 계약문서는 가장 중요한 서류에 해당하고, 이를 명확하게 갖추지 않았거나 그 중요성을 제대로 정확히 인지하지 못한 경우에는 권리주장에 제약받거나 분쟁으로 진행 시 적절한 정도로 인정받지 못할 가능성이 큽니다. 이 때문에 계약문서의 중요성은 거듭 강조해도 지나치지 않습니다. 도급계약의 안정성을 위하여 공사계약일반조건 제3조(계약문서)는 계약문서 여섯 가지를 명확하게 열거하고 있습니다. 여섯 가지 계약문서는 계약서,

설계서, 유의서, 공사계약일반조건, 공사계약특수조건 및 산출내역서(도급 내역서)가 해당합니다.

공사계약일반조건에서 열거한 여섯 가지 계약문서 간에는 상호보완의 효력을 가지고 있으나, 우선순위에 대해서는 별도의 규정이 없음에 유념하여야 합니다(일반조건 제3조). 계약문서 간 상호보완 효력을 규정한 것은 내역입찰공사에 있어서 계약문서들을 종합적으로 검토하여 판단해야 한다는 취지로 이해됩니다. 하지만 실무에서는 계약문서 간 내용이 상이하거나 불일치하여 합당한 판단이 곤란해질 때가 발생하므로, 계약문서 간 합리적 적용 및 해석을 위한 계약적 마인드를 겸비하는 것은 건설기술인의 몫이 됩니다.

공사계약일반조건
제3조(계약문서) ① 계약문서는 계약서, 설계서, 유의서, 공사계약일반조건, 공사계약특수조건 및 산출내역서로 구성되며 상호보완의 효력을 가진다. 다만, 산출내역서는 이 조건에서 규정하는 계약금액의 조정 및 기성부분에 대한 대가의 지급 시에 적용할 기준으로서 계약문서의 효력을 가진다.
② 〈신설 2011. 5. 13., 삭제 2016. 1. 1.〉
③ 계약담당공무원은 「국가를 당사자로 하는 계약에 관한 법령」, 공사 관계 법령 및 이 조건에 정한 계약일반사항 외에 해당 계약의 적정한 이행을 위하여 필요한 경우 공사계약특수조건을 정하여 계약을 체결할 수 있다.
④ 제3항에 의하여 정한 공사계약특수조건에 「국가를 당사자로 하는 계약에 관한 법령」, 공사 관계 법령 및 이 조건에 의한 계약상대자의 계약상 이익을 제한하는 내용이 있는 경우에 특수조건의 해당 내용은 효력이 인정되지 아니한다.
⑤ 이 조건이 정하는 바에 의하여 계약당사자 간에 행한 통지문서 등은 계약문서로서의 효력을 가진다.

설계·시공 일괄입찰방식의 계약문서는 계약서, 설계서, 입찰안내서(공사의 기본계획 및 지침을 포함), 일괄입찰 등 공사계약특수조건, 일반조건, 산출내역서의 여섯 가지로 구성됩니다. 그런데 일괄입찰공사의 계약문서는 내역입찰공사와 같이 상호보완 효력을 갖지만, 해석의 우선순위를 별도로 규정하여 적용 순위에 대한 논란을 차단하였습니다. 그 순서는 '계약서 → 입찰안내서 → 공사시방서 및 설계도면 → 일괄입찰 등 공사계약특수조건 → 일반조건' 입니다(일괄입찰 특수조건 제3조).

일괄입찰 등의 공사계약특수조건(조달청 시설총괄과-4875, 2019. 6. 13. 개정)
제3조(계약문서) ① 계약문서는 계약서, 설계서, 입찰안내서(공사의 기본계획 및 지침을 포함한다), 일괄입찰 등 공사계약특수조건, 일반조건, 산출내역서로 구성된다. 다만, 산출내역서는 계약금액의 조정 및 기성부분에 대한 대가의 지급 시에 적용할 기준으로서 계약문서의 효력을 가진다.
② 일반조건 제3조에서 규정하는 계약당사자 간의 통지문서 등은 계약문서로서의 효력을 갖는다.
③ 계약문서는 상호보완의 효력을 갖지만 해석의 우선순위는 다음 각 호의 순서에 의한다.
1. 계약서
2. 입찰안내서
3. 공사시방서 및 설계도면
4. 일괄입찰 등 공사계약특수조건
5. 일반조건

▌계약당사자 간 '통지문서'는 7번째 계약문서

공사계약일반조건 제3조(계약문서)에서 열거한 여섯 가지 계약문서들은 계약체결 시 확정된다고 하겠습니다. 그런데 건설공사는 장기간에 걸쳐 계약이 이행되므로 그 과정에서 계약금액 조정 등과 관련한 계약당사자 간 통지한 문서들 또한 계약문서로서의 효력이 있음은 계약관리에서 중요한 부분을 차지합니다. 이를 위해 공사계약일반조건은 계약이행 중 계약당사자 간 통지문서 또한 계약문서로서의 효력을 갖도록 규정하고 있습니다(일반조건 제3조 제5항, 일괄입찰 특수조건 제3조 제2항).

따라서 계약이행 중 통지문서는 7번째 계약문서라고 명명할 수 있습니다. 현업 실무에서 문서가 남발되는 것은 적절하지 않으나, 반드시 통지해야 할 문서를 빠뜨리게 된다면 정당한 권리주장을 인정받지 못할 수 있으므로 현장 실무자와 책임자의 적합한 판단을 위한 내재화된 계약관리가 필요합니다. 특히 장기계속공사 계약에 있어서는 각 차수별 계약에 대한 계약금액 조정 신청행위가 존재하지 않는다고 하여 계약상대자의 공기연장 비용 청구를 기각하였으며(대법원 2020. 10. 29. 선고 2019다267679 판결), 이는 설계변경뿐만 아니라 물가변동 사안에 대해서도 같으므로, 통지문서를 빼놓지 않도록 각별한 주의를 필요로 합니다(대법원 2006. 9. 14. 선고 2004다28825 판결).

대법원 2006. 9. 14. 선고 2004다28825 판결

【판결요지】

국가를 당사자로 하는 계약에 관한 법률 제19조와 같은 법 시행령 제64조, 같은 법 시행규칙 제74조에 의한 물가변동으로 인한 계약금액 조정에 있어, 계약체결일부터 일정한 기간이 경과함과 동시에 품목조정률이 일정한 비율 이상 증감함으로써 조정사유가 발생하였다 하더라도 계약금액 조정은 자동적으로 이루어지는 것이 아니라, 계약당사자의 상대방에 대한 적법한 계약금액 조정신청에 의하여 비로소 이루어진다.

▌통지방법

전술한 바와 같이 '통지문서'는 계약문서로서의 효력이 있으므로 어떠한 방식으로 통지되어야 하는지를 명확히 이해할 필요가 있습니다. 일반조건 및 특수조건에서 계약당사자 간 통지문서에 계약문서 효력을 갖도록 한 것은, 계약과 관련된 모든 의사표시는 구두가 아닌 반드시 '문서'로의 이행을 강제한 것이라고 해석할 수 있습니다. 건설현장은 긴급상황이나 응급복구를 위하여 구두에 의한 통지·신청·청구·요구·회신·승인 또는 지시(이하 "통지 등")가 불가피한 경우가 있어, 구두에 의한 통지방법이라 하여 이들을 무조건 배척하지는 않습니다. 이에 통지의 시기 및 방법에 대해 알아보고자 합니다.

원칙적으로 계약당사자 간의 통지의 효력은 계약당사자에게 도달한 날로부터 효력이 발생하므로(일반조건 제5조 제3항), 통지시기는 어떤 행위의 이행 이전에 이루어져야 합니다. 문제는 구두에 의한 통지 등에 대한 효력 여부인데, 곧바로 문서로 보완되어야만 효력이 있습니다(일반조건 제5조 제1항). 문서 보완을 요건으로 하는 이유는 구두에 의한 통지 등은 상대방에게 도달되었음을 입증하기 어렵기 때문입니다.

유지관리용역에 대한 계약당사자 간 통지문서의 효력 여부

(계약제도과-685, 2012. 6. 1.)

【회신】

계약내용의 변경에 관하여 계약당사자 간에 행한 통지문서 등은 용역계약일반조건 제4조 제4항에 따라 계약문서로서의 효력이 인정된다고 할 것임. 따라서 유지관리용역에 대한 장기계속계약에서 계약당사자가 투입인력의 축소를 요청하여 발주기관이 공문으로 승인한 경우 동 승인공문은 계약문서로서의 효력이 인정된다 할 것이며, 발주기관이 이를 일방적으로 부정하고 당초 계약내용대로 투입인력을 충원토록하는 것은 타당하지 않다고 할 것임.

또한 차수별 계약목적물의 동일성이 유지되는 한 계약내용의 변경사항은 다음 차수 계약에도 영향을 미친다고 할 것임. 그러나 국가계약법령 등에 그 근거와 이유가 없음에도 불구하고 계약담당공무원이 착오로 투입인력의 축소 시에도 계약단가의 증액 조정이 가능한 것으로 오인하여 이를 승인하였다면 계약단가의 증액에 관한 내용은 취소함이 타당하다고 할 것임.

공사계약일반조건

제5조(통지 등) ① 구두에 의한 통지·신청·청구·요구·회신·승인 또는 지시(이하 "통지 등"이라 한다)는 문서로 보완되어야 효력이 있다.

② 통지 등의 장소는 계약서에 기재된 주소로 하며, 주소를 변경하는 경우에는 이를 즉시 계약당사자에게 통지하여야 한다.

③ 통지 등의 효력은 계약문서에서 따로 정하는 경우를 제외하고는 계약당사자에게 도달한 날부터 발생한다. 이 경우 도달일이 공휴일인 경우에는 그 익일부터 효력이 발생한다.

④ 계약당사자는 계약이행 중 이 조건 및 관계 법령 등에서 정한 바에 따라 서면으로 정당한 요구를 받은 경우에는 이를 성실히 검토하여 회신하여야 한다.

1.2 계약금액 조정사유 3가지

국가계약법 제19조(물가변동 등에 따른 계약금액 조정)는 공공공사 계약금액 조정사유에 대하여 물가변동, 설계변경, 그 밖에 계약내용의 변경(천재지변, 전쟁 등 불가항력적 사유에 따른 경우를 포함)의 세 가지로 열거하고 있습니다. 그중 '그 밖에 계약내용의 변경'은 같은 법 시행령과 시행규칙 및 공사계약일반조건에서 '기타 계약내용의 변경'으로 표기하고 있습니다. 이에 이 책에서도 '기타 계약내용의 변경'이란 용어를 사용하였습니다.

계약금액 조정사유에 대해서는 공사계약일반조건 제19조부터 제23조에서 ① 설계변경, ② 물가변동 및 ③ 기타 계약내용의 변경의 순서로 규정하고 있습니다. 위와 같은 세 가지 계약금액 조정사유들을 정리하여 도식화하면 [그림 4-1]과 같습니다.

[그림 4-1] 계약금액 조정사유별 요건 및 근거 규정

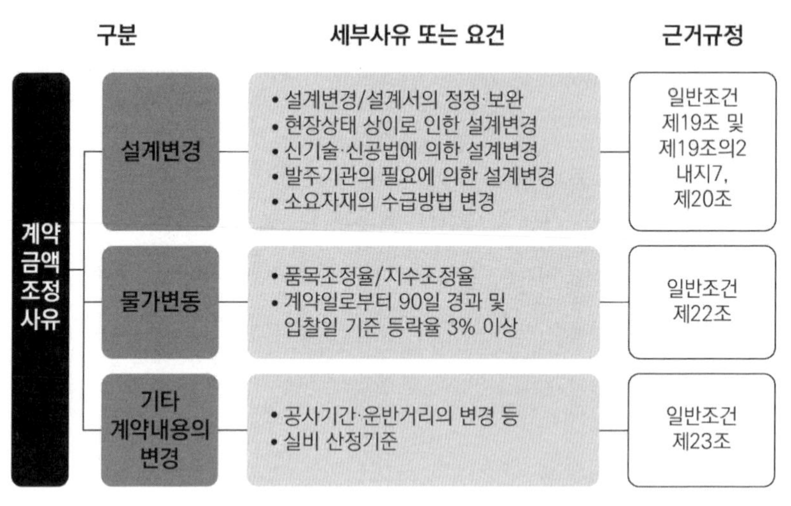

1.3 계약금액 조정기한

무릇 '도급'이란 수급인에게는 일의 완성 의무를, 발주자에게는 대가지급 의무를 부담토록 하는 계약을 말하는 것이므로(건설산업기본법 제2조 제11호), 도급인의 대가지급 의무는 설계변경 등으로 인한 추가비용에도 적용됩니다. 이러한 추가비용을 계약내용으로 반영하는 행위를 계약금액 조정이라 하며, 계약금액 조정에 대한 적정한 조정기한을 계약조건으로 설정하는 것이 계약이행의 안정성에 필요합니다.

국가계약법령은 계약금액 조정기한에 대하여 계약상대자로부터 계약금액의 조정을 청구받은 날로부터 30일 이내라고 규정하고 있으며(규칙 제74조 제9항 등), 계약예규 공사계약일반조건 또한 '계약금액 조정 청구를 받은 날'로부터 30일 이내로 규정하고 있습니다. 다만 정부가 계약상대자로부터 '계약금액 조정 청구를 받은 날'로부터 30일 이내에 계약금액을 조정하지 않았다고 하여 계약금액 미조정을 이유로 한 벌칙 규정은 별도로 명시되어 있지 않습니다. 이는 아마도 국가계약법령이 절차법규라는 특성 때문이라는 점과 아울러 계약금액 조정에 응하지 않았을 때 계약당사자 간 협의가 이루어지지 않은 것으로 간주한다는 의미가 내포된 것으로 판단됩니다.

〈표 4-1〉 계약금액 조정기한

구분	계약금액 조정기한	근거 규정
설계변경	청구를 받은 날부터 30일 이내	일반조건 제20조 제8항, 규칙 제74조의2 제2항
물가변동	청구받은 날부터 30일 이내	일반조건 제22조 제5항, 규칙 제74조 제9항
기타 계약내용의 변경	설계변경 규정 준용(30일 이내)	일반조건 제23조 제5항, 규칙 제74조의3 제2항

공사계약일반조건
제20조(설계변경으로 인한 계약금액의 조정)
⑧ 발주기관은 제1항 내지 제7항에 의하여 계약금액을 조정하는 경우에는 계약상대자의 계약금액 조정 청구를 받은 날부터 30일 이내에 계약금액을 조정하여야 한다. 이 경우에 예산배정의 지연 등 불가피한 경우에는 계약상대자와 협의하여 그 조정기한을 연장할 수 있으며, 계약금액을 조정할 수 있는 예산이 없는 때에는 공사량 등을 조정하여 그 대가를 지급할 수 있다.
제22조(물가변동으로 인한 계약금액의 조정)
⑤ 발주기관은 제1항 내지 제4항에 의하여 계약금액을 증액하는 경우에는 계약상대자의 청구를 받은 날부터 30일 이내에 계약금액을 조정하여야 한다. 이때 예산배정의 지연 등 불가피한 경우에는 계약상대자와 협의하여 그 조정기한을 연장할 수 있으며, 계약금액을 증액할 수 있는 예산이 없는 때에는 공사량 등을 조정하여 그 대가를 지급할 수 있다.
제23조(기타 계약내용의 변경으로 인한 계약금액의 조정)
⑤ 제1항 내지 제4항에 의한 계약금액 조정의 경우에는 제20조 제8항 내지 제10항을 준용한다.

계약상대자의 정당한 계약금액 조정 청구에도 불구하고 발주기관이 계약금액 조정을 30일 이상 지연시킬 경우, 계약상대자만이 계약금액 조정 지연에 따른 부담을 받는다는 문제가 있습니다. 하지만 계약금액 조정이 확정되지 않은 상황이므로 이를 곧바로 계약상대자의 손실로 단정할 수 없기도 합니다. 이에 대하여 공사계약일반조건 제41조(대가지급지연에 대한 이자)에서는 대금지급기한을 초과하는 지연일수에 대해서는 금융기관 대출평균금리를 곱하여 산출한 지연이자를 지급해야 한다는 규정을 정해놓고 있습니다. 하지만 이 또한 확정된 계약금액에 적용하는 것이므로 계약금액으로 반영되지 못한 청구내용이 타당하다는 것만으로 기성대가 미지급에 따른 지연이자를 적용받지 못한다는 한계가 있습니다. 현업 실무에서는 위와 같은 상황이 빈번하게 발생하므로, 계약상대자의 적극적인 권리주장이 가장 필요한 시기라고도 할 수 있습니다. 계약금액 조정이 30일 이내에 이루어지지 않을 때 가장 적극적인 권리행사 방법은 소송 또는 중재(서면중재 합의가 필요합니다) 등의 분쟁해결절차를 진행하는 것입니다. 이러한 권리행사는 계약이행 중에도 가능하므로, 건설현장의 건설기술인에게 경영책임자가 합리적 의사결정에 다다를 수 있도록 하기 위한 관련 증거자료를 축적해야 할 의무가 있습니다.

한편 준공기한 경과 여부가 설계변경 가부에 영향을 미치는지에 대하여 궁금해할 수 있는데, 설계변경 등으로 인한 계약금액 조정은 준공기한이 지났더라도 준공대가를 지급받기 전까지는 가능하다고 하겠습니다(회제 41304-945, 회제 41301-1837 등).

준공일 이후 공사 지체기간 중 설계변경 가능 여부 (회제 41304-945, 2003. 8. 21.)

【회신】

공사계약에 있어서 당해 공사의 지체로 준공기한이 경과하여 이행 중인 경우에도 "공사계약일반조건" 제19조 제1항 각 호의 설계변경 사유가 발생하였다면 설계변경으로 인한 계약금액 조정이 가능한 것임.

준공대가 지급 후에도 계약금액 조정 가능 여부 (회제 41301-1837, 1999. 6. 17.)

【회신】

공사계약에 있어서 설계변경 및 이로 인한 계약금액 조정은 설계변경이 필요한 부분의 이행 전에 하여야 하는 것이나, 계약당사자 간에 설계변경을 합의한 후 이에 따라 설계서 등을 변경하여 시공을 한 경우에는 그 증감된 공사물량에 대하여 "공사계약일반조건" 제20조의 규정에 따라 계약금액을 조정하여야 할 것인바, 불가피한 사유로 인하여 당초 공사의 준공이후에 계약금액을 조정하는 경우라도 계약상대자가 준공대가(장기계속공사계약인 경우에는 해당 차수별 준공대가) 수령 전까지 계약금액 조정신청을 하여야 계약금액을 조정할 수 있을 것임.

2. 설계변경이란

2.1 설계변경

❙ 설계변경의 정의

건설공사는 다양한 공종들이 결합한 종합산업입니다. 공사의 시작부터 완성 때까지의 작업내용(예: 터파기→기초→하부·상부→마감)은 반복 없이 진행됩니다. 건설공사의 공정추진 과정은 반복 작업이 이루어지는 제조나 물품생산과 다르며, 여기에 더하여 하나의 목적물 완성을 위해 장시간이 소요되는 특징도 있습니다. 이처럼 장기간의 다양한 작업을 수행하는 계약이행 과정을 거치다 보면 여러 가지 사유로 기존 설계내용을 변경하는 것이 합리적인 경우가 발생하게 됩니다. 이때 기존 설계내용을 변경하는 것을 '설계변경'이라고 합니다.

아이러니하게도 '설계변경'이란 용어는 국가계약법령 및 공사계약일반조건에서 가장 중요하게 다루어지고 있음에도 '설계변경'에 대하여 별도로 정의하고 있지 않습니다. 다만 제반 규정들을 종합해보면 공사계약 이행 중 당초 예기치 못한 사태의 발생이나 공사량의 증감, 계획의 변경 등을 사유로 당초 설계한 내용(설계서)을 변경시키는 행위라고 정의할 수 있습니다. 그렇다면 설계변경은 '설계서의 변경'의 줄임말이라고 이해할 수 있기에 별도로 정의하지 않은 것으로 생각합니다.

실무에서는 설계변경이 후술하는 물가변동 및 공기연장(기타 계약내용의 변경) 등과 다름을 알면서도 뭉뚱그려 사용하기도 합니다. 용어가 다른 만큼 그 의미 또한 다른 것입니다. 참고로 한국법제연구원이 제공하는 영문법령에서는 설계변경을 Design Modification이라 번역하며, 외국에서는 설계변경을 Change/Variation Order라고 합니다. 아울러 동 영문법령에서는 물가변동을 Price Fluctuation이라고 번역하며, 실무에서는 Escalation (물가상승) 또는 Discalation(물가하락)이라고 합니다. 설계변경을 계약금액 조정을 포괄하는 개념으로 사용하고 있는데, 다른 의미임을 이해해야 합니다. 설계변경이 발생했다고 그 전부에 계약금액 조정이 수반되지는 않기 때문입니다. 다만 설계변경과 계약금액 조정 개념에 대한 치열한 논쟁이 아닌 경우라면 엄격한 구분으로 인한 실익은 없는 것으로 생각됩니다.

ACT ON CONTRACTS TO WHICH THE STATE IS A PARTY
Article 19 (Adjustment of Contract Amount According to Price Fluctuation)
Where it is necessary to adjust the contract amount due to **a price fluctuation, a design modification**, or other modifications of the terms and conditions of a contract (including cases caused by force majeure such as an act of God or war) after concluding a contract for construction works, manufacturing, or services, or any other contract that imposes a burden on the National Treasury, the head or contract officer of each central government agency shall adjust the contract amount, as prescribed by Presidential Decree.

국가계약법
제19조(물가변동 등에 따른 계약금액 조정)
각 중앙관서의 장 또는 계약담당공무원은 공사계약·제조계약·용역계약 또는 그 밖에 국고의 부담이 되는 계약을 체결한 다음 물가변동, 설계변경, 그 밖에 계약내용의 변경(천재지변, 전쟁 등 불가항력적 사유에 따른 경우를 포함한다)으로 인하여 계약금액을 조정(調整)할 필요가 있을 때에는 대통령령으로 정하는 바에 따라 그 계약금액을 조정한다.

❚ '설계변경'과 '새로운 공사'의 구분

계약목적물의 시공과정에서 공사물량이 증가되거나 당초 공사내용의 일부를 변경해야 하는 경우, 이를 설계변경으로 볼 것인지, 아니면 별개의 새로운 공사로 볼 것인지가 실무에서 가끔 논쟁이 되는 사안입니다. 개별 공사별로 계약의 목적, 내용, 특성 등이 상이하므로 일률적으로 규정하기가 곤란한바, 설계변경 또는 새로운 공사인지 여부는 개별 공사에 따라 개별적으로 판단할 수밖에 없습니다. 다만 일반적으로 설계변경과 새로운 공사를 설명한 유권해석 사례를 종합하면, 설계변경은 당초 설계내용의 일부를 변경하는 것이므로 성질상 당초 계약의 목적 및 본질을 벗어나지 않는 범위에서의 변경만이 해당한다고 할 것이며, 당초 계약 시에 이미 예측하였던 사항은 비록 계약체결 후 변경이 일어나는 경우라도 설계변경보다는 새로운 공사로 보아야 할 것입니다.

설계변경과 새로운 공사를 구분하는 실익은 계약금액 조정방법이 상이하다는 점에 있습니다. 설계변경은 낙찰률을 기준으로 하는 협의율이 적용될 것이나, 새로운 공사는 기존 계약조건에 영향을 받지 않는 것이므로 계약금액 조정방법의 적용에 있어서는 낙찰률을 고려하지 않아야 할 것입니다. 상기 두 개념의 구별은 개별 공사의 특성에 따라 판단할 수밖에 없으

추가공사 발생에 대해 설계변경으로 할 것인지 또는 별도 발주로 할 것인지?

(계약제도과-236, 2011. 3. 11.)

【회신】

공사계약에 있어서 시공 중인 공사에 변경이 수반되는 추가공사가 발생한 경우 기존 계약의 설계변경으로 할 것인지 또는 별도의 발주로 할 것인지는 추가공사가 기존계약 체결 시 예측된 것인지 여부 및 예산상의 효율성 등을 고려하여 계약담당공무원이 판단할 사안임.

나, 현실적으로 발주기관과의 관계 또는 업무 편의상 설계변경으로 처리하는 것으로 알고 있습니다.

▌설계변경 주체는 발주기관(계약담당공무원)

설계변경에 대한 주체를 분명하게 구분해야 할 실익이 있습니다. 누구에 의해 설계변경이 발생한 것인가에 따라서 '협의'의 방식과 내용이 달라질 수 있기 때문입니다.

설계변경 사유는 크게 ❶ 설계서의 불분명·누락·오류 및 설계서 간 상호 모순, ❷ 현장상태와 설계서의 상이, ❸ 신기술 및 신공법, ❹ 발주기관의 필요, 그리고 ❺ 소요자재의 수급방법 변경이 있습니다. 그중 가장 빈번한 것은 단연 설계서의 오류 등(❶)과 현장상태의 상이(❷)이므로, 계약상대자는 이러한 설계변경 내용을 인지하여 계약담당공무원과 공사감독관에게 통지해야 할 의무가 자연스럽게 생기게 됩니다. 한편, 계약상대자에게 설계변경 통지의무가 있다 보니, 이를 마치 계약상대자가 설계변경을 요구한 것으로 오해할 여지가 상당합니다. 하지만 설계서의 오류 등(❶)과 현장상태의 상이(❷)라는 설계변경 사유의 발생은 그 책임이 계약상대자에게 있지 않음이 분명합니다.

이와 달리 신기술 및 신공법(❸)은 계약상대자의 요구에 의한 설계변경이 분명합니다. 절차는 공사감독관을 경유하여 발주기관에 설계변경을 요청하도록 규정하고 있으며, 발주기관은 계약상대자가 요구한 신기술·신공법을 반드시 수용할 의무는 없습니다.

소요자재의 수급방법 변경(❺)은 원칙적으로 관급자재를 대상으로 하고 있고, 그 발생 책임이 계약상대자에게 있지 않으므로 이 또한 발주기관이 설계변경의 주체가 됩니다. 예외적으로 사급자재를 관급자재로 변경하는 경우는 계약상대자의 요구로 볼 수 있지만, 임의규정으로서 발주기관이 반드시 수용할 의무는 없습니다.

설계서를 변경해야 할 사유들은 여러 가지가 있겠으나, 대부분은 계약상대자의 책임 없는 사유로 인하여 발생한다고 하겠습니다. 넓은 의미로 본다면 신기술·신공법 및 사급자재의 관급자재 변경 또한 계약상대자의 전적인 책임으로 보기 어렵고 설계변경 승인권자는 발주기관이므로, 계약상대자는 단지 설계변경의 업무 및 절차를 수행할 뿐이기에 설계변경의 실질적 주체는 발주기관이라고 보아야 할 것입니다.

▍시공 전 설계변경 완료 원칙

공공공사 설계변경은 그 설계변경이 필요한 부분의 시공 전에 완료해야 함을 명확하게 규정하고 있습니다. 변경된 설계서에 따라 시공이 이루어져야 하므로 지극히 당연하다 하겠습니다. 예외적으로 계약담당공무원은 공정이행의 지연으로 품질저하가 우려되는 등 긴급하게 공사를 수행할 필요가 있는 때에는 계약상대자와 협의하여 설계변경의 시기 등을 명확히 정하고, 설계변경을 완료하기 전에 우선시공하게 할 수 있을 뿐입니다.

이때 '설계변경이 필요한 부분의 시공 전'의 의미는 전체 공사의 시공 전이 아니라 설계변경이 필요한 공사 부분의 시공 전을 의미합니다(일반조건 제19조 제3항).

> **공사계약일반조건**
> **제19조(설계변경 등)** ① 설계변경은 다음 각 호의 어느 하나에 해당하는 경우에 한다.
> 1. 설계서의 내용이 불분명하거나 누락·오류 또는 상호모순되는 점이 있을 경우
> 2. 지질, 용수 등 공사현장의 상태가 설계서와 다를 경우
> 3. 새로운 기술·공법사용으로 공사비의 절감 및 시공기간의 단축 등의 효과가 현저할 경우

4. 기타 발주기관이 설계서를 변경할 필요가 있다고 인정할 경우 등
② 〈삭제 2007. 10. 10.〉
③ 제1항에 의한 설계변경은 그 설계변경이 필요한 부분의 시공 전에 완료하여야 한다. 다만, 계약담당공무원은 공정이행의 지연으로 품질저하가 우려되는 등 긴급하게 공사를 수행할 필요가 있는 때에는 계약상대자와 협의하여 설계변경의 시기 등을 명확히 정하고, 설계변경을 완료하기 전에 우선시공을 하게 할 수 있다.

2.2 설계서

▌설계서의 정의

설계변경은 '설계서'의 변경을 의미함을 설명하였습니다. 다음 단계로는 '설계서'가 무엇인지를 명확하게 이해해야 합니다. 실무에서는 무엇이 설계변경이고, 어떻게 설계변경에 해당하는지가 가장 빈번하게 발생하는 현안이기 때문입니다. 공사계약일반조건은 설계서에 대하여 공사시방서, 설계도면, 현장설명서, 공사기간의 산정근거(국가계약법 시행령 제6장 및 제8장의 계약 및 현장설명서를 작성하는 공사는 제외합니다) 및 공종별 목적물 물량내역서(가설물의

〈표 4-2〉 설계서 종류 및 정의

구분	용어 정의
공사시방서	공사에 쓰이는 재료, 설비, 시공체계, 시공기준 및 시공기술에 대한 기술설명서와 이에 적용되는 행정명세서로서, 설계도면에 대한 설명 또는 설계도면에 기재하기 어려운 기술적인 사항을 표시해놓은 도서
설계도면	시공될 공사의 성격과 범위를 표시하고 설계자의 의사를 일정한 약속에 근거하여 그림으로 표현한 도서로서 공사목적물의 내용을 구체적인 그림으로 표시해놓은 도서
현장설명서	국가계약법 시행령 제14조의2에 의한 현장설명 시 교부하는 도서로서 시공에 필요한 현장상태 등에 관한 정보 또는 단가에 관한 설명서 등을 포함한 입찰가격 결정에 필요한 사항을 제공하는 도서
공사기간 산정근거	(동 용어에 대한 별도의 정의 내용 없음)
물량내역서	종별 목적물을 구성하는 품목 또는 비목과 동 품목 또는 비목의 규격·수량·단위 등이 표시된 국가계약법 시행령 제14조 제1항에 따라 작성한 내역서 및 영 제30조 제2항에 따라 추정가격 2천만 원 이상의 견적을 위한 수의계약 내역서

설치에 소요되는 물량 포함하며, 이하 '물량내역서'라 합니다)의 다섯 가지를 열거하고 있습니다. 일괄·대안입찰, 기술제안입찰 및 수의계약의 설계서에는 물량내역서를 제외한 네 가지가 해당합니다.

일반적 기준으로의 설계서에 해당하는 공사시방서, 설계도면, 현장설명서, 공사기간 산정근거(2020년 9월 24일 공사계약일반조건에 추가·신설되었습니다) 및 물량내역서에 대한 정의는 〈표 4-2〉와 같습니다.

〈표 4-2〉의 설계서 중에서 '공사기간 산정근거'에 대한 용어 정의는 공사계약 일반조건에 별도로 규정되어 있지 않으며, 관련 내용은 2021년 9월 8일 제정된 「공공 건설공사의 공사기간 산정기준」(국토교통부고시 제2021-1080호)을 참조하면 됩니다. 위 고시는 건설기술진흥법 제45조의2(공사기간 산정기준) 제2항에 따라 발주청이 적정 공사기간 산정 및 조정 등과 관련된 업무를 원활하게 수행하기 위하여 필요한 사항을 정하는 것을 목적으로 하며, 위 고시 제6조(공사기간 산정)에 따르면 공사기간은 준비기간과 비작업일수, 작업일수, 정리기간을 포함하여 산정한다고 규정하고 있습니다.

한편 지방계약법령에 따른 지자체 발주공사의 설계서 종류에는 공사기간 산정근거를 포함하지 않고 있습니다. 지방자치단체 입찰 및 계약 집행기준(행정안전부 예규 제252호, 2023. 6. 29.) 제9장 계약 일반조건 2. 용어 정의 나. 공사 분야 2)에 따르면, 설계서는 공사설계설명서(시방서), 설계도면, 현장설명서 및 공종별 목적물 물량내역서의 네 가지로 열거하고 있습니다(2022년 12월 23일 기존의 제13장 공사계약 일반조건은 제9장 계약 일반조건으로 개정되었습니다).

▍설계서와 물량내역서의 관계

공사계약일반조건은 설계서를 다섯 가지로 규정·열거하고 있습니다. 그런데 국가계약법 시행령 제14조(공사의 입찰) 제1항은 물량내역서를 설계서와 구분하여 규정하고 있고, 입찰 관련 서류인 '공사기간 산정근거'에 대해서는 아직까지 별도로 명시하지 않고 있습니다. 다만 공사입찰 유의서 제4조(입찰에 관한 서류) 제1항에서 설계서를 설계도면, 공사시방서 및 현장설명의 세 가지로 열거하면서 물량내역서와 공사기간 산정근거를 설계서 이외의 서류로 열거하고 있습니다.

국가계약법령 등에서는 설계서를 공사시방서, 설계도면 및 현장설명서의 세 가지만으로 열거하고 있다는 점에 유의할 필요가 있습니다. 설계서 다섯 가지에 포함되는 것 중 공사시방서, 설계도면 및 현장설명서는 문제가 없겠으나, 물량내역서에 대해서는 발주방식에 따라 설계서의 범주에 포함하는 경우와 포함되지 않는 경우로 다르게 규정되어 있기 때문으로 이해됩니다. 이는 아마도 발주방식에 따라 물량내역서 작성주체가 상이했기 때문으로 이해되는데, 내역입찰의 경우에는 발주기관이 입찰자에게 물량내역서를 교부하지만, 순수내역입찰이나 대안·일괄입찰 및 기술제안입찰의 경우에는 입찰자가 직접 물량내역서를 작성하므로 설계서에 포함되지 않는 것으로 정하였다고 생각합니다.

> **국가계약법 시행령**
> **제14조(공사의 입찰)** ① 각 중앙관서의 장 또는 계약담당공무원은 공사를 입찰에 부치려는 때에는 다음 각 호의 서류(이하 "입찰관련서류"라 한다)를 작성해야 한다. 다만, 제42조 제4항 제1호 및 제2호에 따른 공사입찰의 경우에는 입찰에 참가하려는 자에게 제2호에 따른 물량내역서를 직접 작성(중앙관서의 장 또는 계약담당공무원이 교부하는 물량내역 기초자료를 참고하여 작성하는 경우를 포함한다)하게 할 수 있다.
> 1. 설계서
> 2. 공종별 목적물 물량내역서(이하 "물량내역서"라 한다)
> 3. 제1호 및 제2호의 서류 외에 입찰에 관한 서류로서 기획재정부령으로 정하는 서류
>
> **공사입찰 유의서**
> **제4조(입찰에 관한 서류)** ① 계약담당공무원은 입찰공고일부터 입찰등록마감일까지 입찰에 참가하려는 자에게 다음 각 호의 서류(이하 "입찰관련서류"라 한다)를 열람하게 하고 교부하여야

한다.

1~7. -생략-

8. 설계서(설계도면, 공사시방서 및 현장설명서를 말한다. 이하 같다), 물량내역서(시행령 제14조 제1항 단서의 경우 교부하지 아니할 수 있다).

11. 국토교통부장관이 정하는 「공공 건설공사의 공사기간 산정기준」 등에 따라 산정한 공사기간의 산정근거(시행령 제6장 및 제8장의 계약은 제외한다)

한편 입찰공고문에 기술사용료를 계약상대자가 부담토록 명시한 것이 설계서의 오류·누락으로 볼 수 있는지 여부에 대한 해석 사례가 있습니다. 신기술·신공법이 반영된 설계에 있어서 기술사용료를 계약상대자가 부담토록 입찰공고함에 따라 예정가격에 미반영되었다면, 기술사용료는 계약상대자의 임의적 결정사항이 아니라 관계 규정에 따라 예정가격 작성 시 반영되어야 할 비목이 누락된 것이므로 부당특약 무효 논리에 근거하여 설계서의 오류·누락으로 볼 수 있어 설계변경에 해당한다는 것입니다(계약제도과-297, 2011. 3. 25.). 이러한 해석 사례는 대법원의 판단과도 같습니다(대법원 2013. 2. 14. 선고 2012다202017 판결).

기술사용료를 미반영한 물량내역서의 설계변경 가능 여부

(계약제도과-297, 2011. 3. 25.)

【회신】

기술사용료는 설계서에 신기술 등이 반영되어 계약상대자가 해당 신기술을 사용함에 따라 신기술 보유자 등에게 지급하는 비용으로, 신기술 등의 사용은 계약상대자의 임의적 결정사항이 아니므로 발주기관은 시행령 및 시행규칙에 따른 예정가격 작성 시 해당 기술사용료를 경비로 계상하여야 할 것임.

시행령 제4조는 계약담당공무원이 계약을 체결함에 있어 국가계약법령 및 관계법령에 규정된 계약상대자의 계약상 이익을 부당하게 제한하는 특약을 금지하고 있고, "공사계약일반조건" 제3조 제3항은 부당한 특약의 효력은 인정되지 아니한다고 규정하고 있음.

질의와 관련하여, 입찰공고문에 설계에 반영된 신기술 등의 기술사용료를 계약상대자가 부담토록 하였다면 동 시행령 제4조에 따라 부당특약에 해당한다고 볼 수 있으며, 물량내역서에도 반영하지 아니하였다면 설계서의 오류·누락으로 볼 수 있어 설계변경 사유가 된다고 할 것임.

▍설계서에 포함되지 않는 서류들

지금은 대부분 건설기술인이 설계서에 대해 제대로 인지하고 있지만, 설계서라는 중요하면서도 간단한 개념이 보편적 상식으로 자리 잡는 데 상당한 시간이 걸린 점은 곱씹어봐야 합니다. 계약관리에 대해 소홀히 다뤄왔기 때문이 아니겠냐고 생각해봅니다. 하지만 여전히 일부에서는 설계서에 대하여 혼선이 있으므로 설계서에 포함되지 않는 서류에 관하여 서술해보았습니다.

건설공사의 공사비 산정은 '설계도면 작성 → 공사시방서 작성 → 공종별 수량 산출(수량산출서) 및 공종별 단가 산출(단가산출서) → 공사비내역서(설계내역서) 작성'의 과정을 거칩니다. 공종별 수량 산출내용을 정리한 서류를 '수량산출서'라고 하며, 공종별 단가 산출내용을 정리한 서류는 '단가산출서(일위대가, 호표 등 포함)'입니다. 산출된 수량만 기입한 내역서는 '물량내역서'이며, 물량내역서에다 공종별 단가를 추가하면 최종 결과물인 공사비내역서가 됩니다. 그러므로 수량산출서와 단가산출서 등은 공사비 산출 근거 서류라고 할 수 있습니다.

공사비 산정과정에서는 여러 서류가 생성되는데, 그중 설계도면, 공사시방서, 물량내역서는 공통 설계서에 해당하여 혼동이 없으나, 설계서로 언급되는 그 외 서류에 대하여는 관련 규정에 따라 판단해야 합니다. 국가계약법령과 계약예규 공사계약일반조건은 설계서에 해당하는 서류를 분명하게 명시하고 있는바, 비록 전술한 수량산출서나 단가산출서, 그리고 산출내역서(도급계약내역서) 등이 실무에서는 중요한 서류로 이용되고 있지만 그 중요도와 상관없이 설계서에 포함되지 않음을 인지해야 합니다. 구분의 필요성은 분명합니다. 설계서에 포함되지 않는 서류에 오류 등이 있더라도 설계변경에 해당하지 않으며, 계약금액을 조정할 수 없기 때문입니다. 다만 설계서의 내용이 불분명한 경우 공사비 산출근거 등을 검토하여 설계서 오류 여부를 판단하는 데 활용될 수 있으므로, 공사현장에서는 모두 나름이 필요성이 있다고 하겠습니다.

공종별 내역서 등이 물량내역서에 해당되는지 여부 (계약제도과-1139, 2012. 8. 30.)

【회신】

"공사계약일반조건" 제2조 제8호에 따라 '물량내역서'는 공종별 목적물을 구성하는 품목 또는 비목과 동 품목 또는 비목의 규격·수량·단위 등이 표시된 동조 동호 각 목의 내역서를 의미함. 질의와 관련하여 공사입찰 관련 서류 중 공종별 집계표와 공종별 내역서가 상기 규정의 물량내역서에 해당될 것이며, 기타 서류(원가계산서, 일위대가목록, 일위대가표, 중기단가목록)는 발주기관이 예정가격 작성 및 입찰참가자의 입찰금액 산정 등을 위한 참고자료로서 물량내역서에 해당된다고 보기는 곤란할 것임.

이중계상으로 인한 계약금액 조정 (계약제도과-155, 2011. 2. 18.)

【회신】

시행령 제65조는 설계변경으로 인한 계약금액 조정을 인정하고 있음. 그러나 설계내역 중 일부 단가에 대한 이중계상 등 과다계상의 시정은 설계변경에 해당하는 것이 아니므로 계약금액 조정도 인정되지 아니함.

2.3 세부적 설계변경 사유

공사계약일반조건은 설계변경 사유로, ❶ 설계서의 불분명·누락·오류 및 설계서 간 상호모순, ❷ 현장상태와 설계서의 상이, ❸ 신기술 및 신공법, ❹ 발주기관의 필요, 그리고 ❺ 소요자재의 수급방법 변경을 열거하고 있습니다. 위와 같은 설계변경 사유들을 계약담당공무원과 공사감독관에게 통지하는 행위를 일명 '실정보고' 또는 '여건보고'라고 합니다. 건설기술진흥법 제39조의3(건설사업관리 중 실정보고 등) 제1항은 실정보고를 "건설사업자가 현지여건의 변경이나 건설공사의 품질향상 등을 위한 개선사항의 검토를 요청하는 경우 이를 검토하고, 발주청에 관련 서류를 첨부하여 보고하는 등 필요한 조치"라고 설명하고 있습니다(2018년 12월 31일 신설되었습니다).

이 책은 각 설계변경 사유들을 설명하고 이해의 편의를 위하여 기획재정부의 유권해석 사례와 공사계약일반조건 조문을 같이 적어놓았습니다. 계약상대자는 설계변경 관련 규정을 숙지하여 실정보고 의무 또한 적기에 이행해야 하겠습니다.

❶ 설계서의 불분명·누락·오류 및 설계서 간 상호모순

관련 통계자료는 없으나 현장 실무와 여러 자문 경험으로 비추어볼 때 설계서의 불분명·누락·오류 및 설계서 간의 상호모순 등에 의한 설계변경이 가장 빈번하게 발생하는 경우로 사료됩니다. 가장 빈번하게 발생하는 설계변경 사유에 해당하는 만큼, 이와 관련된 논쟁 역시 가장 많이 이루어지고 있습니다. 문제는 설계서의 불분명·누락·오류 및 설계서 간 상호모순에 해당할 때 어떻게 설계변경을 진행할 것인가에 대한 이견입니다. 내역입찰공사로서 설계변경에 해당하는 경우임에도 설계서를 보완하는 정도로만 거칠 뿐 계약금액 조정으로 이행되지 않을 수 있기 때문입니다.

위와 같은 설계변경 사유는 대부분 계약상대자에 의하여 발견되고 있는데, 계약상대자는 설계변경이 필요한 부분의 이행 전에 관련 서류를 작성하여 계약담당공무원(발주기관)과 공사감독관에게 '동시에' 통지해야 합니다. 예전에는 통지의 절차를 공사감독관을 경유토록 하였으나, 통지의 효력 여부에 대한 논란이 상당하여 2006년 5월 25일 계약담당공무원과 공사감독관에게 동시에 통지하도록 개정되었는바, 향후 권리주장에 있어 중대한 변수가 될 수 있으므로 주의가 요구됩니다.

> 공사계약일반조건
>
> **제19조의2(설계서의 불분명, 누락, 오류 및 설계서 간의 상호모순 등에 의한 설계변경)** ① 계약상대자는 공사계약의 이행 중 설계서의 내용이 불분명하거나 설계서에 누락·오류 및 설계서 간에 상호모순 등이 있는 사실을 발견하였을 때에는 설계변경이 필요한 부분의 이행 전에 해당 사항을 분명히 한 서류를 작성하여 계약담당공무원과 공사감독관에게 동시에 이를 통지하여야 한다.
>
> ② 계약담당공무원은 제1항에 의한 통지를 받은 즉시 공사가 적절히 이행될 수 있도록 다음 각 호의 어느 하나의 방법으로 설계변경 등 필요한 조치를 하여야 한다.
>
> 1. 설계서의 내용이 불분명한 경우(설계서만으로는 시공방법, 투입자재 등을 확정할 수 없는 경우)에는 설계자의 의견 및 발주기관이 작성한 단가산출서 또는 수량산출서 등의 검토를 통하여 당초 설계서에 의한 시공방법, 투입자재 등을 확인한 후에 확인된 사항대로 시공하여야 하는 경우에는 설계서를 보완하되 제20조에 의한 계약금액 조정은 하지 아니하며, 확인된 사항과 다르게 시공하여야 하는 경우에는 설계서를 보완하고 제20조에 의하여 계약금액을 조정하여야 함.
> 2. 설계서에 누락·오류가 있는 경우에는 그 사실을 조사 확인하고 계약목적물의 기능 및 안전을 확보할 수 있도록 설계서를 보완
> 3. 설계도면과 공사시방서는 서로 일치하나 물량내역서와 상이한 경우에는 설계도면 및 공사시방서에 물량내역서를 일치
> 4. 설계도면과 공사시방서가 상이한 경우로서 물량내역서가 설계도면과 상이하거나 공사시방서와 상이한 경우에는 설계도면과 공사시방서 중 최선의 공사시공을 위하여 우선되어야 할 내용으로 설계도면 또는 공사시방서를 확정한 후 그 확정된 내용에 따라 물량내역서를 일치
>
> ③ 제2항 제3호 및 제4호는 제2조 제4호에서 정한 공사의 경우에는 적용되지 아니한다. 다만, 제2조 제4호에서 정한 공사의 경우로서 설계도면과 공사시방서가 상호 모순되는 경우에는 관련 법령 및 입찰에 관한 서류 등에 정한 내용에 따라 우선 여부를 결정하여야 한다.

❶-1. 설계서의 내용이 불분명한 경우

설계서의 내용이 불분명한 경우는 '설계서만으로는 시공방법, 투입자재 등을 확정할 수 없는 경우'를 말합니다.

설계서 내용이 불분명할 때는 설계자의 의견 및 발주기관이 작성한 단가산출서 또는 수량산출서 등의 검토를 통하여 당초 설계서에 의한 시공방법·투입자재 등을 확인한 후에 확인된 사항대로 시공하여야 할 때는 설계

서를 보완하되, 이때는 설계서를 변경하는 경우가 아니므로 계약금액 조정은 하지 않습니다. 이와 달리 확인된 사항과 다르게 시공하여야 할 때는 설계서를 보완(정정)하며, 이때는 설계변경에 해당하는 설계보완이므로 계약금액 조정을 진행합니다(일반조건 제19조의2 제2항 제1호). 설계서의 내용을 명확히 한 결과, 물량증감이 수반되는 상태로 시공해야 할 때는 설계서를 보완하고 계약금액을 조정해야 하지만, 물량증감 없이 그 확인된 사항대로 시공해야 할 때는 설계서를 보완하되 계약금액 조정은 필요하지 않습니다. 위와 같이 설계서가 불분명한 경우에는 다양한 해석의 여지가 있어 합의가 가장 곤란한 경우이기도 합니다.

물량내역서에 누락된 전기요금에 대한 설계변경 가능 여부

(회계제도과-152, 2009. 1. 19.)

【회신】

내역서에 실제 시공에 필요한 경비를 누락시킨 경우, "공사계약일반조건" 제19조의2 제2항 제2호에 따라 설계서를 보완하고 시행령 제65조 및 "공사계약일반조건" 제20조에 의거 계약금액을 조정해야 하는바, 귀 질의의 경우와 같이 건축공사의 전기요금 미계상에 대한 설계변경 여부 및 계약금액의 조정 검토 시 TAB 용역에 소요되는 전기요금까지 포함할 것인지 여부는 계약담당자가 계약서 및 설계서, 해당 공사현장의 계약이행상황 등 구체적인 상황을 종합적으로 고려하여 결정할 사안임.

❶-2. 설계서의 내용이 누락·오류인 경우

설계서에 누락·오류가 있는 경우에는 그 사실을 조사·확인하고 계약목적물의 기능 및 안전을 확보할 수 있도록 설계서를 보완해야 합니다(일반조건 제19조의2 제2항 제2호). 확인된 설계서 누락·오류에 대해서는 설계서를 바르게 보완(변경)하는 것이므로 설계변경에 해당하고, 계약금액 조정이 진행되어야 합니다. 예를 들어 물량내역서 작성을 위한 수량산출서상 토량환산계수

(f)를 미적용한 결과 필요한 공사물량보다 부족한 경우에는 설계변경을 통해 공사물량을 보완해야 합니다(회계제도과-514, 2010. 3. 25.).

토량 환산계수 미적용에 따른 설계변경 가능 여부 (회계제도과-514, 2010. 3. 25.)

【회신】

"공사계약일반조건" 제19조의2에 의하면, 공사시방서나 물량내역서에 누락·오류가 있을 경우 계약목적물의 기능 및 안전 확보를 위해 이를 보완하도록 하고 있으므로 물량내역서 작성 시 오류·누락으로 인해 동 내역서상의 공사물량이 시방서대로 시공하는 데 필요한 공사물량보다 부족한 경우에는 설계변경을 통해 공사물량의 보완이 가능할 것임.

해당 사안의 경우가 이에 해당하는지 여부는 발주기관에서 어떠한 산출방법(공사물량 산출 시 환산계수를 적용하여야 할 대상인지 등)이 정확한 것인지, 그리고 환산계수 적용상의 누락·오류로 인하여 물량내역서상의 공사물량이 과소하게 산정되어 공사의 안전이나 품질확보, 원활한 공사이행이 불가능한 경우인지 여부 등 제반 사정을 검토하여 결정할 사안임.

❶-3. 설계서 간의 상호모순에 해당하는 경우

설계서 간 상호모순은 설계도면과 공사시방서는 서로 일치하나 물량내역서와 상이한 경우 또는 설계도면과 공사시방서가 상이한 경우가 있습니다. 전자는 설계도면 및 공사시방서에 물량내역서를 일치시켜야 합니다. 후자는 물량내역서가 설계도면과 상이하거나 공사시방서와 상이한 경우에는 설계도면과 공사시방서 중 최선의 공사시공을 위하여 우선되어야 할 내용으로 설계도면 또는 공사시방서를 확정한 후, 그 확정된 내용에 따라 물량내역서를 일치시켜야 합니다(일반조건 제19조의2 제2항 제3호 및 제4호).

위와 달리 설계도면, 공사시방서 및 물량내역서가 모두 일치하지 않을 때는, 먼저 최선의 시공을 위하여 우선되어야 할 내용으로 설계도면과 공사시방서를 확정하여 서로 일치시킨 후, 그 일치된 내용에 따라 다시 물량내역서를 일치시켜야 합니다(순서: 최선의 시공방법 → 도면과 시방서 일치 → 물량내역서를 일치). 이때 설계도면과 공사시방서 중 어느 쪽으로 맞추더라도 물량내역서를 변경하여야 하므로 설계변경 및 그로 인한 계약금액 조정은 불가피합니다. 예를 들어 만약 물량내역서의 장비규격으로 시공이 불가하다면, 이는 설계서의 오류로서 설계변경에 해당하는 것입니다(회제 41301-2337, 1999. 7. 26.).

물량내역서상의 장비에 의해서는 시공을 할 수 없어 이를 변경하는 것이 설계변경 사유에 해당하는지 여부 (회제 41301-2337, 1999. 7. 26.)

【회신】
내역입찰을 실시하여 체결한 공사계약에서 발주기관이 교부한 물량내역서상의 장비에 의해서는 시공을 할 수 없어 이를 불가피하게 변경하여야 하는 경우라면 이는 설계서의 오류에 해당하므로 공사계약일반조건 제19조의2의 규정에 의하여 설계변경이 가능하며, 시방서에 의하여 계약상대자가 이행하여야 할 품목 또는 비목이 발주기관이 교부한 물량내역서에 누락되어 있는 경우에는 설계서 간의 상호모순에 해당되어 동 조건 제19조의2의 규정에 의한 설계변경이 가능함.

❷ 현장상태와 설계서의 상이

공사이행 중 지질, 용수, 지하매설물 등 공사현장의 상태가 설계서와 상이한 때는 설계변경 사유에 해당합니다. 현장상태를 설계도면 등 설계서에 정확하게 반영하지 못하여 발생한 결과이므로, 설계서를 현장 상태에 일치되도록 변경하는 것이 합당하기 때문입니다.

'현장상태와 설계서의 상이'는 현장의 자연상태를 설계서에 완벽하게 반영하지 못하는 기술적 한계 때문으로 볼 수 있는데, 특히 지표면 이하 터파기 등 굴착공사에서 발생되는 경우가 대표적이라 하겠습니다. 지상구간에서는 지상지장물의 현장상태를 설계서에 정확히 반영하지 않은 경우가 있을 것이며, 반면 설계도면으로 작성된 지상공간의 인공구조물에 대해서는 발생할 가능성이 적다고 볼 수 있겠습니다. 또 다른 특징으로 현장상태와 설계서의 상이는 시공이 완료되어야 비로소 최종 확인이 가능하다는 점입니다. 이에 시공 전 설계변경을 확정해야 하는 원칙을 온전히 적용할 수 없는 제약이 있겠으나, 시공 완료 후 정산절차를 거쳐 최종 확정할 수 있으므로 시공 전 설계변경을 완료하는 데 문제는 없습니다(계약제도과-250, 2012. 3. 9.).

현장상태 상이로 인한 설계변경 가능성 (계약제도과-250, 2012. 3. 9.)

【회신】

현장상태의 상이로 실제 투입될 물량이 할증된 설계물량과 현격한 차이가 발생할 것이 명백한 경우라면 시공 전에 설계변경이 가능하다고 할 것임. 그러나 현장상태와 설계서의 상이는 시공이 완료되어야 확인이 가능한 경우라면 시공 후에 현장상태, 계약상대자의 자재 구매현황, 시방서 등을 검토하여 설계변경 여부를 계약당사자 간에 협의하는 것이 타당할 것임. 다만, 자재 구입비를 제외하고 시공비에 대해서만 설계를 변경하는 것은 물량의 변경이 없음에도 그와 관련된 비용을 조정하는 것이 되어 설계변경의 대상으로 보기는 곤란하다고 할 것임.

공사계약일반조건

제19조의3(현장상태와 설계서의 상이로 인한 설계변경) ① 계약상대자는 공사의 이행 중에 지질, 용수, 지하매설물 등 공사현장의 상태가 설계서와 다른 사실을 발견하였을 때에는 지체 없이 설계서에 명시된 현장상태와 상이하게 나타난 현장상태를 기재한 서류를 작성하여 계약담당공무원과 공사감독관에게 동시에 이를 통지하여야 한다.

② 계약담당공무원은 제1항에 의한 통지를 받은 즉시 현장을 확인하고 현장상태에 따라 설계서를 변경하여야 한다.

❸ 신기술 및 신공법

계약상대자가 새로운 기술·공법 등을 사용함으로써 공사비의 절감 및 시공기간의 단축 등에 효과가 현저할 것으로 인정되는 경우에 설계변경이 가능토록 한 제도입니다. 새로운 기술·공법은 발주기관의 설계와 동등 이상의 기능·효과를 가진 기술·공법 및 기자재 등을 포함하는 것으로 이해할 수 있습니다. 기획재정부는 새로운 기술·공법 등의 범위에 대하여 기존의 기술·공법을 개량하든, 외국의 새로운 기술·공법에 의하든 발주기관의 설계와 동등 이상으로서 공사비의 절감 및 시공기간의 단축 등에 효과가 현저할 것으로 인정되는 경우라고 해석하고 있습니다(계약제도과-477, 2011. 5. 6.). 정리하면 신기술·신공법에 의한 설계변경은 공사비 절감 및 공사기간 단축 효과가 현저해야 하는 요건을 모두 충족할 때에만 가능하다고 하겠습니다.

새로운 기술·공법 등의 범위 (회계제도과-477, 2011. 5. 6.)

【회신】

공사계약에 있어서 "새로운 기술·공법 등"은 반드시 신기술·신공법만으로 한정할 것이 아니라, 새로운 기술이나 공법이 아니더라도 발주기관의 설계와 동등 이상의 기능·효과를 가진 기술·공법 및 기자재를 포함한다고 보는 것이 타당하며, 귀 질의의 경우가 이에 해당하는지의 여부와 설계변경 승인 여부는 제반 사항 등을 고려하여 계약담당공무원이 판단할 사항임.

※ 영 제65조 제4항의 규정 중 "공사비의 절감"이라 함은 계약금액의 절감을 의미하는바, 이 경우 계약금액에는 관급자재대가 포함되지 않는 것임.
(회제 41301-2293, 1999. 7. 26.)

※ 계약상대자가 설계서에 정한 기자재에 비하여 시스템의 기능향상 및 공사비 절감 등의 효과가 현저한 신기술 제품(NT.EM 인증제품 등)에 의한 설계변경을 요구하여 발주기관의 승인을 받았다면 영 제65조 제4항의 적용이 가능함.
(회제 41301-2286, 1998. 8. 4.)

이 제도는 신기술·신공법 개발의 의욕을 고취할 목적으로 도입된 것으로, 절감되는 금액은 기술개발 보상비 성격으로 보아 절감액의 30%만 감액하도록 하고 나머지 절감액의 70%를 인센티브로 제공하려는 것입니다

(일반조건 제20조 제4항). 다른 설계변경 사유와 달리 신기술·신공법은 계약상대자의 필요에 의한 것으로서, 공사감독관을 경유하여 설계변경을 요청할 수 있습니다.

신기술 및 신공법에 따른 설계변경은 절감액의 70%를 인센티브로 제공(감액 제외)하여 적극 활용을 유도하려고 하였으나, 적용되는 사례가 매우 적어 사실상 사문화된 규정으로 간주되고 있습니다. 발주기관으로서는 신기술 및 신공법에 따른 설계변경을 통하여 절감액의 70%를 인센티브로 제공하기보다는, 발주기관이 설계변경을 지시한 경우로 적용하는 것이 향후 불필요한 논란거리에 휘말리지 않으려고 하기 때문으로 판단됩니다.

공사계약일반조건

제19조의4(신기술 및 신공법에 의한 설계변경) ① 계약상대자는 새로운 기술·공법(발주기관의 설계와 동등 이상의 기능·효과를 가진 기술·공법 및 기자재 등을 포함한다)을 사용함으로써 공사비의 절감 및 시공기간의 단축 등에 효과가 현저할 것으로 인정하는 경우에는 다음 각 호의 서류를 첨부하여 공사감독관을 경유하여 계약담당공무원에게 서면으로 설계변경을 요청할 수 있다.

1. 제안사항에 대한 구체적인 설명서
2. 제안사항에 대한 산출내역서
3. 제17조 제1항 제2호에 대한 수정공정예정표
4. 공사비의 절감 및 시공기간의 단축효과
5. 기타 참고사항

② 계약담당공무원은 제1항에 의하여 설계변경을 요청받은 경우에는 이를 검토하여 그 결과를 계약상대자에게 통지하여야 한다. 이 경우에 계약담당공무원은 설계변경 요청에 대하여 이의가 있을 때에는 「건설기술 진흥법 시행령」 제19조에 따른 기술자문위원회(이하 "기술자문위원회"라 한다)에 청구하여 심의를 받아야 한다. 다만, 기술자문위원회가 설치되어 있지 아니한 경우에는 「건설기술 진흥법」 제5조에 의한 건설기술심의위원회의 심의를 받아야 한다.

③ 계약상대자는 제1항에 의한 요청이 승인되었을 경우에는 지체 없이 새로운 기술·공법으로 수행할 공사에 대한 시공상세도면을 공사감독관을 경유하여 계약담당공무원에게 제출하여야 한다.

④ 계약상대자는 제2항에 의한 심의를 거친 계약담당공무원의 결정에 대하여 이의를 제기할 수 없으며, 또한 새로운 기술·공법의 개발에 소요된 비용 및 새로운 기술·공법에 의한 설계변경 후에 해당 기술·공법에 의한 시공이 불가능한 것으로 판명된 경우에는 시공에 소요된 비용을 발주기관에 청구할 수 없다.

❹ 발주기관의 필요

설계서 등에 아무런 흠결이 없는 경우에도 설계변경이 발생할 수 있습니다. 다름 아닌 발주기관의 필요에 의한 설계변경이 그것입니다. 계약담당공무원이 계약상대자에게 설계변경을 통보할 때에는 설계변경 개요서, 수정설계도면 및 공사시방서, 그 밖에 기타 필요한 서류를 첨부해야 하며, 발주기관이 설계서를 변경 작성할 수 없을 때에는 설계변경 개요서만을 첨부하여 설계변경을 통보할 수 있습니다.

발주기관의 필요에 의한 설계변경의 경우에는 ① 당해공사의 일부변경이 수반되는 추가공사의 발생, ② 특정공종의 삭제, ③ 공정계획의 변경, ④ 시공방법의 변경, ⑤ 기타공사의 적정한 이행을 위한 변경이 있습니다.

그런데 신기술·신공법에 의한 설계변경에 해당하지 않더라도 계약상대자가 제시한 공법을 발주기관이 수용한 경우라면, 발주기관의 필요에 의한 설계변경으로 처리되어야 할 것입니다(회계제도과-1604, 2005. 8. 2.).

신기술·신공법에 의한 설계변경 (회계제도과-1604, 2005. 8. 2.)

【회신】

공사계약에 있어서 새로운 기술·공법 등의 범위와 한계 등에 대하여 (현)기술자문위원회의 심의결과 새로운 기술·공법에 의한 설계변경 사항에는 해당되지 않으나 당해 공사의 적정한 이행 등을 위하여 계약상대자가 제시한 공법으로 설계변경을 할 필요성이 인정되어 발주기관에서 이를 수용한 경우라면, 이는 동 조건 제19조의5의 규정에 의한 발주기관의 필요에 의한 설계변경 사항으로 보는 것이 타당하다 할 것임.

따라서 계약담당공무원은 당초 설계도면 및 시공상세도면 등의 수정에 소요된 비용을 동 조건 제19조의7 제3항의 규정에 따라 계약상대자에게 지급하여야 할 것이며, 발주기관의 필요에 의한 설계변경의 경우 발생된 신규비목의 단가는 동 조건 제20조 제2항의 규정에 따라 설계변경 당시를 기준으로 산정한 단가와 동 단가에 낙찰률을 곱한 금액의 범위에서 계약당사자 간에 협의하여 결정하여야 할 것임.

공사계약일반조건

제19조의5(발주기관의 필요에 의한 설계변경) ① 계약담당공무원은 다음 각 호의 어느 하나의 사유로 인하여 설계서를 변경할 필요가 있다고 인정할 경우에는 계약상대자에게 이를 서면으로 통보할 수 있다.

1. 해당 공사의 일부변경이 수반되는 추가공사의 발생
2. 특정공종의 삭제
3. 공정계획의 변경
4. 시공방법의 변경
5. 기타공사의 적정한 이행을 위한 변경

② 계약담당공무원은 제1항에 의한 설계변경을 통보할 경우에는 다음 각 호의 서류를 첨부하여야 한다. 다만, 발주기관이 설계서를 변경 작성할 수 없을 때에는 설계변경 개요서만을 첨부하여 설계변경을 통보할 수 있다.

1. 설계변경개요서
2. 수정설계도면 및 공사시방서
3. 기타 필요한 서류

③ 계약상대자는 제1항에 의한 통보를 받은 즉시 공사이행상황 및 자재수급 상황 등을 검토하여 설계변경 통보내용의 이행가능 여부(이행이 불가능하다고 판단될 경우에는 그 사유와 근거자료를 첨부)를 계약담당공무원과 공사감독관에게 동시에 이를 서면으로 통지하여야 한다.

❺ 소요자재의 수급방법 변경

계약이행 중 발주기관의 사정으로 인해 당초 관급자재를 계약상대자가 직접 구입하여 공사에 투입하는 사급자재로 변경할 수 있습니다. 관급자재를 사급자재로 변경하는 방법으로는 크게 '설계변경을 통한 사급자재 공급'과 민법상의 소비대차 성격인 '대체사용'의 두 가지로 나눌 수 있습니다. '설계변경을 통한 사급자재 공급'은 당초 관급자재로 정한 품목을 사급자재로 변경하는 경우와 당초 관급자재 수량 증가분을 사급자재로 충당하는 경우가 있으며, 통보 당시의 가격으로 기성대가를 지급해야 합니다. 그리고 계약상대자는 '대체사용' 승인신청에 따라 계약담당공무원의 서면승인을 얻어 자기 보유의 자재를 대체사용할 수 있으며, 발주기관은 통보 당시의 가격으로 기성대가를 지급하는 대신 대체사용 물품을 현품으로 반환할 수도 있습니다.

반면 사급자재를 관급자재로 변경하는 것은 원칙적으로 허용되지 않습니다. 계약당사자 간 계약이 체결된 이후에 사급자재의 관급자재로의 변경은 신의성실의 원칙(계약당사자는 서로 상대방의 신뢰를 헛되이 하지 않도록 성의 있게 행동하여야 한다는 민법상의 대원칙)에서 파생한 사정변경의 원칙(일의 형편이나 까닭이 예견할 수 없었던 이유로 현저한 변경이 발생되어 이를 그대로 유지하는 경우 한쪽에게 과도하게 부당한 결과가 생기는 경우에, 그 결과를 상대방에게 적당히 변경할 것을 요구할 수 있도록 한 것)의 적용대상으로 보기 어렵기 때문으로, 계약상대자의 의사에 반하여 변경할 수 없도록 규정한 것이라 하겠습니다. 다만 예외적으로 원자재의 수급불균형 등으로 계약목적을 이행할 수 없다고 인정될 때는 계약당사자 간 협의하여 변경할 수 있습니다.

공사계약일반조건

제19조의6(소요자재의 수급방법 변경) ① 계약담당공무원은 발주기관의 사정으로 인하여 당초 관급자재로 정한 품목을 계약상대자와 협의하여 계약상대자가 직접 구입하여 투입하는 자재(이하 "사급자재"라 한다)로 변경하고자 하는 경우 또는 관급자재 등의 공급지체로 공사가 상당기간 지연될 것이 예상되어 계약상대자가 대체사용 승인을 신청한 경우로서 이를 승인한 경우에는 이를 서면으로 계약상대자에게 통보하여야 한다. 이때 계약담당공무원은 계약상대자와 협의하여 변경된 방법으로 일괄하여 자재를 구입할 수 없는 경우에는 분할하여 구입하게 할 수 있으며, 분할 구입하게 할 경우에는 구입시기별로 이를 서면으로 계약상대자에게 통보하여야 한다.

② 계약담당공무원은 공사의 이행 중에 설계변경 등으로 인하여 당초 관급자재의 수량이 증가되는 경우로서 증가되는 수량을 적기에 지급할 수 없어 공사의 이행이 지연될 것으로 예상되는 등 필요하다고 인정되는 때에는 계약상대자와 협의한 후에 증가되는 수량을 계약상대자가 직접 구입하여 투입하도록 서면으로 계약상대자에게 통보할 수 있다.

③ 제1항에 의하여 자재의 수급방법을 변경한 경우에는 계약담당공무원은 통보 당시의 가격에 의하여 그 대가(기성부분에 실제 투입된 자재에 대한 대가)를 제39조 내지 제40조에 의한 기성대가 또는 준공대가에 합산하여 지급하여야 한다. 다만, 계약상대자의 대체사용 승인신청에 따라 자재가 대체사용된 경우에는 계약상대자와 합의된 장소 및 일시에 현품으로 반환할 수도 있다.

④ 계약담당공무원은 당초 계약 시의 사급자재를 관급자재로 변경할 수 없다. 다만, 원자재의 수급 불균형에 따른 원자재가격 급등 등 사급자재를 관급자재로 변경하지 않으면 계약목적을 이행할 수 없다고 인정될 때에는 계약당사자 간의 협의에 의하여 변경할 수 있다.

⑤ 제2항 및 제4항에 의하여 추가되는 관급자재를 사급자재로 변경하거나 사급자재를 관급자재로 변경한 경우에는 제20조에 정한 바에 따라 계약금액을 조정하여야 하며, 제3항 본문에 의하여 대가를 지급하는 경우에는 제20조 제5항을 준용한다.

❙ 설계변경 사유가 아닌 경우

전술한 설계서 정의에서 설명한 바와 같이, 설계변경 사유가 아닌 경우는 설계서에 해당되지 않는 서류에 누락·오류 등이 생기는 경우라고 할 수 있습니다.

산출내역서(도급내역서)는 계약문서의 하나에 해당하나, 기성대가 청구·지급을 위한 것이 주요한 용도일 뿐이므로 산출내역서 단가(또는 금액)의 과다 또는 과소 등이 있다 하더라도 이를 이유로 계약금액을 조정할 수 없습니다. 산출내역서는 설계서에 포함되지 않기에 산출내역서의 누락·오류 등이 설계변경 사유에 해당되지 않기 때문입니다. 이런 이유로 설령 산출내역서상 안전보건관리비, 산재보험료 등이 법정요율을 초과되었더라도 감액변경을 할 수 없다는 것입니다.

발주기관의 예정가격 산정 시 기초 참고자료로 활용되는 표준품셈 및 일위대가, 단가산출서 등은 설계서에 포함되지 않기에 설계변경 대상에 포함되지 않습니다. 다만 계약체결 후 표준품셈 등에 변경이 있을 경우, 증가분에 대하여만 표준품셈의 변경내용을 적용하여 계약금액을 조정할 수는 있습니다.

과다산정된 단가와 할증된 노무비를 감액 조정할 수 있는지 여부

【질의】

레미콘 포장자재비의 단가가 과다하게 산정되었고 험한 산악지형의 난공사인 점을 감안하여 노무비의 할증(25%)이 포함되어 계약되었을 경우 설계변경으로 과다산정된 단가와 할증된 노무비를 감액 조정할 수 있는지

【회신】 (회계제도과, 2003. 10. 7.)

국가기관이 체결한 공사계약에 있어서 설계변경으로 인한 계약금액 조정은 설계서에 회계예규 공사계약일반조건 제19조의 사유가 발생할 경우 동 일반조건 제20조의 규정에 따라 조정하는 것으로 설계변경이 아닌 단순히 산출내역서의 단가가 과다 또는 과소 계상되었다는 사유만으로는 계약금액을 조정할 수 없는 것입니다.

❙ 설계변경에 따른 추가조치

설계변경의 대부분은 계약상대자에 의하여 이루어지고 있습니다. 설계서의 불분명·누락·오류 및 상호모순(일반조건 제19조의2), 현장상태와 설계서의 상이(일반조건 제19조의3), 발주기관의 필요(일반조건 제19조의5)에 의하여 설계변경이 이루어질 때, 계약당사자인 발주기관(계약담당공무원)은 설계서 변경 등의 추가조치를 해야 합니다. 추가조치 사항으로는 계약상대자로 하여금 수정공정예정표, 수정(상세)도면, 조정이 요구되는 계약금액 및 기간, 여타의 공정에 미치는 영향 등의 사항을 제출토록 지시할 수 있습니다. 아울러 계약상대자가 설계변경에 따른 설계도면 및 시공상세도면을 제출할 때는 그 수정에 소요되는 비용을 계약상대자에게 지급해야 합니다.

발주기관의 설계변경에 따른 설계서 변경 및 추가조치 사항을 보면, 설계변경 승인주체는 계약상대자가 아닌 발주기관임을 분명히 알 수 있습니다. 그렇다면 설계변경은 모두 발주기관이 요구한 경우로 볼 수밖에 없을 것이며, 이는 후술하는 계약금액 조정에서 단가 산정 시 낙찰률이 아닌 협의율을 적용하는 것이 적합하다는 결론에 이르게 합니다.

공사계약일반조건

제19조의7(설계변경에 따른 추가조치 등) ① 계약담당공무원은 제19조 제1항에 의하여 설계변경을 하는 경우에 그 변경사항이 목적물의 구조변경 등으로 인하여 안전과 관련이 있는 때에는 하자 발생 시 책임한계를 명확하게 하기 위하여 당초 설계자의 의견을 들어야 한다.

② 계약담당공무원은 제19조의2, 제19조의3 및 제19조의5에 의하여 설계변경을 하는 경우에 계약상대자로 하여금 다음 각 호의 사항을 계약담당공무원과 공사감독관에게 동시에 제출하게 할 수 있으며, 계약상대자는 이에 응하여야 한다.

1. 해당공종의 수정공정예정표
2. 해당공종의 수정도면 및 수정상세도면
3. 조정이 요구되는 계약금액 및 기간
4. 여타의 공정에 미치는 영향

③ 계약담당공무원은 제2항 제2호에 의하여 당초의 설계도면 및 시공상세도면을 계약상대자가 수정하여 제출하는 경우에는 그 수정에 소요된 비용을 제23조에 의하여 계약상대자에게 지급하여야 한다.

공사계약일반조건은 설계변경으로 인한 계약금액 조정기간을 규정하고 있습니다. 발주기관은 계약상대자로부터 계약금액 조정 청구를 받은 날로부터 30일 이내에 계약금액을 조정하도록 계약금액 조정기한을 설정해놓은 것입니다(일반조건 제20조 제8항). 한편 국가계약법령 및 공사계약일반조건에는 설계변경에 해당하는 경우임에도, 발주기관이 설계서 변경 등의 추가조치를 이행하지 않을 때에 대하여 별도의 벌칙 규정이 없음을 인지할 필요가 있습니다. 이는 발주기관이 설계변경에 따른 추가조치를 이행하지 않는 때에도 마찬가지인데, 발주기관의 설계서 변경 등의 지연은 계약상대자의 손해(발주기관의 이익)라고 볼 수 있는바, 계약상대자는 손해 최소화를 위한 적절한 조치를 취할 필요가 있다고 하겠습니다.

참고로 공공공사는 장기계속공사로 예산이 집행되는 경우가 상당한데, 계약상대자의 계약금액 조정 청구시기는 차수공사를 완료한 날이 아니라 차수공사에 대한 준공대가 수령 전까지 가능함에 유의해야 합니다(일반조건 제20조 제10항). 즉 준공대가를 청구한 이후라도 준공대가를 수령하기 이전이라면, 얼마든지 계약금액 조정을 청구할 수 있다는 것입니다. 전술한 장기계속공사 내용에서 언급한 바와 같이 장기계속계약에서는 각 차수별 계약을 독립된 별건 계약으로 보기 때문입니다.

공사계약일반조건
제20조(설계변경으로 인한 계약금액의 조정)
⑩ 제7항 전단에 의한 계약상대자의 계약금액 조정 청구는 제40조의 규정에 의한 준공대가(장기계속계약의 경우에는 각 차수별 준공대가) 수령 전까지 하여야 조정금액을 지급받을 수 있다.

▌공사감독관 작업지시와 계약상대자 통지문서의 효력

건설공사 계약이행 과정에서 공사감독관(건설사업관리기술인 또는 감리원)은 품질확보 및 향상을 위한 업무수행을 위하여 다양한 작업을 지시하며(일반조건

제16조 제1항), 계약상대자는 발주기관에게 제출하는 모든 문서의 사본을 공사감독관에게 제출해야 합니다(일반조건 제16조 제3항). 여기에다 안전관리가 한층 더 강화되면서 공사감독관 작업지시서와 계약상대자 제출문서들은 지속적으로 증가하는데, 이렇게 많은 서류에 대한 효력 여부가 궁금하지 않을 수 없습니다.

먼저 공사감독관의 작업지시 효력 여부에 있어서, 계약상대자와 공사감독관은 서로 계약관계에 있지 않으므로 계약관계에 있지 않은 자에 의한 추가작업 등 설계변경 사항은 발주기관의 서면지시가 아니므로 원칙적으로 계약금액 조정사유로 인정되지 않을 수 있습니다. 공사감독관이 품질확보 및 향상을 목적으로 한 작업지시를 하면서 설계변경 사유 해당 여부까지 판단하지 않기 때문이기도 합니다. 계약상대자는 공사감독관의 작업지시가 계약내용에 없는 사항이라고 판단될 때, 시공 전 설계변경 완료 조치를 요구할 수밖에 없기에 서로의 견해가 상충하는 상황 전개가 드물지 않게 발생합니다. 개별 사안마다 판단되어야 할 것이어서 일률적으로 단정할 수 없으나, 공사감독관의 지시가 타당한 경우라면 설계서의 누락 등의 가능성을 자세히 검토하여 상호 협의를 진행하는 것이 나름대로 최선이라 하겠습니다.

2006년 5월 25일 공사계약일반조건에 중요한 개정사항이 있었습니다. 계약상대자가 설계변경 사유를 발견하였을 때 설계변경 부분을 시공하기 전에 설계변경사항을 분명히 한 서류를 작성하여 계약담당공무원과 공사감독관에게 '동시에' 통지하도록 한 것입니다. 2006년 5월 이전까지는 설계변경 사유 발생 시 계약상대자가 공사감독관을 경유하여 발주기관(계약담당공무원)에 통지하도록 하였으나, 공사감독관의 경유 단계에서 보고지연,

미보고 등으로 발주기관에 제대로 전달(통지)되지 않는 문제가 빈번하게 발생하는 등의 문제점을 해소하기 위한 것입니다. 이러한 개정에도 불구하고 실무에서는 여전히 공사감독관에게 실정보고 등의 문서를 제출할 뿐, 발주기관에 동시에 제출하는 경우는 드뭅니다. 만약 발주기관에서 계약상대자의 실정보고 행위를 부인하게 된다면 설계변경 등으로 인한 계약금액 조정신청을 하지 않은 것으로 간주될 수 있어 주의가 요구됩니다. 물론 계약상대자는 공사감독관의 (계약위반이 아니라) 업무상과실 등을 이유로 손해배상 청구할 수 있겠으나 이 또한 쉽지 않으므로, 번거로울 수 있더라도 통지문서가 발주기관에 적기에 제출되고 있는지를 수시로 모니터링하여 불필요한 분쟁을 예방해야 합니다.

3. 설계변경으로 인한 계약금액의 조정

3.1 설계변경과 계약금액 조정의 구별

▌설계변경과 계약금액 조정의 관계

대다수 건설기술인들은 설계변경을 곧 계약금액 조정으로 인식하는 경향이 있습니다. 일반적으로는 설계변경이 발생하게 되면 계약금액 조정이 당연 수반되므로 설계변경과 계약금액 조정을 동일한 개념으로 이해해도 의사전달에는 큰 문제가 없기 때문입니다.

그러나 설계변경이 이루어지더라도 계약금액 조정을 인정하지 않는 경우가 있는데, 대안·일괄입찰, 기술제안입찰 및 순수내역입찰제나 물량내역수정입찰제(동 내용에서는 '일괄입찰공사 등'이라고 하겠습니다)가 이에 해당합니다. 일괄입찰공사 등은 설계변경을 인정하면서도 설계변경으로 인한 계약금액 조정(특히 증액)에 대해서는 관련 법규로 제한하고 있습니다. 일괄입찰공사 등의 입찰자들이 설계서를 작성하였기에 설계변경은 인정되지만, 그 작성자인 계약상대자에 대하여 계약금액 증감을 허용하지 않기 위함입니다.

설계변경과 계약금액 조정의 개념을 반드시 구별해야 함을 강조하려는 것이 아닙니다. 설계변경은 계약금액 조정에 있어 절차적으로 연결성이 있으며, 단지 두 개념이 다르다는 점을 인식하자는 의미 정도입니다.

❙ 설계변경으로 인한 계약금액 조정

전술한 바와 같이 '설계변경'은 설계서의 변경을 의미하는 것일 뿐 계약금액 조정과는 다른 개념임을 설명하였습니다. '계약금액 조정'이란 설계변경 등으로 인하여 산출내역서상의 공종, 규격, 수량이 변경되어야 하는 경우, 동 변경된 내용에 따라 단가 및 금액을 산출하고 조정하는 행위로서 설계변경 이후에 이행되는 절차에 해당합니다. 실무에서는 설계변경을 계약금액 조정과 혼용하여 사용하고 있으며, 대부분은 구별의 실익이 있지는 않습니다.

턴키공사나 기술형입찰공사의 경우에도 설계서의 누락·오류 등에 대해서는 설계변경을 해야 하고, 설계변경된 사항대로 시공이 이루어져야 합니다. 다만 그 설계변경이 계약상대자의 귀책으로 인하여 발생한 경우라면 설계변경은 진행하되 그에 따른 계약금액 조정(증액)은 이루어지지 않습니다.

> 공사계약일반조건
> **제20조(설계변경으로 인한 계약금액의 조정)** ① 계약담당공무원은 설계변경으로 시공방법의 변경, 투입자재의 변경 등 공사량의 증감이 발생하는 경우에는 다음 각 호의 1의 기준에 의하여 계약금액을 조정하여야 한다.
> 1. 증감된 공사량의 단가는 계약단가로 한다. 다만, 계약단가가 예정가격단가보다 높은 경우로서 물량이 증가하게 되는 경우 그 증가된 물량에 대한 적용단가는 예정가격단가로 한다.
> 2. 산출내역서에 없는 품목 또는 비목(동일한 품목이라도 성능, 규격 등이 다른 경우를 포함한다. 이하 "신규비목"이라 한다)의 단가는 설계변경 당시(설계도면의 변경을 요하는 경우에는 변경도면을 발주기관이 확정된 때, 설계도면의 변경을 요하지 않는 경우에는 계약당사자 간에 설계변경을 문서에 의하여 합의한 때, 제19조 제3항에 의하여 우선시공을 한 경우에는 그 우선시공을 하게 한 때를 말한다. 이하 같다)를 기준으로 산정한 단가에 낙찰률(예정가격에 대한 낙찰금액 또는 계약금액의 비율을 말한다. 이하 같다)을 곱한 금액으로 한다.
>
> ② 발주기관이 설계변경을 요구한 경우(계약상대자의 책임 없는 사유로 인한 경우를 포함한다)에는 제1항의 규정에 불구하고 증가된 물량 또는 신규비목의 단가는 설계변경 당시를 기준으로 하여 산정한 단가와 동 단가에 낙찰률을 곱한 금액의 범위 안에서 발주기관과 계약상대자가

서로 주장하는 각각의 단가기준에 대한 근거자료 제시 등을 통하여 성실히 협의(이하 "협의"라 한다)하여 결정한다. 다만, 계약당사자 간에 협의가 이루어지지 아니하는 경우에는 설계변경 당시를 기준으로 하여 산정한 단가와 동 단가에 낙찰률을 곱한 금액을 합한 금액의 100분의 50으로 한다.

③ 제2항에도 불구하고 표준시장단가가 적용된 공사의 경우에는 다음 각 호의 어느 하나의 기준에 의하여 계약금액을 조정하여야 한다.

1. 증가된 공사량의 단가는 예정가격 산정 시 표준시장단가가 적용된 경우에 설계변경 당시를 기준으로 하여 산정한 표준시장단가로 한다.
2. 신규비목의 단가는 표준시장단가를 기준으로 산정하고자 하는 경우에 설계변경 당시를 기준으로 산정한 표준시장단가로 한다.

▍계약금액 조정방법

설계변경으로 인하여 증가한 물량의 계약금액 조정은 설계변경 당시를 기준으로 산정한 신규비목 단가를 적용해야 합니다. 신규비목의 단가를 기존 비목의 단가 산정과 다르게 산정토록 규정한 취지는, 어떤 엄청난 논리적 근거가 있어서가 아니라 너무나 당연하게도 설계변경 당시 단가를 반영하기 위함일 뿐입니다.

기획재정부의 유권해석은 이렇습니다. 공사계약 이행 중 설계변경으로 인한 계약금액 조정 시 발주기관에서 설계변경을 요구하였을 때 증가된 물량 또는 신규비목의 단가를 기존 비목의 단가 산정과 다르게 산정토록 규정한 취지는, 발주기관이 설계변경을 요구한 경우는 계약상대자의 책임이 없는 사유에 의하여 물량이 증가되는 것이므로 계약체결 시 계약상대자가 제출한 산출내역서상의 단가와는 상관없이 당초 낙찰률을 고려하되 설계변경 당시 단가를 반영하기 위한 것인바, 발주기관이 설계변경을 요구한 경우라 함은 발주기관의 필요에 의한 지시 등에 따른 설계변경뿐만 아니라 설계서와 현장상태의 상이 등 계약상대자의 책임 없이 설계변경이 이루어지는 것을 포함하는 것입니다(회제 41301-1414, 2002. 9. 27.).

공사계약일반조건 제20조 제2항(발주기관이 설계변경을 요구한 경우의 조정)의 취지
(회제 41301-1414, 2002. 9. 27.)

【회신】
공사계약의 이행 중 설계변경 인한 계약금액 조정 시 발주기관에서 설계변경을 요구한 경우 증가된 물량 또는 신규비목의 단가를 기존비목의 단가 산정과 다르게 산정토록 규정한 취지는, 발주기관이 설계변경을 요구한 경우에는 계약상대자의 책임이 없는 사유에 의하여 물량이 증가되는 것이므로 계약체결 시 계약상대자가 제출한 산출내역서상의 단가와는 상관없이 당초 낙찰률을 고려하되 설계변경 당시 단가를 반영하기 위한 것인바, 발주기관이 설계변경을 요구한 경우라 함은 발주기관의 필요에 의한 지시 등에 따른 설계변경뿐만 아니라 설계서와 현장상태의 상이 등 계약상대자의 책임 없이설계변경이 이루어지는 것을 포함하는 것임.

위와 같은 유권해석을 고려하여 공사계약일반조건 제20조(설계변경으로 인한 계약금액의 조정) 및 제21조(설계변경으로 인한 계약금액 조정의 제한 등)에 따른 공공공사 계약금액 조정방법을 정리하면 〈표 4-3〉과 같습니다. 계약금액 조정방법 중에서 유의할 사항은 공사계약일반조건 제20조 제1항에 해당되는 '계약상대자의 요구에 의한 설계변경'과 동 조건 제21조의 기술형입찰공사에서의 신규비목 적용방법입니다.

먼저 '계약상대자의 요구에 의한 설계변경' 발생 가능성 유무입니다. 계약상대자의 책임이 있는 사유로 설계변경이 필요하거나 나아가 발주기관이 승인하는 경우는 거의 없으므로, 계약상대자 요구에 의한 설계변경은 실질적으로 발생 가능성이 거의 없다고 봄이 합당합니다. 이러한 논리 전개로 본다면 계약상대자의 책임 있는 사유로 인한 설계변경은 발생할 수 없기에 일반조건 제20조 제1항을 적용할 여지가 사실상 없습니다. 예를 들어 설계서에 따라 시공 중 터널붕락이 발생한다면 계약상대자는 터널 Type(Pattern) 및 보강공법 변경 등을 위한 설계변경을 요구할 것이나, 이를 계약상대자의 책임 있는 사유로 볼 수 없는 것과 같습니다. 다만 계약상대자에 의한 돌이킬 수 없는 수정시공이 발생한 경우라면 아주 예외적으로 적용될 여지가 있겠습니다. 그리고 전술한 설계변경 사유 중 유일하게 신기술·신공법에 의한 설계변경은 계약상대자 요구에 의한 것인데, 이때의 공사비 산정에 있어서 일반조건 제20조 제1항 규정을 적용할 수 있을 것입니다.

다음으로 일괄입찰공사 등 기술형입찰공사의 설계변경으로 인한 계약금액 조정방법입니다. 일괄입찰공사 등 기술형입찰공사에서 발주기관의 요구 등에 따른 계약금액 조정 시 신규비목에 대해서는 협의율이 100%에 해당하는 설계단가를 적용해야 합니다. 그 이유는 후술하겠지만 기술형입찰공사에서는 예정가격이 존재하지 않으므로 협의율을 적용할 수 없기 때문입니다. 한편 계약금액 조정 시 명백한 착오가 있었다면 계약금액 조정 내용을 변경할 수 있으며, 이 또한 준공대가 지급 이전까지 가능합니다 (회계 41301-1965, 1997. 7. 18.).

〈표 4-3〉 계약금액 조정방법(일반조건 §20 및 §21)

공사의 종류	책임 구분	세부조정방법	근거
일반공사 - 내역입찰 - 총액입찰 - 수의계약 - 원안입찰	계약상대자의 책임 및 요구	감: 계약단가 증: 계약단가(계약단가가 예가보다 높으면 예가 적용) 신규비목: 낙찰률 적용	일반조건 제20조 제1항
	발주기관의 요구 (계약상대자의 책임 없는 사유 포함)	감: 계약단가 증: 협의단가 신규비목: 협의단가	일반조건 제20조 제2항
신기술·신공법	계약상대자의 제안	절감액의 30%만 감액	일반조건 제20조 제4항
기술형입찰공사 - 턴키공사 - 대안채택부분공사 - 기술제안입찰공사	계약상대자 귀책	감: 계약단가 증: 증액 불가	일반조건 제21조 제1항, 제2항, 제7항
	발주기관 요구 불가항력 등	감: 계약단가 증: 협의단가 신규비목: 설계단가(100%)	일반조건 제21조 제9항

계약금액 조정 후 계약금액 산정방법의 오류를 이유로 한 재조정 가능 여부
(회계 41301-1965, 1997. 7. 18.)

[회신]
설계변경으로 인한 계약금액 조정 시 특수조건의 적용에 발주기관의 명백한 착오가 있었다면 준공대가 지급 이전에 계약금액 조정내용을 변경할 수 있다고 보는 것이 타당할 것임. 다만, 공사계약특수조건의 적용에 명백한 착오가 있었는지 여부는 계약담당공무원의 제반 사정을 고려하여 판단할 사안임.

3.2 신규비목, 낙찰률 및 협의율

계약금액 조정 시 단가 적용 방법은 크게 기존 계약단가가 존재하는 경우와 존재하지 않는 경우의 두 가지가 있습니다. 기존 계약단가 적용은 물량이 감소한 경우와 계약상대자의 요구(책임 있는 사유)에 의한 설계변경 시에만 적용됩니다. 이와 달리 물량이 증가할 때는 설계변경 당시를 기준으로 산정한 신규단가를 적용해야 합니다. 계약금액 조정 시 기존 계약단가를 적용하는 경우는 사실상 없으므로, 단가 적용에 있어서 논쟁의 쟁점은 신규단가를 어떠한 방법으로 적용하는지입니다. 신규단가 산정 및 적용에 앞서 신규비목, 낙찰률 및 협의율 등의 개념을 알아보아야 하는 이유입니다.

▍신규비목이란

신규비목(New Item)에 대한 정의는 계약예규 공사계약일반조건 제20조(설계변경으로 인한 계약금액의 조정) 제1항에 있습니다. 동 일반조건은 '산출내역서상에 없는 품목 또는 비목'을 신규비목이라 하고, 동일한 품목이라도 성능, 규격 등이 서로 다른 경우를 포함한다고 설명합니다. 실무에서는 신규비목을 신규공종이라고 표현합니다. 신규비목 개념을 보면 기존의 어떤 공종(품목 또는 비목)이 동질성을 유지하더라도 규격·성능 등이 달라지게 되면 새로운 비목에 해당하는 것입니다.

나아가 일반조건은 발주기관이 설계변경을 요구한 경우(계약상대자의 책임 없는 사유로 인한 경우를 포함) 증가된 물량에 대해서도 신규비목의 단가를 적용토록 규정하고 있습니다. 동일한 품목 또는 비목이라도 계약상대자(시공자)의 책임 없이 증가된 물량에 대해서는 물량증가가 발생한 당시를 기준으로 산정한 단가를 기준으로 해야 하는데, 이때 기존 계약단가 적용이 불가능하기에 신규비목 단가를 적용하는 것이 당연하다는 것입니다.

▍낙찰률

낙찰률은 실무에서 가장 빈번하게 사용하는 용어의 하나입니다. 이러한 낙찰률은 낙찰금액의 적정성 여부에 대한 간접적인 정량적·정성적 참고 수치일 뿐이지만, 실제로는 계약금액 조정 시 계약금액 증감에 가장 큰 영향을 미치는 수치이기 때문일 것입니다. 낙찰률 개념은 국가계약법 시행령 제31조(계속공사에 대한 수의계약 시의 계약금액)에서 처음으로 용어를 설명하고 있고, 공사계약일반조건에서는 제20조(설계변경으로 인한 계약금액의 조정) 제1항 제2호에서 낙찰률이란 용어가 설명되어 있습니다. 낙찰률은 세부공종별 단가낙찰률이 아니라 전체낙찰률을 의미하며, 낙찰률에 관한 내용은 전술한 제2장의 국가계약법령 톺아보기 중 공사비 내용을 참고하시기 바랍니다. 참고로 국가계약법령에서의 낙찰률 영문 번역은 성공적인 입찰 비율이라 해석되는 'successful tender ratio'로 표현되어 있습니다.

낙찰률의 쓰임새는 전적으로 계약금액 조정에 있다고 봐도 무방할 터인데, 만약 그 낙찰률 적용에 오류가 있었다면 계약당사자가 협의하여 바르게 정정되어야 합니다. 낙찰률 산정방식[=낙찰가격÷예정가격(%)]에 의하면 낙찰률이란 개념을 적용하기 위해서는 '예정가격'이 존재해야 함을 알 수 있습니다. 예정가격에 대한 내용 또한 전술한 제2장의 국가계약법령 톺아보기 중 공사비 내용을 참고하시기 바랍니다.

낙찰률 적용 오류 시 정정 가능 여부 (회계 41301-1965, 1997. 7. 18.)

【회신】

시행령 제65조의 규정에 의한 설계변경으로 인한 계약금액 조정 시 적용하는 낙찰률은 예정가격에 대한 낙찰금액 또는 계약금액의 비율을 말하는바, 동 계약금액 조정 시 낙찰률의 적용에 오류가 있었다면 계약당사자 간에 협의하여 이를 바르게 정정할 수 있을 것임.

▌협의율과 협의단가

건설공사 도급계약은 이해가 상충되는 상대방이 있는 계약으로서, 계약이행 과정에서 발생하는 현안들은 신의성실의 원칙에 따라 상호 협의하여 진행하는 것이 기본원칙이라 하겠습니다. 설계변경에 있어서 협의의 주요 대상은 계약금액 조정을 어떻게 적용하느냐입니다. 신규품목·비목의 단가를 어떻게 적용하느냐에 따라 조정금액의 정도가 달라지기 때문입니다. 동 신규비목 단가는 설계변경 당시를 기준으로 산정한 단가(설계단가)와 동 단가에 낙찰률을 곱한 금액의 범위 안에서 성실히 협의하여 결정토록 규정하고 있습니다. 이러한 협의과정을 거쳐서 결정된 단가를 '협의단가'라 하며, 동 협의단가는 '설계단가≥협의단가≥[설계단가×낙찰률]'로 표시할 수 있습니다.

협의단가를 결정하기 위해서는 '협의'의 의미를 명확히 해야 하는데, 기획재정부의 유권해석에 의하면 '협의'는 원칙적으로 낙찰률을 곱하지 아니하는 금액을 기준으로 하되 다만, 예외적으로 공사량 규모나 필요 자재 등의 조달상황 등을 감안하여 다소 하향조정할 수 있는 것이라고 하였습니다(회계 45107-1566, 1995. 8. 24.). 원칙적으로 협의단가는 설계단가(협의율 100%)라고 해석함이 합당할 것입니다.

하지만 그간 우리나라 건설업계 관행으로 볼 때 순수한 의미의 협의는 드물고, 발주기관의 우월적 지위로 인하여 낙찰률로 협의가 되어 오면서 불필요한 논쟁이 빈번하게 발생되었습니다. 이에 국가계약법령은 2005년 9월 8일 계약당사자 간 협의가 이루어지지 아니하는 경우에는 협의율을 '(낙찰률+100)/2'로 정하도록 개정하였으며, 이후 협의율에 대한 소모적인 논쟁이 일단락되었습니다. 한편 실무에서는 '(낙찰률+100)/2'을 '간주 협의율'이라고 표현하고 있으며, 계약상대자가 '협의단가' 적용을 포기하지 않는 이상 적용받을 수 있는 협의율로 간주한다는 의미에서 사용하는 것 같습니다.

계약금액 조정 시 "협의"의 의미 (회계 45107-1566, 1995. 8. 24.)

【회신】

국가기관이 체결한 공사계약에서 정부가 설계변경을 요구한 경우에는 증가된 물량 또는 신규비목의 단가는 설계변경 당시를 기준으로 하여 산정한 단가와 동 단가에 낙찰률을 곱한 금액의 범위 안에서 계약당사자 간에 협의하여 계약금액을 결정하는 것인바, 이 경우 "협의"는 원칙적으로 낙찰률을 곱하지 아니하는 금액을 기준으로 하되, 다만 예외적으로 증가된 공사량의 규모, 공사에 필요한 자재 등의 시장거래에 있어 조달상황 등을 감안하여 다소 하향조정할 수 있는 것임.

국가계약법 시행령 [대통령령 제19035호, 2005. 9. 8.]
제65조(설계변경으로 인한 계약금액의 조정)
③ 제1항의 규정에 의하여 계약금액을 조정함에 있어서는 다음 각 호의 기준에 의한다.
3. 정부에서 설계변경을 요구한 경우(계약상대자에게 책임이 없는 사유로 인한 경우를 포함한다)에는 제1호 및 제2호의 규정에 불구하고 증가된 물량 또는 신규비목의 단가는 설계변경 당시를 기준으로 하여 산정한 단가와 동단가에 낙찰률을 곱한 금액의 범위 안에서 계약당사자 간에 협의하여 결정한다. 다만, 계약당사자 간에 협의가 이루어지지 아니하는 경우에는 설계변경 당시를 기준으로 하여 산정한 단가와 동 단가에 낙찰률을 곱한 금액을 합한 금액의 100분의 50으로 한다.

한편 표준시장단가가 적용된 공사에 대해서는 협의율을 적용하지 않고 표준시장단가를 그대로 적용토록 하였습니다. 동 규정은 구(舊) 실적공사비가 적용되던 2012년 7월 9일 공사계약일반조건에 신설되었으며, 표준시장단가로 전환된 현재에도 유지되고 있습니다(일반조건 제20조 제3항). 참고로 표준시장단가는 계약단가, 입찰단가, 시공단가 등을 토대로 산정해야 합니다(국가계약법 시행규칙 제5조 제2항).

▎설계변경 당시의 기준

계약금액 조정 시 신규비목 단가를 언제 기준으로 산정해야 하는지는 가장 빈번하게 논의되는 사안입니다. 이 때문에 신규비목 산정을 위한 기준이 명확히 정의되어 있어야만 합니다. 이에 공사계약일반조건은 '설계변경 당시'를 ⓐ 발주기관이 변경도면을 확정된 때(설계도면의 변경을 요하는 경우), ⓑ 계약당사자 간에 설계변경을 문서에 의하여 합의한 때(설계도면의 변경을 요하지 않는 경우), ⓒ 우선시공을 하게 한 때(설계변경 전 우선시공을 한 경우)로 정하고 있습니다(일반조건 제20조 제1항 제2호). 요약하면 설계변경 당시는 설계도면의 변경 여부와 관련된 시점이라고 하겠습니다.

“설계변경 당시”의 의미 (회계 41301-1061, 1999. 12. 10.)

【회신】

설계·시공일괄입찰방식으로 체결한 공사계약에서 “설계변경 당시”란 설계도면의 변경을 요하는 경우에는 변경도면이 확정된 때, 설계도면의 변경을 요하지 않는 경우에는 계약당사자 간에 설계변경을 문서로 합의한 때를 말하는바, 구체적인 경우가 설계도면의 변경을 요하는 경우로서 여러 절차를 거쳐 설계변경을 확정하는 경우에는 설계변경 과정 중에서 변경도면이 실질적으로 확정이 된 시점을 기준으로 하여 계약당사자 간에 결정·처리할 사안임.

❙ 계약상대자의 책임 있는 사유로 인한 설계변경?

공사계약일반조건 제20조(설계변경으로 인한 계약금액의 조정)는 설계변경으로 인한 계약금액 조정방법에 대하여 구체적으로 설명하고 있으며, 계약상대자의 책임 없는 사유를 포함하여 발주기관이 설계변경을 요구한 경우에는 단순 증가한 물량에 대해서도 신규비목 단가를 적용해야 한다고 규정하고 있습니다.

반대의 경우, 즉 계약상대자의 책임 있는 사유로 인하여 설계변경이 과연 가능한지가 궁금하게 됩니다. 계약상대자가 설계변경을 요청하는 경우라도 설계변경 사유에 해당할 때 비로소 설계변경이 진행되는바, 이를 ‘계약상대자의 책임 있는 사유’라고 보기는 어렵습니다. 일반적으로 계약상대자의 책임 있는 사유는 시공 편의 또는 시공오류 등의 경우가 해당할 텐데, 이에 대해서는 재시공을 명하거나 부실을 치유토록 지시할 뿐이고 설계변경으로 처리할 가능성은 작을 것입니다. 그렇다면 계약상대자의 책임 있는 사유로 인한 설계변경은 거의 없을 것이라는 결론에 이르지 않을 수 없습니다. 위와 같은 내용은 판례로서도 확인되고 있습니다. 법원은 일반조건 제19조 제3항은 발주자가 설계변경 없이 우선 계약상대자에게 시공을 하게 함으로써 계약상대자의 지위가 불안해지고 이에 따라 향후 분쟁이 발생하는 것을 방지하기 위한 취지라고 하면서, 설계·시공분리 입찰공사에서는 오로지 발주기관만이 설계서 작성·수정에 관한 권한과 의무를 가진다고 판단하였습니다(서울고등법원 2017. 11. 17. 선고 2016나2074133).

서울고등법원 2017. 11. 17. 선고 2016나2074133 판결 [공사대금]

【판결요지】

국가를 당사자로 하는 계약에 관한 법률 제19조와 같은 법 시행령 제64조, 같은 법 시행규칙 제74조에 의한 물가변동으로 인한 계약금액 조정에 있어, 계약체결일부터 일정한 기간이 경과함과 동시에 품목조정률이 일정한 비율 이상 증감함으로써 조정사유가 발생하였다 하더라도 계약금액 조정은 자동적으로 이루어지는 것이 아니라, 계약당사자의 상대방에 대한 적법한 계약금액 조정신청에 의하여 비로소 이루어진다.

위와 같은 논리 전개에 따르면 설계서의 오류나 상호모순이 없는 경우라면 계약상대자의 필요(요구)에 의한 설계변경 가능성이 희박하다는 결론에 이르게 됩니다. 만약 계약상대자가 설계서를 변경하고 싶다면, 신기술·신공법에 의한 설계변경으로 요청할 수 있는 정도일 것입니다.

3.3 계약금액 조정 시 유의사항

▎시공 전 설계변경 완료 원칙의 준수 정도

공공공사에서의 설계변경은 '시공 전 설계변경 완료'가 원칙입니다. 하지만 현장실무에서는 '설계변경 완료 후 시공' 원칙이 지켜지는 경우는 매우 드뭅니다. 여러 이유가 있겠지만, 발주기관은 '시공 전 설계변경 완료' 원칙을 잘 알고 있음에도 불구하고 설계변경 업무 및 절차를 계약상대자에게 일임하는 경우가 대부분이고, 일부의 경우에 있어서는 설계변경 여부에 대한 이견으로 계약상대자가 작업지연 또는 중단 등에 따른 손실을 최소화하기 위하여 자신의 비용으로 설계변경이 완료되지 않은 상태에서 우선시공하는 경우가 상당합니다. 이러한 경우 간헐적으로 발주기관에서 설계변경 여부를 번복하게 된다면, 계약상대자는 잘못된(誤) 시공이라는 곤란한 상황에 부닥쳐질 수 있으므로 주의가 요구됩니다.

특히 하도급공사에 있어서 설계변경 전 우선시공 경우가 빈번하게 발생하고 있어 더 큰 주의가 요구됩니다. 하수급인이 수급인(계약상대자)의 지시에 따라 설계변경 완료 전 우선시공을 이행하였더라도, 시공완료 이후 수급인은 발주기관과의 설계변경 및 계약금액 조정방법 등의 이견으로 하수급인에 대한 하도급계약금액 조정이 원만하게 진행되지 않을 가능성이 크기 때문입니다. 이에 하수급인의 경우에는 우선시공 이전에 작업물량 및 적용단가(금액)에 대한 의사표시를 문서로써 작성·제출하는 것이 필요합니다. 하도급법은 건설하도급 거래에 있어서 수급사업자(하수급인)의 우선시공에 따른 계약적 불안정을 방지하기 위하여, 원사업자(수급인)에게 착공 전 하도급계약의 내용(하도급대금과 그 지급방법 등), 하도급대금의 조정요건, 방법 및 절차 등을 적은 서면을 발급하도록 강제하고 있습니다(하도급법 제3조 참조).

한편 설계변경 완료 이전에 우선시공하였는데, 설계서와 다르게 이미 시공한 부분에 대하여 설계변경이 가능한지 아닌지는 사안별로 판단할 수밖에 없다고 하겠습니다(회계제도과-122, 2008. 4. 7.). 이때 '설계변경이 필요한 부분의 시공 전'의 의미는, 전체공사의 시공 전이 아니라 설계변경이 필요한 공사 부분의 시공 전을 의미합니다(회제 41301-2213, 1999. 7. 16.).

그리고 설계변경으로 인한 계약금액 조정이 확정되지 않은 경우라도 준공검사는 가능하다고 하겠습니다(회계 41301-3054, 1997. 11. 5.).

설계변경 완료 이전에 시공한 부분에 대한 설계변경 가능 여부
(회계제도과-122, 2008. 4. 7.)

【회신】
공사계약에 있어서 계약상대자는 설계서대로 시공하여야 하고, 설계변경 사유가 발생된 때에는 "공사계약일반조건" 제19조 규정에 따라 그 설계변경이 필요한 부분의 시공 전에 설계변경을 완료해야 함. 귀 질의 경우와 같이 설계변경 완료 이전에 설계서와 다르게 기 시공한 부분에 대한 설계변경 가능 여부는 계약상대자의 계약이행상황 및 발주기관의 우선시공지시 등에 따라 당사자 간에 협의하여 처리할 사항임.

설계변경으로 인한 계약금액 조정이 확정되지 않은 상황에서 준공처리 가능 여부
(회계 41301-3054, 1997. 11. 5.)

【회신】
공사계약에 있어서 계약상대자는 계약의 이행을 완료한 경우에는 시행령 제55조 및 "공사계약일반조건" 제27조의 규정에 의거 준공신고서 등 서면으로 계약담당공무원에게 통지하고 필요한 검사를 받아야 하는바, 이 경우 준공검사는 계약서(설계서 등)에 따라 이행되었는지를 확인하는 것으로서 계약금액 조정의 조정 여부와는 관계없이 검사가 가능함.

▌1식단가 계약금액 조정

산출내역서상 일부 공종의 단가가 세부공종별로 분류되어 있지 않고 총계방식으로 작성되어 있는 경우를 '1식단가'라 합니다. 1식단가의 경우에도 설계도면 또는 공사시방서가 변경되어 1식단가의 구성내용이 변경되는 때에는 계약금액을 조정하여야 합니다(일반조건 제20조 제7항).

1식단가에 대해 설계변경으로 인한 계약금액 조정 시에는 먼저 일위대가표 및 단가산출서를 참고하여 1식공종을 세부공종별로 분류한 후 변경되는 품목에 설계변경 내용을 반영하여 계약금액을 조정할 수 있습니다(회제 41301-2337, 1999. 7. 26.).

발주기관 요구로 설계변경을 하는 경우 1식단가로 구성되어 있는 공종에 대한 계약금액 조정 방법
(회제 41301-2337, 1999. 7. 26.)

【회신】
설계·시공일괄입찰을 실시하여 체결한 공사계약에서 설계변경으로 인하여 1식단가로 구성되어 있는 공종의 일부 품목만이 변경되는 때에는 동 품목의 단가는 계약상대자가 제출한 일위대가표가 있는 경우에는 동 일위대가표를 참고하여 조정금액을 산출할 수 있을 것이며, 제출된 일위대가표가 없는 경우에는 1식단가에 대한 원가계산 등의 방법에 의하여 계약단가를 산출, 이를 기준으로 조정금액을 산출함이 타당할 것으로 봄.

참고로 계약예규 예정가격 작성기준은 2019년 12월 18일 제2조(계약담당공무원의 주의사항) 제4항에 계약담당공무원은 공사원가계산에 있어서 공종의 단가를 세부내역별로 분류하여 작성하기 어려운 경우 이외에는 총계방식인 1식단가로 특정공종의 예정가격을 작성해서는 아니 된다는 규정을 신설하였습니다.

▌낙찰률로 협의는 이중공제(?)

건설공사 공사비는 크게 직접공사비와 간접공사비로 구분하며, 공사비 산정방법은 상이합니다. 직접공사비는 재·노·경의 각 요소들을 직접 산정·적용하는 '직접계상방식'을 택하며, 간접공사비는 각 요소들을 일일이 산정하는 것이 현실적으로 불가능하기에 재·노·경 각 요소에 대한 요율을 적용하는 '승률계상방식'을 적용합니다. 이러한 승률계상방식은 요율로 적용되기 때문에 대부분 정산절차를 거치도록 규정하고 있습니다. 계약금액 조정 시 직접공사비는 전술한 신규비목 단가 및 협의율 등을 적용하기에 그 과정에서 산출과정 및 협의절차가 필요한 반면, 간접공사비는 계약문서인 산출내역서상의 각 요율을 적용하므로 별도의 협의과정이 요구되지 않습니다.

간접공사비를 적용하는 과정에서 변경금액이 적게 반영되는 문제가 생길 수 있습니다. 산출내역서상의 각 요율이 설계공사비 산정 시의 설계기준 요율보다 낮은데, 계약금액 조정 시 신규단가 낙찰률을 적용하면서 낮아진 직접비 단가에다 산출내역서상의 낮은 간접비 요율을 적용하면서 간접공사비가 재차 낮아지게 되는 문제점이 있습니다. 다시 말해 협의율을 낙찰률로 적용하게 되면, 직접비 적용단가만 낮아지는 것(1차 공제)뿐만이 아니라 간접비 적용금액이 재차 낮아지게 되므로(2차 공제), 두 번의 금액 하락 결과를 발생시키므로 계약상대자 입장에서는 낙찰률 적용에 따른 이중공제라는 부당함이 발생합니다.

위와 같은 낙찰률 적용 이중공제 부담을 예시로 설명해보았습니다. 〈표 4-4〉는 계산의 편의상 낙찰률 80% 현장에 대한 계약금액 조정을 가정한

〈표 4-4〉 신규비목에 대한 협의율 적용 비교(예시)

구분	설계가(원)	신규비목 단가 적용방법(원)	
		협의율 적용 시 [A]	낙찰률 적용 시 [B]
직접공사비	100	90 (100×협의율 90%)	80 (100×낙찰률 80%)
간접공사비	40 (설계요율 40%)	22 (90×계약요율 24.4%)	20 (80×계약요율 24.4%)
총공사비	140(=100+40)	112(=90+22)	100(=80+20)
적용결과	설계금액(단가)	최종비율 ⇒ 80.0%	최종비율 ⇒ 71.4%

예시입니다. 설계공사비가 140원인 경우 협의율을 90%로 적용한 결과는 112원이 되어 최종비율은 전체낙찰률과 같은 80%(=112원÷140원)가 되는 반면, 단순히 낙찰률로 협의 적용한 결과는 100원이 되어 최종비율은 낙찰률보다 월등히 낮은 71.4%(=100원÷140원)가 되어버립니다.

위와 같은 문제를 차단하기 위해서는 내역입찰 시 간접비 요율을 설계공사비의 설계기준 요율과 동일하게 적용하면 됩니다. 하지만 여러 이유로 산출내역서의 간접비 요율을 높게 반영하는데 제약이 있습니다. 전술한 낙찰률 적용에 따른 이중공제라는 부당함을 최소화하기 위해서는 직접공사비 적용단가를 가능한 설계단가에 근접되도록 협의율을 적용받아야 하는 이유가 여기에 있습니다.

한편 하도급공사에 있어서는 입찰 시 간접비 비목 요율 적용범위를 제한하거나 일부 비목만 반영하여 진행되는 경우가 일반적입니다. 공과잡비란 비목을 따로 설정하면서 원도급공사의 간접노무비, 기타경비, 일반관리비 및 이윤 등의 비목을 대폭 제외하는 경우가 그러합니다. 이에 따라 해당 하도급공사의 간접비율은 약 7% 정도로 낮아지게 되고, 그로 인하여 최종 하도급금액인 총공사비가 적정하지 않을 수 있게 됩니다. 이러한 이유로 하도급공사에서는 설계변경 시 전체낙찰률이 아닌 직접공사비 낙찰률을 기준으로 하여 협의율을 적용하는 것이 합당하다는 주장이 제기되고 있습니다.

참고로 설계변경으로 인한 계약금액 조정 시 재료비에 해당하는 비목은 산출내역서상 재료비란에 포함해야 하고, 부가가치세 비목 아래에 계상해서는 아니 된다고 해석합니다(회제 41301-1052, 2001. 5. 31.).

설계변경 시 재료비의 계상 위치 (회제 41301-1052, 2001. 5. 31.)

【회신】

공사계약에서 설계변경으로 계약금액을 조정하는 경우에는 공사계약일반조건 제20조의 규정에 정한 바에 따라 해당 비목 등의 단가를 산정하여 계약금액을 조정하여야 하는바, 이 경우 재료비에 해당되는 비목은 산출내역서상 재료비란에 포함시켜야 하며, 부가가치세 비목 아래 부분에 사급자재 비목 등으로 별도 계상하여서는 아니 되는 것임.

▍전체낙찰률 적용 특약 효력

협의율에 대한 규정이 있음에도 불구하고, 낙찰률을 협의율로 설정한 특약이 타당한지에 대한 논쟁이 발생되고 있습니다. 만약 발주자가 골재장이 확정되지도 않은 상태에서 발주하면서, 국가계약법 시행령이 정한 협의단가 결정범위의 최하한인 전체낙찰률을 협의율로 적용하도록 하는 특별시방서 조항을 임의로 추가하였을 경우 이에 대한 효력이 유효한지가 관련 사례입니다. 결론적으로 말하면 우리 대법원은 설계변경으로 계약금액 조정 시 협의율이 아닌 (전체)낙찰률을 적용토록 규정한 특별시방서가 국가계약법 시행령 제4조(계약의 원칙)(동조는 2020년 4월 7일 삭제되었으며, 현재는 국가계약법 제5조에서 규정하고 있습니다)에 위반되어 무효라고 판단하였습니다.

사실관계를 정리하면, 원고들(계약상대자)은 공사예정가격의 약 50%인 약 295억 원으로 낙찰받았고, 그중 순공사비의 약 75%(169억 원)가 준설토 운반 공종이었는데 대부분 준설토 운반로 변경으로 인하여 최종 공사대금은 약 391억 원으로 증액되었습니다. 최종 변경된 공사대금 중 준설토 운반비용이 간주협의율 적용 시 251억 원(Ⓐ)과 전체낙찰률 적용 시 203억 원(Ⓑ)의 차액이 48억 원(Ⓐ-Ⓑ)으로 상당하여 전체낙찰률 조항에 따라 정산할 경우 원고들이 상당한 손실을 보게 될 것으로 예상되는 사건이었습니다. 1심(대구지방법원 2013가합202131)은 원고가 패소하였으나, 항소심(대구고등법원 2014나20630)에서는 원고가 일부 승소하였는데, 대법원은 이러한 원심 판단에 위법이 없다고 판단하여 확정되었습니다(대법원 2015. 10. 15. 선고 2015다206270, 206287 판결).

대법원 2015. 10. 15. 선고 2015다206270(본소), 206287(반소)

【판결요지】

원심은 이 사건 공사 중 준설토의 운반로 및 운반거리 변경으로 발생되는 단가 적용에 있어서 증가된 운반시간은 표주품셈으로 산정한 운반시간에 전체낙찰률을 곱하여 산정한다는 내용의 이건 전체낙찰률 조항은 국가계약법 시행령 제65조 제3항 제3호에 규정된 원들의 계약상 이익을 부당하게 제한하는 특약으로서 국가계약법 시행령 제4조에 위반되어 무효라고 판단하였다.

(1) 국가계약법 시행령 제65조 제3항 제3호는 계약상대자에게 책임이 없는 사유로 인한 설계변경의 경우 원칙적으로 협의율 또는 간주협의율에 의하여 증가된 물량의 단가를 산정하도록 함으로써 국가와 계약상대자의 이해관계를 조정하는 구체적인 기준을 제시하고 있음에도, 피고는 골재적치장이 확정되지도 아니한 상태에서 피고의 일방적인 필요에 따라, 설계변경이 이루어지기 전에 미리 '일정한 범위 내에서 단가 결정을 협의할 권리'를 포기하게 하면서도 국가계약법 시행령이 정한 협의단가 결정범위의 최하한인 전체낙찰률을 적용하도록 함으로써 계약상대자인 원고들에게 불리한 조항을 이 사건 전체낙찰률 조항을 임의로 추가하였다.

(2) 그럼에도 이 사건 공사 입찰공고 당시 원고들이 열람할 수 있도록 제공된 설계서에 포함된 특별시방서 '1.1.2 설계변경조건' 28)호 등에는 '발주설계도서가 중간 성과품에 의한 설계도서로서 최종실시설계 결과에 따라 공법 및 수량 등을 변경한다'는 추상적인 기재만이 있을 뿐, 준설토 운반로 등의 변경이 예정된 배경, 예상되는 설계변경의 규모 등에 대한 구체적인 기재나 안내가 전혀 없었고, 오히려 이 사건 공사의 입찰공고 당시 조달청이 제공한 현장설명서에는 국가계약법령 등에 의하여 설계변경을 한다는 취지가 명시되어 특별시방서의 내용과 배치되도록 기재하면서도 그 우열에 관한 규정을 두지 아니하였다.

따라서 원고들로서는 이 사건 공사 입찰 당시 이 사건 전체낙찰률 조항 등 특별시방서 내용만으로는 준설토 운반로 및 운반거리가 대규모로 변경될 것을 예상할 수 있었다고 보기 어렵다.

▍턴키공사에서의 계약금액 조정

일괄입찰(일명 턴키공사), 대안입찰(대안이 채택된 부분), 기술제안입찰 등의 기술형입찰공사는 설계변경으로 계약내용을 변경하는 경우 발주기관의 책임 있는 사유 또는 천재지변 등 불가항력 사유로 인한 경우를 제외하고는 계약금액을 증액할 수 없도록 하였습니다. 설계서상의 오류 또는 미비점 등을 보완하는 설계변경이 있더라도, 해당 설계에 대한 책임이 계약상대자에게 있으므로 계약금액 증액을 인정할 수 없는 것입니다. '증액할 수 없다'라는 의미에 대하여 지속적인 논쟁이 있었으며, 지금은 계약상대자의 불리한 입장을 최소화하여 공종 전체를 대상으로 정리가 되었습니다. 즉 설계변경을 해야 할 때는 세부공종 단위로 증감을 산정하는 것이 아니라, 전체 공사를 기준으로 증감되는 금액을 합산하여 조정금액을 산정키로 한 것입니다(일반조건 제21조 제7항).

일괄입찰에서 산출내역서 물량 과다계상 관련

【질의】

산출내역서에 설계도면이나 현장보다 과다하게 계상되어 있는 경우 자체 공사계약특수조건 제3조 제3항을 근거로 산출내역서 물량의 과다산정을 이유로 계약금액 감액조정 가능 여부?

【회신】 (회계제도과-2071, 2007. 11. 23.)

설계·시공일괄입찰을 실시하여 체결한 공사계약에 있어 시행령 제85조 제3항의 규정에 의하여 계약상대자가 제출한 산출내역서는 「공사계약일반조건」 제19조 제2항에 따라 설계서에 해당되지 않음. 따라서 설계도면과 산출내역서상의 물량이 상이하다는 이유로는 계약금액을 조정할 수 없으며, 설계도면에 따라 시공하여야 함. 또한, 공사계약에서 계약일반사항 외에 당해 계약의 적정한 이행을 위하여 필요한 경우 「공사계약일반조건」 제3조 제2항에 따라 공사계약특수조건을 정하여 계약을 체결할 수 있으나, 특수조건에 계약상대자의 계약상 이익을 제한하는 내용이 있는 경우 동 조건 제3조 제3항에 따라 동 내용은 효력이 인정되지 않는 것임.

턴키 등 기술형입찰공사에서도 발주기관의 책임 있는 사유 또는 불가항력적 사유에 대해서는 계약금액을 조정해야 합니다. 다만, 기술형입찰공사에서의 계약금액 조정방법은 국가계약법 시행령 제91조(설계변경으로 인한 계약금액 조정의 제한)에 따라 일반공사에 비하여 다소 복잡하게 이루어집니다. 증감된 공사량은 수정 전의 설계도면과 수정 후의 설계도면을 비교하여 산출해야 하는데(일반조건 제21조 제6항), 이때 증가된 공사량 단가는 설계변경 당시를 산정한 단가와 계약단가의 범위 안에서 협의하여 결정하며, 신규비목인 경우에는 설계단가를 그대로 적용합니다(영 제91조 제3항 제3호, 대법원 2017. 9. 21. 선고 2017다227769 판결).

대법원 2017. 9. 21. 선고 2017다227769 공사계약변경절차 이행

【판결이유】

(상고이유 제1점에 대하여) 원심은 그 판시와 같은 이유를 들어, 터널굴착공법을 NATM 방식으로 제안하여 실시설계적격자로 선정된 원고들이 계약체결 이전에 쉴드TBM 방식으로 하여 실시설계를 변경한 것은 원고들에게 책임 없는 사유로 실시설계를 변경한 경우로서 이 사건 공사계약일반조건 제21조 제2항 제1호 또는 제2호에서 정하고 있는 계약금액 조정사유에 해당하므로, 피고 서울시는 위와 같은 설계변경으로 인하여 계약금액을 조정할 의무가 있다고 판단하였다.

관련 법리와 기록에 비추어보면, 원심의 위와 같은 판단에 상고이유 주장과 같이 국가계약법 시행령 제91조 제2항의 적용 및 해석에 관한 법리를 오해한 잘못이 없다.

(상고이유 제2, 3점에 대하여) 원심은 그 판시와 같은 이유를 들어, 쉴드TBM 방식은 원고들이 제출한 산출내역서에서 단가를 정하지 않은 신규비목이므로, 피고 서울시는 '설계 당시를 기준으로 산정한 쉴드TBM 방식에 의한 단가'를 산정하고 위 금액과 실제 입찰가의 차액을 공사대금에 증액하여 조정하여야 한다고 판단하였다. 나아가 변경된 공법이 적용된 구간의 증액 직접공사비는 감정인의 감정 및 보완감정 결과 등을 토대로 산정한 쉴드TBM 방식을 적용한 직접공사비와 원고들이 이 사건 공사 입찰에서 제시한 직접공사비의 차액으로 산정하였다.

관련 법리와 기록에 비추어보면, 원심의 위와 같은 판단과 공사비 산정에 상고이유 주장과 같이 국가계약법 시행령 제91조 제3항과 계약금액 조정 규정의 적용 및 해석, 손해액 산정 등에 관한 법리를 오해한 잘못이 없다.

설계변경으로 인한 계약금액 조정 시 물량증감에 대한 처리방법은 내역입찰과 같은 기타공사와는 상이하게 이루어짐에 유의해야 합니다. 도급내역서상 시공하지 않는 공사량이 있더라도 감액하지 않으며(회제 41301-2512, 1999. 8. 9.), 물량이 감소하는 경우 감소하는 물량이 도급내역서상 물량보다 많더라도 초과(-)하여 조정하지 않습니다(회제 41301-760, 2003. 6. 17.). 기획재정부 질의회신 사례에서와 같이 당초 설계변경 물량이 100인 일괄공사 도급내역서상 물량이 50인 경우, 변경 설계도면 물량이 40으로 변경된다면 변경도급내역서에 적용되는 물량은 줄어든 (-)60만큼을 적용해야 하나, 도급내역서 물량을 초과(-)하여 조정할 수 없으므로 적용물량은 '0'이 됩니다(내역입찰공사의 경우에는 변경 설계도면 물량인 40을 적용해야 합니다).

턴키공사에서 시공하지 않은 사항이 내역서에 있는 경우 설계변경 여부

(회제 41301-2512, 1999. 8. 9.)

턴키공사에서 설계변경으로 인한 계약금액 조정은 설계도면 등 설계서의 변경으로 인하여 변경되는 품목 또는 비목의 단가를 조정하는바, 변경이 발생되지 않는 품목 또는 비목의 단가를 조정할 수는 없는 것임.

대안입찰공사의 설계변경으로 인한 계약금액 조정

【질의】

당초 산출내역서상의 물량이 과소 계상되어 있는 경우로서 설계변경으로 인하여 물량이 감소하는 경우에 도면변경에 따른 증감물량의 산출결과 당초 내역서상에 계상되어 있는 수량보다 많은 물량이 감소하는 경우

당초 설계도면 물량	산출내역서 물량	변경 설계도면 물량	변경내역서 적용물량
100	50	40	-10(갑설), -0(을설)

【회신】 (회제 41301-760, 2003. 6. 17.)

대안입찰로 체결한 공사계약에서 설계변경으로 인한 계약금액 조정을 하는 경우로서 설계변경으로 인하여 공사물량이 감소 또는 삭제되는 경우에는 당해 감소 또는 삭제되는 물량에 대한 산출내역서상의 금액범위 내에서 계약금액을 조정하는 것임.

▌턴키공사에서의 계약상대자 의무

법원은, 설계시공일괄입찰(Turn-Key Base) 방식에 의한 도급계약은 수급인이 도급인이 의욕하는 공사목적물의 설치목적을 이해한 후 그 설치목적에 맞는 설계도서를 작성하고 이를 토대로 스스로 공사를 시행하며 그 성능을 보장하여 결과적으로 도급인이 의욕한 공사목적을 이루게 해야 하는 계약을 의미한다고 판단하고 있습니다(대법원 1994. 8. 12. 선고 92다41559 판결 등 다수). 낙동강살리기 사업의 턴키공사에서 태풍으로 하상유지공 일부 유실된 사안에 대하여 불완전한 상태로 설계·시공하였다면서 계약상대자에게 하자담보책임이 있다고 보아 원심을 파기환송한 판결례가 있습니다(대법원 2021. 7. 8. 선고 2020다290590 판결).

대법원 2021. 7. 8. 선고 2020다290590 판결 손해배상(기)

【판시사항】

1. 설계시공일괄입찰(Turn-Key Base) 방식에 의한 도급계약에서 수급인의 의무
2. 갑 주식회사 등이 공동수급체를 구성한 후 낙동강살리기 사업 관련 시설공사 입찰에 참여하여 실시설계적격자로 결정되자, 국가와 이른바 설계시공 일괄입찰 방식에 의한 공사도급계약을 체결하여 낙동강의 지류에 하상유지공을 설계·시공하였는데, 태풍으로 하상유지공의 일부가 유실된 사안에서, 설계시공 일괄입찰 방식에 의한 공사도급계약에 따라 갑 회사 등은 하상유지공의 설계·시공에서 국가가 의욕한 안전성 등을 갖추도록 보장하여야 할 의무가 있는데도 이를 보장하지 못하는 불완전한 상태로 설계·시공하였으므로, 국가에 대하여 하자담보책임 또는 불완전이행에 따른 채무불이행책임을 부담한다고 볼 여지가 큰데도, 이와 달리 본 원심판단에 법리오해의 잘못이 있다고 한 사례

4. 물가변동으로 인한 계약금액의 조정

물가변동제도와 물가변동으로 인한 계약금액 조정 내용은 전술한 설계변경과 비교하면 매우 단순한 것으로 생각될 수 있습니다. 조정금액은 물가변동 대상금액(물가변동적용대가)에 물가변동률을 곱하는 것이므로, 검토대상이 두 가지 정도로만 보이기 때문일 것입니다. 물론 설계변경과 비교하여 상대적으로 간단할 순 있겠으나, 물가변동제도 또한 계약금액 조정과 결부되면서 수많은 경우의 수로 논쟁이 되고 있습니다.

우리나라 공공공사 물가변동제도는 외국과는 적용방법이 상이하여 다소 혼란이 있으나, 분쟁으로 진행되는 경우는 많지 않습니다. 그 이유는 물가변동으로 인한 계약금액 조정방법에 대하여 많은 해석 사례들이 축적되어 있어, 이들을 적절히 적용하면 될 것이기 때문입니다. 다만 하도급계약에 대한 물가변동분 적용에 대해서는 원칙적으로 당사자 간의 협의에 맡기고 있고, 해석 사례가 많지 않아 당사자 간 협의가 원만하지 않은 경우가 있습니다. 유관기관은 개별 하도급계약에 대해서도 물가변동분 적용의 이견사항을 정리할 필요가 있다고 생각됩니다.

물가변동분 적용방법은 국가계약법령(영 제64조, 규칙 제74조) 및 공사계약일반조건(제22조)에서 자세하게 규정하고 있기에, 해당 조문이 다소 분량이 있지만 현행 규정을 그대로 인용하였습니다. 물가변동에 대한 논의 사안들은 물가변동 요건(기간 및 조정률), 조정신청 등 절차요건, 공사공정예정표, 물가변동적용대가, 선금(선급금), 기성대가, 등락률(k치), 특정규격 자재 가격변동 등이 있으며, 이들을 설명하면서 필요에 따라 기획재정부의 관련 유권해석 사례 인용을 병행하였습니다. 참고로 국가계약법의 영문법령을 살펴보면, 물가변동은 (Escalation이 아닌) Price Fluctuation으로 명시되어 있습니다.

국가계약법 시행령

제64조(물가변동으로 인한 계약금액의 조정) ① 각 중앙관서의 장 또는 계약담당공무원은 법 제19조의 규정에 의하여 국고의 부담이 되는 계약을 체결(장기계속공사 및 장기물품제조 등의 경우에는 제1차 계약의 체결을 말한다)한 날부터 90일 이상 경과하고 동시에 다음 각 호의 어느 하나에 해당되는 때에는 기획재정부령이 정하는 바에 의하여 계약금액(장기계속공사 및 장기물품제조 등의 경우에는 제1차 계약체결 시 부기한 총공사 및 총제조 등의 금액을 말한다. 이하 이 장에서 같다)을 조정한다. 이 경우 조정기준일(조정사유가 발생한 날을 말한다. 이하 이 조에서 같다)부터 90일 이내에는 이를 다시 조정하지 못한다.
1. 입찰일(수의계약의 경우에는 계약체결일을, 2차 이후의 계약금액 조정에 있어서는 직전 조정기준일을 말한다. 이하 이 항 및 제6항에서 같다)을 기준일로 하여 기획재정부령이 정하는 바에 의하여 산출된 품목조정률이 100분의 3 이상 증감된 때
2. 입찰일을 기준일로 하여 기획재정부령이 정하는 바에 의하여 산출된 지수조정률이 100분의 3 이상 증감된 때

② 각 중앙관서의 장 또는 계약담당공무원은 제1항의 규정에 의하여 계약금액을 조정함에 있어서 동일한 계약에 대하여는 제1항 각 호의 방법중 하나의 방법에 의하여야 하며, 계약을 체결할 때에 계약서에 계약상대자가 제1항 제2호의 방법을 원하는 경우 외에는 동항 제1호의 방법으로 계약금액을 조정한다는 뜻을 명시하여야 한다.
③ 「국고금관리법 시행령」 제40조의 규정에 의하여 당해 계약상대자에게 선금을 지급한 것이 있는 때에는 제1항의 규정에 의하여 산출한 증가액에서 기획재정부령이 정하는 바에 의하여 산출한 금액을 공제한다.
④ 각 중앙관서의 장 또는 계약담당공무원은 관계 법령에 의하여 최고판매가격이 고시되는 물품을 구매하는 경우 기타 제1항의 규정을 적용하여서는 물품을 조달하기 곤란한 경우에는 계약체결 시에 계약금액의 조정에 관하여 제1항의 규정과 달리 정할 수 있다.
⑤ 제1항의 규정을 적용함에 있어서 천재·지변 또는 원자재의 가격급등으로 인하여 당해 조정제한기간 내에 계약금액을 조정하지 아니하고는 계약이행이 곤란하다고 인정되는 경우에는 동항의 규정에도 불구하고 계약을 체결한 날 또는 직전 조정기준일부터 90일 이내에 계약금액을 조정할 수 있다.
⑥ 제1항 각 호에 불구하고 각 중앙관서의 장 또는 계약담당공무원은 공사계약의 경우 특정규격

의 자재(해당 공사비를 구성하는 재료비·노무비·경비 합계액의 100분의 1을 초과하는 자재만 해당한다)별 가격변동으로 인하여 입찰일을 기준일로 하여 산정한 해당 자재의 가격증감률이 100분의 15 이상인 때에는 그 자재에 한하여 계약금액을 조정한다.
⑦ 각 중앙관서의 장 또는 계약담당공무원은 환율변동을 원인으로 하여 제1항에 따른 계약금액 조정요건이 성립된 경우에는 계약금액을 조정한다. 〈신설 2008. 12. 31.〉
⑧ 제1항에도 불구하고 각 중앙관서의 장 또는 계약담당공무원은 단순한 노무에 의한 용역으로서 기획재정부령으로 정하는 용역에 대해서는 예정가격 작성 이후 노임단가가 변동된 경우 노무비에 한정하여 계약금액을 조정한다. 〈신설 2018. 3. 6.〉

국가계약법 시행규칙

제74조(물가변동으로 인한 계약금액의 조정) ① 영 제64조 제1항 제1호의 규정에 의한 품목조정률과 이에 관련된 등락폭 및 등락률 산정은 다음 각 호의 산식에 의한다. 이 경우 품목 또는 비목 및 계약금액 등은 조정기준일 이후에 이행될 부분을 그 대상으로 하며, “계약단가”라 함은 영 제65조 제3항 제1호에 규정한 각 품목 또는 비목의 계약단가를, “물가변동당시가격”이라 함은 물가변동 당시 산정한 각 품목 또는 비목의 가격을, “입찰당시가격”이라 함은 입찰서 제출 마감일 당시 산정한 각 품목 또는 비목의 가격을 말한다.

1. 품목조정률 $= \dfrac{\text{각 품목 또는 비목의 수량에 등락폭을 곱한 금액의 합계액}}{\text{계약금액}}$

2. 등 락 폭 = 계약단가 × 등락률

3. 등 락 률 $= \dfrac{\text{물가변동당시가격} - \text{입찰당시가격}}{\text{입찰당시가격}}$

② 영 제9조 제1항 제2호의 규정의 의한 예정가격을 기준으로 계약한 경우에는 제1항 제1호 산식 중 각 품목 또는 비목의 수량에 등락폭을 곱하여 산출한 금액의 합계액에는 동 합계액에 비례하여 증감되는 일반관리비 및 이윤 등을 포함하여야 한다.
③ 제1항 제1호의 등락폭을 산정함에 있어서는 다음 각 호의 기준에 의한다.
1. 물가변동당시가격이 계약단가보다 높고 동 계약단가가 입찰당시가격보다 높을 경우의 등락폭은 물가변동당시가격에서 계약단가를 뺀 금액으로 한다.
2. 물가변동당시가격이 입찰당시가격보다 높고 계약단가보다 낮을 경우의 등락폭은 영으로 한다.

④ 영 제64 조 제1항 제2호에 따른 지수조정률은 계약금액(조정기준일 이후에 이행될 부분을 그 대상으로 한다)의 산출내역을 구성하는 비목군 및 다음 각 호의 지수 등의 변동률에 따라 산출한다.
1. 한국은행이 조사하여 공표하는 생산자물가기본분류지수 또는 수입물가지수
2. 정부·지방자치단체 또는 「공공기관의 운영에 관한 법률」에 따른 공공기관이 결정·허가 또는 인가하는 노임·가격 또는 요금의 평균지수
3. 제7조 제1항 제1호의 규정에 의하여 조사·공표된 가격의 평균지수
4. 그 밖에 제1호부터 제3호까지와 유사한 지수로서 기획재정부장관이 정하는 지수

⑤ 영 제64조 제1항의 규정에 의하여 계약금액을 조정함에 있어서 그 조정금액은 계약금액 중 조정기준일 이후에 이행되는 부분의 대가(이하 “물가변동적용대가”라 한다)에 품목조정률 또는 지수조정률을 곱하여 산출하되, 계약상 조정기준일 전에 이행이 완료되어야 할 부분은 이를 물가변동적용대가에서 제외한다. 다만, 정부에 책임이 있는 사유 또는 천재·지변 등 불가항력의 사유로 이행이 지연된 경우에는 물가변동적용대가에 이를 포함한다.
⑥ 영 제64조 제3항의 규정에 의하여 선금을 지급한 경우의 공제금액의 산출은 다음 산식에 의한다. 이 경우 영 제69조 제2항·제3항 또는 제5항의 규정에 의한 장기계속공사계약·장기물품

제조계약 또는 계속비 예산에 의한 계약 등에 있어서의 물가변동적용대가는 당해연도 계약체결분 또는 당해연도 이행금액을 기준으로 한다.

• 공제금액=물가변동적용대가×(품목조정률 또는 지수조정률)×선금급률

⑦ 제1항에 따른 물가변동당시가격을 산정하는 경우에는 입찰당시가격을 산정한 때에 적용한 기준과 방법을 동일하게 적용하여야 한다. 다만, 천재·지변 또는 원자재 가격급등 등 불가피한 사유가 있는 경우에는 입찰당시가격을 산정한 때에 적용한 방법을 달리할 수 있다.
⑧ 제1항에 따라 등락률을 산정함에 있어 제23조의3 각 호에 따른 용역계약(2006년 5월 25일 이전에 입찰공고되어 체결된 계약에 한한다)의 노무비의 등락률은 「최저임금법」에 따른 최저임금을 적용하여 산정한다.
⑨ 각 중앙관서의 장 또는 계약담당공무원이 제1항 내지 제7항의 규정에 의하여 계약금액을 증액하여 조정하고자 하는 경우에는 계약상대자로부터 계약금액의 조정을 청구받은 날부터 30일 이내에 계약금액을 조정하여야 한다. 이 경우 예산배정의 지연 등 불가피한 사유가 있는 때에는 계약상대자와 협의하여 조정기한을 연장할 수 있으며, 계약금액을 증액할 수 있는 예산이 없는 때에는 공사량 또는 제조량 등을 조정하여 그 대가를 지급할 수 있다.
⑩ 기획재정부장관은 제4항에 따른 지수조정률의 산출 요령 등 물가변동으로 인한 계약금액의 조정에 관하여 필요한 세부사항을 정할 수 있다.

공사계약일반조건

제22조(물가변동으로 인한 계약금액의 조정) ① 물가변동으로 인한 계약금액의 조정은 시행령 제64조 및 시행규칙 제74조에 정한 바에 의한다.
② 계약담당공무원이 동일한 계약에 대한 계약금액을 조정할 때에는 품목조정률 및 지수조정률을 동시에 적용하여서는 아니 되며, 계약을 체결할 때에 계약상대자가 지수조정률 방법을 원하는 경우외에는 품목조정률 방법으로 계약금액을 조정하도록 계약서에 명시하여야 한다. 이 경우 계약이행 중 계약서에 명시된 계약금액 조정방법을 임의로 변경하여서는 아니 된다. 다만, 시행령 제64조 제6항에 따라 특정규격의 자재별 가격변동으로 계약금액을 조정할 경우에는 본문에도 불구하고 품목조정률에 의한다.
③ 제1항에 의하여 계약금액을 증액하는 경우에는 계약상대자의 청구에 의하여야 하고, 계약상대자는 제40조에 의한 준공대가(장기계속계약의 경우에는 각 차수별 준공대가) 수령 전까지 조정신청을 하여야 조정금액을 지급받을 수 있으며, 조정된 계약금액은 직전의 물가변동으로 인한 계약금액 조정기준일부터 90일 이내에 이를 다시 조정할 수 없다. 다만, 천재·지변 또는 원자재의 가격급등으로 해당 기간 내에 계약금액을 조정하지 아니하고는 계약이행이 곤란하다고 인정되는 경우에는 계약을 체결한 날 또는 직전 조정기준일로부터 90일 이내에도 계약금액을 조정할 수 있다.
④ 계약상대자는 제3항에 의하여 계약금액의 증액을 청구하는 경우에 계약금액 조정내역서를 첨부하여야 한다.
⑤ 발주기관은 제1항 내지 제4항에 의하여 계약금액을 증액하는 경우에는 계약상대자의 청구를 받은 날부터 30일 이내에 계약금액을 조정하여야 한다. 이때 예산배정의 지연 등 불가피한 경우에는 계약상대자와 협의하여 그 조정기한을 연장할 수 있으며, 계약금액을 증액할 수 있는 예산이 없는 때에는 공사량 등을 조정하여 그 대가를 지급할 수 있다.
⑥ 계약담당공무원은 제4항 및 제5항에 의한 계약상대자의 계약금액 조정 청구내용이 일부 미비하거나 분명하지 아니한 경우에는 지체 없이 필요한 보완요구를 하여야 하며, 이 경우 계약상대자가 보완요구를 통보받은 날부터 발주기관이 그 보완을 완료한 사실을 통지받은 날까지의 기간은 제5항에 의한 기간에 산입하지 아니한다. 다만, 계약상대자의 계약금액 조정 청구내용이 계약금액 조정요건을 충족하지 않았거나 관련 증빙서류가 첨부되지 아니한 경우에는 그 사유를 명시하여 계약상대자에게 해당 청구서를 반송하여야 하며, 이 경우에 계약상대자는

그 반송사유를 충족하여 계약금액 조정을 다시 청구하여야 한다.
⑦ 시행령 제64조 제6항에 따른 계약금액 조정요건을 충족하였으나 계약상대자가 계약금액 조정신청을 하지 않을 경우에 하수급인은 이러한 사실을 계약담당공무원에게 통보할 수 있으며, 통보받은 계약담당공무원은 이를 확인한 후에 계약상대자에게 계약금액 조정신청과 관련된 필요한 조치 등을 하도록 하여야 한다.

4.1 물가변동제도 및 물가변동 요건 연혁

❙ 물가변동제도 도입 경위

우리나라 물가변동제도는 1969년 5월 20일 회계예규 '시설공사계약일반조건(회계 1210-2329)' 제정을 시작으로 도입되었고, 적용대상은 정부고시 가격·관허요금·관영요금의 변경 및 시멘트, 철근, 목재의 가격과 노임(특수인부, 보통인부)이 15% 이상 변동되었을 경우 조정하도록 규정하여 현행의 단품 슬라이딩방식과 유사합니다. 현행과 같이 전체 계약금액에 대한 조정제도 도입은 1974년 3월 25일 '시설공사계약일반조건(회계 1210-958)' 개정으로 시작되었습니다(이재섭·신영철, 「물가변동제도 운영방식 개선방안」, 한국건설관리학회 논문집 제12권 제2호, 2011. 3.).

도급계약은 계약이 유효하게 성립하고 나면, 그 확정된 계약내용에 따라 계약이행을 완료할 의무가 있습니다. 하지만 계약체결 후 계약이행 과정에서 당초 예측하지 못하였던 물가변동이 발생하는 경우에도 이에 대한 계약금액 조정을 인정하지 않고 일방 당사자에게만 부담을 지우는 것은 '신의성실 원칙'에 부합하지 않을 수 있습니다. 이에 물가변동제도는 민법상의 '사정변경의 원칙'을 원용하여 제도화된 것으로, 국고의 부담이 되는 계약에 대해서 적용되고 있습니다.

▌물가변동 요건 연혁

공공공사에 물가변동으로 인한 계약금액 조정제도가 법령으로 도입된 것은 1977년 4월 1일 예산회계법 시행령 제6장 계약편에 제95조의2(물가변동으로 인한 계약금액의 조정)가 신설되면서 시작되었습니다. 이후 예산회계법 시행령 제6장 계약편은 1995년 1월 5일 국가계약법령으로 이전되어 지금에 이르고 있습니다. 물가변동제도는 등락률과 경과일수를 동시 충족하는 것을 요건으로 하고 있으며, 구(舊) 예산회계법과 현행 국가계약법령에서 일관되게 유지하고 있습니다.

물가변동 적용요건은 우리나라 경제상황 등의 여건에 따라 조금씩 변화되어왔습니다. 예산회계법에서의 최초 적용된 물가변동 요건은 계약일로부터 90일이 경과하고 등락률 10% 이상을 동시에 충족하는 것이었으며, 1993년 9월 23일에는 등락률을 5%로 낮추는 대신 경과일수를 120일로 늘렸습니다. 이러한 물가변동 요건은 1995년 1월 5일 제정된 국가계약법에서도 그대로 이어져 왔으며, 1998년 2월 24일 경과일수 요건을 60일로 줄이는 이외에 5% 등락률 요건은 2005년 9월 8일 개정 때까지 유지되어 왔습니다.

현행 물가변동제도의 적용요건은 2005년 9월 8일의 국가계약법 시행령 개정내용이 일관된 기준으로 유지되고 있는데, 이때의 개정내용은 ① 조정기준일을 당초 계약일에서 입찰일로 변경한 것과 ② 적용요건의 등락률을 3%, 경과일수를 90일 이상으로 조정한 것입니다. 살펴보면 경과일수와 달리 등락률 요건은 1969년도 시설공사계약일반조건에서의 15% 이상에서 시작되어 10% 이상으로 적용기준을 5%p 줄였으며, 현재는 3% 이상으로 점진적으로 낮춰져 왔습니다. 이는 우리나라의 경제상황 변동을 반영한 결과로 사료됩니다.

위와 같은 주요 물가변동으로 인한 계약금액 조정 관련 변경 현황을 정리하면 〈표 4-5〉와 같습니다. 한편 정부(기획재정부)는 2023년 4월 19일자 보도자료 '국가계약제도 선진화 방안'에서 특정규격 자재 비중을 공사비의 1% 초과에서 0.5% 초과로 요건을 완화하겠으며, 2023년 하반기 국가계약법 시행령을 개정하겠다는 추진일정을 내놓았습니다.

〈표 4-5〉 물가변동 요건 및 주요 개정 현황

<table>
<tr><th rowspan="2">조정
기준일</th><th colspan="2">청구조건</th><th rowspan="2" colspan="2">법령개정 현황</th><th rowspan="2">주요 개정내용</th></tr>
<tr><th>등락률</th><th>경과일수</th></tr>
<tr><td>계약일</td><td>100분의 10 이상</td><td>90일 이상</td><td colspan="2">예산회계법 시행령
§95조의2(1977.4.1.)</td><td>신설개정</td></tr>
<tr><td>〃</td><td>100분의 5 이상</td><td>120일 이상</td><td colspan="2">예산회계법 시행령
§111②(1993.9.23)</td><td>지수조정률 원칙</td></tr>
<tr><td>〃</td><td>〃</td><td>〃</td><td colspan="2">국가계약법 §19(1995.1.5.)
같은 법 시행령 §64(1995.7.6.)</td><td>국가계약법령으로 이전</td></tr>
<tr><td>〃</td><td>〃</td><td>60일 이상</td><td rowspan="7">국가계약법
시행령 §64</td><td>개정일
(1998.2.24.)</td><td>경과일수 단축</td></tr>
<tr><td>〃</td><td>〃</td><td>〃</td><td>개정일
(1999.9.9.)</td><td>조정률 협의</td></tr>
<tr><td>〃</td><td>〃</td><td>〃</td><td>개정일
(2004.4.6.)</td><td>60일 이내 조정가능</td></tr>
<tr><td>입찰일
(등락률 기준)</td><td>100분의 3 이상</td><td>90일 이상</td><td>개정일
(2005.9.8.)</td><td>품목조정률 원칙</td></tr>
<tr><td>〃</td><td>〃</td><td>〃</td><td>개정일
(2006.12.29.)</td><td>단품슬라이딩 도입</td></tr>
<tr><td>〃</td><td>〃</td><td>〃</td><td>개정일
(2008.12.31.)</td><td>환율변경 원인추가</td></tr>
<tr><td>〃</td><td>〃</td><td>〃</td><td>개정일
(2010.7.21.)</td><td>1%초과 특정규격 자재
등락률 15%이상 신설</td></tr>
</table>

▌등락률 요건

물가변동 등락률 요건은 입찰일로부터 3% 이상 증감되어야 합니다(영 제64조 제1항). 입찰일을 조정일 산정기준으로 정한 취지는, 입찰 실시 후 계약체결 시까지 상당 기간이 소요되는 경우 동 기간에 발생한 물가급등락분을 계약상대자에게 일방적으로 부담 지우는 문제점을 해소하기 위한 것입니다. 기존에는 등락률 또한 계약일을 기준하였으나, 일괄입찰공사의 경우 입찰일로부터 계약일까지의 기간이 상당이 소요되는 문제점이 있어 1999년 9월 9일 발주기관이 특약으로 입찰일을 적용하다가, 2005년 9월 8일 국가계약법 시행령으로 반영·개정하여 모든 공사에 적용토록 한 것입니다.

조정률을 산정할 때 대상이 되는 금액은, 전체 계약금액이 아니라 계약금액 중에서 조정기준일 이후에 이행되는 부분의 대가, 즉 물가변동적용대가를 대상으로 산정해야 합니다(규칙 제74조 제5항). 물가변동적용대가에 대해서는 후술하는 계약금액 조정방법에서 좀 더 구체적으로 서술하였습니다.

▌기간요건

물가변동 기간요건은 (입찰일이 아닌) 계약일로부터 90일 이상 경과되어야 합니다(영 제64조 제1항). 물가변동 요건성립은 계약체결일로부터 90일 이상 지나야 하므로, 적어도 91일째부터가 대상일이 됩니다. 민법 제157조(기간의 기산점)는 기간을 일, 주, 월 또는 연으로 정한 때에는 기간의 초일은 산입하지 아니하므로, '초일 불산입 원칙'에 따라 계약체결일은 기간에 산입되지 않기 때문입니다. 장기계속공사계약은 총공사금액을 부기하고 연차별로 계약을 체결하지만, 기간요건의 기산일은 1차 계약체결일을 기준으로 해야 합니다. 위와 같이 기간요건을 정한 취지는 계약체결 후 일정 기간 동안에 있어서는 빈번한 계약금액 조정을 제한함으로써 계약이행에 보다 충실할 수 있도록 하기 위함으로 이해됩니다. 하지만 국가계약법령은 천재·지변 또는 원자재 가격급등의 경우에는 90일의 조정제한기간 이내에라도 계약금액을 조정할 수 있도록 하여, 계약이행이 곤란하지 않도록 하였습니다(영 제64조 제5항).

한편 발주기관에 책임이 있거나, 천재지변 또는 불가항력의 사유 등으로 공사가 정지된 경우, 이는 계약상대자의 책임 없는 사유로 인하여 계약이행이 정지된 것이므로 물가변동 기간요건인 90일 기간 산정 시 포함하는 것이 합당합니다.

▌조정신청 시기

물가변동 증액분에 대해서는 계약상대자의 조정신청을 필수적 요건으로 하며(일반조건 제22조 제3항), 청구서류에는 계약금액 조정내역서를 첨부해야 합니다(일반조건 제22조 제4항). 이와 달리 감액될 경우에는 발주기관(계약담당공무원)이 계약상대자에게 감액내역서를 첨부하여 감액 통보해야 합니다. 참고로 계약금액 조정신청 시한을 준공대가 수령 전까지로 한정한 것은, 도급계약 관계에서 어느 일방이 일을 완성하면 그에 대한 다른 상대방의 대가지급으로 도급계약이 종료되도록 하는 것이 법적안정성 유지 측면에서 합당하기 때문으로 이해됩니다(대법원 2006. 9. 14. 선고 2004다28825 판결).

계약상대자는 준공대가(장기계속계약의 경우에는 각 차수별 준공대가) 수령 전까지 계약금액 조정신청을 해야 하므로, 준공대가 지급을 청구한 경우라도 준공 여부와 상관없이 준공대가를 지급받기 전까지는 계약금액 조정신청을 할 수 있습니다. 발주기관은 계약금액 조정 청구를 받은 날부터 30일 이내에 계약금액을 조정하여야 합니다(일반조건 제22조 제5항, 규칙 제74조 제9항).

물가변동으로 인한 계약금액 조정신청의 시한 (계약제도과-342, 2011. 4. 6.)

【회신】
계약금액을 조정함에 있어서 증액하는 경우에는 계약상대자가 공사계약일반조건 제22조 제3항 규정에 따라 준공대가 수령 전까지 조정신청을 해야 하며, 감액하는 경우에는 계약담당공무원이 준공대가 지급 전까지 계약상대자에게 통보해야 할 것임. 다만, 증액조정이나 감액조정을 불문하고 기성대가가 개산급으로 지급되었거나 계약당사자가 계약금액 조정을 신청·통보한 후에 지급된 것이라면 물가변동적용대가에 포함되어 계약금액 조정의 대상이 되나, 기성대가가 신청·통보 전에 이미 지급된 경우에는 당사자의 신뢰보호 견지에서 물가변동적용대가에서 공제되어 계약금액 조정의 대상이 되지 않을 것임.

4.2 계약금액 조정방법

물가변동으로 인한 계약금액 증감액(조정금액)은 '물가변동적용대가'에다 물가변동 등락률(k)을 곱하여 산정합니다(규칙 제74조 제5항). 이로 볼 때 물가변동 조정금액은 물가변동적용대가와 등락률에 의하여 결정되므로, 물가변동적용대가가 어떻게 산정되는지와 아울러 등락률 산정방법에 대하여 알아보도록 하겠습니다.

물가변동으로 인한 계약금액 조정은 물가변동 요건을 충족해야 청구가 가능하므로, 등락률에 대한 관심이 높은 것은 당연합니다. 하지만 등락률은 충족요건일 뿐이므로 계약금액 조정방법에서 정작 중요한 것은 물가변동적용대가이며, 많은 질의응답 또한 물가변동적용대가를 어떻게 산정하는가에 대한 것임을 생각해보면 쉽게 이해할 수 있을 것입니다. 이에 물가변동적용대가에 대하여 먼저 서술합니다.

▌물가변동적용대가

물가변동적용대가는 계약금액 중 조정기준일 이후에 이행되는 부분의 대가를 의미합니다. 이를 뒤집어보면 물가변동적용대가는 계약금액에서 계약상 조정기준일 이전에 이행이 완료되어야 할 부분을 제외하고 남는 부분임을 알 수 있습니다. 물가변동적용대가에서 제외되는 금액에는 기성대가가 해당하고, 기성대가는 계약금액 조정 당시의 승인받은 공사공정예정표를 기준으로 합니다.

한편 물가변동으로 인한 계약금액 조정에는 선금 또한 공제해야 하는데, 선금은 물가변동적용대가가 아니라 물가변동 조정금액에서 공제합니다(규칙 제74조 제6항).

▌적용제외금액: 기성대가

물가변동적용대가에서 이미 지급된 기성대가를 제외해야 함은 분명합니다. 문제는 실제공정이 예정공정과 다를 경우입니다. 실제 공사가 계약상대자의 귀책으로 공사공정예정표보다 지연된 경우에는 실제공정 진행과 상관없이 공사공정예정표를 기준으로 귀책여부를 고려하여 물가변동적용대가를 산정해야 합니다. 계약상대자의 귀책으로 지연된 부분은 기성대가를 지급받지 않았더라도 제외하는 것이 당연할 것이며, 반면 조정기준일 이전에 완료되어야 할 부분이 발주기관의 책임 있는 사유 또는 천재·지변 등 불가항력의 사유로 이행이 지연된 경우에는 물가변동적용대가에서 제외하지 않는 것이 합당합니다(규칙 제74조 제5항).

이와 달리 실제 공사가 계약상대자의 의지로 선(先)시공을 한 경우에 대해서는 이를 계약상대자의 선(先)투자에 해당하므로 이에 대해서까지 물가변동적용대가에 제외하는 것은 불합리하므로 제외하지 않는 것이 타당합니다.

위와 같이 물가변동적용대가 산정은 조정기준일 당시의 승인받은 공사공정예정표가 가장 중요한 기준이 된다고 하겠습니다. 공사공정예정표 변경이 반드시 조정기준일 전에 이루어져야 하는지가 논쟁이 될 수 있습니다. 공사공정예정표의 변경이 반드시 조정기준일 전에 이루어져야 하는 것은 아니므로, 만약 설계변경 등의 사유가 조정기준일 전에 발생하였다면 조정기준일 이후에 변경·승인된 공사공정예정표를 기준으로 물가변동적용대가를 산정하는 것이 합당합니다(계약제도과-288, 2010. 10. 22.).

공사공정예정표의 변경이 반드시 조정기준일 전에 이루어져야 하는지?

(계약제도과-288, 2010. 10. 22.)

【회신】

공사계약에 있어서 물가변동으로 인한 계약금액 조정은 시행령 제64조의 규정에 의거 조정기준일 당시의 공사공정예정표를 기준으로 조정기준일 이후에 이행될 부분을 그 대상으로 하는바, 공사공정예정표의 변경이 반드시 조정기준일 전에 이루어져야 하는 것은 아니므로 설계변경 등의 사유가 조정기준일 전에 발생하였고 발주기관에서 조정기준일 이후에 새로운 공사공정예정표에 대한 승인이 있었다면, 변경·승인된 공사공정예정표를 기준으로 물가변동적용대가를 산정하여 계약금액을 조정하여야 함.

위와 같은 해석에 따르면, 발주기관의 우선시공지시로 인한 우선시공분에 대한 공사를 진행하였으나 이를 반영한 전체 공사공정예정표가 존재하지 않은 경우라면, 부득이 조정기준일 이후에 확정된 공정표를 기준으로 물가변동적용대가를 산정할 수 있도록 하는 것이 타당하다고 하겠습니다

(계약제도과-288, 2010. 10. 22.).

물가변동시 공사공정예정표 적용 (계약제도과-288, 2010. 10. 22.)

【회신】

원칙적으로 물가변동적용대가는 공사 시공 전에 제출된 공사공정예정표를 기준으로 판단하는 것이나, 발주기관의 우선시공지시로 우선시공분에 대한 공사공정예정표만 제출하고 공사를 진행하여 물가변동 조정기준일까지 전체 공사에 대한 공사공정예정표가 존재하지 않는 경우 부득이하게 조정기준일 이후 계약상대자가 제출하여 발주기관이 확정한 공사공정예정표를 기준으로 물가변동적용대가를 산정할 수 있을 것임.

다만 발주기관은 조정기준일 이후 계약상대자가 제출한 공사공종예정표를 확정하는 경우에는 우선시공분 공사공정예정표 및 실시설계서상 공정표 등을 참고하여 계약상대자가 전체 공사에 대한 공사공정예정표를 자의적으로 조정하지 못하도록 하여야 할 것임.

한편 물가변동으로 인한 계약금액 조정신청일과 기성대가 지급일이 같을 때 동 기성대가를 공제해야 하는지가 논쟁이 될 수 있습니다. 이에 대하여 기획재정부는 계약금액 조정신청일에 기성대가 또는 차수별 준공대가를 지급받은 경우에도 동 대가를 조정금액 산출 시 제외하지 않는 것이 타당하다고 해석합니다(회계제도과-2831, 2006. 12. 19.).

▌적용제외금액: 선금

공공공사에서 선금(실무에서는 선급금이란 용어로 많이 사용하고 있습니다)은 계약상대자의 요청에 의하여 계약금액의 최대 70%까지 지급할 수 있습니다. 선금은 계약목적 달성을 위한 용도 이외에는 사용할 수 없으며, 공사계약에서의 선금사용계획에는 노임지급은 제외하고 있습니다. 참고로 대법원은 선금에 대하여 도급인이 장차 지급할 공사대금을 수급인에게 미리 지급하여 주는 '선급공사대금'이라고 판단하고 있습니다(대법원 2002. 9. 4. 선고 2001다1386 판결 등).

위와 같은 선금제도의 목적을 고려하여, 물가변동으로 인한 계약금액 조정 시 조정기준일 전에 지급된 선금이 있는 경우에는 국가계약법 시행규칙 제74조 제6항에 따라 산출한 금액을 조정금액에서 공제해야 합니다. 공제금액은 물가변동적용대가에 등락률(k)과 선금급률을 곱하여 산정합니다. 선금을 공제토록 한 이유는, 계약상대자가 발주기관이 지급한 선금을 사용하여 미리 구매한 자재 등에 대하여는 계약상대자의 이득으로 보아 이를 공제하는 것이 합당하다고 보기 때문입니다. 이에 따라 조정기준일 전에 선금이 전액 반환되었다면 동 선금은 조정기준일 이후의 물가변동적용대가에 영향을 미치지 아니하므로 공제대상에 해당하지 않습니다(회계제도과-899, 2009. 5. 15.).

▌물가변동과 설계변경

물가변동으로 인한 계약금액 조정과 설계변경으로 인한 계약금액 조정은 서로 독립적으로 적용됩니다. 각각의 요건충족 시기를 기준으로 순차적으로 조정하면 됩니다. 물가변동으로 인한 계약금액 조정을 한 후 설계변경을 진행하는 경우에는, 물가변동으로 조정된 계약금액을 기준으로 설계변경으로 인한 계약금액 조정을 해야 합니다. 반대로 설계변경을 한 후에 물가변동으로 인한 계약금액을 조정하려는 경우, 물가변동적용대가는 설계변경으로 조정된 금액을 대상으로 해야 합니다. 이때 신규비목에 대한 조정률 요건을 산정함에 있어서는 당초 입찰일이 아니라 신규비목이 발생된 시점의 가격을 기준으로 하여 조정기준일 당시를 비교하여 산정해야 합니다.

한편 조정기준일 전에 설계변경, 조정기준일 이후에 계약금액 조정을 한 경우의 물가변동 계약금액 조정을 위한 합리적인 방법입니다. 조정기준일 전에 설계변경이 이루어졌으나 설계변경으로 인한 계약금액 조정은 조정기준일 이후에 이루어진 경우라면, 동 조정기준일을 기준으로 이후에 이행되는 부분의 대가에 해당하는 조정된 산출내역서를 기준으로 물가변동적용대가를 산정하는 것이 타당합니다(회계제도과-111, 2010. 1. 18.).

물가변동으로 인한 계약금액 조정신청 후 설계변경이 발생한 경우의 조정방법

【질의】

① 물가변동으로 인한 계약금액 조정을 신청한 후에 설계변경이 있는 경우
② 1차 조정계약을 체결하지 않은 경우의 2차 조정방법

【회신】 (회계제도과-111, 2010. 1. 18.)

물가변동으로 인한 계약금액 조정은 시행령 제64조 및 시행규칙 제74조에 의하여 기간요건과 조정률요건이 동시에 충족되는 경우마다 순차적으로 조정기준일 이후에 이행될 부분을 그 대상으로 하는 것이 타당할 것임.

"질의①"과 관련하여, 계약상대자가 물가변동으로 인한 계약금액 조정을 신청한 후에 설계변경으로 일정 품목의 수량 증감이 있는 경우, 물가변동적용대가는 조정기준일을 기준으로 산정하는 것이므로 조정기준일 이후에 발생한 설계변경 내용은 반영하지 않는 것임. 다만, 설계변경으로 인한 계약금액의 증감이 있을 경우 해당 물가변동으로 인한 계약금액 조정 내용을 반영하여 조정금액을 재산정하는 것이 타당할 것임.

"질의②"와 관련하여, 1차 물가변동으로 인한 계약금액 조정계약을 체결하지 않은 경우라 하더라도 계약금액 조정내역을 당사자 상호 간에 확정한 경우라면 2차 물가변동으로 인한 계약금액 조정 시에는 동 확정된 1차 변경내용을 반영하여 계약금액을 조정하여야 하는 것임.

▌물가변동배제특약의 효력

국가계약법 제5조(계약의 원칙)는 계약을 체결할 때 계약상대자의 계약상 이익을 부당하게 제한하는 특약 또는 조건을 정해서는 아니 되고, 이러한

부당한 특약 등은 무효로 하고 있습니다.

국가계약법령에 규정되어 있는 물가변동 적용을 배제하는 특약을 설정하였을 때, 이를 부당한 특약으로 볼 수 있는지 논쟁이 대표적인 사례입니다. 대법원은 2008년경 금융위기로 환율이 상승하여 계약금액 조정을 요청하였으나 물가변동배제특약을 이유로 거절당한 사건에 대하여, 국가 등이 계약상대자와 물가변동 규정의 적용을 배제하기로 합의하는 것을 금지하거나 제한하는 것으로 볼 수 없다면서 계약상대자의 청구를 기각하였습니다(대법원 2017. 12. 21. 선고 2012다74076 판결). 이는 국가계약법령 또한 사적자치와 계약자유의 원칙을 비롯한 사법의 원리가 원칙적으로 적용됨을 재차 확인한 판례라고 하겠습니다.

4.3 물가변동률(k치) 산출방법

현행 국가계약법령은 물가변동 조정률(k치) 산정방법을 품목조정률과 지수조정률 두 가지만을 정해놓고 있습니다. 한편 정부(국토교통부)는 2023년 4월 20일 표준시장단가 중 재료비와 경비에 대해 물가변동 조정을 할 경우, 기존의 생산자물가지수(한국은행)에서 건설공사비 지수(한국건설기술연구원)로 변경 적용한다는 '건설기술 진흥업무 운영규정'을 개정·시행한다고 하였습니다.

▍품목조정률

국가계약법령은 k치 산출방법에 대하여 품목조정률 또는 지수조정률 중 계약상대자가 원하는 하나의 방법만을 택하여 계약서에 명시토록 하였습니다. 만약 계약상대자가 지수조정률을 원하지 않을 경우에는 품목조정률의 방법으로 계약금액을 조정한다는 뜻을 계약서에 명시해야 하는데, 이에 따르면 국가계약법령은 물가변동 조정률 산정방법으로 품목조정률 적용을 원칙으로 한다고 이해할 수 있습니다(영 제64조 제2항).

품목조정률은 물가변동당시가격과 입찰당시가격을 비교하여 등락률을 산출하고, 이를 기초로 등락폭을 산정한 후 계약금액과 비교하여 조정률을 산정하는 방법입니다. 가장 먼저 작업이 이루어지는 등락률은 어느 한 품목의 가격이 입찰 당시와 비교하여 얼마만큼 상승 또는 하락되었는지를 나타내는 비율을 의미합니다. 등락률은 각 품목별로 산정하므로 매 조정시마다 수많은 품목 또는 비목의 등락률을 산출해야 하므로 계산이 복잡하고 많은 시간과 노력이 소요됩니다. 이러한 이유로 실무에서는 품목조정률을 선호하지 않고 있습니다.

품목조정률에 의한 조정금액 산정과정은 다음과 같습니다. 등락폭(계약단가×등락률)의 합계액에 계약금액을 나누면 품목조정률이 산정되는데, 이때의 계약금액은 조정기준일 이전에 이행되어야 할 부분의 금액을 제외한 부분으로서 물가변동적용대가에 해당된다고 하겠습니다.

$$\text{• 등 락 률} = \frac{\text{물가변동당시가격} - \text{입찰당시가격}}{\text{입찰당시가격}}$$

$$\text{• 등 락 폭} = \text{계약단가} \times \text{등락률}$$

$$\text{• 품목조정률} = \frac{\text{각 품목 또는 비목의 수량에 등락폭을 곱한 금액의 합계액}}{\text{계약금액}}$$

$$\text{• 조정금액} = \text{물가변동적용대가} \times \text{품목조정률}$$

▌지수조정률

지수조정률에 의한 조정방법은 계약금액을 구성하는 비목을 유형별로 정리하여 '비목군'을 편성, 각 비목군의 순공사금액에 대한 가중치를 산정한 후, 비목군별로 한국은행이 매월 발행하고 있는 통계월보상의 생산자물가 기본분류지수 등을 대비, 등락률을 산출하여 계약금액을 조정하는 방법입니다. 지수조정률 방법은 품목조정률 방법과 비교하여 상대적으로 간편하여 실무에서는 거의 지수조정률을 적용하고 있습니다.

지수조정률이 산출되면 계약금액 중 조정기준일 이후에 이행되어야 할 부분의 금액(물가변동적용대가)에 지수조정률을 곱하여 조정금액을 산정합니다(물가변동적용대가×지수조정률). 이때 물가변동적용대가에는 선금지급을 공제한 후 이를 계약금액에서 가감해야 합니다.

$$k = \left(a\frac{A_1}{A_0} + b\frac{B_1}{B_0} + c\frac{C_1}{C_0} + d\frac{D_1}{D_0} + e\frac{E_1}{E_0} + f\frac{F_1}{F_0} + g\frac{G_1}{G_0} + h\frac{H_1}{H_0} + i\frac{I_1}{I_0} + j\frac{J_1}{J_0} + k\frac{K_1}{K_0} + l\frac{L_1}{L_0} + m\frac{M_1}{M_0} \cdots\cdots + z\frac{Z_1}{Z_0} \right) - 1$$

단, $z = 1 - (a+b+c+d+e+f+g+h+i+j+k+l+m \cdots)$

a, b, c ……… 비목군별 계수(가중치)

A1, B1, C1……… 비목군별 조정기준시점 지수

A0, B0, C0……… 비목군별 계약체결시점 지수

비목군: A: 노무비, B: 기계경비, C: 광산품, D: 공산품, E: 전력·수도·도시가스 및 폐기물, F: 농림·수산품, G: 표준시장단가, H: 산재보험료, I: 산업안전보건관리비, J: 고용보험료, K: 건설근로자 퇴직공제부금비, L: 국민건강보험료, M: 국민연금보험료, N: 노인장기요양보험료, Z: 기타 비목군(기타경비 등)

▌조정방법 미명시한 경우

법제처는 지방자치단체가 발주한 공공공사에 있어서 계약서에 물가변동에 따른 계약금액 조정방법을 명시하지 않은 경우, 계약금액 조정방법에 대하여 계약체결 시 조정방법에 대해 협의가 없었고 계약서에도 조정방법을 명시하지 않은 채 계약을 체결하였는데 이후 계약상대자가 지수조정률을 원하는 경우에는 지수조정률의 방법을 적용하여야 한다는 법령해석을 한 바 있습니다(안건번호 12-0630, 회신일자 2012. 12. 10.). 이러한 법제처의 해석 내용은 기획재정부의 유권해석과도 일치합니다.

그러나 대법원은 2019년 3월 28일 선고한 판결에서 "국가계약법 제19조와 그 시행령 제64조 개정 전후의 문언과 내용, 공공계약의 성격, 국가계약법령의 체계와 목적 등을 종합하면, 계약상대자는 계약체결 시 계약금액

대법원 2019. 3. 28. 선고 2017다213470 판결 [승낙의 의사표시]

【판시사항】

국가를 당사자로 하는 계약이나 공공기관의 운영에 관한 법률의 적용대상인 공기업이 일방 당사자가 되는 계약을 체결할 당시 계약상대자가 물가변동에 따른 계약금액 조정방법으로 지수조정률 방법을 선택할 수 있는데도 이를 원한다는 의사를 표시하지 않은 경우, 품목조정률 방법으로 계약금액을 조정하여야 하는지 여부(적극)

【판결요지】

… 이는 물가변동에 따른 계약금액 조정기준을 완화하고 물가변동률 산정의 기준 시점을 입찰일로 조정함으로써 계약상대자의 부담을 완화한 것이다. 또한 계약금액 조정방법에 관하여 원래 각 중앙관서의 장 또는 계약담당공무원에게 부여하였던 협의·결정에 관한 의무와 권한을 없애고 계약상대자가 지수조정률 방법을 원한다는 의사표시를 하는 경우에는 그 의사대로, 그러한 의사표시가 없는 경우에는 품목조정률 방법을 계약서에 명시할 의무를 부여하고 있다. 이와 같이 계약상대자는 원래 계약금액 조정방법을 선택할 권리가 없었지만, 개정을 통하여 계약을 체결할 때 지수조정률 방법을 선택할 권리를 보장받게 되었다.

위와 같은 국가계약법 제19조와 그 시행령 제64조 개정 전후의 문언과 내용, 공공계약의 성격, 국가계약법령의 체계와 목적 등을 종합하면, 계약상대자는 계약체결 시 계약금액 조정방법으로 지수조정률 방법을 선택할 수 있으나, 그러한 권리행사에 아무런 장애사유가 없는데도 지수조정률 방법을 원한다는 의사를 표시하지 않았다면 품목조정률 방법으로 계약금액을 조정해야 한다.

조정방법으로 지수조정률 방법을 선택할 수 있으나, 그러한 권리행사에 아무런 장애사유가 없는데도 지수조정률 방법을 원한다는 의사를 표시하지 않았다면 품목조정률 방법으로 계약금액을 조정해야 한다"라면서 법제처 법령해석과 다르게 판결하였습니다(대법원 2019. 3. 28. 선고 2017다213470 판결). 대법원의 판례에 따르면 계약체결 시 계약금액 조정방법에 대한 협의를 반드시 거쳐 자신이 원하는 조정방법을 계약서에 분명하게 명시할 것을 잊지 말아야 하겠습니다.

▍단품슬라이딩

단품물가조정제도는 2006년 12월 29일에 도입되었으며 일명 '단품슬라이딩'이라고 합니다(영 제64조 제6항). 국가계약법 시행령 개정이유에 명시한 단품슬라이딩제도 도입이유는, 공사계약에 사용되는 특정 자재의 가격이 급격하게 변동되더라도 전체 계약금액의 변동이 없는 한 계약금액을 조정할 수 없어 특정 자재를 납품하는 하도급업체의 피해가 발생하고 있어 이를 개선할 필요 때문이라고 하였습니다. 이에 따라 단품슬라이딩은 공사계약의 경우 특정규격의 자재별 가격변동률이 100분의 15 이상인 경우 해당 자재에 한하여 계약금액을 조정할 수 있도록 하여 자재별로 물가변동에 따른 조정이 가능하게 되어 특정 자재를 납품하는 하도급업체를 보호하고, 적정한 공사의 이행도 확보하기 위한 목적으로 만든 것입니다.

문제는 위와 같은 사유로 도입된 단품슬라이딩제도가 거의 활용되지 않고 있다는 점입니다. 정부의 2023년 4월 19일자 '국가계약제도 선진화 방안'에 따르면 조달청 공사 7,372건(2017년~2022년 4월) 중 총액 조정은 8,864건이나 단품 조정은 단 8건에 불과하다는 것입니다. 이에 정부는 단품슬라이딩제도의 활용도를 높이기 위하여 특정규격 자재의 공사비 1% 초과를 0.5% 초과로 요건을 완화한다고 하였으며, 2023년 하반기 국가계약법 시행령을 개정할 예정이라고 하였습니다.

하지만 요건을 완화한다고 하여 단품슬라이딩이 활성화될 것인지는 의문이 있습니다. 품목조정률로 단품물가 조정 후 총액조정 시 정부입찰·계약집행기준 제70조의3(특정규격 자재의 가격변동으로 인한 계약금액 조정) 제2항 제2호(지수조정률 방식) 다목에 따라 '조정률 산출 시에 특정자재 비목군의 지수변동률은 특정규격 자재의 등락폭에 해당하는 지수상승률을 감산'해야 하는바, 특정규격 자재 등락폭을 감산한 결과를 반영한 상승률이 3% 이상일 때 총액물가조정이 가능합니다. 따라서 단품슬라이딩을 적용하여 금액 조정한다면, 이후 총액 조정 시 물가상승폭이 높은 특정규격 자재 비목군의 조정률을 제외하므로 총액조정에서 불리할 수 있습니다. 그리고 단품슬라이딩은 특정 자재를 납품하는 하도급업체 보호가 주된 이유이므로, 원도급업체의 적극성을 유도하기에도 한계가 있어 보입니다.

▌건설공사 공사비지수

한국건설기술연구원은 건설기술진흥법 제45조(건설공사 공사비 산정기준) 및 국토교통부 훈령 건설기술진흥업무 운영규정 제82조(관리기관의 지정 등)에 의거하여 표준품셈 및 표준시장단가 등 공사비 산정기준의 관리를 위한 관리기관입니다.

여기에 더하여 한국건설기술연구원은 건설공사비지수(Construction Cost Index)를 개발하고, 통계청으로부터 일반통계 승인(승인번호 제397001호)을 득하였습니다. 건설공사비지수는 건설공사에 투입되는 직접공사비를 대상으로 특정 시점(생산자물가지수 2015년)의 물가를 100으로 하여 재료, 노무, 장비 등 세부 투입자원에 대한 물가변동을 추정하기 위해 작성된 가공통계 자료입니다. 건설공사비지수는 15개의 기본 시설물지수(소분류지수), 7개의 중분류지수, 2개의 대분류지수와 최종적인 건설공사비지수로 구성되어 있습니다.

위와 같은 공사비지수는 매월 마지막 날이 공표예정일이며, 건설공사 물가변동 분석을 위한 기준을 제공하기 위한 목적으로 개발되었습니다. 부연 설명하면 기존에는 생산자물가지수나, 소비자물가지수 등을 이용하여 건설공사에 투입되는 물가변동을 간접적으로 추정하였으나, 이들 지수는 편제품목이나 가중치 구조가 건설산업의 특성과 상이하므로 이를 이용하여 물가변동분을 파악하는 데에는 한계가 있어, 건설에 특화된 물가지수를 제공하기 위한 것이라고 합니다.

2020년 초부터 시작된 COVID-19 팬데믹 및 유동성증가 등의 영향으로 건설자재비가 급등하자(《중앙일보》, 2022. 4. 20., "시멘트 21%↑ 철근 49%↑ 건설현장이 멈춘다" 등 다수 기사가 있습니다), 건설현장에서는 기존의 물가변동방식과는 별개로 공사비지수를 반영한 계약금액 조정 요구가 급증하게 되었습니다. 이에 정부는 2023년 4월 20일 표준시장단가 중 재료비·경비에 대하여 물가를 보정할 경우 기존 생산자물가지수에서 건설공사비지수를 적용하도록 건설기술진흥업무 운영규정 제90조(건설공사비 보정체계 구축) 제3항을 개정하였습니다.

건설기술진흥업무 운영규정 _ 국토교통부훈령 제1618호, 2023. 4. 20.
제82조(관리기관의 지정 등) ① 법 제45조 제2항에 따라 한국건설기술연구원을 표준시장단가 및 품셈에 대한 관리기관(이하 "공사비산정기준 관리기관"이라 한다)으로 지정한다.
② 공사비산정기준 관리기관의 장은 다음의 업무를 관장하여 효율적으로 운영·관리하여야 한다.
1～9. -생략-

③ 공사비산정 관리기관은 제2항의 업무를 효율적으로 수행하기 위하여 관리기관 내에 독립된 기구(공사비원가관리센터)를 설치 운영하여야 한다.

제89조(건설공사비 지수의 관리 등) ① 공사비산정기준 관리기관의 장은 건설공사비 지수와 관련하여 통계법 제15조의 규정에 의하여 통계 지정기관으로 지정을 받아야 하며 통계법 제18조의 규정에 의하여 통계작성 승인을 받아야 한다.

② 공사비산정기준 관리기관의 장은 표준시장단가에 활용할 수 있는 건설공사 종류별 건설공사비 지수를 산출하여 매월 발표하여야 한다.

제90조(건설공사비 보정체계 구축) ① 공사비산정기준 관리기관의 장은 표준시장단가의 산출 시 지역별·공사별 특수성에 따라 보정할 수 있는 기준을 구축하여야 한다.

② 발주청은 표준시장단가를 당해 공사에 적용할 경우 기준가격 및 비용 등을 부당하게 감액하거나 과잉 계상되지 않도록 하여야 하며, 공사의 특수성에 따라 보정이 필요한 경우 제1항에서 정한 보정기준 범위 내에서 법 제6조 제1항에 따른 기술자문위원회의 심의를 거쳐 보정할 수 있다.

③ 공사비산정기준 관리기관의 장은 현장조사를 통한 개정 대상 이외의 공종에 대하여 이전에 공고된 표준시장단가를 산출할 수 있으며, 물가보정 방법은 다음 각 호에 따른다.

1. 공종별 표준시장단가에 노무비가 구분되는 경우, 노무비는 '건설업임금실태조사보고서의 일반공사직종 평균임금', 재료비 및 경비는 '건설공사비 지수'를 활용하여 물가 보정한다.
2. 공종별 표준시장단가에서 노무비가 구분되지 않는 경우, 노무비와 재료비 및 경비를 포함하는 표준시장단가에 대해 건설공사비 지수를 활용하여 물가 보정한다.

▍민자사업의 물가변동액 산정방식

전술한 바와 같이 우리나라 민자사업은 크게 수익성 민자사업(BTO)과 임대형 민자사업(BTL)으로 구분할 수 있습니다. 민자사업에서도 물가변동으로 인한 계약금액 조정을 규정하고 있으므로 이를 조사해보았습니다.

최근에 실시협약을 체결한 BTO사업 4건(동부간선도로 지하화, 신안산선 복선전철, 수도권광역급행철도 A노선, 포천~화도 고속도로 민간투자사업)과 BTL사업 1건(부전~마산 복선전철 민간투자시설사업)의 물가지수변동분 반영방식은 모두 한국은행 소비자물가지수를 적용하고 있었습니다. 민자사업의 규모는 일반적인 공공공사보다 규모가 월등함에도 적용이 간편한 한국은행의 소비자물가지수를 기준하고 있다는 점은 관심이 가는 대목입니다.

한편 전술한 공공공사에 적용되는 물가변동률 산정방법(품목조정률과 지수조정률)과 민자사업의 소비자물가변동분 방식은 큰 차이가 있습니다. 물가변동률 산출방법은 조정기준일까지의 물가변동률(3% 이상)을 조정기준일 이후에 대해서 금액 조정하는 방식이나, 소비자물가변동분 방식은 매월 기성금에다 매월의 변동률을 곱한 금액으로 조정해주는 방식입니다. 어찌 보면 후자가 좀 더 합리적이지 않을까 생각해봅니다.

5. 기타 계약내용의 변경으로 인한 계약금액의 조정

설계변경 및 물가변동은 빈번하게 또는 주기적으로 발생하는 계약금액 조정사유입니다. 그런데 건설공사에서는 설계변경과 물가변동 이외의 계약내용 변경으로 인하여 계약금액 조정이 발생할 수 있는데, 이를 '기타 계약내용의 변경으로 인한 계약금액의 조정'이라고 하며, 공사기간·운반거리의 변경 등과 단순 노무 용역의 최저임금 변경(2018년 3월 6일 영 제66조 제2항으로 신설되었습니다)을 세부적인 사유로 예시하고 있습니다.

'기타 계약내용의 변경'이란 공사물량의 증감없이 계약내용을 변경하는 것을 의미합니다(공사물량의 증감이 발생하면 설계변경으로 인한 계약금액 조정 대상이 됩니다). 이러한 이유에서인지 기타 계약내용의 변경으로 인한 계약금액 조정방법은 실비를 초과하지 않는 범위 안에서 조정하며, 계약예규 「정부입찰·계약 집행기준」 제16장(실비의 산정)을 적용합니다. 한편 공기연장 추가비용 청구에서 발주기관과 계약관계가 아닌 하도급업체 지출 비용이 포함되는지 여부가 주요한 다툼이 되었는데, 2019년 6월 1일 일반조건 제23조 제1항 및 정부입찰·계약 집행기준 제71조(실비의 산정)에 "하도급업체가 지출한 비용을 포함한다"라는 문구를 명확히 함으로써 논쟁이 일단락되었습니다.

공사계약일반조건
제23조(기타 계약내용의 변경으로 인한 계약금액의 조정) ① 계약담당공무원은 공사계약에 있어서 제20조 및 제22조에 의한 경우 외에 공사기간·운반거리의 변경 등 계약내용의 변경으로 계약금액을 조정하여야 할 필요가 있는 경우에는 그 변경된 내용에 따라 실비를 초과하지 아니하는 범위 안에서 이를 조정(하도급업체가 지출한 비용을 포함한다)하며, 계약예규 「정부입찰·계약 집행기준」 제16장(실비의 산정)을 적용한다.
② 제1항에 의한 계약내용의 변경은 변경되는 부분의 이행에 착수하기 전에 완료하여야 한다. 다만, 계약담당공무원은 계약이행의 지연으로 품질저하가 우려되는 등 긴급하게 계약을 이행하게 할 필요가 있는 때에는 계약상대자와 협의하여 계약내용 변경의 시기 등을 명확히 정하고, 계약내용을 변경하기 전에 계약을 이행하게 할 수 있다.
③~⑤ -생략-

정부입찰·계약 집행기준
제71조(실비의 산정) 계약담당공무원은 시행령 제66조에 의한 실비 산정(하도급업체가 지출한 비용을 포함한다) 시에는 이 장에 정한 바에 따라야 한다.
제72조(실비산정기준) ① 계약담당공무원은 기타 계약내용의 변경으로 계약금액을 조정함에 있어서는 실제 사용된 비용 등 객관적으로 인정될 수 있는 자료와 시행규칙 제7조에 의한 가격을 활용하여 실비를 산출하여야 한다.
② 계약담당공무원은 간접노무비 산출을 위하여 계약상대자로 하여금 급여 연말정산 서류, 임금지급대장 및 공사감독의 현장확인복명서 등 간접노무비 지급 관련 서류를 제출케 하여 이를 활용할 수 있다.
③ 계약담당공무원은 경비의 산출을 위하여 계약상대자로부터 경비지출 관련 계약서, 요금고지서, 영수증 등 객관적인 자료를 제출하게 하여 활용할 수 있다.

공사기간의 변경 및 운반거리의 변경 사례를 구체적으로 예시하면 다음과 같습니다.

㈎ 계약상대자의 책임 없는 사유(발주자의 귀책사유 등)로 공사기간이 연장 또는 단축되는 경우
㈏ 토취장·사토장의 위치변경에 따른 토사운반거리 또는 운반방법의 변경
㈐ 발주자가 제시한 지질조사서가 실제 현장의 내용과 다르고, 이로 인한 낙반 등으로 TBM의 굴착속도가 설계도면에 제시된 굴착속도보다 저하되는 경우
㈑ 특수장비를 계속 사용하여 일괄 작업하도록 설계함에 따라 동 장비의 반출·반입 및 설치, 해체비용도 1회만 계상되었으나, 현장여건상 1·2단계로 구분 시공이 불가피하게 되어 해체·반출·반입 설치비용이 추가로 소요되는 경우
㈒ 계약문서에는 군 작전지구에 대한 내용이 없으나, 공사현장의 일부가 군 작전지구로서 작업능률에 현저한 저하를 초래하는 경우

설계변경 전의 당초 공사를 부분준공하고 설계변경으로 인하여 증가된 물량 또는 신규물량에 대해서만 준공기한을 별도로 정할 수 있는지?

(회제 41301-1801, 2001. 9. 11.)

【회신】

설계·시공일괄입찰로 계약을 체결한 공사계약에서 설계변경으로 인하여 계약상대자가 준공기한 내에 계약을 이행할 수 없어 계약담당공무원이 공사계약일반조건 제26조의 규정에 따라 계약기간을 연장하는 경우, 동 설계변경하기 전의 당초 공사를 부분 준공하고 설계변경으로 인하여 증가된 물량 또는 신규물량에 대해서만 준공기한을 별도로 정할 수는 없는 것으로 봄.

5.1 공사기간의 연장

▌계약기간 연장 사유

공사계약일반조건은 계약기간을 연장해야 하는 사유들을 일곱 가지로 열거하고 있으며(일반조건 제25조 제3항), 그중 여섯 가지에 따라 계약기간을 연장한 경우에는 그 변경된 내용에 따라 실비를 초과하지 아니하는 범위 안에서 계약금액을 조정하도록 규정하고 있습니다(일반조건 제26조). 계약금액 조정에서는 제외되는 한 가지는 '계약상대자의 부도 등으로 보증기관이 보증이행업체를 지정하여 보증시공할 경우(일반조건 제25조 제3항 제5호)'로서 계약기간 연장만이 반영됩니다.

공사계약일반조건
제25조(지체상금)

③ 계약담당공무원은 다음 각 호의 어느 하나에 해당되어 공사가 지체되었다고 인정할 때에는 그 해당일수를 제1항의 지체일수에 산입하지 아니한다.

1. 제32조에서 규정한 불가항력의 사유에 의한 경우
2. 계약상대자가 대체사용할 수 없는 중요 관급자재 등의 공급이 지연되어 공사의 진행이 불가능하였을 경우
3. 발주기관의 책임으로 착공이 지연되거나 시공이 중단되었을 경우
4. 〈삭제 2010. 9. 8.〉
5. 계약상대자의 부도 등으로 보증기관이 보증이행업체를 지정하여 보증시공할 경우

6. 제19조에 의한 설계변경(계약상대자의 책임 없는 사유인 경우에 한한다)으로 인하여 준공기한 내에 계약을 이행할 수 없을 경우
7. 발주기관이 「조달사업에 관한 법률」 제27조 제1항에 따른 혁신제품을 자재로 사용토록 한 경우로서 혁신제품의 하자가 직접적인 원인이 되어 준공기한 내에 계약을 이행할 수 없을 경우 〈신설 2020. 12. 28.〉
8. 원자재의 수급 불균형으로 인하여 해당 관급자재의 조달지연 또는 사급자재(관급자재에서 전환된 사급자재를 포함한다)의 구입곤란 등 기타 계약상대자의 책임에 속하지 아니하는 사유로 인하여 지체된 경우

제26조(계약기간의 연장) ① 계약상대자는 제25조 제3항 각 호의 어느 하나의 사유가 계약기간(장기계속공사의 경우에는 연차별 계약기간을 말한다. 이하 이 조에서 같다.) 내에 발생한 경우에는 계약기간 종료 전에 지체 없이 제17조 제1항 제2호의 수정공정표를 첨부하여 계약담당공무원과 공사감독관에게 서면으로 계약기간의 연장신청을 하여야 한다. 다만, 연장사유가 계약기간 내에 발생하여 계약기간 경과 후 종료된 경우에는 동 사유가 종료된 후 즉시 계약기간의 연장신청을 하여야 한다.

②~③ -생략-

④ 제2항에 의하여 계약기간을 연장한 경우에는 제23조에 의하여 그 변경된 내용에 따라 실비를 초과하지 아니하는 범위 안에서 계약금액을 조정한다. 다만, 제25조 제3항 제5호의 사유에 의한 경우에는 그러하지 아니하다.

계약기간 연장으로 인한 계약금액 조정은 발주기관의 책임 있는 사유뿐만 아니라 불가항력 사유에도 적용되고 있습니다. 즉 공기지연 시 계약상대자에게 귀책 사유가 있는 경우를 제외하고는 공기연장 및 공기지연으로 인한 손실비용('공기연장비용'이라고도 합니다) 보상이 모두 허용되고 있으며(FIDIC 조건은 발주자에게 귀책사유가 없으므로 공사기간은 연장하되 추가비용 청구권은 인정하지 않고 있습니다. 이를 excusable delay, non-compensation이라고 합니다), 이를 정리하면 [그림 4-2]와 같습니다.

[그림 4-2] 귀책사유별 공기지연 처리 절차

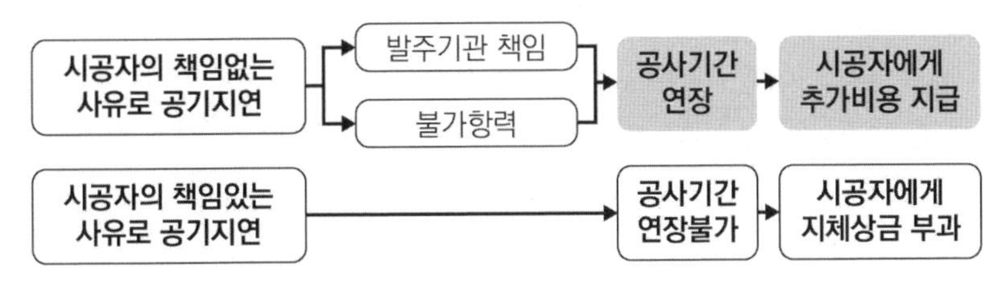

공기연장비용 실비산정

공사기간 연장으로 발생한 손실비용 산정은 계약예규 정부입찰·계약 집행기준 제16장의 실비산정 방식에 따르도록 규정하고 있습니다. 손실비용 산정대상은 간접노무비, 경비 및 유휴 건설장비에 관한 내용입니다(실비산정 기준 내용은 2010년 11월 30일에 대폭 개정·신설되었습니다).

먼저 간접노무비는 예정가격 작성기준에 해당하는 자가 수행해야 할 노무량을 산출하고, 동 노무량에 급여 연말정산서, 임금지급대장 및 공사감독의 현장확인복명서 등의 객관적 자료에 의하여 지급이 확인된 임금을 곱하여 산정(=노무량×임금)해야 하고, 정상적인 공사기간 중에 실제 지급된 임금수준을 초과할 수 없습니다. 간접노무비 산정 시 적정 투입인원에 대한 다툼으로 협의가 곤란한 문제점이 있었으며, 이러한 문제점을 해소하기 위하여 노무량을 산출하는 경우 공사기간의 변경 사유가 발생하는 즉시 현장유지·관리에 소요되는 인력투입계획을 제출토록 하고, 공사의 규모, 내용, 기간 등을 고려하여 해당 인력투입계획을 조정할 필요가 있다고 인정되는 경우에는 상호 협의하여 조정하는 내용을 2010년 11월 30일에 신설하였습니다.

다음으로 경비에 대한 실비산정입니다. 경비 중 지급임차료, 보관비, 가설비, 유휴장비비 등 직접계상이 가능한 비목의 실비는 계약상대자로부터 제출받은 경비지출 관련 계약서, 요금고지서, 영수증 등 객관적인 자료에 의하여 확인된 금액을 기준으로 변경되는 공사기간에 상당하는 금액으로 산출합니다. 이를 '직접계상비목'이라 합니다. 이외 기타경비(수도광열비, 복리후생비, 소모품비, 여비·교통비·통신비, 세금과공과, 도서인쇄비, 지급수수료의 7개 항목을 말합니다)와 산재보험료, 고용보험료 등은 그 기준이 되는 비목의 합계액에 계약상대자의 산출내역서상 해당 비목의 비율을 곱하여 산출된 금액과 당초 산출내역서상의 금액과의 차액으로 산정토록 하였습니다. 비율로 산정한다고 하여 '승률계상비목'이라고 합니다.

공기연장비용에는 각종 보증수수료도 포함되는데, 계약보증서·공사이행보증서·하도급대금지급보증서 및 공사손해보험 등의 보증기간을 연장함에 따라 소요되는 추가비용이 이에 해당합니다.

▌건설장비 유휴비용

계약상대자는 건설장비의 유휴가 발생하게 되는 경우 즉시 발생사유 등 사실관계를 계약담당공무원과 공사감독관에게 통지해야 하며, 계약담당공무원은 장비의 유휴가 계약의 이행 여건상 타당하다고 인정될 경우에는 유휴비용을 계산해야 합니다. 즉 장비의 유휴가 계약이행 여건상 다른 현장으로 전용이 불가능한 장비에 한하여 지급하며, 보상금액은 임대장비의 경우는 임대료, 보유장비의 경우는 표준품셈에서 정한 손료의 50%에 해당하는 금액으로 계산합니다.

참고로 장비유휴비는 실비산정기준에서 열거한 유일한 직접공사비(기계경비) 비목에 해당하는데, 이로 볼 때 공기연장비용은 간접공사비 비목이 주된 항목이지만 직접공사비 손실비용도 해당됨을 알 수 있습니다.

5.2 공기연장비용 주요 논쟁 사안들

▌2014다235189 전원합의체 판결

공기연장비용 청구사건에서의 전환점이 된 것은 대법원이 2018년10월 30일 선고한 2014다235189 전원합의체(대법원장과 대법관 13명으로 구성된 합의체로, 주로 정치·사회적으로 논란이 있고 파급력이 큰 사건들을 담당하므로 전원합의체에서 나온 선고결과는 사회에 미치는 영향이 매우 큽니다) 판결입니다. 1심과 항소심은 모두 계약상대자의 청구를 인용하였지만, 대법원은 계약상대자 청구의 상당 부분이 기각되어야 한다는 취지로 원심판단을 파기환송하였습니다.

위 사건은 서울지하철 7호선 온수~부평구청 구간 연장공사에 공구별(701~704공구)로 공동참여한 12개 건설회사인 원고들(계약상대자)이 주위적으로 대한민국, 예비적으로 서울특별시(이하 '서울시')를 피고로 하여, 총공사기간이 21개월 연장되었음을 이유로 추가 지출한 간접공사비 합계 약 280억 원의 지급을 구하는 사안입니다. 연장구간이 통과하는 부천시(피고들 보조참가인)는 서울시와 사업시행 및 사업비 부담에 관하여 업무협약을 체결한 당사자입니다. 1심과 원심은 피고 대한민국에 대한 청구 기각하고, 피고 서울시에게 총공사기간 연장을 이유로 증가한 간접공사비 지급을 일부 인용하였습니다(사실상 원고가 전부 승소한 것으로 볼 수 있습니다).

하지만 대법원은 장기계속공사계약에서 총공사기간이 최초로 부기한 공사기간보다 연장된 경우, 이를 각 연차별로 공사기간이 변경된 것으로 보아 계약금액 조정을 인정할 수 없다면서 원심을 파기환송하였습니다. 장기계속공사계약에서의 총괄계약 구속력은 계약상대방의 결정, 계약이행의사의 확정, 계약단가 등에만 미칠 뿐이고, 계약상대방이 이행할 급부의 구체적인 내용, 계약상대방에게 지급할 공사대금의 범위, 계약의 이행기간 등은 모두 연차별 계약을 하여 구체적으로 확정된다고 보아야 한다는 이유 때문이었습니다.

대법원 2018. 10. 30. 선고 2014다235189 전원합의체 판결 [공사대금]

【판시사항】

구 국가를 당사자로 하는 계약에 관한 법률 제21조에 따른 장기계속공사계약에서 총공사기간이 최초로 부기한 공사기간보다 연장된 경우, 공사기간이 변경된 것으로 보아 계약금액 조정을 인정할 수 있는지 여부(소극)

【판결요지】

[다수의견] … 장기계속공사계약은 총공사금액 및 총공사기간에 관하여 별도의 계약을 체결하고 다시 개개의 사업연도별로 계약을 체결하는 형태가 아니라, 우선 1차년도의 제1차공사에 관한 계약을 체결하면서 총공사금액과 총공사기간을 부기하는 형태로 이루어진다. 제1차공사에 관한 계약체결 당시 부기된 총공사금액 및 총공사기간에 관한 합의를 통상 '총괄계약'이라 칭하고 있는데, 이러한 총괄계약에서 정한 총공사금액 및 총공사기간은 국가 등이 입찰 당시 예정하였던 사업의 규모에 따른 것이다. 사업연도가 경과함에 따라 총공사기간이 연장되는 경우 추가로 연차별 계약을 체결하면서 그에 부기하는 총공사금액과 총공사기간이 같이 변경되는 것일 뿐 연차별 계약과 별도로 총괄계약(총공사금액과 총공사기간)의 내용을 변경하는 계약이 따로 체결되는 것은 아니다. -중략-

즉 장기계속공사계약에서 이른바 총괄계약은 전체적인 사업의 규모나 공사금액, 공사기간 등에 관하여 잠정적으로 활용하는 기준으로서 구체적으로는 계약상대방이 각 연차별 계약을 체결할 지위에 있다는 점과 계약의 전체 규모는 총괄계약을 기준으로 한다는 점에 관한 합의라고 보아야 한다. 따라서 총괄계약의 효력은 계약상대방의 결정(연차별 계약마다 경쟁입찰 등 계약상대방 결정절차를 다시 밟을 필요가 없다), 계약이행의사의 확정(정당한 사유 없이 연차별 계약의 체결을 거절할 수 없고, 총공사내역에 포함된 것을 별도로 분리발주할 수 없다), 계약단가(연차별 계약금액을 정할 때 총공사의 계약단가에 의해 결정한다) 등에만 미칠 뿐이고, 계약상대방이 이행할 급부의 구체적인 내용, 계약상대방에게 지급할 공사대금의 범위, 계약의 이행기간 등은 모두 연차별 계약을 통하여 구체적으로 확정된다고 보아야 한다.

▍장기계속공사에서의 청구시기

전술한 대법원의 전원합의체 판결에 따라 공사기간 연장을 이유로 한 조정신청을 당해 차수별 공사기간의 연장에 대한 공사금액 조정신청으로 인정할 수 있으려면, 차수별 계약의 최종 기성대가 또는 준공대가의 지급이 이루어지기 전에 계약금액 조정신청을 마치는 등 당해 차수별 신청의 요건을 갖추어야 한다고 판단하였는데(대법원 2020. 10. 29. 선고 2019다267679 판결), 동 판결 이후 각 조정신청서상 공사 연장기간이 당해 차수로 특정되지 않았다는 이유로 대부분의 공기연장비용 청구사건이 기각되었습니다. 이보다 앞선 2018년 10월 30일의 2014다235189 전원합의체 판결은 장기계속공사의 공기연장비용 청구사건에서 하급심 판결이 엇갈리는 가운데 이를 명확히 한 법률해석이지만, 계약상대자 입장에서는 장기계속공사 계약방식으로 인한 리스크를 확대시키는 결과가 되었습니다.

장기계속공사에서 공기연장비용을 반영받기 위해서는 당해 차수별 공기연장에 대한 계약금액 조정신청 의사가 명확히 명시되어야 하는바, 각 차수별 준공대가 수령 전까지 조정신청서를 제출해야 함이 명확해졌습니다. 하지만 계약상대자로서는 전체 공사기간이 연장되었음에도 불구하고 공기연장으로 인한 손실비용을 보전받지 못하는 아이러니한 상황이 초래되는바, 건설공사에 대해서는 장기계속공사 계약방식을 원칙적으로 금지시키는 방안을 검토할 필요가 있다고 하겠습니다.

▌계약기간 연장과 설계변경 발생

설계변경으로 인하여 계약기간이 연장되어 계약금액을 조정하는 경우, 간접노무비 등에 대한 계약금액 조정이 중복될 수 있다는 주장이 있습니다. 이러한 주장은 공기연장비용 청구소송에서 발주기관에 의하여 빠짐없이 제기되는 반론입니다. 설계변경과 공기연장이 동시에 발생되는 경우, 설계변경으로 인한 계약금액 조정 시 계약금액의 증가분에 대한 간접노무비 등 승률비용이 공사계약일반조건 제20조 제4항에 따라 이미 반영되었으므로, 이와 별도로 공기연장에 따른 간접노무비 등을 실비로 산정하여 계약금액을 조정하는 것은 중복계상에 해당된다는 주장입니다.

이에 대하여 기획재정부는, 설계변경으로 인하여 공사기간이 연장되는 경우 정부입찰·계약 집행기준에 의한 공기연장 실비산정 시 제외하는 것이 타당하며, 다만 공사원가계산 시 제비율 적용기준에서 정한 간접노무비율 등이 공사기간의 연장으로 인하여 변경되는 경우라면 그 연장기간에 따라 추가적으로 발생하는 비용을 계상하는 것은 중복계상으로 볼 없다고 해석합니다(회계제도과-2440, 2004. 12. 27.). 이러한 해석은 중복계상이라서 제외해야 한다는 의견에 가까운 것이며, 실제로 추가작업 등 설계변경은 공기연장을 수반하는 경우가 일반적이므로(일반조건 제25조 제3항 제5호) 일부에서 제기하는 중복 가능성을 배제하기 어렵다고 하겠습니다. 이러한 이유로 공기연장 추가비용과 관련한 법원의 판결 또한 계약상대자 청구금액의 일부만 인정(청구금액의 60%에서 90% 사이에서 인용하는 경향을 보이고 있습니다)하는 경향을 보이고 있습니다.

▌실비보상과 지연배상의 관계

계약기간 연장과 별개로 공사계약일반조건은 발주기관의 책임 있는 사유로 인한 공사정지기간이 60일을 초과하는 경우에 대하여는 그 초과된 기간에 대하여 잔여계약금액을 기준으로 산정한 '일시정지 지연배상금(=잔여계약금액×초과일수×금융기관 대출평균금리)'을 준공대가 지급 시 계약상대자에게 지급하도록 규정하고 있습니다(일반조건 제47조 제6항). 이때 공사의 정지기간이 60일 이내인 경우는 공기연장비용을 실비 지급대상으로 처리하면 될 것이나, 60일을 초과한 경우 그 초과기간에 대해 계약기간 연장에 따른 실비지급과 별도로 '지연배상금'을 지급해야 하는지가 논쟁이 될 수 있습니다.

기본적으로 일시정지 지연배상금은 계약기간 연장에 따른 실비 지급과 별개의 독립된 규정으로 보는 것이 합당할 것이나, 결국에는 법리해석의 문제이므로 판례로서 판단할 수밖에 없습니다. 대법원은 계약기간 연장을 근거로 한 추가금액 청구권은 공평의 원칙상 인정되는 실비보상청구권의 일종(A)이고, 발주기관의 책임 있는 사유로 인한 지연배상금 청구권은 수급인이 잔여 공사대금을 그만큼 늦게 지급받게 되는 손해를 보전해주기 위한 것(B)이므로, 후자(B)는 전자(A)의 특별규정이 아니라 전자와는 별개의 규정이라고 판단하였습니다(대법원 2020. 1. 9. 선고 2015다230587 판결).

대법원 2020. 1. 9. 선고 2015다230587 [공사대금]

【판시사항】

갑 주식회사 등이 지방자치단체와 공사도급계약을 체결하면서 계약의 일부로 편입한 지방자치단체 공사계약일반조건의 '공사의 일시정지' 관련 조항은 가항에서 '발주기관의 필요에 의하여 계약담당자가 지시한 경우'를 공사감독관이 공사의 이행을 정지시킬 수 있는 경우 중 하나로 들고 있고, 다항에서 '가항의 규정에 의하여 공사를 정지시킨 경우 계약상대자는 계약기간의 연장 또는 추가금액을 청구할 수 없다. 다만 계약상대자의 책임 있는 사유로 인한 정지가 아닌 때에는 그러하지 아니한다'고 정하고 있으며, 라항에서는 '발주기관의 책임 있는 사유에 의한 공사 정지기간이 60일을 초과한 경우 발주기관은 그 초과된 기간에 대하여 잔여 계약금액에 초과일수 1일마다 시중은행 일반자금 대출금리를 곱하여 산출한 금액을 준공대가 지급 시 계약상대자에게 지급하여야 한다'고 정하고 있는데, 지방자치단체가 갑 회사 등에 공사를 정지하라고 통보하였다가 그 후 예산사정으로 계약이행이 불가능하다며 도급계약을 해지하자, 갑 회사 등이 지방자치단체를 상대로 라항을 근거로 한 청구를 별소로 제기한 다음, 다시 다항을 근거로 하여 공사정지에 따른 추가금액의 지급을 구한 사안에서, 도급계약에 편입된 위 가항, 다항 및 라항을 종합하면 라항은 다항의 특별규정이 아니라 다항과는 별개의 규정이라고 보아야 하는데도, 라항을 다항의 특별규정으로 보아 갑 회사 등이 라항을 근거로 제기한 별소에서 승소 확정판결을 받았다는 이유만으로 다항을 근거로 한 위 청구를 배척한 원심판단에는 위 다항과 라항의 해석에 관한 법리오해 등의 위법이 있다고 한 사례

❙ 하도급 손실비용

공기연장 손실비용 청구에 있어서 가장 큰 논쟁이 있었던 부분은 하도급업체에게 발생한 손실비용을 포함하여 청구할 수 있는지 여부이었습니다. 2019년 6월 1일 정부입찰·계약 집행기준 제71조(실비의 산정) 및 공사계약일반조건 제23조(기타 계약내용의 변경으로 인한 계약금액의 조정)의 계약금액 조정내용에 하도급업체가 지출한 비용이 포함됨을 명시하면서 논란을 일단락하였지만, 이에 이르기까지는 법원의 일관된 판단이 있었기 때문으로 생각합니다.

판결내용 중 하도급업체의 손실비용을 포함하여 청구하는 것이 타당하다고 판단한 이유로는, ① 계약기간이 연장될 경우 하수급인도 추가로 간접공사비를 지출하는 것은 경험칙상 명백한 점, ② 그러나 하수급인이 직접 계약관계가 없는 발주자에 대하여 직접 추가 간접공사비를 청구할 수는 없고, 원수급인에 대하여만 추가 간접공사비를 청구할 수 있는 점, ③ 하수급인이 지출한 간접공사비는 직접공사비와 달리 원수급인이 지출한 간접공사비와 중첩되지 않으므로 사실상 발주자가 별도로 원수급인에게 지급하여야만 원수급인이 하수급인에게 지급할 수 있는 점, ④ 하수급인의 공사수행은 발주자와의 관계에서 원수급인의 이행대행자로서 공사수행을 한 것으로 평가할 수 있는 점이라고 하였습니다(서울중앙지방법원 2016. 8. 19. 선고 2014가합550319 판결). 동 1심은 항소심에서도 동일하게 유지되었으며(서울고등법원 2017. 9. 1. 선고 2016나2067913 판결), 대법원의 심리불속행기각으로 확정되었습니다.

한편 원도급업체가 발주기관으로부터 공기연장비용을 지급받은 경우, 하도급대금을 준공과 동시에 정산 완료하였더라도 공기연장비용이 적정하게 지급되지 않았다면 발주자로부터 증액 지급받은 내용과 비율에 따라 하도급업체에 대해서도 증액 지급해야 합니다. 이 또한 얼마간의 논쟁을 거친 이후 그 증액 지급방법에 대하여는 2019년 11월 18일자로 개정된 건설업종 표준하도급계약서(본문) 제13조(공사의 중지 또는 공사기간의 연장) 제5항으로 신설되었습니다. 설령 원도급업체가 발주기관에 대하여 하도급업체에게 발생한 손실비용을 청구하지 않았더라도, 발주자로부터 증액 지급받은 내용과 비율에 따라 하도급업체에 대하여 증액 지급하지 않는다면 하도급대금 지연이자(2015부터 7월 1일부터 연리 15.5%)까지 부담해야 하므로 주의가 필요합니다.

> **건설업종 표준하도급계약서(본문)**
> **제13조(공사의 중지 또는 공사기간의 연장)** ① 원사업자가 계약조건에 의한 선급금, 기성금 또는 추가공사 대금을 지급하지 않는 경우에 수급사업자가 상당한 기한을 정하여 그 지급을 독촉하였음에도 불구하고 원사업자가 이를 지급하지 아니하면 수급사업자는 공사중지 기간을 정하여 원사업자에게 통보하고 공사의 전부 또는 일부를 일시 중지할 수 있다. 이 경우 중지된 공사기간은 표지에서 정한 공사기간에 포함되지 않으며, 지체상금 산정 시 지체일수에서 제외한다.
> ②~④ -생략-
> ⑤ 제3항에 따라 공사기간을 연장하는 경우에 원사업자와 수급사업자는 협의하여 하도급대금을 조정한다. 다만, 원사업자가 이를 이유로 발주자로부터 대금을 증액받은 경우에는 그 증액된 금액에 전체 도급대금 중 하도급대금이 차지하는 비율을 곱한 금액 이상으로 조정한다.

▍합의보다 소송 위주 진행

공기연장 추가비용에 대해서는 많은 법원 판결 및 중재 판정 사례가 있음에도 불구하고, 발주기관에서 계약금액 조정 협의절차에 따라 계약금액을 조정한 경우는 많지 않은 것 같습니다. 이는 공기연장 추가비용을 지급하려는 발주기관의 미온적 태도에도 문제가 있겠지만, 계약상대자가 산정한 공기연장 손실비용 산정결과를 객관적으로 신뢰하지 못하기 때문이기도 할 것입니다. 이 때문에 발주기관 실무자는 공기연장 추가비용에 대하여 협의과정을 거쳐 계약변경 처리하기보다는, 감사원 감사 등을 우려하여 제3자의 강제력 있는 법원 재판 등을 통해 분쟁을 해결하려는 경향이 불가피하지 않았겠느냐고 생각합니다.

하지만 현재 공기연장 추가비용에 대한 판결례가 상당 부분 축적돼 있으므로, 이들을 정형화하고 이를 토대로 상호 협의를 거쳐 계약금액을 조정하는 것이 사회적비용을 절감하는 과정이라고 생각합니다. 아울러 기존 판결례 결과를 분석한다면, 현재와 같은 실비산정방식보다는 일정비율의 요율방식으로 계약금액 조정 방법을 선택적으로 적용하는 방안도 고려해 볼 필요가 있겠습니다. 참고로 요율방식은 계약상대자의 책임 없는 사유로 연장된 기간에 계약금액을 기준으로 1일당 손실보상요율을 곱하는 방식으로 적용할 수 있다고 생각합니다(계약금액×연장기간×1일당 손실보상요율).

5.3 운반거리의 변경

▍설계변경과의 차이

운반거리의 변경은 물량증감 없는 공종 또는 규격의 변경에 해당되므로, 기본적인 성격은 설계서를 변경하는 것이기에 설계변경의 성격이 강합니다. 다만 앞에서 설명한 바와 같이 운반거리의 변경은 목적물 완성에 소요되는 물량증감이 발생되지 않으므로, 설계변경이 아닌 기타 계약내용의 변경으로 인한 계약금액 조정의 경우로 편재한 것으로 사료됩니다. 하지만 대부분 운반거리의 변경 사안들은 거리 변경뿐만 아니라 토질별 물량증감 또한 병행되고 있는데, 이런 이유로 인하여 실무에서는 토공운반 작업을 설계변경의 범주로 간주하고 있습니다.

계약예규는 계약담당공무원으로 하여금 설계서 작성 시 운반비 산정의 기준이 되는 사항들을 구체적으로 명기하여 불가피한 경우를 제외하고는 계약체결 후 운반거리 변경이 발생되지 않아야 함을 분명히 명시하고 있습니다. 구체적 사항으로 1. 토사채취, 사토 및 폐기물처리 등을 위한 위치, 2. 공사현장과 제1호에 의한 위치 간의 운반거리, 운반로, 및 운반속도 등, 3. 기타 운반비 산정에 필요한 사항의 세 가지를 열거하였습니다(정부입찰·계약 집행기준 제74조 제1항).

▍운반거리 변경의 3가지 형태

정부입찰·계약 집행기준은 토사채취·사토 및 폐기물처리 등과 관련하여 당초 설계서에 정한 운반거리가 증·감되는 경우를 세 가지(전부 또는 일부가 남아 있는 경우, 전부가 변경되는 경우)로 열거하고서, 각각에 대하여 계약금액 조정 방법을 명확하게 설명하고 있습니다. 조정금액 산식 중 협의단가를 결정함에 있어 계약당사자 간 협의가 이루어지지 아니하는 경우에는 그 중간금액인 일명 간주협의율로 정하도록 하여 불필요한 논쟁이 생기지 않도록 하였습니다(정부입찰·계약 집행기준 제74조 제2항).

1. 당초 운반로 전부가 남아 있는 경우로서 운반거리가 변경되는 경우
   - 조정금액 = 당초 계약단가 + 추가된 운반거리를 변경 당시의 품셈을 기준으로 하여 산정한 단가와 동 단가에 낙찰률을 곱한 단가의 범위 내에서 계약당사자 간에 서로 주장하는 각각의 단가기준에 대한 근거자료 제시 등을 통하여 성실히 협의하여 결정한 단가
2. 당초 운반로 일부가 남아 있는 경우로서 운반거리가 변경되는 경우
   - 조정금액 = (당초 계약단가 - 당초 운반로 중 축소되는 부분의 계약단가) + 대체된 운반거리를 변경 당시 품셈을 기준으로 산정한 단

가와 동 단가에 낙찰률을 곱한 단가의 범위 내에서 계약당사자 간에 협의하여 결정한 단가

3. 당초 운반로 전부가 변경되는 경우
   • 조정금액 = (계약단가 + 변경된 운반거리를 변경 당시 품셈을 기준으로 산정한 단가와 동단가에 낙찰률을 곱한 단가의 범위 내에서 계약당사자 간에 협의하여 결정한 단가) - 계약단가

운반거리 변경을 원인으로 한 계약금액 조정에 대해서는 질의회신 사례로서 구체적으로 설명할 수 있습니다. 질의회신 사례에 따르면 운반로 일부가 남아 있으며 이때의 운반단가가 1식(상차, 하차 등 포함)으로 되어 있는 경우에는, 설계단가에 대한 1식 계약단가의 비율을 산정하고 동 비율을 발주기관의 단가산출서상 세부단위별 단가에 각각 곱하여 산정함이 타당합니다(회제 41301-2679, 1998. 9. 3.).

운반단가가 1식으로 되어 있는 경우로서 계약상대자가 제출한 일위대가표가 없는 때 당초 운반로 중 축소되는 부분의 계약단가 산정방법 (회제 41301-2679, 1998. 9. 3.)

【회신】

공사계약에서 공사재료의 당초 운반로 일부가 남아 있는 경우로서 운반거리가 변경되는 경우에는 정부입찰·계약집행기준 제74조 제2항의 규정에 정한 바에 따라 계약금액을 조정하는바, 당초 운반로 중 축소되는 부분의 계약단가를 산정함에 있어 운반단가가 1식(상차, 하차 등 포함)으로 되어 있는 경우로서 계약상대자가 제출한 일위대가표가 없는 때에는 발주기관의 설계단가에 대한 산출내역서상의 1식 계약단가의 비율을 산정하고, 동 비율을 발주기관의 단가산출서상 세부단위별 단가에 각각 곱하여 산정함이 타당할 것으로 봄.

▍운반거리만 명시된 이후 변경 시

다른 사례로서 설계서에 운반거리만 명시하고 구체적인 사토장을 지정하지 않은 상태에서 발주기관이 사토장을 지정하여 운반거리·운반로 등이

변경될 때는 실비산정 기준 및 설계서의 불분명·누락·오류 여부 등을 검토하여 계약금액을 조정할 수 있습니다(회계제도과-1628, 2009. 9. 29.).

사토장 지정변경 등에 따른 계약금액 조정 여부 (회계제도과-1628, 2009. 9. 29.)

【회신】
공사계약에서 설계서를 작성함에 있어 토사 등의 처리에 관한 운반비를 산정할 때에는 「정부입찰·계약집행기준」 제74조 제1항에 따라 사토장의 위치, 운반거리, 운반로 및 운반속도 등을 구체적으로 명기해야 함. 그러나 귀 질의와 같이 설계서에 운반거리만 명시하고 구체적인 사토장을 지정하지 않은 상태에서 발주기관이 사토장을 지정하여 운반거리·운반로 등을 변경·처리하는 경우에는 「정부입찰·계약집행기준」 제74조에 따라 계약금액을 조정하는 것이 타당할 것임.
또한 당초 설계서에 반영되지 않은 사토장 정지비 등 신규비목의 추가가 필요한 경우에는 공사계약일반조건 제19조의2 제2항에 따라 설계서의 불분명·누락·오류여부 등을 검토하여 설계서에 관련 항목을 추가하는 설계변경을 할 수 있을 것이며, 이에 소요되는 비용은 실 운반거리에 따라 계약금액을 조정해야 할 것임.

위와 같이 운반거리만 명시되어 있는 경우는 기준이 되는 당초 운반로가 없으므로 운반로 전체가 변경되는 것으로 보아 계약금액을 조정해야 한다는 것을 의미합니다(회계제도과-174, 2009. 1. 21.).

운반거리만 명시되어 있는 경우 운반거리 변경 시 (회계제도과-174, 2009. 1. 21.)

【회신】
공사계약에서 당초 설계서에는 토취장의 위치가 정해지지 않은 채 운반거리만 명시되어 있었으나, 실제 토취장을 지정하는 과정에서 운반거리가 변경된 경우에는 설계변경 시 기준이 되는 당초 운반로가 없기 때문에 운반로 전체가 변경되는 것으로 보아 계약금액을 조정하는 것이 타당할 것임. 귀 질의가 이 경우에 해당하는지 여부는 계약담당공무원이 설계서 등을 검토하여 판단할 사항임.

운반거리의 변경으로 인한 계약금액 조정은 많은 해석 사례가 축적돼 있어 계약금액 조정 방법에 대한 분쟁이 상당 부분 줄어든 것으로 생각되지만, 이는 현장운영 및 계약관리에 대한 기본적 소양이 겸비된 경우를 전제로 함에 유념해야 할 것입니다.

한편 발주자가 골재장이 확정되지도 않은 상태에서 발주하면서, 국가계약법 시행령이 정한 협의단가 결정범위의 최하한인 전체낙찰률을 적용하도록 하는 특별시방서 조항을 임의로 추가한 사안에 대하여, 대법원은 이를 부당한 특약으로 보아 무효라고 판단한 사례를 참고하여 합리적인 단가 협의가 이루어지기를 바랍니다(자세한 내용은 전술한 제3장 3.3 전체낙찰률 적용 특약 효력 내용을 참고하시기 바랍니다).

6. 효율성 저하 추가비용

▍효율성과 생산성의 용어 정의

효율성(Efficiency)은 1947년 2월 23일 설립된 국제표준화기구 ISO(International Organization for Standardization) 9000에서 '성취한 결과와 사용된 자원 사이의 관계'로 정의하고 있습니다. 건설현장에서는 생산성이라는 용어와 혼용하여 사용하고 있습니다. 효율성은 높거(high)나 낮다(low)는 상대적인 개념인 반면, 생산성은 투입물(Inputs)과 산출물(Outputs)의 단순 비율(또는 배수)로서 절대적인 기준이 없기에 엄밀한 의미에서는 두 용어에는 차이가 있다고 하겠습니다. 다만 제조업 등에서 생산성이란 용어를 주로 사용하고 있으므로, 학술적 측면에서 생산성에 대한 의미를 살펴보고 이를 건설공사의 효율성과 연관 지어 보는 것이 이해에 도움이 될 것으로 생각합니다.

생산성(Productivity)이란 용어는 1766년 프랑스 경제학자 케네(F. Quesnay)의 『Formula Du Taleau Economique』 문헌에서 '능력'이란 의미로 처음 정의되어 사용되었다고 합니다. 이후 1833년 리트레(Littre)에 의해 '생산할 수 있는 능력(Faculty to produce)'으로 정의되고, 20세기 초 관련 학자들에 의해 산출과 생산수단과의 관계성을 나타내는 개념으로 확장되었습니다. 이처럼 생산성의 정의는 시대의 변화에 따라 조금씩 다르게 설명되고 있으며, 현재에서의 생산성은 어떠한 생산체계를 통해 생산된 산출량(Outputs)과 일정 기간 그 생산물(Products)을 생산하기 위해 투입된 자원량(Inputs)의 비율로 정의할 수 있습니다.

생산성은 보통 측정 및 평가하는 방법에 따라 부분생산성, 종합생산성, 부가가치생산성, 조합생산성으로 구분되나, 건설산업에서는 노동집약적이라는 특성과 타 산업 대비 측정 및 평가하기 어려운 요인을 다수 포함하고 있어서 부분생산성 중 노동생산성이 보편적으로 활용됩니다. 건설공사 현장을 대상으로 생산성 영향요인을 파악하기 위해서는 프로젝트에 투입되는 인적, 기술, 자재, 환경, 관리 등에 따라 발생하는 세부적인 요인을 고려해야 합니다.

▍효율성 저하 원인

앞서 여러 번 언급한 바와 같이 건설공사는 장기간에 걸쳐 계약이행이 이루어지고 그 과정에서 실제 현장상태가 설계서와 상이한 경우가 빈번하게 발생할 수 있습니다. 이러한 현장상태 상이의 대부분은 목적물의 완성과 별개로 효율성 저하가 발생할 수 있는 다양한 원인을 제공할 수 있습니다. 효율성 저하는 생산성 하락을 의미하고, 계약목적물 완성에 소요되는 비용을 증가시키므로 건설현장에서의 가장 중요한 관리대상의 하나에 해당합니다. 이러한 효율성 저하의 일반적인 요인으로는 작업원, 기술, 자재, 환경, 관리 등이 있습니다.

① 작업원: 현장 사항에 따라 작업원의 역량 발휘에 차이가 발생할 수

있습니다. 현장운영은 현장여건에 맞는 시공계획서 및 공사공정예정표에 의해 순차적이고 계획적으로 이루어져야 하지만, 당초 예상한 현장여건의 변동이 발생하게 된다면 공사일정 변화와 그로 인한 효율성이 저하될 수 있습니다. 당초 설계서에 없었던 지하지장물이 출현하거나 다량의 지하수 또는 용출수 발생으로 인하여 작업원(때에 따라서는 장비작업 효율도 해당합니다)의 작업효율이 저하될 수 있음을 의미합니다.

또한 동일한 작업공간에서 갑작스러운 작업원의 증가로 인하여 작업원의 작업효율이 저하될 수 있습니다. 작업원 증가 시 추가 투입된 작업원은 현장 업무에 대해 이해도가 기존 투입된 작업원보다 낮을 것이므로, 이로 인한 효율 저하 또한 무시할 수 없을 것입니다. 이러한 경우는 일반적으로 돌관작업에서 발생하는데, 특히 공동주택에서 입주예정일을 지키기 위해 여러 마감공종 작업원들 간의 작업간섭 및 동선 방해 등이 이에 해당할 수 있습니다. 다만 문제는 이를 정량화하는 방법이 아직 마련되어 있지 않다는 점으로, 개별 사안에 대하여 적절한 판단될 수밖에 없다는 한계가 있습니다.

② 기술: 건설현장에는 다양한 (신)기술 및 (신)공법이 적용되고 있습니다. 계약이행 과정에서 현장여건에 따른 기술적 제약으로 인하여 공법변경이 불가피한 경우가 발생하기도 합니다. 또는 계획된 공정추진의 차질로 인하여 공사기간이 부족하거나 공사기간을 단축할 필요가 있는 때에는 공기연장 또는 돌관작업을 수행하게 됩니다. 이러한 공법변경, 공기부족 또는 공기단축은 기본적으로 작업효율 저하를 근간으로 하고 있으며, 이들은 거의 당초 예상하지 못한 추가공사비를 발생시킵니다. 이와 아울러 정상작업(정상공기)에 의한 작업이 불가능한 경우 또는 공사 성격상 야간작업을

수행하는 경우 역시 효율성 저하에 따른 추가공사비를 발생시킬 수 있습니다.

③ 자재: 건설현장에서 사용되는 자재들로 인하여 효율성 저하가 발생할 가능성이 있을 것입니다. 자재공급이 늦어지거나, 드물게는 자재 사양의 변경(또는 자재 불합격) 등으로 인해 작업 진행이 지연되거나 재작업이 진행되어야 하는 경우가 대부분입니다. 자재의 수급 및 사양 변경으로 인한 효율성 저하는 작업착수 전 효과적인 자재관리를 통하여 상당한 부분 예방할 수 있는 경우이지만, 최근의 철근 가격 폭등 및 레미콘 수급 불안정 등으로 인한 경우에는 계약상대자의 귀책이 아닐 수 있으므로 계획적인 현장관리가 더욱 필요한 상황이라 하겠습니다.

④ 환경: 건설산업이 타 산업부문과 비교하여 가장 큰 차이점은 대부분 옥외에서 작업이 이루어진다는 점입니다. 이에 따라 건설현장은 기상조건, 자연재해 및 현장의 여건 등이 작업 진행에 아주 큰 영향을 미칠 수 있습니다. 매년 반복되는 사안으로는 동절기와 하절기라 할 수 있으며, 최근에는 기후온난화로 인하여 하절기 폭염 시간대에 온열질환(열이 몹시 오르는 병을 말하며, 열사병, 일사병, 열경련 따위가 있습니다) 발생을 막기 위한 작업중지[라틴 문화권 국가에서 낮잠을 자는 습관을 시에스타(Siesta)라고 합니다]를 이행하는 경우가 이에 해당한다고 하겠습니다. 건설현장에서 환경의 영향은 구조체의 완공 전까지는 그 영향 정도가 높으며, 이러한 작업장 환경은 효율성 및 생산성에 큰 영향 요소에 해당합니다.

⑤ 관리: 건설현장은 시공계획서 및 공정표에 의해 적정한 계획과 조정이 이루어져야 하고, 건설기술인에 의한 공사관리 대상이라 하겠습니다. 그러나 예산, 일정, 인력 등을 효과적으로 관리하지 못하거나, 의사소통이

원활하지 않은 등으로 작업의 진행이 지연됨으로 인한 비효율적인 경우가 발생할 수 있습니다. 특히 관리적 측면에서 각 공종 간 소통이 이루어지지 않으면 작업현장의 혼잡도를 증가시키며, 작업의 원활한 진행을 방해할 가능성이 있습니다. 이는 작업원의 불필요한 혼잡 및 간섭을 일으켜 생산성 감소와 효율성 저하를 유발하는데, 계획된 작업원 이상의 인력투입을 지시받았을 때 이외의 대부분 경우는 계약상대자의 귀책에 해당할 수 있으므로 합리적 현장관리가 요구됩니다.

▎효율성 저하 산정방법

전술한 효율성 저하요인들은 논리적으로 설명이 가능할 순 있겠으나, 그로 인하여 예기치 못하게 발생하는 추가공사비를 산정할 수 있는 객관적이고 명확한 기준은 제시되지 않고 있습니다. 효율성에 관하여는 다수의 논문과 서적들에서 언급되고 있지만, 작업효율 저하로 인하여 발생한 추가비용 산정방법을 제시하는 문헌이 없다는 것입니다. 이는 효율성 저하를 발생시키는 사안마다 개별적으로 판단되어야 하기 때문일 것입니다.

다만 현행의 공식적 문헌에서 그나마 활용할 수 있는 자료는 작업 난이도로 품(비용)의 할증을 표준적으로 정해놓고 있는 건설공사 표준품셈이 사실상 거의 유일해 보입니다. 국토교통부에서 매년 발간하는 표준품셈에서 명시된 품의 할증 적용기준은 보편적인 작업환경에서 벗어날 때에 고려되어야 하며, "3. 품의 할증은 생산성에 영향을 받는 품 요소(인력 및 건설기계)에 적용함을 원칙으로 한다"라는 내용에서 볼 때 인력 및 건설기계를 적용대상으로 하고 있으며 자재는 해당하지 않는다고 하겠습니다.

〈2023 건설공사 표준품셈〉

1-4 품의 할증

1-4-1 적용기준(2023년 보완)

1. 품의 할증은 필요한 경우 다음의 기준 이내에서 적정공사비 산정을 위하여 공사규모, 현장조건 등을 감안하여 적용한다.
2. 할증의 적용은 품셈 각 항목에서 발생하는 보편적인 작업환경에서 벗어날 때에 고려되어야 하며, 항목별로 별도의 할증이 명시된 경우에는 각 항목별 할증을 우선 적용한다.
3. 품의 할증은 생산성에 영향을 받는 품 요소(인력 및 건설기계)에 적용함을 원칙으로 한다.
4. 품의 할증은 각각의 할증 요소에서 제시하고 있는 기준과 동일하거나 유사한 시공조건에서 적용할 수 있으며, 할증의 적용에 판단이 필요한 경우는 발주기관의 장 또는 계약당사자 간 협의하여 적용함을 원칙으로 한다.
5. 할증률(%)은 요소별 일반적인 작업조건을 기준으로 제시하였으며, 일부의 작업에 영향을 미치는 경우 할증률의 범위 내에서 보완하여 적용할 수 있다

한편 건설공사 표준품셈은 정부 등 공공기관에서 시행하는 건설공사의 적정한 예정가격을 산정하기 위한 일반적인 기준을 제공하는 데 목적이 있으며, 적용범위는 국가, 지방자치단체, 공기업·준정부기관, 기타 공공기관 및 위 기관의 감독과 승인을 필요로 하는 기관에서는 본 표준품셈을 건설공사 예정가격 산정의 기초로 활용하려는 것입니다. 즉 표준품셈은 일반적인 기준을 제시하는 것으로, 효율성에 영향을 미치는 작업원, 기술, 자재, 환경, 관리 등의 영향요인이 어떠한 이유로 변경될 때에는 개별 사안들을 반영하여 합리적으로 적용하면 될 것입니다. 즉 효율성 저하를 정량적으로 산정할 수 있는 표준화된 방법은 당분간 제시되기가 곤란해 보이고, 많은 사례가 축적된다면 그것을 토대로 합리적인 기준 제시가 논의될 수 있으리라 생각합니다.

▌작업효율 저하에 따른 추가공사비 인정 사례

건설공사에서 작업효율 저하의 대표적인 경우는 돌관작업(장비와 인원을 집중적으로 투입하여 진행하는 작업으로, 일시적으로 원가관리를 배제하는 작업방식)으로 인한 돌관공사비라 할 수 있습니다. 이러한 돌관공사비는 대부분 기획재정부 계약예규 입찰·계약 집행기준의 실비산정기준에 따라 실제 발생한 투입비를 기준으로 산정하지만, 돌관작업에 따른 효율 저하 정도를 정량적으로 산출하여 추가공사비를 산정하지는 않습니다. 효율 저하 정도를 정량적으로 도출해내기가 쉽지 않을 뿐만 아니라, 나름의 객관적 기준 또한 제시되지 않고 있어 작업효율 저하에 따른 추가공사비가 반영된 사례는 매우 드문 실정입니다.

작업시간 변경(단축)으로 생산성이 저하(작업효율 저하)되었다고 보아 이로 인한 추가공사비를 인정한 법원 판례가 있습니다. 피고(서울특별시 서초구)는 건설공사 표준품셈 중 휴전(休電)시간별 할증률에 따라, 휴전시간 4시간의 경우 25%의 할증률만 적용되어야 한다고 주장하였으나, 법원은 피고 주장을 받아들이지 않고 공사시간 단축 후 생산성(0.7387)을 공사시간 단축 전 생산성(1.5588)과 비교하여 산출한 값인 209%가 공사시간 단축 변경으로 생산성이 저하됨에 따른 작업의 손실률로 인정한 사례입니다(상고 비용을 제출하지 않아 상고 각하되어 최종 확정되었습니다). 법원은 판결 이유에서, 야간공사 시간을 제한한 것은 설계변경에 해당한다고 전제한 후, 법원 감정인이 야간공사시간의 단축 전·후를 구분하여 생산성을 수치화한 후, 양자를 비교하여 산출한 값을 야간 공사시간 단축으로 인한 작업 손실률로 보아 위 값을 할증률로 적용하여 설계변경에 따른 추가공사비를 산출한 것에 대하여, ① 건설공사 표준품셈의 휴전시간별 할증은 차량 통행의 도로를 굴착하는 이 사건 공사(강남대로 하수암거 확충 및 저류조 설치공사)에 적용할 수 있는 기준으로 볼 수 없고, ② 이 사건 공사에 적용할 만한 품의 할증에 관한 기준이 건설공사 표준품셈에 마련되어 있지 않은 점, ③ 야간 공사시간 단축으로 인하여 작업시간이 줄어들어 작업능률이 현저하게 저하된 점, ④ 감정인이 작업일보를 근거로 공사량과 투입자원을 집계함으로써 할증률 산출 시 실제 현황을 충실히 반영한 점 등을 감안할 때, 이와 같은 법원 감정인의 추가공사비 산출방식은 합리적인 근거를 갖추고 있어 타당하다고 판단하여 원고 청구를 대부분 인용하였던 것입니다(서울고등법원 2015. 10. 13. 선고 2014나2046561 판결).

서울고등법원 2015. 10. 13. 선고 2014나2046561 [공사대금]

【판결 이유】

나. 증가된 공사비의 액수에 대한 판단

가) 감정인이 적용한 할증률의 타당성 여부

증거와 감정결과에 의하면, 건설공사 표준품셈이 1-16 '품의 할증'에 관한 적용기준 중 "12. 휴전시간별 할증률"에서는 휴전시간이 4시간인 경우 25%의 할증률을 적용할 것을 정하고 있고, "13. 기타 할증률"에서는 "나. 기타 작업조건이 특수하여 작업시간 및 통행제한으로 작업능률 저하가 현저할 경우는 별도 가산할 수 있다"라고 정한 사실, 감정인은 위 건설공사 표준품셈 "13. 기타 할증률"의 '나'항에 따라 별도로 이 사건 공사의 현장에서의 공사시간 단축 변경으로 발생한 작업능률 저하의 정도를 계산하여 할증률을 산출한 사실, 구체적인 할증률 산출에 있어, 감정인은 ㉠ 공사기간 단축 전·후로 나누어 시공량, 투입 인원·장비 등 투입자원을 집계한 후, ㉡ 시공량 대비 투입자원이 차지하는 비율을 계산하는 방법으로 공사시간 단축 전·후의 생산성을 수치화한 다음, ㉢ 이처럼 계산한 공사시간 단축 후 생산성(0.7387)을 공사시간 단축 전 생산성(1.5588)과 비교하여 산출한 값인 209.66%(=1.5588÷0.7387×100)가 공사시간 단축 변경으로 생산성이 저하됨에 따른 작업의 손실률로 보아 위 값을 할증률로 적용한 사실을 인정할 수 있다. … 감정인이 적용한 할증률 209.66%는 합리적인 근거를 갖추고 있어 타당하다고 판단된다.

서울고등법원 2014나2046561 판결 이후 2016년 하반기에 건설공사 표준품셈의 관련 규정이 개정되었습니다. '12. 휴전시간별 할증률'이란 항목 자체를 '12. 작업시간제한 할증률'로 변경하여 휴전이 필요한 공사뿐만 아니라 작업시간을 제한받는 공사의 경우에도 동 규정이 적용되도록 한 것입니다. 하여 더 이상 '12. 휴전시간별 할증률' 적용의 예외로서 작업효율 저하를 적용하지 못할 수 있게 되었습니다. 작업조건의 특수성을 증명해야 하는 시공자 측의 책임은 더욱 무거워졌지만, 그럼에도 "13. 기타 할증률'에 관한 규정 중 '나. 기타 작업조건이 특수하여 작업시간 및 통행제한으로 작업능률 저하가 현저할 경우는 별도 가산할 수 있다"라는 규정을 활용할 여지가 여전히 존재하므로 작업효율 저하에 대한 정량화 적용 사례가 축적되기를 바랍니다. 참고로 서울고등법원은 "공사시방서에서 정한 공사시간을 제한한 것은 설계변경에 해당한다"라고 판단하였습니다.

제5장 | 건설클레임 및 건설분쟁

1. 건설클레임

1.1 건설공사 클레임 정의 및 근거

▍건설공사 클레임 정의

건설공사는 장기간에 걸쳐서 계약이행이 이루어지는 대표적인 도급계약 유형에 해당합니다. 계약이행이 장기간에 걸쳐 이루어지다 보니 그 이행과정에서는 여러 사유로 인하여 다양한 변경상황이 발생하게 됩니다. 각 변경사항에 관한 주장이나 요구를 클레임(Claim)이라 하는데, 클레임은 계약 또는 법률상 권리로서 건설공사계약 혹은 건설계약과 관련하여 발생하는 제반 분쟁에 대하여 금전적 지급을 요구하거나, 계약조건의 조정이나 해소, 그 밖의 다른 구제 조치를 요구하는 서면 요구 또는 주장으로 정의되고 있습니다.

미국에서 각 문헌에서의 클레임 정의는 다음과 같습니다. 미국건설관리협회(CMAA)는 CM 업무안내서에서 클레임을 "계약문서에 정함에 따라 시공자 또는 발주처가 그 상대방이 제기한 공식적인 보상 청구(A formal demand for compensation, filed by a contractor or the owner with the other party, in accordance with provisions of the contract documents.)"라고 정의하고 있으며, 보상 청구로 한정하여 여타의 정의에 비하여 좁은 의미로 정의하고 있습니다. 미국건축사협회(AIA)의 『건설용어해설서(Glossary of Construction Industry Terms)』(2009)에서는 클레임을 "계약의 한 당사자가 권리의 문제로써 계약조항의 조정이나 해석, 금전의 지급, 기간의 연장 또는 여타의 구제를 구하는 요구 또는 주장(A demand or assertion by one of the parties seeking, as a matter of right, adjustment or interpretation of contract terms, payment of money, extension of time or other relief with respect to the terms of the contract.)"으로 정의하고 있습니다. 미국 연방조달규정(FAR)에서는 "클레임이란 당해 계약으로 또는 당해 계약과 관련하여 계약의 한 당사자가 권리의 문제로서 금전의 지급, 계약조항의 조정이나 해석, 또는 여타의 구제를 구하는 문서상의 요구나 주장('claim' means a written demand or written assertion by one of the contracting parties seeking, as a matter of right, the payment of money in a sum certain, the adjustment or interpretation of contract terms, or other relief arising under or relating to the contract.)"으로 정의하고 있으며, 청구금액이 10만 달러를 초과하면 시공자확인서(Contractor Certification)를 제출해야 클레임으로 인정된다고 합니다. FAR이나 AIA에서는 CMAA에 비하여 클레임을 더 넓게 해석하고 있으며, 그중 AIA 정의가 가장 일반적이나 양자간 차이를 둘 필요가 없을 정도로 대동소이합니다.

클레임에 대해서는 2017년도 『FIDIC Yellow Book』에서도 언급하고 있는데, "본 조건의 조항에 따라 또는 계약 또는 작업 실행과 관련하여 또는 이와 관련하여 발생하는 자격 또는 구제를 위해 한 당사자가 다른 당사자에게 요청 또는 주장(Claim means a request or assertion by one Party to the other Party for an entitlement or relief under any Clause of these Conditions or otherwise in connection with, or arising out of, the contract or the execution of the Works.)"으로 정의하고 있습니다(FIDIC 계약조건은 Employer라는 용어를 사용하여 발주자를 표현하고 있으나, AIA Document A201은 Owner라는 용어를 사용하고 있습니다).

정리하면 클레임은 어느 일방의 주장·요구·요청(Demand·Request)으로서 협상자료를 근거로 하여 상대방에게 자신의 권리를 제시·주장 단계라 할 수 있겠습니다.

❙ 건설공사 클레임 제기 근거

건설클레임은 계약조건에 근거한 클레임(Contractual Claim), 계약위반에 근거한 클레임(Claim for Breach of Contract), 그리고 발주자의 호의(好意)에 의한 클레임(Mercy Claim)으로 구분하고 있습니다. 우리나라는 대부분이 계약조건에 근거한 클레임에 해당할 것이고, 공공공사의 경우에는 호의에 의한 클레임은 사실상 허용되기가 어렵습니다.

먼저 계약조건에 근거한 클레임은 클레임에 대한 권리가 계약문서에 명시적으로 보장된 경우를 말하며, 건설현장에서 추진되는 클레임 대부분이 이에 해당합니다. 모든 건설공사 계약은 정도의 차이는 있지만 보상규정들을 두고 있는데, 만약 보상규정이 없는 경우라면 입찰자는 발생 가능성이 불확실한 위험까지도 입찰가격에 포함해야 합니다. 클레임에 대한 권리를 가지기 위해서는 개별 사안들로 인한 손실보상이 계약조건상의 어떤 조항에 따라 보장되고 있는지를 밝히는 것이 필수적입니다. 건설현장의 클레임은 대부분 계약조건에 근거하여 이루어지고 있으므로, 이러한 클레임에 대한 권리를 가지기 위해서는 계약조건의 어떤 조항에 손실보상이 보장되는가를 밝히는 것이 가장 중요하다고 하겠습니다.

다음으로 계약위반에 근거한 클레임은 명시적 계약조건(Expressed Terms)

이건 또는 묵시적 계약조건(Implied Terms) 이건 계약을 위반했다는 사실에 근거한 클레임을 말합니다. 계약위반에 따른 클레임이므로 상호 협의보다는 소송이나 중재에 의한 강제적 방법으로 귀결되는 경우가 대부분입니다. 계약위반에 대한 사항이 계약조건에 명시적으로 규정되어 있는 경우는 클레임이 계약의 틀 안에서 해결될 수 있는 경우이므로 전술한 계약조건에 근거한 클레임의 범주에 포함되는 경우이며, 계약조건에 명시적으로 규정되어 있는 '발주자의 대가지급 불이행'이나 '발주자에 의한 현장 인도 불이행'과 같은 사항들이 이에 해당한다고 볼 수 있습니다. 그러므로 순수한 의미의 계약위반에 근거한 클레임이란 계약위반 사항 중에서 계약조건에 의해 해결될 수 있는 사항들을 제외한 경우들, 즉 묵시적 계약조건의 위반을 이유로 한 클레임으로 이행해야 할 것으로서 대표적인 경우는 ① 발주자에 의한 방해 행위가 없을 것, ② 발주자로부터 현장 인도가 적기에 이루어질 것, ③ 지시나 정보가 적기에 발급될 것, ④ 시공자는 성의를 다하여 시공할 것, ⑤ 자재는 용도에 적합한 것이어야 하며 질이 좋아야 할 것 등이라고 하겠습니다.

마지막으로 발주자의 호의에 의한 클레임은, 시공자가 클레임에 대한 계약적인 권리를 갖지 못함에도 불구하고 공사의 특수성이나 계약당사자 간의 이해관계 등을 고려하여 발주자가 시공자 손실에 대해 일정 금액의 보상을 해주는 경우를 말합니다. 예를 들면 긴급을 필요로 하는 공사에 대해 시공자가 저가로 입찰하였고, 그로 인한 시공자의 손실이 막심하여 공사의 이행이 불가능해진 경우에 발주자가 계약을 해지하지 아니하고 시공자에게 일정부분 보상해줌으로써 공사를 적기에 완성하도록 하는 경우가 해당할 수 있습니다.

한편 위와 같이 건설클레임을 제기할 수 있는 세 가지 근거 중 발주자의 호의에 의한 클레임은, 계약법령에 따라 계약금액 조정이 이루어져야 하는 공공 건설공사에 적용될 가능성은 거의 없다고 하겠습니다.

▎건설분쟁 개념

실무에서 클레임과 같이 사용되는 용어는 분쟁(Dispute)입니다. 건설공사 클레임은 계약당사자 간의 협상을 통한 우호적 해결방법을 모색하기 위한 절차를 행하는 단계에 해당하며, 클레임을 통한 계약당사자 간의 우호적 협상이 결렬되어 제3자를 통한 해결을 구하는 단계를 건설분쟁 단계라 합니다. 따라서 분쟁의 이전 단계가 클레임이고, 계약의 한 당사자가 클레임을 제기하였을 때 쌍방 간 협상에 따라 타결되었을 때는 분쟁이라고 하지 않습니다. 건설공사 클레임 협의 결렬 시 클레임 사안에 대한 해결방안으로 대체적 분쟁해결제도(ADR: Alternative Dispute Resolution)나 분쟁심의위원회(DRB: Dispute Review Board) 등이 거론되고 있는데, 이들이 '분쟁'이란 표현을 사용하고 있음을 보면 알 수 있습니다. 한편 청구 단계에 해당하는 클레임과 협의가 결렬되어 제3자를 통하여 청구내용을 해결하는 분쟁은 다르게 이해되어야 하나, 건설현장 실무에서는 건설분쟁을 건설클레임으로 통칭하여 사용하고 있으므로 두 개념의 구분이 필요한 경우를 제외하고는 실무에서와 같이 건설클레임이라는 용어로 통칭하여 사용합니다.

국가계약법령에서의 분쟁은 기획재정부 계약예규 중 공사계약일반조건 제51조(분쟁의 해결) 분쟁의 해결에서 규정하고 있는데, 우리나라 공공건설공사는 계약당사자 간 분쟁에 대하여 협의해결을 원칙으로 하면서 협의가 이루어지지 아니할 때는 소송이나 중재 또는 조정으로 해결할 수 있도록 하고 있습니다. 이때 분쟁처리절차 수행기간이라도 공사수행을 중지하지 못하도록 하고 있으나, 계약상대자에게 계약이행을 중지할 수 있는 정당한 사유가 있는 경우에 대해서까지 무조건 중지할 수 없도록 규정한 것이 아니라고 해석함이 타당할 것입니다(하도급공사에서는 분쟁처리 기간에 공사수행을 중지하지 못한다는 규정이 없습니다).

> 공사계약일반조건
> **제51조(분쟁의 해결)** ① 계약의 수행 중 계약당사자 간에 발생하는 분쟁은 협의에 의하여 해결한다.
> ② 제1항에 의한 협의가 이루어지지 아니할 때에는 법원의 판결 또는 「중재법」에 의한 중재에 의하여 해결한다. 다만 「국가를 당사자로 하는 계약에 관한 법률」 제28조에서 정한 이의신청 대상에 해당하는 경우 국가계약분쟁조정위원회 조정 결정에 따라 분쟁을 해결할 수 있다.
> ③ 제2항에도 불구하고 계약을 체결하는 때에 「국가를 당사자로 하는 계약에 관한 법률」제28조의2에 따라 분쟁해결방법을 정한 경우에는 그에 따른다. 〈신설 2018. 3. 20.〉
> ④ 계약상대자는 제1항부터 제3항까지의 분쟁처리절차 수행기간 중 공사의 수행을 중지하여서는 아니 된다. 〈신설 2018. 3. 20.〉

전술한 내용들을 종합하여 건설공사에서의 클레임 제기 및 분쟁처리 과정을 흐름도로 나타내면 [그림 5-1]과 같이 정리할 수 있습니다.

[그림 5-1] 건설공사 클레임 및 분쟁처리 흐름도

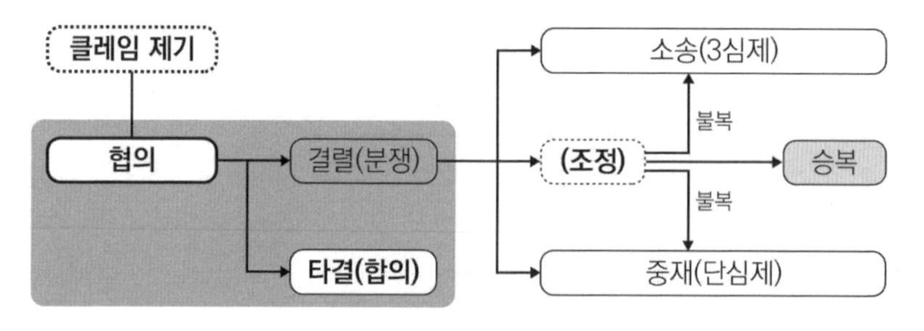

[그림 5-1]은 제기한 클레임에 대한 협의가 결렬되어 분쟁으로 진행될 경우, 일반적 분쟁해결방법으로 소송(Litigation), 중재(Arbitration), 조정

(Mediation)을 도식화한 것입니다. 이러한 분쟁해결방법의 법적 구속력, 공개 여부, 기간, 장단점 등 특징을 비교하면 〈표 5-1〉과 같습니다. 건설분쟁은 복잡다단하여 소송으로 해결하기가 곤란하기에 중재 또는 조정제도 활용이 언급되고 있으나, 상대방의 서면동의가 전제되어야 하기에 아직 활용 정도가 낮은 상황입니다.

〈표 5-1〉 건설분쟁 해결방법 및 특징

구분	조정	중재	소송
법적 구속력	×	○	○
공개 여부	비공개	비공개	공개
소요기간	단기간	단기간(단심제)	장기간(3심제)
해결자	조정인 (조정판사·위원)	중재인	법관
결정형태	조정권고안	중재판정	판결
장점	비공개 심리 진행 단기간에 분쟁 종결	비공개 심리 진행 단기간에 분쟁 종결	가장 대표적 방법 불복절차 있음
단점	강제력 없음 불복 시 소송으로 전개	당사자 간 서면합의 불복절차 없음	장기간 소요 고비용 구조
절차	조정규칙	중재규칙	소송절차

1.2 주요국의 클레임 처리제도

외국에서는 클레임을 어떻게 처리하는지를 알아볼 필요가 있습니다. 주요국의 클레임 처리제도에 대해서는 관련 도서내용을 간추려 인용하였으며, 우리나라 제도와 상이한 부분들에 대해서는 부연 설명을 추가하여 정리하였습니다.

▌미국 「연방조달규정(FAR)」

미국은 공공공사에 대한 클레임 처리제도를 매우 구체적으로 법령화한 대표적인 국가입니다. 우리나라 국가계약법령에 해당하는 「연방조달규정(FAR)」에서 규정하고 있음에 더하여 독립적인 「계약분쟁법(CDA: Contract Disputes Act)」(1978)까지 마련하고 있습니다.

클레임 제기자에 따라 시공자 클레임과 발주처 클레임으로 구분합니다. 시공자 클레임은 달리 정하지 않은 경우라면 클레임 사유 발생 이후 6년 이내에 발주처(계약관: Contract Officer)에 클레임을 제기해야 하고, 발주처 클레임 또한 더 짧은 기간으로 약정하지 않은 한 클레임 사유 발생 이후 6년 이내에 계약관이 결정합니다. 클레임 제기 6년 시효는 1994년 「연방합리화법(Federal Streamlining Act)」에서 처음 규정하였으며, 이를 FAR 및 CDA에서 수용한 것입니다. 반면 우리나라는 계약법령에 클레임 제기 시효를 별도로 규정하고 있지 않기에, 민법 제163조(3년의 단기소멸시효) 제3호의 도급공사 채권에 해당하는 3년의 단기소멸시효가 적용되고 있으므로 주의가 필요합니다.

시공자는 클레임 규모가 10만 달러를 초과 및 「행정분쟁해결법(ADRA)」 등에 따른 중재에 의한 해결을 전제로 하는 경우, 클레임 서류가 성실하게 작성되었다는 내용의 '시공자 확인서'를 발주처에 제출해야 합니다. 동 확인서가 발주처에 접수된 때에 비로소 클레임이 유효하게 제기된 것으로 간주합니다.

발주처 계약관은 클레임이 쌍방 간 협의로 해결되지 않는다고 판단될 때에는 '클레임 사항의 검토 → 법률전문가 등의 자문 → 필요시 계약관리 담당공무원 또는 계약부서와의 협의 → 결정문 작성'의 절차에 따라 결정을 내립니다. 클레임 청구금액이 10만 달러 이하이면 클레임 서류를 접수한 날로부터 60일 이내에 결정을 내려야 하며, 10만 달러 이상이면 시공자 확인서를 접수한 날로부터 60일 이내에 결정을 내리거나 예정 결정일을 시공자에게 통보해야 합니다. 계약관이 60일 이내에 결정을 내리지 아니한 경우에는 클레임을 기각한 것으로 간주하며, 이 경우 시공자는 당해 클레임에 대하여 항소(Appeal) 또는 제소(Action·Suit)를 선택적으로 취할 수 있습니다.

시공자의 조치는 계약관 결정에 승복하는 경우와 불복하는 경우가 있습니다. 계약관 결정에 이의가 없는 경우에는 당해 클레임은 종결되나, 불복할 때에는 결정문을 접수한 날로부터 90일 이내에 계약항소위원회(BCA: Board of Contrat Appeal)에 재심 청구(ⓐ) 또는 ② 12개월 이내에 연방클레임법원(United States Court of Federal Claims)에 제소(ⓑ) 절차 중 선택할 수 있습니다. 이상의 내용을 흐름도로 나타내면 [그림 5-2]와 같습니다.

[그림 5-2] 미국의 클레임 처리절차

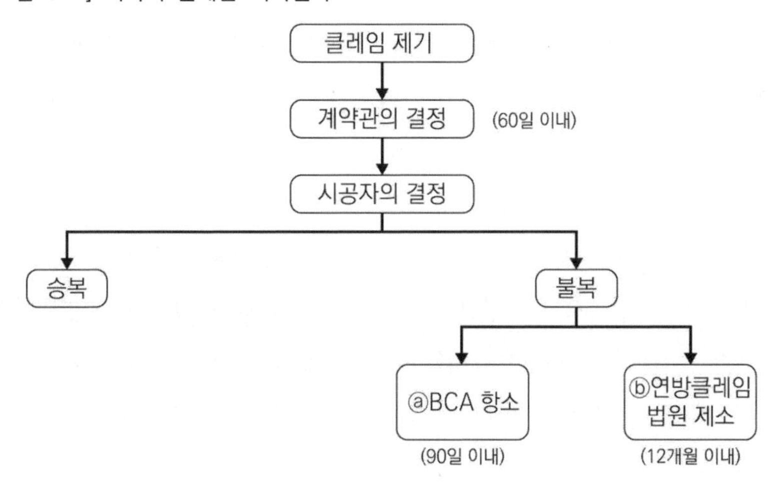

▌미국 AIA

미국건축사협회(AIA)의 「공사계약조건 A201」에서 설정하고 있는 클레임 처리제도입니다.

먼저 클레임의 시한은 클레임 사유가 발생한 날로부터 21일 또는 클레임 사유가 발생한 것을 안 날로부터 21일 중 나중에 도래한 날 이전에 제기해야 하며, 최종대가가 지급된 경우에는 클레임을 포기한 것으로 간주합니다. 참고로 우리나라는 준공대가(장기계속공사의 경우에는 차수별 준공대가) 수령 전까지 계약금액 조정신청을 할 수 있다고 규정하고 있을 뿐, 클레임 청구시한을 별도로 명시하지 않고 있습니다.

현장 여건이 상이함을 발견한 당사자는 그와 같은 여건이 훼손되기 전 또는 늦어도 발견일로부터 21일 이내에 상대방에게 통지해야 합니다. 건축사(Architect)는 통지받은 즉시 현장을 조사하고 필요한 경우 계약금액의 조정 및 계약기간의 연장을 제의하거나, 현장 여건이 실제로 상이하지 않다고 판단될 때에는 금액 조정이나 기간 연장이 필요하지 않다는 결정을 발주처와 시공자에게 통지해야 합니다.

건축사는 클레임을 신청받은 날로부터 10일 이내에 클레임 내용을 검토하여 필요한 예비조치를 취해야 하며, 예비 조치로는 제기자에게 추가 보완자료의 요구, 분쟁당사자에게 클레임 처리계획서의 통지, 클레임의 기각, 클레임 승인 계획 및 쌍방 간의 타협 제의 등이 있습니다.

클레임이 해결되지 않으면 클레임 제기자는 건축사의 예비조치일로부터 10일 이내에 건축사가 요구한 추가 보완자료의 제출, 당초 클레임의 수정 또는 당초 클레임이 변함없음을 건축사에게 통보 등 필요한 조치를 해야 하고, 건축사는 7일 이내에 자신의 결정을 분쟁당사자에게 통지해야 합니다. 이상을 종합하여 AIA의 클레임 처리절차를 흐름도로 나타내면 [그림 5-3]과 같습니다.

[그림 5-3] AIA의 클레임 처리절차

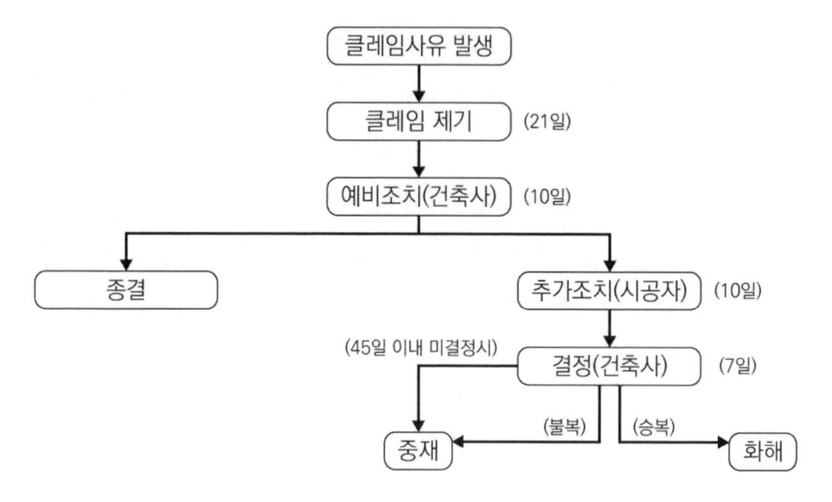

FIDIC「공사계약일반조건」

FIDIC은 건설산업계에서 표준을 제정하고 국제계약 분쟁 조정 역할 등을 수행하고 있는 국제컨설팅엔지니어링연맹입니다. 1913년에 설립되었으며 우리나라는 1982년에 가입하였습니다.

FIDIC은 일회성 클레임과 계속적 클레임으로 구분하여 명시하고 있습니다. 일회성 클레임은 클레임 사유의 발생 사실을 알았거나 알 수 있었던 날부터 28일 이내에 감독관(Engineer)에게 통지해야 하며, 통지일로부터 14일 이내에 추가금액 및 추가공사에 대한 명세서를 감독관에게 제출해야 합니다. 계속적 클레임은 클레임 사항이 계속된 영향을 주는 경우로서,

시공자는 월별 중간클레임(Interim Claim)을 감독관에게 제출해야 하고 누적 클레임 금액 및 공기를 명시해야 하며, 최종클레임은 클레임 사유가 종료되는 날로부터 28일 이내에 제출하도록 하고 있습니다. 감독관은 시공자로부터 클레임을 접수한 날로부터 42일 이내 또는 시공자와 합의한 기한 이내에 수락 여부를 결정하여 통지해야 합니다.

FIDIC 「공사계약일반조건」은 클레임과 분쟁을 분명하게 구분하고 있으며, 클레임은 추가금액과 추가 공기의 청구로 한정하고, 계약 또는 공사의 수행과 관련하여 발생한 분쟁의 해결은 분쟁재결위원회(DAB: Dispute Adjudication Board)에 의한 재결, 화해, 중재의 절차를 거쳐 해결할 수 있습니다. FIDIC에서의 분쟁흐름도로 나타내면 [그림 5-4]와 같습니다.

[그림 5-4] FIDIC 「공사계약일반조건」의 분쟁처리절차

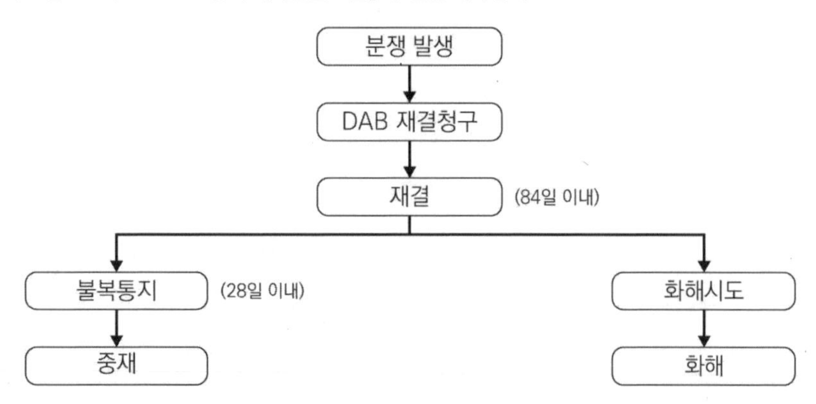

FIDIC의 「설계·시공일괄계약조건」 또는 「턴키계약조건」(Conditions of Contract for Design-Build and Turnkey) 역시 공사계약일반조건과 마찬가지로 클레임과 분쟁의 처리를 별도로 구분하고 있고, 그 처리절차 또한 대동소

이합니다.

분쟁이 발생하면 분쟁당사자 간 DAB 위원이 사전에 합의되어 있거나 계약문서에 지명되어 있지 않았으면 계약체결일로부터 28일 이내에 이의 선임을 확정해야 합니다. DAB는 분쟁사항을 접수한 날로부터 56일 이내에 그의 결정을 분쟁당사자에게 통지해야 합니다. 분쟁당사자 중 일방이 DAB의 결정에 불복하거나 DAB가 상기 56일 이내에 결정을 내리지 못하는 경우, DAB의 상기 결정일로부터 또는 DAB가 결정해야 하는 시한의 종료일로부터 28일 이내에 상대방에게 불복사실을 통지해야 합니다. 이러한 불복 통지일로부터 56일 이후에는 입찰서부록에 명시된 중재가 개시된 것으로 간주합니다.

▎영국

영국은 우리나라와 달리 다양한 계약조건이 있습니다. 대표적인 경우를 들어 설명하면, 영국 「관급공사계약조건(GC/Works/1)」은 클레임이 제기되었을 경우 단독중재인에 의뢰된다는 특징이 있습니다. 우리나라의 경우 이른바 '선택적 중재합의'와 같은 논란이 발생할 여지가 없다는 점입니다. 중재인은 당사자 간 협의로 선임하나, 이에 대한 협의가 이루어지지 못했을 때는 발주처의 요구에 따라 변호사협회(Law Society), 적산사(QS: Quantity Survey) 협회 또는 건설 관련 협회의 회장이 지명하는 중재인으로 진행됩니다. 영국의 중재 특징은 계약당사자 간의 별도 약정이 없는 한 공사의 완성 또는 계약의 해제 또는 해지 후가 아니면 중재에 의뢰할 수 없다는 점입니다.

영국 ICE의 클레임 처리제도입니다. 영국토목엔지니어링협회(ICE)의 「공사계약조건」에서는 클레임 사유가 발생하면 감독관이 일차적인 조정자 역할을 하며, 그의 조정에 불복 시는 당사자 간 합의에 따라 선정한 단독중재인의 판정에 따르고, 단독중재인의 선정에 대한 합의가 이루어지지 않으면 ICE 회장이 지명하는 중재인의 판정에 따릅니다. ICE에서는 ① 물리적 악조건과 인위적 장애와 관련한 사항, ② 감독관이 대가지급 확인서의 발급을 유보하고 있을 때, ③ 유보금을 해제하지 아니할 때, ④ 계약의 해제 또는 해지와 관련한 감리자의 권한 행사와 관련한 사항의 경우를 제외하고는, 공사의 완성 이전에 중재에 회부할 수 없도록 하는 소위 클레임 제한 규정을 두고 있습니다.

▌일본

일본 「공공공사청부계약약관」은 2개의 처리제도를 선택적으로 적용합니다.

먼저 제1안은 계약당사자가 합의하여 구성한 조정인단의 알선 또는 조정에 따라 해결하며(자체 조정인단), 알선 또는 조정이 실패하였을 때는 「건설업법」에 의한 건설공사분쟁심사회의 알선 또는 조정에 따라 해결합니다. 심사회의 알선 또는 조정으로 해결될 가능성이 없다고 인정될 때는 심사회의 중재에 회부하여 이의 판정에 따릅니다.

다음으로 제2안은 제1안의 자체 조정인단 과정을 거치지 않고 그다음 단계부터 진행하는데, 처음부터 건설공사분쟁심사회에 의한 해결을 상정하고 있습니다.

▌싱가포르

싱가포르 「공공공사표준계약조건(Public Sector Standard Conditions for Construction Works)」(1995)에서의 클레임은 시공자가 자신의 계약불이행 또

는 계약위반으로 인한 경우가 아닌 사유로 인한 손실 및 추가비용 등을 대상으로 합니다. 계약조건에서는 클레임 발생 사유를 구체적으로 열거하고 있습니다.

① 계약사항의 변경지시
② 예비비 항목의 수행지시가 계약사항의 변경으로 되는 경우
③ 발주처가 공사부지를 시공자에게 인도하지 못한 경우
④ 시공자에게 손실 및 비용보전권이 있는 감독관(SO: Superintending Officer)의 공사중지 지시
⑤ 감독관이 시공자의 정보요청에 대하여 회신을 지체한 경우
⑥ 감독관의 추가도면 작성지시, 설계서의 누락·오류·불명확, 시공자의 책임 없는 사유로 인한 시험·복개 부분의 개봉 및 원상복구·하자보수·하자조사, 불가항력의 사유로 인한 피해복구로 인한 경우
⑦ 예측할 수 없었던 인위적 지장물로 인한 경우
⑧ 타 계약자의 간섭으로 인한 경우
⑨ 상기 이외의 발주처에 의한 방해 또는 계약위반 행위

시공자는 클레임 사유가 발생한 날로부터 60일 이내에 클레임 제기 의향을 감독관(SO)에게 제출해야 하고, 이로부터 30일 이내 또는 감독관과 합의된 기간 내에 상세명세서 및 근거를 제출해야 하며, 클레임 사항이 계속적으로 영향을 미칠 때는 이를 '중간명세서'로 간주하고 감독관과 합의된 기간별로 추가중간명세서를 제출해야 합니다. 클레임 사항의 영향이 종료되면 시공자는 30일 이내에 클레임 '최종명세서'를 감독관에게 제출하면 됩니다. 한편 여하한 클레임에도 실제적인 완공일로부터 90일 이내에 발주처에 제출하게 되어 있는 '최종명세서'에 포함하지 않으면 별도의 클레임을 제기할 수 없습니다.

감독관은 시공자로부터 최종명세서를 접수한 날로부터 30일 이내에 자신의 결정사항을 발주처와 시공자에게 교부해야 합니다. 시공자가 감독관

의 결정에 동의할 때는 이를 기성대가에 포함해 지급을 신청할 수 있으며, 발주처는 감독관의 확인일로부터 21일 이내에 기성대가를 시공자에게 지급해야 합니다.

분쟁해결절차입니다. 어느 일방이 클레임 사유에 동의하지 아니하거나 30일 이내에 감독관이 결정하지 아니한 경우에는 감독관 결정을 접수한 날부터 또는 30일 종료되는 날부터 90일 이내에 중재 회부 의향을 상대방에게 통지해야 합니다. 다만 중재는 실제적인 완공일 이전에는 개시될 수 없습니다. 이상의 내용을 종합하여 흐름도로 나타내면 [그림 5-5]와 같습니다.

[그림 5-5] 싱가포르의 클레임 처리절차

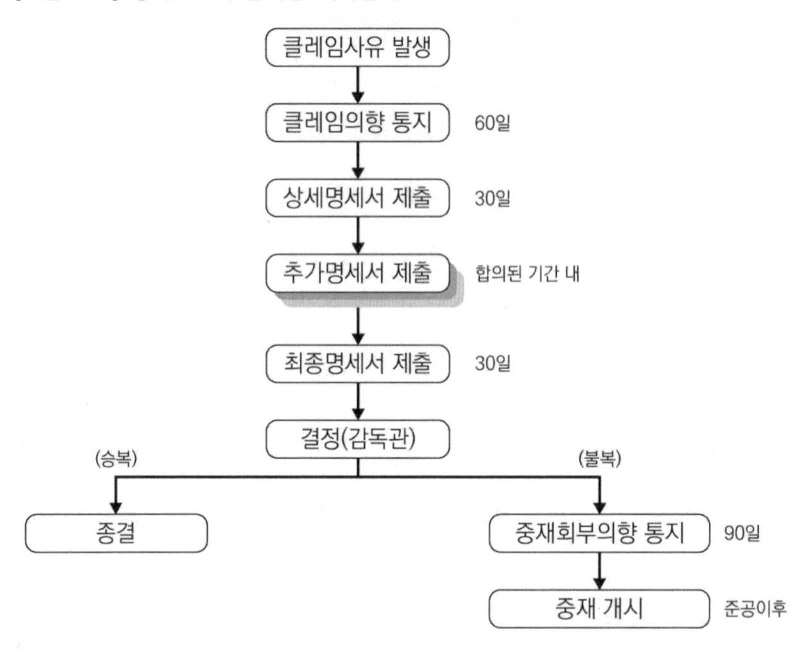

1.3 건설공사 클레임 유형 및 원인

건설클레임은 청구형식, 제기자, 근거 및 대상 등에 따라 유형을 달리하며, 유형이 유사한 경우에도 접근방식 또는 상황에 따라 다른 유형으로 구분되기도 합니다.

▍청구형식에 따른 유형

개별클레임과 종합클레임으로 구분할 수 있습니다. 개별클레임은 용어 그대로 개별적인 사유를 독립적으로 제기하는 유형이고, 종합클레임은 2개 이상 개별클레임 또는 복합적인 요인이 결합된 경우에 하나의 클레임으로 제기하는 유형을 말합니다.

▍클레임 제기자에 따른 유형

계약당사자 일방이 상대방에게 제기하는 클레임으로 발주처가 시공자에게 제기하는 경우와 시공자가 발주처에 제기하는 경우가 있습니다. 실무에서 발생하는 건설클레임 대부분은 시공자에 의해 제기되고 있습니다.

시공자 클레임의 경우, 시공자가 단독으로 제기하느냐, 2인 이상 공동 또는 연대하여 제기하느냐에 따라 단독클레임 또는 공동클레임이라 합니다. 공동클레임의 대표적인 예는 1998년 2월경 서울지하철건설공사의 6개 턴키공사 시공자들이 당시 서울지하철건설본부에 3,206억 원 상당을 청구한 사례이나, 실제로 공동클레임이 받아들여진 사례는 거의 없다고 하겠습니다. 당시 발주자인 서울시는 6개 공구 계약상대자의 공동클레임에 대하여, 공구별 계약상대자가 상이하다는 이유로 계약명이 다른 자들끼

리의 공동청구는 받아들이기 어렵다고 반려하였기 때문입니다. 이후 각 공구의 계약상대자들은 각각 해당 공구의 공동수급체들이 참여하는 분쟁 절차를 개별적으로 진행하였습니다.

❙ 클레임 대상에 따른 유형

전술한 클레임 정의에서 언급된 내용으로서 금전지급, 계약사항 변경, 계약조항 해석, 계약기간 연장 등이 해당합니다.

금전지급 클레임이 가장 대표적인 유형에 해당하며, 공사계약일반조건에서 규정한 내용들을 살펴보면 추가공사비 청구(일반조건 제19조 내지 제21조), 물가변동으로 인한 계약금액의 조정 청구(일반조건 제22조), 공사기간 연장비용 청구(일반조건 제23조 및 제26조) 등으로 구분할 수 있겠습니다.

공사계약일반조건
제19조(설계변경 등)
제19조의2(설계서의 불분명·누락·오류 및 설계서 간의 상호모순 등에 의한 설계변경)
제19조의3(현장상태와 설계서의 상이로 인한 설계변경)
제19조의4(신기술 및 신공법에 의한 설계변경)
제19조의5(발주기관의 필요에 의한 설계변경)
제19조의6(소요자재의 수급방법 변경)
제19조의7(설계변경에 따른 추가조치 등)
제20조(설계변경으로 인한 계약금액의 조정)
제21조(설계변경으로 인한 계약금액 조정의 제한 등)
제22조(물가변동으로 인한 계약금액의 조정)
제23조(기타 계약내용의 변경으로 인한 계약금액의 조정)
제26조(계약기간의 연장)

❙ 클레임 발생 원인

건설공사에 있어서 클레임은 어떤 이유에서든 공기지연, 현장조건 변경, 작업시간 단축, 작업범위 변경 등의 계약내용 변경으로 인하여 발생하는 계약 외 추가비용에 대한 서면 청구(Written demand or Written assertion)를 의미합니다. 그러므로 클레임 청구권자는 계약상대자뿐만 아니라 발주기관을 포함하는 계약당사자 누구나 될 수 있습니다. 다만 공공공사에서는 계약상대자가 계약 외 추가비용을 지출하는 당사자에 해당하므로, 계약상대자에 의하여 제기되는 클레임 및 분쟁을 중심으로 서술하겠습니다.

건설공사 클레임 발생 원인은 상해 및 손실, 방해 및 지연, 조건변경, 지급 지연, 범위변경, 시간연장, 계약서류 구성 부실, 지급자재, 계약내용의 이해 부족 등으로 다양하기에, 이들 발생 원인에 대해 계약 규정으로 별도의 분류 체계를 설정하지는 않고 있습니다. 우리나라 또한 국가계약법령의 계약금액 조정사유를 발생시키는 클레임 원인 및 세부요인을 구분하고 있지 않으므로 문헌으로 조사된 내용을 그대로 인용하여도 무방합니다.

한국건설관리학회 학술논문집(2015. 11.)에 수록된 「클레임 판례분석을 통한 국내 건설클레임 주요 원인 도출」 논문은, 대한상사중재원의 중재 판례집을 기반으로 총 169건 판정사례를 통한 건설공사 클레임 유형과 원인, 원인별 분류체계를 정리한 분석결과로서의 의미가 있습니다. 분석결과에 따르면 클레임 유형은 5가지, 클레임 원인은 9가지로 분류하였으며, 9가지의 개별클레임 원인에 대한 세부요인은 27가지로 열거되어 있습니다(〈표 5-2〉 좌측의 클레임 원인 및 세부요인 참조).

〈표 5-2〉의 클레임 유형, 원인 및 세부요인을 보면, 클레임 제기주체는 대부분 계약상대자가 그 당사자가 됩니다. 현실적으로 발주기관이 클레임 제기주체가 되는 경우는, 계약당사자 모두가 가능한 계약해제 또는 건설품질 하자 발생요인 정도일 뿐인바, 계약상대자를 클레임 제기주체로 보아도 무방할 것입니다. 이에 계약상대자를 중심으로 클레임 원인 9가지 및 세부요인 27가지에 대하여 건설공사의 비용(공사비) 및 시간(공사기간)의 측면에서

어느 정도 영향을 미치는 것인지를 판단해보았으며, 판단한 결과는 〈표 5-2〉의 우측 내용(굵은 선으로 표시한 부분)입니다.

먼저 클레임 원인을 계약상대자에 대한 '비용적 측면'에서 구분하면 현장조건 상이, 공사변경, 공사촉진, 공사지연, 계약해제, 발주자 등의 부당한 행위들은 비용에 대한 영향이 큰 것으로 판단되었습니다. 계약문서(물량 차이 등)나 건설환경(물가변동 등)에 대해서는 비용에 대한 영향을 보통으로 판단하였는데, 그 이유는 물량증감이나 물가변동 등은 일반적인 계약금액 조정사유에 해당하므로 클레임 제기 시 협의로 종결될 가능성이 높기에 협의가 결렬되어 분쟁으로 발전될 가능성이 상대적으로 낮은 것은 경우에 해당된다고 본 것입니다. 다만 이들 또한 분쟁으로 진전될 때에는 큰 비용을 차지할 수 있다고 하겠습니다. 한편 건설품질(하자 발생) 또한 계약상대자에게 비용을 발생시킬 수 있지만, 품질뿐만 아니라 안전은 계약상 반드시 준수해야 하는 의무사항이므로 계약상대자로서는 이를 원인으로 클레임을 제기하기가 곤란해 보이므로 비용에 대한 영향이 낮다고 판단한 것입니다.

다음으로 '시간적 측면'에서 보면 공사지연 및 공사변경이 시간에 미치는 영향이 크며(공기지연 발생), 현장조건 상이, 공사촉진, 부당한 행위, 건설환경은 보통 정도로 판단되었습니다. 한편 공사촉진은 공사기간을 단축하는 기간은 짧음에도 투입비용은 많이 발생하는 클레임 원인이라 할 수 있습니다. 건설품질은 비용뿐만 아니라 시간에 대해서도 발생하는 영향이 낮은 것으로 판단되었습니다.

아울러 건설공사에서의 각 클레임 원인 및 세부요인을 공사계약일반조건에서 규정하고 있는 세 가지 계약금액 조정사유로 구분해보았습니다. 정성적으로 계약금액 조정사유의 빈도수를 보면 '설계변경 〉 그 밖의 사유

(기타) 〉 물가변동'의 순으로 나타나는 것으로 판단됩니다.

〈표 5-2〉 계약상대자에게 발생한 영향 및 계약금액 조정사유

클레임 원인	세부요인	발생한 영향		계약금액 조정사유
		비용	시간	
1. 현장조건 상이	1) 지하구조물 출현 2) 계약도서와 지반상태 상이 3) 예측할 수 없는 경우	큼	보통	설계변경
2. 계약문서	1) 설계도, 시방서의 결함 2) 입찰수량표와 실제 공사수량 물량 차이	보통	낮음	설계변경
3. 공사변경	1) 발주자가 명령한 공사변경 2) 공종계획의 변경 3) 시공방법의 변경 4) 설계, 설계도면 변경 5) 자재변경, 자재 물량 변경	큼	큼	설계변경
4. 공사촉진	1) 공사기간 단축	큼	보통	그 밖의 사유 & 설계변경
5. 공사지연	1) 발주자의 지급자재 지연 2) 공사현장의 인도지연 3) 시공도의 승인지연 4) 공사 중지 5) 발주자의 예산부족 6) 의사결정 지연	큼	큼	그 밖의 사유 & 설계변경
6. 계약해제	1) 계약 해제	큼	낮음	그 밖의 사유
7. 발주자 및 감리자의 부당한 행위	1) 발주자의 잦은 변경지시 2) 준공 전 시설이용 3) 불합리한 승인거부 4) 용역대금 미지급	큼	보통	설계변경 & 그 밖의 사유
8. 건설환경	1) 정치, 경제, 환경, 문화적 상황 2) 물가변동 3) 환율변동 4) 천재지변	보통	보통	그 밖의 사유 & 물가변동
9. 건설품질	1) 하자 발생	낮음	낮음	그 밖의 사유

2. 건설분쟁 발생요인

시설물은 생애주기는 「구상·기획→설계→시공→유지관리→폐기(철거)」의 과정을 거치는데, 건설분쟁 대부분은 생애주기 중 시공 단계에서 발생합니다. 모든 계약이 그러하듯 건설공사 역시 각각의 계약조건에서 구체적으로 명시되지 않았더라도 분쟁 발생 이전에는 협의과정을 거쳐야 한다는 묵시적 규정이 내재하여 있다고 할 수 있습니다. 즉, 모든 분쟁은 협의를 통한 종결을 원칙으로 하며, 건설분쟁 또한 마찬가지입니다.

전술한 바와 같이 분쟁은 클레임에 대한 협의 결렬의 결과이므로, 건설분쟁은 계약당사자 상호 간 협의가 결렬되었음을 의미합니다. 우리나라 건설산업은 다른 산업부문에 비하여 소송 또는 중재를 꺼리는 경향이 있는데, 그런데도 건설분쟁이 줄어들지 않는 원인을 살펴보는 것은 나름의 의미가 있다고 하겠습니다. 건설분쟁 발생요인은 정성적으로 판단할 수밖에 없는데, 여러 분쟁 사례에서 현장 실무진들 의견을 숙고해보면 발주기관의 책임회피가 건설분쟁 발생의 가장 큰 원인이라는 결론에 이르게 됩니다. 참고로 건설분쟁 관련 문헌에서 언급되는 일반적 원인으로는 계약서의 불명확성, 추가비용 산정 등의 어려움, 이해당사자 간 이해부족 등이 있습니다.

2.1 발주기관의 계약금액 조정(증액) 비판 회피

계약금액 조정은 계약조건에 규정된 경우에 대해서만 정해진 절차에 따라 이행되므로, 계약금액이 증액되었다는 결과만을 갖고서 예산낭비 등의 비판을 제기하는 것은 적절하지 않습니다. 계약상대자의 청구행위는 정당한 권리행사의 일환이므로 비판의 대상이 아니기 때문입니다. 가끔 비전문가인 정치인이나 기자들이 사실관계에 대한 사전 검토 없이 단순히 증액 규모와 빈도만을 이유로 비판을 제기하는 경우가 있는데, 이러한 상황을 접할 때는 안타까울 따름입니다. 그럼에도 반복적 계약금액 증액결과는 다수 국민으로부터 비난의 대상이 된 지 오래되었고, 그 정도가 개선되었다는 실증적 분석보고 또한 없는 실정입니다. 문제는 계약금액 증액으로 인한 국민적 비난을 늦추려다 보니 계약금액 조정이 늦어지거나 준공 이후 소송 등을 통하여 분쟁해결을 하는 경우가 증가한다는 문제가 생긴다는 점입니다. 대표적으로 공기연장비용 같은 경우에 계약당사자 간 협의가 아닌 소송 제기를 유도하는 경향이 그러합니다.

이처럼 발주기관의 소극적인 계약업무와 계약금액 증액에 대한 우려 등은 소송 등 불필요한 분쟁을 일으키는 주요 원인이 되기도 합니다. 발주기관으로서는 소송 판결이 준공 이후에나 확정되므로, 클레임 사안에 대한 협의보다는 분쟁단계로 진행하는 것을 의도할 수 있다고 생각합니다. 준공처리 당시는 비용 증가가 많지 않은 것 같은 착시효과를 나타내도록 하려는 의도에 기인한 것이 아니겠느냐고 추정해봅니다. 발주기관이 계약상대자와의 상호 협의보다 법원을 통한 소송을 선호하는 이유는 외부의 비판을 조금이나마 지연시키고 희석화시키기 위한 의도라고 생각된다는 것입니다. 이 때문에 조정 등의 대체적 분쟁해결방법(ADR)이 더 필요한 건설부문에서 ADR의 실효적 활용도를 더 낮아지게 만든 것으로 판단됩니다.

▍국정감사 단골 메뉴, 예산낭비

양금희 의원(국민의힘, 대구 북구 갑)은 2022년도 국정감사에서 한국전력 등 에너지 공기업의 공사비 증감 현황을 발표했습니다. 에너지 공기업들이 2011년 이후 30억 원 이상 규모 공사 388건에 대하여 총 2,172번의 설계변경으로 최초 공사비 11조 276억 원이 14조 4,624억 원으로 3조 4,331억 원이 증가(39.3%)했다면서 혈세낭비라고 비판한 것입니다(〈표 5-3〉 참조).

설계변경으로 인한 공사금액 증액분을 모두 혈세낭비로 단정해서는 안 되지만, 양금희 의원의 혈세낭비 비판 보도자료에서 보듯이 최초 계약금액보다 증가한 공사비에 대해서는 국민적 시각이 호의적이지 않은 것이 현실입니다. 이에 발주기관으로서는 정당한 설계변경마저 꺼리거나, 설계변경이 불가피한 경우에는 증액금액을 낮추도록 유인토록 할 것입니다. 그 과

〈표 5-3〉 한전, 발전5사, 수력원자력의 공사비 증감 현황(2011~2022년)

(단위: 백만 원)

기관명	건수	최초 낙찰금액	총설계변경 횟수	최종 공사금액	증액 공사비
한국전력공사	206	2,392,337	1,257	2,950,453	552,793
한국중부발전㈜	17	605,056	116	913,728	308,672
한국남동발전㈜	9	504,069	27	540,370	36,300
한국동서발전㈜	14	813,773	75	1,035,473	221,700
한국서부발전㈜	21	910,409	263	1,327,671	417,262
한국남부발전㈜	3	162,749	9	198,183	35,434
한국수력원자력㈜	118	5,639,198	425	7,496,581	1,857,383
총 계	388	11,027,591	2,172	14,462,459	3,429,544

정에서 계약상대자는 계약금액 조정을 합리적으로 반영 받지 못하였거나 일부 반영누락된 항목에 대해서는 소송 등으로 건설분쟁을 발생시키게 된다고 하겠습니다.

▍장기계속공사 발주 남발

시민단체 경실련은 2021년 1월 20월 국토교통부 산하기관이 발주하고 2019년 개통한 49건 사업에 대한 공사금액 및 공사기간 증감 현황을 분석 발표했습니다. 분석결과 49건의 최초 공사금액 3조 201억 원이 준공할 때 3조 6,057억 원으로 5,856억 원(19.4%)이 증액되었다고 하였습니다. 그런데 경실련이 문제를 제기한 부분은 설계변경으로 인한 증액이 아니라, 장기간의 공기지연에도 불구하고 그에 따른 계약금액 조정이 한 건도 이루어지지 않았다는 점을 지적하였습니다. 〈표 5-4〉를 보면 공사기간이 3년(36개월) 이상 늦어진 사업은 11건으로 전체의 22%를 차지하였고, 1년(12개월)~3년(36개월) 정도 늦어진 사업은 전체의 29%인 14건이었습니다.

〈표 5-4〉 국토교통부 산하기관 49건 사업 공사기간 지연 현황

구분	국토관리청		철도공단		도로공사		계			
	장기계속	계속비	장기계속	계속비	장기계속	계속비	장기계속	비율	계속비	비율
변경 없음	3		1		1	1	5	12%	1	13%
12개월 이하	4		6	5	3		13	32%	5	63%
12~24개월	3		6		1		10	24%	-	-
24~36개월	2	1	1		-		3	7%	1	13%
36개월 이상	8		2	1	-		10	24%	1	13%
합계	20	1	16	6	5	1	41	100%	8	100%

정부가 집행한 건설공사의 31%가 24개월 이상 지연되었고, 12개월 이상 지연된 사업도 52%나 되었지만 이에 따른 계약금액 조정이 없었다는 것은 발주기관이 의도적으로 공기연장 비용에 대해 협의하지 않았다고 보는 것이 타당할 것입니다. 그래서인지 현재 공기연장 손실비용에 대한 소송 등의 건설분쟁 진행건수 및 분쟁금액이 상당합니다.

공공공사에서 공기지연은 전술한 [그림 4-1]의 기타 계약내용의 변경으로 인한 대표적인 계약금액 조정사유에 해당합니다. 계약상대자가 계약조건에 명시돼 있는 공기연장 손실비용에 대해서까지 상호 협의가 아닌 소송 등의 건설분쟁으로 해결을 진행한다면 국가 경제적으로도 바람직하지 않습니다. 경실련은 보도자료에서 공기지연 손실비용 규모를 추정하였는데, 1개 사업 간접비 손실 규모는 총공사비의 6~7%인 약 48억 원이고, 이를 49개 사업에 적용할 때 2,350억 원으로 추정하였습니다.

2.2 설계변경, 장기계속공사, 용지보상, 민원 등

지극히 당연한 얘기지만, 건설분쟁이 발생하지 않으려면 계약상의 계약금액 조정사유가 애당초 발생하지 않도록 하면 됩니다. 이를 위해서는 설계의 완성도를 높여 설계변경 등이 원천적으로 발생시키지 않도록 해야 합니다. 하지만 건설공사의 특성상 장기간에 걸쳐 계약이행이 이루어지다 보니 현실적으로 설계도서 오류나 예산배정 지연, 공사용지 확보 지연 또는 예상치 못한 민원 등이 발생할 가능성이 상시 존재하며, 이는 곧 건설분쟁이 모든 건설공사에서 언제든지 발생 가능하다는 것을 의미합니다.

▌낮은 설계완성도

전술한 에너지 공기업의 계약금액 증액 현황에서 보았듯이 가장 빈번한 계약금액 조정사유는 단연 설계변경입니다. 설계변경이 발생한다는 것은 설계서의 완성도가 낮기 때문입니다. 설계서에는 공사시방서, 설계도면, 현장설명서, 물량내역서 및 공사기간 산정근거가 있으며 이들 설계서에 오류가 있거나 상호모순이 있는 경우에는 정정·보완을 해야 하는데, 사람이 만든 설계도서가 완벽할 순 없으니 어느 정도의 설계변경은 불가피하겠으나, 설계변경의 빈도가 잦고 반복되거나 변경 정도가 큰 것은 충분히 문제로 지적될 수 있습니다.

건설분쟁을 줄이기 위해서는 설계변경 가능성을 낮추어야 하는데, 그 한 방편으로 설계서의 오류 또는 상호모순의 책임을 입찰자에게 부담 지우는 것은 근본적인 해결책으로 보기는 어렵습니다. 기술형입찰 공사에서는 설계서의 책임이 계약상대자에게 있어 어느 정도 설계변경으로 인한 계약금액 조정이 제어되지만, 발주기관이 설계서를 제공하는 내역입찰공사에서는 낮은 설계완성도가 커다란 숙제가 아닐 수 없습니다.

▌先보상-後착공 원칙 미작동

정부(당시 건설교통부)는 1999년 3월경 '예산절감을 위한 공공건설사업 효율화 종합대책(이하 효율화 종합대책)'을 발표하면서, 그간의 高비용-低효율 구조를 혁파하겠다고 선언하였습니다. 그중 신속·합리적 보상(補償)을 통해 적기 준공을 이끌겠다고 하였으며, 그 세부적 방안으로 먼저 보상을 완료한 후 착공하겠다는 '先보상-後착공'을 제시하였습니다. 그러나 효율화 종합대책이 발표된 이후 거의 25년이 흘렀지만, 여전히 先보상-後착공 대책

이행의 진전 정도는 미약해 보이고 이에 따라 고질적 공기지연 문제점은 제대로 개선되지 않고 있습니다. 더군다나 계약이행 기간 중 공사기간 변경(지연)으로 인한 계약금액 조정이 협의로 종결되지 않는 실정이기에, 계약 당사자로서는 소송 등의 건설분쟁 해결방안을 모색할 수밖에 없게 되었습니다. 결국 先보상-後착공 원칙이 정착되지 않아 공기지연 발생이 지속되고 있음에도 불구하고, 공기지연으로 인한 추가비용 협의 종결을 외면함으로써 소송 등으로의 건설분쟁이 증가하는 경향을 보인다고 하겠습니다.

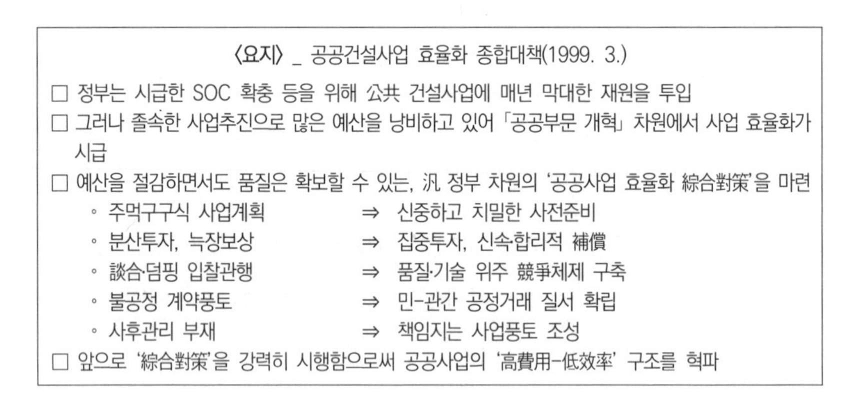

〈요지〉 _ 공공건설사업 효율화 종합대책(1999. 3.)

□ 정부는 시급한 SOC 확충 등을 위해 公共 건설사업에 매년 막대한 재원을 투입

□ 그러나 졸속한 사업추진으로 많은 예산을 낭비하고 있어 「공공부문 개혁」 차원에서 사업 효율화가 시급

□ 예산을 절감하면서도 품질은 확보할 수 있는, 汎 정부 차원의 '공공사업 효율화 綜合對策'을 마련

- ◦ 주먹구구식 사업계획 ⇒ 신중하고 치밀한 사전준비
- ◦ 분산투자, 늑장보상 ⇒ 집중투자, 신속·합리적 補償
- ◦ 談合·덤핑 입찰관행 ⇒ 품질·기술 위주 競爭체제 구축
- ◦ 불공정 계약풍토 ⇒ 민-관간 공정거래 질서 확립
- ◦ 사후관리 부재 ⇒ 책임지는 사업풍토 조성

□ 앞으로 '綜合對策'을 강력히 시행함으로써 공공사업의 '高費用-低效率' 구조를 혁파

2.3 클레임 사안의 복잡성 및 정량화 곤란함 등

건설분쟁은 다른 산업부문 분쟁에 비해 복잡다단하여 계약당사자 간 협의가 쉽지 않은 경우가 빈번합니다. 건설공사 대부분은 옥외에서 이루어지면서 서로 다른 작업내용으로 구성되어 있고, 시작부터 끝까지 수많은 공종이 반복 없이 순차적이고 동시다발적으로 진행되기 때문입니다. 이러한 복잡다단한 건설공사 특성으로 인하여 건설공사에서의 클레임 및 분쟁

이 복잡해지는 것은 어찌 보면 당연할 수 있습니다. 이처럼 건설공사는 클레임 사안이 복잡하게 얽혀져 있는 경우가 빈번하므로, 클레임 사안들은 건설분쟁으로 진행될 가능성이 그만큼 커지게 되는 것입니다.

건설공사 클레임 사안은 추가비용 정량화가 곤란한 경우가 많습니다. 공종의 복잡함과 같이 얽혀져 있기 때문이기도 합니다. 예를 들어 설명해 보고자 합니다. 터파기 토공작업 완료 예상시점을 고려하여 후속 작업을 위한 작업팀과 장비가 반입되었으나, 만약 토공작업 지연이 발생하게 되면 이미 투입된 후속 작업팀과 장비의 대기(Idle)가 발생할 수밖에 없게 됩니다. 설령 손실비용을 최소화하기 위해 이미 투입된 작업팀을 다른 작업공종에 투입하더라도 부분적으로 운영될 수밖에 없고, 아울러 이미 반입된 장비는 당장 시행할 필요가 없는 작업을 수행함으로써 해당 장비를 제대로 활용하지 못함으로 인한 손실 발생이 불가피해진다는 것입니다.

실내 작업에서도 작업효율 저하가 발생할 가능성이 상당하지만 이를 정량화하기가 쉽지 않습니다. 건축 마감 공종들(조적, 미장, 창호 등)이 동시 투입될 경우, 작업 공종들이 서로 간섭되어 이로 인한 추가비용(효율 저하 등으로 인한 손실비용 등)이 발생하였을 때 각 공종별로 손실비용을 산정·배분해야 하는데, 이를 정량화하는 방법(Tool)이 없어 분쟁으로의 진행 가능성을 높이게 합니다. 물론 계약상대자(수급인)가 각각의 하도급업체(하수급인) 공종들을 효과적으로 관리하면 될 것이나, 말처럼 쉽지 않은 것이 현 실정입니다. 실제 현장 실무에서는 각 이해당사자에 대한 합리적 판단이 유보되거나 공정률 달성을 위하여 비효율을 감수하는 경우가 상당함에도, 이를 정량적 비용으로 산정하기가 매우 곤란하다는 것입니다.

전술한 바와 같이 건설분쟁은 개별 사안들을 추가비용으로 정량화하기에 곤란한 측면이 많습니다. 각 건설현장마다 여건이 다르므로 작업효율 저하가 발생할 때 이를 비용으로 정량화하는 일반적 기준이 사실상 제시되기가 곤란하기 때문이기도 합니다. 이러한 추가비용 정량화의 곤란함은 효율성 저하로 인하여 공기지연이 발생하는 사안에서 주로 나타납니다. 계약이행 중 전면 공사중단이 아니라 부분적으로 공사가 중단됨으로 인하여 공사기간이 지연되는 경우가 그러합니다. 문제는 일부 구간에 대해서만 일시적으로 공사중지가 발생하거나 일부 공종에 있어서 현장여건 변화 발생 시 작업효율 저하를 어느 정도 책정하면 될 것인가에 대한 합의성립이 이해관계가 대립하는 계약당사자 간에 있어서는 사실상 불가능의 영역에 가깝다는 점입니다. 예를 들어 설명해보겠습니다.

[사례 1]은 지상지장물을 적기에 이전하지 못한 채, 동 지장물이 그대로 존치한 상태에서 작업을 수행함으로 인해 발생한 작업효율 저하 정도를 판단하기가 쉽지 않은 경우입니다. [사례 2]는 지표면 이하 터파기 시 설계에 반영되지 않았던 지하지장물이 새롭게 출현하는 경우, 해당 지하지장물이 존치하는 상태에서 작업을 수행해야 함으로써 발생하는 작업효율 저하를 객관화하는 것이 곤란한 경우입니다. 물론 [사례 1] 및 [사례 2]는 모두 작업효율 저하가 발생한다는 결과에는 이견이 없을 것이나, 효율 저하 정도가 어느 정도인지를 비용으로 정량화하는 것에 대한 합의가 어렵다는 게 현실입니다. 효율 저하라는 총론에는 동의하지만 저하 정도 및 추가비용 등의 구체적 사안에 대해서는 합의가 쉽지 않다는 것입니다. 이처럼 클레임 사안에 대한 추가비용 정량화의 곤란함은 계약당사자 간 협의를 어렵게 만들어 종국적으로는 건설분쟁으로 진전될 가능성을 크게 만드는 요인이라고 하겠습니다.

추가비용 정량화가 곤란한 사례

[사례 1] 지상지장물 이전지연으로 인한 효율 저하

용지보상 지연으로 지상지장물(예: 전봇대 등) 1기가 이전되지 못한 상태에서 토공사 다짐작업을 할 경우, 지장물로 인하여 작업능률에 지장을 받으나 그 정도를 객관화하기가 곤란

[사례 2] 예기치 못한 지하지장물 출현으로 인한 효율 저하

당초 설계는 터파기 시 지하지장물이 1개였으나 실제 작업 시 지하지장물 3개가 출현하였다면, 이로 인한 작업효율 저하를 어느 정도로 볼 수 있는지 합의가 곤란

3. 건설분쟁 최소화 방안

공공공사 분쟁 최소화를 위한 방안은, 건설클레임 발생을 막는 방안과 클레임 사안이 발생하더라도 신속하게 분쟁을 해결하는 두 가지 단계로 접근할 수 있습니다. 먼저 건설분쟁 발생을 막는 근본적 방안으로는, 계약금액 조정사유가 발생할 수 있는 여지를 차단하여 건설분쟁이 애당초부터 발생하지 않도록 하는 것입니다. 계약금액 조정사유 발생을 차단하는 것이 가장 근본적인 방안이라 할 수 있으나, 문제는 현실적으로 설계의 완벽함이 불가능한 만큼 설계변경 등 발생을 완벽히 차단한다는 것이 불가능하다는 점입니다. 하여 본 내용에서는 방지가 아닌 최소화 방안을 제시할 수밖에 없었던 것입니다. 다음으로는 클레임 제기 단계에서 상당 부분을 상호 합의에 이를 수 있도록 하여 건설분쟁으로의 진행을 줄이는 방안과 아울러 클레임 협의 결렬 이후 건설분쟁으로 진행되더라도 단기간 내에 신속하게 종결될 수 있도록 하는 방안이 있습니다.

구체적인 설명에 앞서서 건설분쟁 관련 규정을 먼저 살펴본 후, 건설클레임에 해당하는 계약금액 조정사유 발생을 최소화하는 방안을 알아보고 그럼에도 불가피하게 발생하는 건설분쟁에 대해서는 신속한 분쟁해결방안을 제시하고자 합니다.

3.1 건설분쟁 관련 규정

구체적인 건설분쟁 발생 원인에 앞서 건설분쟁 관련 규정들을 개괄적으로 살펴보고 정리할 필요가 있습니다. 이에 국가계약법령의 계약예규 공사계약일반조건, 국토교통부의 민간건설공사 표준도급계약서(일반조건 포함) 및 공정거래위원회가 사용 권고하는 건설업종 표준하도급계약서(본문) 내용을 각각 비교해보았습니다.

▌공사계약일반조건의 선택적 중재조항

계약예규 공사계약일반조건은 분쟁에 대하여 당사자 간의 협의를 원칙으로 규정하고 있으나(일반조건 제51조 제1항), 분쟁은 사실상 협의가 결렬된 것을 의미하므로 협의절차를 거쳐야 한다는 선언적인 규정이라고 하겠습니다. 공사계약일반조건은 2018년 3월 20일 분쟁처리절차 기간에는 공사수행을 중지할 수 없도록 하는 규정을 신설하였는바, 이 점에 유의해야 합니다.

동 일반조건 제51조(분쟁의 해결)에서 건설분쟁 해결방식으로 소송 또는 중재를 열거한 경우를 일명 '선택적 중재조항'이라 하며, 이에 대하여 대법원은 선택적 중재조항이 중재합의의 효력이 없음을 분명히 하였습니다. 이러한 선택적 중재조항은 그 자체만으로 중재로 분쟁을 해결하겠다는 당사자 간 서면합의가 없는 것으로 해석되어야 한다는 것이 대법원의 판단이고, 이와 달리 선택적 중재조항을 당사자 간 중재합의가 있는 것으로 보아 판정이 내려진 중재판정은 최종적으로 취소되었습니다(대법원 2004. 11. 11. 선고, 2004다42166 판결).

대법원 2004. 11. 11. 선고, 2004다42166 판결 [중재판정 취소]

【판시사항】

1. 구체적인 중재조항이 중재합의로서 효력이 있는지 여부의 판단 기준
2. 조정 또는 중재를 분쟁해결방법으로 정한 이른바 선택적 중재조항의 중재합의로서의 효력 유무(한정 적극)

【판결요지】

1. 중재합의는 사법상의 법률관계에 관하여 당사자 간에 이미 발생하였거나 장래 발생할 수 있는 분쟁의 전부 또는 일부를 법원의 판결에 의하지 아니하고 중재에 의하여 해결하도록 서면에 의하여 합의를 함으로써 효력이 생기는 것이므로, 구체적인 중재조항이 중재합의로서 효력이 있는 것으로 보기 위하여는 중재법이 규정하는 중재의 개념, 중재합의의 성질이나 방식 등을 기초로 당해 중재조항의 내용, 당사자가 중재조항을 두게 된 경위 등 구체적 사정을 종합하여 판단하여야 한다.
2. 분쟁해결방법을 "관계 법률의 규정에 의하여 설치된 조정위원회 등의 조정 또는 중재법에 의한 중재기관의 중재에 의하고, 조정에 불복하는 경우에는 법원의 판결에 의한다"라고 정한 이른바 선택적 중재조항은 계약의 일방 당사자가 상대방에 대하여 조정이 아닌 중재절차를 선택하여 그 절차에 따라 분쟁해결을 요구하고 이에 대하여 상대방이 별다른 이의 없이 중재절차에 임하였을 때 비로소 중재합의로서 효력이 있다고 할 것이고, 일방 당사자의 중재신청에 대하여 상대방이 중재신청에 대한 답변서에서 중재합의의 부존재를 적극적으로 주장하면서 중재에 의한 해결에 반대한 경우에는 중재합의로서의 효력이 있다고 볼 수 없다.

공사계약일반조건

제51조(분쟁의 해결) ① 계약의 수행중 계약당사자 간에 발생하는 분쟁은 협의에 의하여 해결한다.

② 제1항의 규정에 의한 협의가 이루어지지 아니할 때에는 법원의 판결 또는 「중재법」에 의한 중재에 의하여 해결한다. 다만, 국가계약법 제28조에서 정한 이의신청 대상에 해당하는 경우 국가계약분쟁조정위원회 조정 결정에 따라 분쟁을 해결할 수 있다

③ 제2항에도 불구하고 계약을 체결하는 때에 국가계약법 제28조의2에 따라 분쟁해결방법을 정한 경우에는 그에 따른다. 〈신설 2018. 3. 20.〉

④ 계약상대자는 제1항부터 제3항까지의 분쟁처리절차 수행기간 중 공사의 수행을 중지하여서는 아니 된다. 〈신설 2018. 3. 20.〉

2004년 11월 11일 선고된 대법원 2004다42166 판결 이후 공사계약일반조건의 '선택적 중재조항' 내용에 대한 변경은 없었으며, 오히려 공사계약특수조건은 중재로써 분쟁을 해결하고자 할 때는 사전 서면합의가 있어야 한다는 내용을 추가하여 중재합의 여부에 대한 논란을 차단(=중재합의 부존재)하였습니다. 참고로 국가계약법은 분쟁해결방법으로 계약분쟁조정위원회의 조정 또는 중재법에 따른 중재의 어느 하나로 합의하여 정할 수 있도록 하였습니다(법 제28조의2 제2항). 물론 동 규정은 임의규정으로서 그 적용이 강제되어 있지는 않습니다.

공사계약특수조건
제19조(분쟁의 해결) ① 일반조건 제51조 제1항에서 규정하는 협의는 문서로 하여야 한다.
② 계약상대자는 당해 계약의 이행과 관련하여 분쟁의 사유가 되는 사안이 발생한 날 또는 지시나 통지를 접수한 날로부터 30일 이내에 계약담당공무원과 공사감독관에게 동시에 협의를 요청하여야 한다.
③ 계약담당공무원은 제2항에서 규정하는 협의요청을 받은 날로부터 60일 이내에 계약상대자의 요구사항에 대한 수용 여부를 결정하여 계약상대자에게 통지하여야 한다. 다만, 부득이한 사유가 있는 경우 30일의 범위 내에서 결정기한을 연장할 수 있으며 연장하는 사유와 기한을 계약상대자에게 통지하여야 한다.
④ 계약상대자는 제3항에서 규정하는 통지를 받은 날로부터 30일 이내에 통지내용에 대한 수용여부를 계약담당공무원에게 통보하여야 하며, 이 기간 내에 통보하지 않은 경우에는 이를 거절한 것으로 본다.
⑤ 일반조건 제51조 제2항에서 규정하는 「중재법」에 의한 중재로써 분쟁을 해결하고자 하는 경우에는 사전에 계약당사자 간에 중재로서 분쟁을 해결한다는 별도의 서면합의가 있어야 한다.

▌민간건설공사 표준도급계약 일반조건

국토교통부(당시 건설교통부)는 2000년 3월 11일 민간부문 건설공사를 발주함에 있어 발주자와 건설사업자 간에 상호 대등한 입장에서 계약체결을 권장하고, 건설공사계약의 표준 모델을 보급하기 위하여 당시의 건설산업기본법 시행령 제25조(건설공사 도급계약의 내용) 제2항(2014년 2월 5일 삭제되었습니다)의 규정에 따라 민간건설공사 표준도급계약서를 제정·고시하였습니다(건설교통부 고시 제2000-56호). 건설산업기본법 시행령 제25조 제2항은 2013년 8월 6일 법률로 격상되어 건설산업기본법 제22조(건설공사에 관한 도급계약의 원칙) 제3항으로 신설되었습니다.

분쟁해결에 관한 내용은 민간건설공사 표준도급계약 일반조건 제41조(분쟁의 해결)에서 규정하고 있는데, 이 역시 쌍방 간 합의를 원칙으로 하고 있습니다. 쌍방 간 합의가 성립하지 못할 때는 건설분쟁조정위원회에 조정을 신청하거나 중재법에 따른 중재를 신청할 수 있도록 하였으며, 조정신청한 경우에는 상대방에게 조정절차에 응하도록 하였습니다.

> **민간건설공사 표준도급계약 일반조건**(국토교통부 고시 제2021-1122호)
> **제41조(분쟁의 해결)** ① 계약에 별도로 규정된 것을 제외하고는 계약에서 발생하는 문제에 관한 분쟁은 계약당사자가 쌍방의 합의에 의하여 해결한다.
> ② 제1항의 합의가 성립되지 못할 때에는 당사자는 건설산업기본법에 따른 건설분쟁조정위원회에 조정을 신청하거나 중재법에 따른 상사중재기관 또는 다른 법령에 의하여 설치된 중재기관에 중재를 신청할 수 있다.
> ③ 제2항에 따라 건설분쟁조정위원회에 조정이 신청된 경우, 상대방은 그 조정 절차에 응하여야 한다.

한편 위 표준도급계약 일반조건 제41조(분쟁의 해결) 제2항은, 현행 공사계약일반조건과 후술하는 건설업종 표준하도급계약서(본문)의 분쟁해결 내용과는 약간 상이합니다. 동 조는 일방 당사자에게 조정 또는 중재를 신청할 수 있다고 규정하고 있을 뿐, 그 당사자가 중재절차를 선택하는 경우 다른 당사자가 그에 응할 의무까지 규정하지 않고 있으며, 법원의 판결에 의한 분쟁해결방식을 명시적으로 규정하지도 않았습니다.

▍건설업종 표준하도급계약서(본문)

1984년 12월 31일 제정된 하도급법은 1995년 1월 5일 제3조의2(표준하도급계약서의 작성 및 사용)를 신설하여 표준하도급계약서 작성 및 사용을 권장할 수 있도록 하였습니다. 이에 따라 공정거래위원회는 공정한 하도급거래 질서 유도 및 정착을 위해 경제적·사회적 여건 등을 반영하여 표준하도급계약서를 개정해오고 있습니다.

그런데 2013년경의 건설업종 표준하도급계약서상 분쟁해결내용은 "제31조(이의 및 분쟁의 해결) ① 갑과 을은 이 계약 및 개별 계약에 명시되지 아니한 사항 또는 계약의 해석에 다툼이 있는 경우에는 기타 서면상의 자료에 따르며 자료가 없는 경우에는 상호 협의하여 해결한다. ② 제1항의 합의가 성립하지 못할 때는 건설산업기본법 제69조(건설분쟁 조정위원회의 설치) 규정에 따른 건설분쟁조정위원회나 하도급거래 공정화에 관한 법률 제24조(하도급분쟁조정협의회의 설치 및 구성 등) 규정에 따른 하도급분쟁조정협의회 등에 조정을 신청하거나 다른 법령에 따라 설치된 중재기관에 중재를 신청할 수 있다"라고 규정되었는데, 이에 대하여 몇몇 중재판정부는 중재합의 효력이 있는 것으로 판단해왔습니다(2010. 12. 31. 판정 중재 제10111-0074호 등).

중재 제10111-0074호(판정일 2010. 12. 31.)

… 이 사건 계약문서인 건설공사 하도급계약조건 제31조의 분쟁해결 조항이 "… 다른 법령에 의하여 설치된 중재기관에 중재를 신청할 수 있다"라고 규정하고, 법원의 판결에 의한 해결방법을 전혀 언급하고 있지 않는 이상, 당사자 일방이 중재를 선택한 경우에 상대방은 이에 따라야 할 의무를 부담한다고 해석함이 타당하다 할 것이며,

"건설산업기본법 제69조의 규정에 의하여 설치된 건설업 분쟁조정위원회에 조정을 신청하거나 다른 법령에 의하여 설치된 중재기관에 중재를 신청할 수 있다"는 형식의 "법원 판결에 의한 해결"이 전제되지 않은 선택적 중재합의 조항은 국가의 사법질서나 법적 안정성을 해치지 않을 뿐만 아니라 분쟁당사자에게 다양한 분쟁해결수단 내지 권리구제 절차를 보장한다는 의미에서 당사자에게 보다 이익이 되고 편리한 면이 있고, 일반당사자에게 이러한 선택권이 유보되어 있어 상대방에게 불리하다는 등 특단의 사정이 없는 한 이 사건 중재합의는 선택적으로 규정되어 있다 하더라도 상대방의 동의 여부와 관계없이 유효한 것이라 할 것이다.

하지만 법원은 이 또한 '선택적 중재조항'으로 보아 중재합의의 효력이 없다면서 중재판정 취소를 판결하였습니다(서울중앙지방법원 2016. 11. 15. 선고 2016가합541487 등). 2016년 12월 30일 건설업종 표준하도급계약서의 분쟁해결내용의 선택적 중재조항은 현재와 같이 유사하게 개정되었습니다.

서울중앙지방법원 2016. 11. 15. 선고 2016가합541487 [중재판정 취소]

【주문】

원고들과 피고 사이의 대한상사중재원 중재 제15111-0163호 사건에 관하여 위 중재원이 2016. 7. 6.에 한 별지 기재 판정주문의 중재판정을 취소한다.

【이유】

… 이 사건 분쟁해결 조항에 법원의 판결에 의한 분쟁해결에 관한 정함이 없다고 하여 당사자의 재판청구권을 배제한 것이라고 볼 수는 없는 점, 원고들과 피고는 통상 사용되는 공사도급계약서에 기재된 이 사건 분쟁해결조항을 그대로 수인한 것으로 보이는 점 등을 종합하여 보면, 이 사건 분쟁해결조항은 선택적 중재조항이라고 봄이 상당하다. … 이 사건 분쟁해결 조항은 중재법상 중재합의로서의 효력이 있다고 볼 수 없다.

건설업종 표준하도급계약서(본문) _ 2016. 12. 30. 개정

제54조 (분쟁해결) ① 이 계약과 관련하여 분쟁이 발생한 경우 원사업자와 수급사업자는 상호 협의하여 분쟁을 해결하기 위해 노력한다.

② 제1항의 규정에도 불구하고 분쟁이 해결되지 않은 경우 원사업자 또는 수급사업자는 「독점규제 및 공정거래에 관한 법률」에 따른 한국공정거래조정원, 「건설산업기본법」에 따른 건설분쟁조정위원회 또는 「하도급거래 공정화에 관한 법률」에 따른 하도급분쟁조정협의회 등에 조정을 신청할 수 있다. 이 경우에 원사업자와 수급사업자는 조정절차에 성실하게 임하며, 원활한 분쟁해결을 위해 노력한다.

③ 제1항의 규정에도 불구하고, 분쟁이 해결되지 않은 경우에 원사업자 또는 수급사업자는 법원에 소송을 제기하거나 중재법에 따른 중재기관에 중재를 신청할 수 있다.

3.2 계약금액 조정사유 발생 최소화

건설분쟁 최소화는 애당초 건설클레임이 발생하지 않도록 하는 것입니다. 공공공사에서의 건설클레임이란 계약금액 조정사유 발생을 의미하는

바, 이를 최소화하는 방안으로는 설계내실화를 통한 설계완성도 향상, 순수내역입찰제 도입·확대로 계약상대자의 물량내역서 작성 능력 향상 및 책임 분담, 계속비공사 및 先보상-後착공 원칙 정착의 공기연장 발생 최소화 등이 있습니다.

▌설계내실화(설계완성도 향상)

정부가 1999년 3월경 발표한 효율화 종합대책의 세부대책으로, 사전준비는 철저히 체계적으로 추진, 착수된 사업은 반드시 계획기간 내 완료, 신속하고 합리적인 보상제도 마련 등이 제시되었습니다. 위 효율화 종합대책의 요지는 예산절감 및 품질확보를 목적으로 하고 있음을 알 수 있는데, 설계변경 최소화 및 적기 완공 등을 목적으로 하는 것으로서 국가계약법령상의 계약금액 조정사유(설계변경 등) 발생을 최소화하겠다는 것이었습니다. 언급된 설계변경 최소화 대책으로 설계내실화, 설계 VE 제도 도입, LCC(생애주기비용) 검토 의무화 등이었습니다. 동 효율화 종합대책 발표 이후 당시 건설교통부(현 국토교통부)는 곧바로 설계내실화를 위한 제도개선 사항을 시행하였고, 제도개선 시행에 따른 성과측정 결과로 2006년「설계 단계의 내실화가 공사기간 및 공사비에 미치는 영향분석」보고서는 설계변경률 및 공사기간 변경률이 각각 22.6% 및 23.5% 감소하였다고 하였습니다.

그러나 제도개선 시행에 따른 성과측정 이후에도 설계내실화 등으로 설계변경률이 지속적으로 개선되었는지는 의문입니다. 오히려 한국건설기술연구원이 2013년 5월 11일 발표한「최저가낙찰제·적격심사제의 성과분석 및 개선방안 연구」보고서에 따르면, 여전히 빈번한 설계변경으로 인해 계약금액 증액이 상당하였습니다. 발주방식별로 턴키공사 94건, 대안입찰공사 19건, 기타공사 772건(적격 329건, 최저가 443건) 등 총 885건의 계약공사비 및 준공공사비 자료를 활용하여 발주방식별 공사비 수준을 비교한 분석 결과는 [그림 5-6]과 같습니다.

예정공사비 대비 최초 계약금액은 최저가공사 69.5%, 적격심사공사 80.6%, 대안입찰공사 83.4%, 턴키공사가 91.0%로 발주방식별로 편차가 컸습니다. 그런데 예정공사비 대비 물가변동분을 포함한 최종 준공공사비는 최저가공사 88.0%(증 18.5%p), 적격심사공사 102.1%(증 21.5%p), 대안입찰공사 94.6%(증 11.2%p), 턴키공사가 100.8%(증 9.8%p)로 상대적으로는 편차가 줄어드는 경향을 보였습니다.

[그림 5-6] 발주방식별 계약 및 준공공사비 비교(예정공사비 대비)

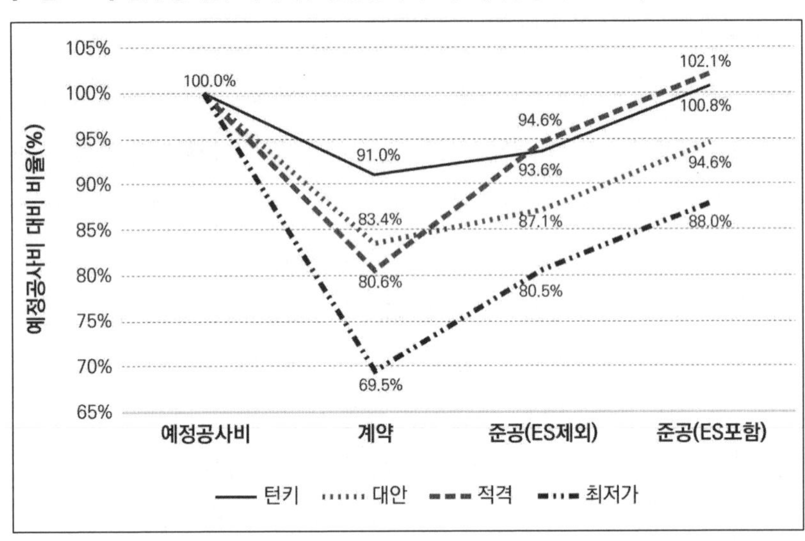

자료: 이유섭 외(2013), 「최저가낙찰제·적격심사제의 성과분석 및 개선방안 연구」, 81쪽

설계변경으로 인한 계약금액 조정은 물가변동분(ES)을 제외하는 것이므

로, ES를 제외한 준공공사비의 예정공사비 대비 증가율을 살펴보았습니다. ES를 제외한 증가율은 설계·시공 분리입찰의 적격심사공사 및 최저가공사가 각각 14.0% 및 11.0%로 높았으며, 설계·시공 일괄입찰의 턴키공사 및 대안입찰공사가 각각 2.6% 및 3.7%로서 상대적으로 낮은 수준이었습니다. 물가변동분을 제외한 계약금액 증액 원인은 주로 설계변경에 있다고 하겠는바, 설계변경 최소화를 위해서는 설계의 완성도를 높여야 함을 확인할 수 있습니다. 참고로 턴키공사의 설계와 대안입찰공사의 대안설계는 계약상대자에게 책임이 있기에, 설계변경이 되더라도 계약금액 증액이 인정되지 않으므로 설계변경으로 인한 계약금액 증액 정도가 낮을 수밖에 없는 것입니다.

〈표 5-5〉 발주방식별 계약 및 준공공사비 수준 비교(예정공사비 대비)

발주방식별		계약금액 Ⓐ	준공금액		증가비율	
			ES 제외 Ⓑ	ES 포함 Ⓒ	ES 제외 Ⓑ-Ⓐ	ES 포함 Ⓒ-Ⓐ
설계·시공 분리입찰	최저가	69.5%	80.5%	88.0%	11.0%	18.5%
	적격심사	80.6%	94.6%	102.1%	14.0%	21.5%
설계·시공 일괄입찰	대안입찰	83.4%	87.1%	94.6%	3.7%	11.2%
	턴키	91.0%	93.6%	100.8%	2.6%	9.8%

순수내역입찰제 도입·확대

순수내역입찰제란 발주기관이 확정한 설계서 범위에서 입찰참가자가 직접 물량내역을 작성하고 여기에 단가를 적은 산출내역서를 제출하는 입찰방식을 말합니다. 입찰자가 물량내역 작성에 책임을 지므로, 해당 물량내역의 오류 등은 설계변경 사유에 해당하지 않습니다. 참고로 미국 극

동 공병단(FED: Far East District, US Army) 공사는 공사규모와 상관없이 순수내역입찰제를 운영하고 있습니다.

전술한 공공공사 계약금액 조정에서 서술한 바와 같이, 설계도서 중에서 가장 빈번한 설계변경 대상은 다름 아닌 물량내역서의 정정·보완으로 판단됩니다. 설계서 중 설계도면 및 공사시방서의 변경이 없음에도, 물량내역서의 세부공종에 대한 규격 또는 수량 등에 오류가 있다면 설계변경으로 인한 계약금액 조정이 이루어져야 하기 때문이고, 매우 세세한 공종 간 물량 오류 발생은 불가피합니다. 빈번한 물량내역서 변경으로 인한 설계변경을 방지하는 방안 중 하나로, 입찰자가 물량내역서를 직접 작성하여 입찰에 참여하고서 해당 물량내역서의 오류 등에 대해서는 계약상대자에게 책임을 부여하는 것입니다. 이러한 순수내역입찰제는 입찰자로 하여금 직접 공종 및 수량을 산정해 입찰토록 하기에 건설업계의 견적능력을 높이고 기술력을 강화하는 방안으로도 유용합니다.

정부 또한 순수내역입찰제 도입을 조심스럽게 검토해왔으며, 이에 따라 2010년 7월 21일 국가계약법 시행령 제14조(공사의 입찰) 제2항의 단서 규정으로 신설되어 같은 해 10월 22일부터 시행에 들어갔습니다(영 §14 ② 각 중앙관서의 장 또는 계약담당공무원은 입찰관련서류를 입찰에 참가하려는 자에게 열람하게 하고 교부해야 한다. 다만, 제1항 각 호 외의 부분 단서에 따라 입찰에 참가하려는 자에게 물량내역서를 작성하게 하는 경우에는 물량내역서를 열람 또는 교부하지 아니할 수 있다. 〈신설 2010. 7. 21.〉). 본격적 시행에 앞선 시범사업은 2016년에도 처음 발주되었을 뿐 현재까지 시범사업 3건 이외에는 시행되지 않고 있으며, 입찰참가비용 증가, 제안서 작성 역량 부족, 계약 이후 설계변경에 대한 책임부담(설계변경 미적용) 등으로 본격적인 시행이 지연되고 있는 것으로 추정됩니다.

〈표 5-6〉 순수내역입찰제 시범사업 발주 현황

사업명	공사개요	낙찰자/낙찰률	계약일	발주기관
포승·평택 철도건설 제2공구	연장 4.6km 교량 4개	계룡건설/71.3%	2017. 5.	국가철도공단
하남감일 B-5BL 아파트	세대수 753세대	대보건설/85.2%	2017. 6.	LH공사
강진·광주 제6공구	4차로, 연장 6.30km	극동건설/75.1%	2017. 9.	한국도로공사

지금까지 순수내역입찰제는 단 3건의 시범사업만 진행되었을 뿐입니다. 하지만 3건 시범사업에 대해서라도 설계변경 정도 등을 조사·분석하고, 이를 2010년부터 부분적으로 시행되고 있는 물량내역 수정입찰방식에 대한 조사·분석 내용과 함께 비교·검토해본다면 순수내역입찰제 개선·확대 방안을 마련할 여지가 있을 것입니다. 참고로 물량내역 수정입찰방식은 발주기관이 물량내역서를 제공하고, 입찰자는 발주기관이 제공한 물량내역 중 수정을 허용한 공종에 대해 물량을 수정하여 입찰하는 방식을 말합니다.

현재 여건상 순수내역입찰제는 물량을 산출하여 물량내역서를 작성할 수 있는 견적 능력을 겸비한 건설업체에서만 가능할 것인바, 단기적으로는 300억 원 이상의 종합심사낙찰제(지자체 공사는 종합평가낙찰제)를 대상으로 시행함이 불가피할 것이고, 중·장기적으로는 모든 공사에 대하여 발주기관의 재량으로 판단·적용할 수 있도록 해야 할 것입니다.

▌적기준공 목표 수립

앞서 언급한 1999년 3월의 효율화 종합대책 내용이 아니더라도, 공공공사에 있어서 착수된 사업은 반드시 계획기간 내 완료를 목표로 해야 합니다. 계획기간 내 완료를 위해서는 무분별한 신규사업 제어장치 마련(예비타당성조사제도 등), 완공 위주의 집중적인 예산투자(계속비 예산편성 점진적 확대 등), 先보상-後착공 원칙의 정립, 보상기준 및 절차의 합리적 개선 등의 세부대책이 있습니다.

무분별한 신규사업 제어장치로 언급된 예비타당성조사(예타)제도는 2000년경 당시 건설기술관리법 시행령에 도입된 후 현재는 국가재정법으로 운영되고 있으며, 여러 논란에서도 나름의 성과를 나타냈다는 평가를 받고 있습니다. 하지만 정치적인 이유 또는 목적으로 초대형 국책사업(예: 4대강 살리기 사업, 가덕도신공항 특별법 등)에 대한 예비타당성조사를 면제시키는 사례가 있는바, 이러한 예타 면제는 완공 후 사후평가의 부실로 이어질 가능성을 배제하기 어려울 것입니다.

적기준공을 달성하지 못하는 이유는 고질적 공기지연에 원인이 있음을 부정할 수 없습니다. 공기지연을 발생시키는 사유는 여러 가지가 있지만, 공통적 원인으로 거론되는 것은 예산 부족입니다. 건설공사는 인건비, 장비비 및 자재비가 적기에 지급되어야 차질 없이 공정추진이 가능하므로, 적기준공을 위해서는 전체 총예산이 확보되어 안정적인 예산집행(기성대가 지급)이 이루어지도록 해야 합니다. 계속비공사는 총예산을 확보한 후 발주되는 계약방식입니다. 하지만 대부분 공공공사는 장기계속공사 계약방식으로 발주되고 있어, 예산부족에 따른 공기지연 사례가 끊이지 않고 있습니다. 공기지연은 시공사의 손실 누적뿐만 아니라 완공지연에 따른 유·무형의 사회적 손실을 발생시키기에 그 폐해는 결코 적지 않습니다.

공기지연 정도가 큰 두 가지 사례를 들어보겠습니다. 부산지방국토관리청이 발주한 진해 웅동~장유 국도확장공사는 2006년 7월에 착공하였고 최초 공사기간은 2,880일(7.8년, 2014년 6월 준공 예정)이었으나, 최종 준공은 2,013일(5.5년) 연장되어 착공한 지 13년 5개월이 지난 2019년 12월에서야 이루어졌습니다. 공사비 증가는 약 33%이나(최초 1,768억 원, 최종 2,350억 원), 공사기간은 최초 공사기간이 장기간임에도 불구하고 약 70%의 지연이 발생한 것은 문제라고 하겠습니다.

지자체 사업 중에서 준공이 지연된 최근의 대표적인 사업은 서울시의 월드컵대교 건설공사입니다. 월드컵대교 건설공사는 2010년 4월에 착공하여 2015년 8월에 완공될 예정이었습니다. 그러나 서울시장이 바뀐 후 2011년 10월 예산이 전격 삭감되어 6년간 공사가 중단(2017년 12월, 상판 설치공사가 재개되었습니다) 되었습니다. 결국 월드컵대교는 2021년 9월에서야 개통하였는데, 착공부터 개통까지 11년 4개월이나 소요된 것입니다. 공사기간이 연장된 세부 사유를 살펴보면 나름의 이유가 있겠지만, 예산을 고무줄처럼 배정하는 장기계속공사 계약이 주요 원인이 아닐 수 없습니다.

그리고 공사기간을 지연시키는 원인으로 가장 자주 언급되는 것은 용지보상 지연 등입니다. 전술한 〈표 5-2〉 계약상대자에게 발생한 영향 및 계약금액 조정사유 중 '공사현장의 인도지연'의 대부분은 용지보상 지연이 주요 원인입니다. 용지보상이 완료되지 않아 계약상대자에게 공사부지를 인도할 수 없게 되므로 공기지연은 불가피하게 됩니다. 현실적으로 先보상-後착공 원칙을 정립하기가 쉽지 않지만, 적기준공이 아닌 보여주기식 공사 착공을 우선시하는 사업관리행태 역시 반드시 개선되어야 합니다. 그간 여러 이유로 착공을 우선시하다 보니 공기연장은 의례적 현상으로 고착화되었는바, 지금에라도 정부가 1999년 3월경 선언한 '先보상-後착공' 원칙

정립을 위한 노력이 다시 가동되어야 하겠습니다.

3.3 신속한 분쟁해결절차 적극 활용

건설공사는 장기간에 걸쳐 계약이행되기에 그 과정에서 설계변경, 공기연장 등으로 인한 다양한 분쟁요인들이 잠재적으로 내재하고 있다고 하겠습니다. 건설공사 분쟁은 계약당사자 간 협의를 원칙으로 하고 있으나, 협의가 결렬되어 분쟁으로 진전되는 상황을 배제할 수 없습니다. 건설공사 분쟁은 복잡다단하여 법원 소송(재판)에 의한 분쟁해결에 상당한 시일이 소요될 수밖에 없는바, 소송에 대한 대안으로 전문가가 참여하는 신속한 분쟁해결절차 및 방식에 대한 논의가 증가하고 있습니다. 이에 건설분쟁에 있어서 신속한 분쟁해결절차로 활용할 수 있는 방안들에 대해 알아보고자 합니다.

❙ 대체적 분쟁해결제도 적극 활용

건설분쟁을 해결하는 방법에서 전통적 분쟁해결방법인 소송 외의 해결방법을 대체적 분쟁해결방법(ADR)이라고 합니다. 대표적인 ADR 유형으로는 협상(Negotiation), 조정(Mediation), 중재(Arbitration) 등이 있습니다. 이러한 ADR은 담당하는 주체나 진행되는 경로에 따라 사법형, 행정형, 민간형으로 구분되기도 합니다. 사법형 ADR은 법원에서 진행하거나 법원을 통해 진행되는 ADR을 의미하고, 행정형 ADR은 행정부 또는 행정부 산하기관에 설치된 각종 위원회에서 여러 형식으로 분쟁의 해결을 시도하는 것을 의미하며, 민간형 ADR은 민간 분야의 기관이나 단체 또는 개인이 분쟁의 해결을 시도하는 것을 의미합니다.

먼저 협상은 ADR을 구성하는 한 요소일 뿐 이를 독립적인 제도로 보지는 않습니다. 협상은 제3자의 개입 없이 당사자가 스스로 분쟁해결의 과정과 결론을 결정하는 점이 가장 큰 장점이나, 제3자의 도움이 없으므로 협상이 교착상태에 빠지면 그대로 실패로 끝나 분쟁을 해결할 수 없다는 단점이 있습니다. 다만 협상에 따라 합의가 성립되면 민법상 화해계약(제3자의 개입 없이 당사자가 서로 분쟁을 끝내는 것을 약정하여 성립하는 계약)의 효력이 있습니다. 참고로 민법 제731조(화해의 의의)는 화해를 당사자가 상호 양보하여 당사자 간의 분쟁을 마감할 것을 약정하는 것이라고 정의하고 있습니다.

조정은 합의에 따라 조정인(Mediator)으로 불리는 제3자를 이용하는 절차입니다. 조정의 목적은 당사자들이 자발적으로 합의하여 이행 가능한 합의서를 작성하도록 하는 것으로, 일반적으로 당사자들의 권리(Right)보다는 당사자들의 이익(Interest)을 중심으로 논의한다고 보면 되겠습니다. 다만 구속력이 없으므로 어느 일방이 불복하면 소송으로 진행될 수 있습니다. 건설 관련 조정기관으로 후술하는 국가계약법령의 국가계약분쟁조정위원회(지방계약법령의 계약분쟁조정위원회), 건설산업기본법령의 건설분쟁조정위원회는 행정형 ADR 기관이며, 민간형 ADR 기관으로는 하도급법에 따른 건설하도급분쟁조정협의회가 있습니다.

중재는 당사자 간의 서면합의(중재합의)에 의하여 중재인에 의한 중재판정으로 종국적인 분쟁을 해결하는 방법입니다. 헌법에 따른 소송방식을 배제하므로 당사자 간의 서면합의가 있어야 합니다. 건설공사의 경우 일반적으로 시공자 측은 중재를 선호하는 반면, 발주자는 중재를 회피하려는 경향이 있어 보입니다. 중재제도에 대해서는 제6장에서 좀 더 자세하게 서술하였습니다.

▍조정전치주의 도입

조정전치주의(調定前置主義)란 어떤 사안을 결정하기 전에 법원의 조정절차가 있어야 한다는 것을 말하며, 협상 당사자 간의 성실한 교섭을 담보하고 법원의 조정 노력을 통하여 분쟁을 평화적으로 해결하기 위한 목적이 있습니다. 대표적으로 혼인취소 등의 가사소송은 조정진치주의를 취하고 있으며, 가사소송법상의 조정전치주의는 법원을 통해 이루어지는 경우입니다.

> **가사소송법**
> **제50조(조정전치주의)** ① 나류 및 다류 가사소송사건과 마류 가사비송사건에 대하여 가정법원에 소를 제기하거나 심판을 청구하려는 사람은 먼저 조정을 신청하여야 한다.
> ② 제1항의 사건에 관하여 조정을 신청하지 아니하고 소를 제기하거나 심판을 청구한 경우에는 가정법원은 그 사건을 조정에 회부하여야 한다. 다만, 공시송달의 방법이 아니면 당사자의 어느 한쪽 또는 양쪽을 소환할 수 없거나 그 사건을 조정에 회부하더라도 조정이 성립될 수 없다고 인정하는 경우에는 그러하지 아니하다.

건설산업기본법 제72조(분쟁조정 신청의 통지 등)는 건설분쟁조정위원회에 조정신청이 이루어지면 피신청인에게 조정 참여를 의무화하고 있으며, 조정절차에 참여하지 않을 때는 500만 원 이하의 과태료가 부과될 수 있도록 규정하고 있습니다(법 제99조 제10호). 또한 조정신청 비용이 사실상 무료에 가까우며 조정을 통한 분쟁해결을 유인하는 측면이 있습니다. 하지만 후술하는 〈표 6-6〉에서 보듯이 최근 11년간 건설분쟁조정위원회의 조정성립률은 평균 5%에 불과한 실정이고, 최근 3년간(2020~2022년)의 조정성립 실적이 단 1건인 점은 현행 제도 활용을 위한 개선이 필요함을 알려주고 있습니다.

건설산업기본법

제69조(건설분쟁 조정위원회의 설치) ① 건설업 및 건설용역업에 관한 분쟁을 조정하기 위하여 국토교통부장관 소속으로 건설분쟁 조정위원회(이하 "위원회"라 한다)를 둔다.

제72조(분쟁조정 신청의 통지 등) 위원회는 당사자 중 어느 한쪽으로부터 분쟁의 조정을 신청받으면 그 신청 내용을 상대방에게 알려야 하며, 상대방은 그 조정에 참여하여야 한다.

제99조(과태료) 다음 각 호의 어느 하나에 해당하는 자에게는 500만 원 이하의 과태료를 부과한다.

10. 제72조에 따라 위원회로부터 분쟁조정 신청 내용을 통보받고 그 조정에 참여하지 아니한 자

공사계약일반조건에서도 국가계약분쟁조정위원회의 조정 결정에 따라 분쟁을 해결할 수 있는 규정을 두고 있으나(일반조건 제51조 제2항), 국가계약법 제28조(이의신청)에서 정한 이의신청 대상으로 제한하고 있어 설계변경 등으로 인한 계약금액 조정에는 적용되지 못하는 제약이 있습니다. 그렇다 보니 국가계약분쟁조정위원회 처리실적이 저조한 실정입니다.

법원에서 이루어지는 공사대금 민사본안 사건은 연간 약 8,000건 정도이고, 1심 판단에 대한 불복 정도(항소비율)가 전체 민사사건보다 높습니다([그림 6-2] 및 [그림 6-3]). 깊이 있는 논의가 필요하겠지만 건설공사 분쟁의 특성을 고려하여 건설분쟁은 건설 관련 전문가들이 참여할 수 있는 조정단계를 반드시 거치도록 하는 조정전치주의 도입을 검토해볼 필요가 있겠습니다. 민사본안 소송을 제기하기 이전에 조정 단계를 거치도록 의무화하는 방안입니다. 건설사건에 대한 조정전치주의가 다른 일방의 선택권을 침해하는 문제점이 있겠지만, 신속하고 합리적인 분쟁해결이라는 사회적 이익과 비교한다면 검토 실익이 있다고 하겠습니다.

▎분쟁심의위원회(DRB) 제도 도입

미국에서 태생한 분쟁심의위원회(DRB: Dispute Review Board)제도의 등장배경입니다. 계약당사자 간 갈등이나 분쟁이 빈번하게 발생하였고 그로

인한 소송 또한 증가하면서 소송 이외의 다양한 형식의 분쟁해결수단을 모색하게 되었으며, 사후적(事後的) 분쟁해결방법인 중재와 달리 사전적(事前的)으로 분쟁을 해결하기 위한 수단으로 DRB 방식을 도입했습니다. DRB는 기존 ADR(대체적 분쟁해결방법)과 달리 당사자 간 협의를 통한 사전적 분쟁처리방안이라 할 수 있습니다. 심의위원들은 정기적 현장 방문을 통한 분쟁 예방, 신속한 처리 및 전문가 참여 등의 장점이 있습니다. 국내에서는 DRB를 사전분쟁심의회, 분쟁심사위원회 등의 명칭으로 사용되고 있는데, 이 책에서는 분쟁심의위원회라는 명칭으로 사용하였습니다.

2017년 1월 10일 국회에서 「건설산업 선진화를 위한 DRB 제도 도입 토론회」가 있었으며, 토론 자료집은 DRB를 조정 및 중재에 대하여 〈표 5-7〉과 같은 내용으로 비교하고 있습니다.

〈표 5-7〉 DRB와 기존 ADR과의 비교

항목	조정	중재	DRB
구성원	조정위원(사전 임명)	당사자 합의로 중재인 Pool 중 지명 선택	상대방 승인 전제로 구성
신청	당사자 일방의 신청 (상대방은 참여 의무화)	사전, 사후 중재합의	사안별 상시 요청 가능
법적 효력	재판상 화해	법원의 확정판결과 동일한 효력	재판상 화해 or 당사자 간 합의 성립 효과 선택(입법정책별 차이)
공개 여부	비공개	비공개	비공개
분쟁처리 시기	분쟁 발생 후	분쟁 발생 후	사전분쟁 예방 + 분쟁 발생 후
처리기간	60일 이내 심사, 조정안 작성	중재판정부가 결정	준공 시까지 정기적 현장 방문
비용	분쟁조정을 위한 감정, 진단, 시험 등 비용	중재절차 지출 비용	- DRB 위원 수당(retainer fee) - 운영경비

「대형 건설공사의 사전분쟁해결제도에 관한 연구: DRB 제도를 중심으로」(두성규, 2017) 보고서는 기존의 ADR은 재판절차와 마찬가지로 사후적 분쟁해결수단이므로, 이보다 앞서 건설분쟁을 사전에 방지하거나 그 원인이 되는 요소를 원천적으로 해소할 수 있는 효과적 수단으로 DRB가 등장하게 되었다고 설명하고 있습니다.

제6장 | 건설소송·중재 및 공사비감정

1. 건설공사 분쟁 현황

전술한 바와 같이 건설공사 분쟁은 청구행위인 클레임이 먼저 제기된 이후에 계약당사자 간 클레임 사안에 대한 협의가 이루어지지 않을 때 소송, 중재, 조정 등을 진행하는 것을 말하며, 이때 비로소 분쟁해결절차에 들어섰다고 할 수 있습니다. 이에 각 분쟁해결수단별 건설공사 분쟁처리 현황을 살펴보기로 하겠습니다. 이에 앞서 건설공사에서는 분쟁해결수단인 소송, 중재, 조정으로 진전되지 않는 두 가지 경우가 있음을 인지할 필요가 있습니다. 하나는 전술한 제4장의 공공공사 계약금액 조정과 제5장의 건설클레임 및 분쟁에서 설명한 바와 같이 당사자 간 협의에 의하여 클레임 사안이 타결되어 종결되는 경우입니다. 다른 하나는 클레임 및 분쟁 관련 문헌에서 언급되지는 않았지만, 제기한 클레임이 결렬되었음에도 불구하고 청구권자 청구권 행사를 '포기'하여 분쟁해결절차로 이행하지 않는 경우라 하겠습니다.

건설공사 분쟁 현황은 가장 일반적인 민사본안 사건이 중심을 이루고 있으며, 그 외 강제성 있는 중재사건을 들 수 있습니다. 여기에다 조정사건에 있어서도 조정합의서 작성을 통하여 분쟁을 종결시키고 있으므로 조정사건 현황까지를 포함하여 알아보도록 하였습니다.

1.1 민사본안 사건 현황

소송은 법원의 판결을 통하여 분쟁을 해결하는 가장 일반적인 방법으로써 가장 많이 진행되고 있습니다. 민간공사나 건설하도급과 관련한 분쟁은 소송 이외의 방법이 마땅하지 않으므로, 소송을 통한 분쟁해결이 불가피하다고 하겠습니다. 공사계약일반조건에서도 법원 판결에 의한 분쟁해결을 우선적으로 명시하고 있기도 합니다. 물론 공공공사에서 적용·준용하는 국가계약법 제28조의2(분쟁해결방법의 합의) 규정이 계약체결 시 분쟁해결방법을 정할 수 있도록 하였으나, 실제로는 국가계약분쟁조정위원회의 조정 또는 중재법에 의한 중재로 분쟁을 해결하겠다는 약정은 거의 활용되지 않고 있는 실정입니다.

❙ 민사본안사건 현황(전체 vs. 공사대금)

소송을 통한 분쟁해결 현황을 살펴보기 위하여 대법원의 각 연도 사법연감(2014~2021년)에서 전체 민사본안 사건(소액사건 제외하였으며, 이하 같습니다) 현황을 추출·비교해보았습니다. 참고로 민사본안 1심 사건 종류는 21개이고, 본안사건 구성비가 큰 순서대로 정리하면 기타, 대여금, 양수금, 손해배상(자동차사고, 산업재해, 의료과오, 공해, 지적소유권침해, 기타), 건물명도·철거, 구상금, 매매대금, 부동산소유권, 부당이득금, 제3자이의·청구이의, 사해행위취소, 약정금, 채무부존재확인, 임대차보증금, 임금, 배당이의, (근)저당권설정·말소, 공사대금, 신용카드대금, 보증채무금, 어음·수표금의 순서입니다.

전체 민사본안 사건 현황 [그림 6-1]을 보면 소액사건수를 제외한 제1심 사건은 약 30만 건 내외로서, 2017년까지 감소하다가 이후 증가세로 전환되었으나 최근인 2021년도에는 다시 감소하였습니다(소액사건을 포함한 전체 사건수는 약 80만~90만 건으로, 소액사건수가 절대다수를 차지하고 있다고 하겠습니다). 항소심 사건수는 연간 약 6만 건 정도이고, 2019년도는 6만 5,568건으로 급증하다가 2021년도에는 6만 1,644건으로 소폭 하락하였습니다. 최종심인 상고심 소송소송건수는 2020년까지 꾸준히 증가하다가 2021년도에는 감소세를 보이고 있습니다.

[그림 6-1] 민사본안 사건 현황: 전체 사건수

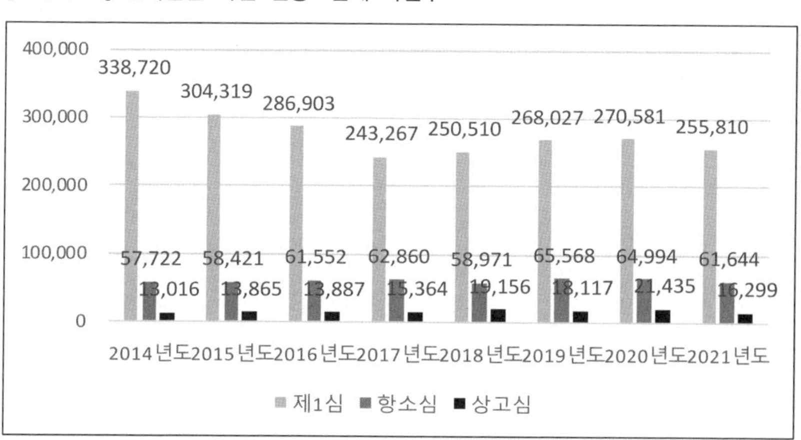

[그림 6-2]는 건설분쟁으로 볼 수 있는 공사대금 본안소송 건수입니다. 제1심 사건 건수는 전체 민사본안 사건 건수의 2.6~3.1% 정도이고, 최근 3년간 1심 사건수는 감소하는 경향을 보이고 있습니다. 하지만 COVID-19 및 러시아-우크라이나 전쟁 등으로 인한 유례없는 물가급등

이 발생하였기에 2022년도의 공사대금 본안소송 사건수는 증가하지 않을까 하고 추정해봅니다. 공사대금 관련 항소심 건수는 2,700건 내외로서 변동 폭이 작으며, 상고심 사건수 또한 450건 내외입니다.

[그림 6-2] 민사본안 사건 현황: 공사대금 사건

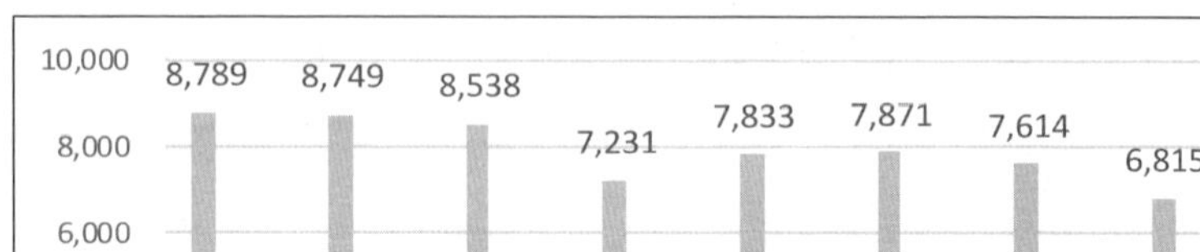

건설공사 공사대금 소송 건수는 후술하는 중재 및 행정형 조정방식과 비교하면 압도적으로 많음을 알 수 있습니다. 건설공사 분쟁의 주요한 해결방법이 법원에 의한 소송임을 알 수 있는 대목입니다. 이에 건설공사 민사소송 건수와 건설공사 계약건수를 단순 비교해보았습니다. [그림 6-2]의 공사대금 제1심 소송 건수는 〈표 6-1〉 연도별 종합건설공사 계약건수의 약 1/10 정도이며, 2021년도는 계약건수가 증가하면서 평균 12개 현장에서 1건의 소송 건수가 발생한 것으로 추산할 수 있겠습니다. 그런데 1개 건설공사 현장이라도 이해관계자는 발주자(건축주), 원·하도급업체 등으로 다양하여 1개 건설현장에서 생길 수 있는 공사대금 소송은 여러 건이 가능할 것이기에 소송 건수와 건설공사 계약건수를 단순 비교하는 것은 적절하지 않을 수 있습니다. 하지만 이러한 상황을 고려하더라도 개별 건설공사에서 적지 않은 분쟁이 지속적으로 발생하고 있다는 점은 부인할 수 없을 것입니다.

〈표 6-1〉 종합건설공사 계약건수

2010년	2011년	2012년	2013년	2014년	2015년	2016년	2017년	2018년	2019년	2020년	2021년
75,665	76,523	74,295	73,434	70,204	73,141	69,359	72,734	71,798	78,300	81,450	82,129

자료: 통계청, 공사규모별 계약실적(종합건설업)

▌항소·상고 비율(전체 vs. 공사대금)

민사소송은 3심제로서 불복절차를 규정하고 있으므로, 전체 민사본안 사건과 공사대금 민사본안 사건의 불복 정도를 비교해보는 것도 의미가 있습니다([그림 6-3] 참조). 전체 민사사건의 항소비율은 17.0~25.8%이나, 공사대금 소송의 항소비율은 27.8~39.8%로 상대적으로 높습니다. 특히 최근 들어서의 항소비율이 월등히 증가하고 있음을 알 수 있습니다. 이러한 공사대금 본안소송의 항소비율이 높다는 점은 1심 판결에 대한 수용 정도가 다른 사건과 비교하여 상대적으로 낮다는 점을 의미하기도 합니다. 여기에다 항소심 판결에 대한 상고 비율을 살펴보면, 전체 민사사건이 공사대금 사건보다 높은 경향을 보여 항소비율과는 반대의 경향을 보이고 있음을 알 수 있습니다. 공사대금 사건에 대한 상고심 비율이 상대적으로 낮은 이유는, 공사대금 소송이 법리논쟁보다는 대부분 사실심으로 종결되거나 상고에서의 번복 가능성이 작다고 판단하였기 때문으로 추정됩니다.

[그림 6-3] 민사본안 사건의 항소·상고 비율(전체 vs. 공사대금)

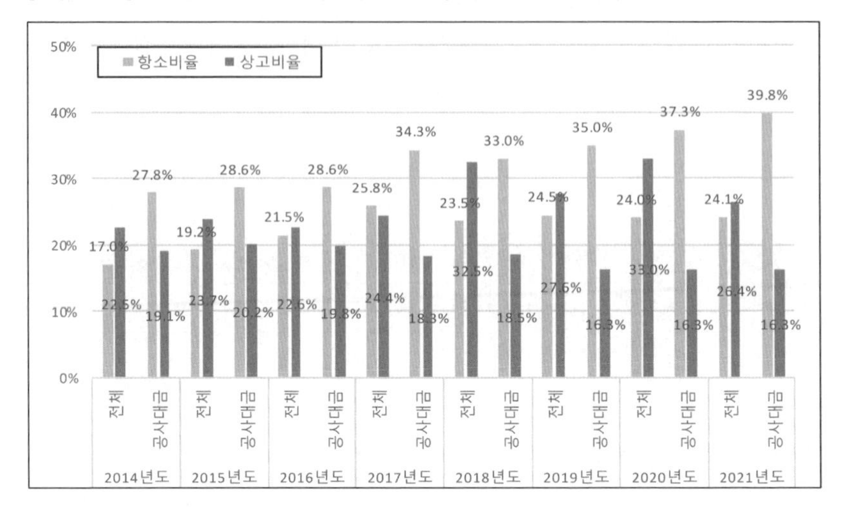

1.2 중재사건 현황

▌건설공사 중재사건

소송과 더불어 대표적인 분쟁해결방법은 바로 대한상사중재원(www.kcab.or.kr)에 의한 중재입니다. 대한상사중재원은 1999년 12월 31일 중재법 제40조(상사중재기관에 대한 보조)에 따라 상사중재를 행하는 사단법인으로 지정받았으며, 현재 국내·외 상사분쟁을 담당하는 사실상 유일한 기구라고 하겠습니다. 대한상사중재원에서의 중재(仲裁) 사건 실적은 국내중재와 국제중재로 구분되며, 개략적 국내:국제 중재사건 접수건수를 보면 약 80:20의 비율을 보이고 있습니다. 〈표 6-2〉의 국내·외 중재사건 접수 현황에 따르면 연간 건수는 꾸준히 증가하고 있으나, 2022년도는 다시 급격히 감소한 실적을 보이고 있습니다(2021년도의 건수 및 금액 급증현상은 코로나 사태로 인한 108건의 집단중재 사건의 영향으로, 예외적인 경우라 하겠습니다). 연평균 중재사건 금액은 약 1조 원 안팎 정도이나, 연도별로는 큰 폭의 등락을 보이고 있습니다. 최근의 1건당 평균 분쟁금액을 단순 산정하면 약 15억 원 정도로서 중재사건이 다른 분쟁해결방식과 비교하여 상대적으로 규모가 큰 사건인 것으로 생각됩니다.

〈표 6-2〉 국내·외 중재사건 접수 현황

(단위: 건, 억 원)

구분	2012년	2013년	2014년	2015년	2016년	2017년	2018년	2019년	2020년	2021년	2022년
건수	360	338	382	413	381	385	393	443	405	500	342
금액	22,081	6,583	6,561	8,318	18,749	9,195	7,355	10,045	5,816	8,460	4,874
1건 평균	61.3	19.5	17.2	20.1	49.2	23.9	18.7	22.7	14.4	16.9	14.3

[그림 6-4] 국내의 중재사건 접수 현황(건)

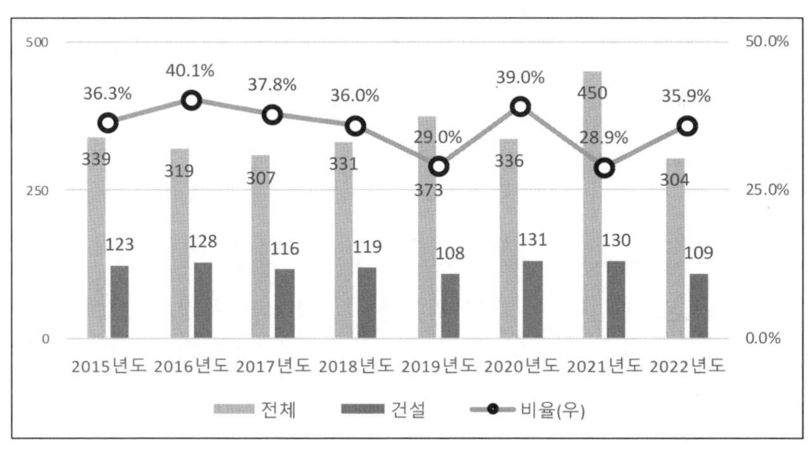

대한상사중재원에 접수된 국내 중재건수 중 건설부문 현황을 알아보았습니다. 2015년부터 2022년까지의 건설분야의 국내 중재사건은 116건 내지 131건 정도로 접수건수가 많은 정도라고 보기 어렵지만, 국내 전체 중재건수의 약 29~40%를 차지하는 실적으로 보면 상대적으로 큰 비중이라고 할 수 있겠습니다([그림 6-4] 참조).

❙ 중재 제고 필요성

중재(仲裁)란 당사자 간의 합의로 재산권상의 분쟁 및 당사자 간 화해에 의하여 해결할 수 있는 비재산권상의 분쟁을 법원의 재판에 의하지 아니하고 중재인(仲裁人)의 판정에 의하여 해결하는 절차를 말하는 것입니다(중재법 제3조 제1호). 중재는 소송 외적으로 분쟁의 전부 또는 일부를 중재에 의하여 해결하는 것이므로, 당사자 간의 서면 중재합의를 필수적으로 요구하고 있습니다(중재법 제3조 제2호).

전술한 제5장의 주요국 클레임 처리제도에 따르면, 일부 국가에서는 건설공사 관련 분쟁에 대하여 일정 기간 이내에 당사자 간 협의가 이루어지지 않으면 중재로 진행할 수 있도록 하고 있습니다. 이는 복잡다단한 건설공사의 특성을 고려하여 당사자 간의 충분한 협의기간을 부여하면서도, 결렬 시에는 전문가 참여로 분쟁을 해결할 수 있는 중재방식을 적용하는 것이 합리적이라고 보기 때문으로 생각됩니다. 다만, 중재방식이 소송을 대체하는 분쟁해결방법이 되기 위해서는 중립성 및 공정성 담보가 가장 필수적이라 하겠습니다.

중재법
제3조(정의) 이 법에서 사용하는 용어의 뜻은 다음과 같다.
1. "중재"란 당사자 간의 합의로 재산권상의 분쟁 및 당사자가 화해에 의하여 해결할 수 있는

비재산권상의 분쟁을 법원의 재판에 의하지 아니하고 중재인(仲裁人)의 판정에 의하여 해결하는 절차를 말한다.

2. "중재합의"란 계약상의 분쟁인지 여부에 관계없이 일정한 법률관계에 관하여 당사자 간에 이미 발생하였거나 앞으로 발생할 수 있는 분쟁의 전부 또는 일부를 중재에 의하여 해결하도록 하는 당사자 간의 합의를 말한다.
3. "중재판정부"(仲裁判定部)란 중재절차를 진행하고 중재판정을 내리는 단독중재인 또는 여러 명의 중재인으로 구성되는 중재인단을 말한다.

1.3 조정사건 현황

▌행정형 분쟁조정기관

분쟁해결수단으로 자주 언급되는 것이 조정제도입니다. 조정방식은 조정기관의 주체에 따라 민사법상 조정, 임의적 조정, 행정형 조정으로 구분되는데, 건설분쟁 관련 조정은 행정형 조정에 해당합니다. 행정형 조정은 각 주무부처 소관의 개별 법률에서 각각 조정의 심사조정대상, 조정위원회의 설치 및 구성, 절차, 효력 등을 규정하고 있으며, 건설분쟁과 관련한 주요한 행정형 분쟁조정기관은 국가·지방자치단체 계약분쟁조정위원회, 건설분쟁조정위원회, 하도급분쟁조정협의회가 있습니다(〈표 6-3〉 참조).

행정형 분쟁조정기관을 통한 건설 관련 조정결과는 재판상 화해와 동일한 효력을 갖는데, 이때는 양 당사자가 조정방식으로 분쟁을 해결하기로 상호 합의하였을 때에만 가능합니다. 그런데 후술한 조정실적을 살펴보면 조정신청 사건의 일부만이 인용되고 있을 뿐 상당수는 반려, 각하되고 있는바, 조정제도는 일견 합리적으로 보이지만 실제로는 활용도가 상당히 낮은 실정이라고 하겠습니다.

〈표 6-3〉 행정형 분쟁조정기관의 주요 내용

기 관	근 거	대 상	특 징
국가계약분쟁 조정위원회	국가계약법 제29조	· 일정 규모 이상의 정부조달계약 과정에서의 이의신청에 대한 재심(법 제28조 제4항) · 계약당사자 간 합의로 조정방법을 정한 경우의 조정신청 (법 제28조의2 제2항) (2017. 12. 19. 신설)	조정을 분쟁해결 방법으로 합의한 경우
지방자치단체 계약분쟁 조정위원회	지방계약법 제35조	· 일정 규모 이상의 지자체 조달계약 과정에서의 이의신청에 대한 재심(법 제34조 제4항) · 계약당사자 간 합의로 조정방법을 정한 경우의 조정신청 (법 제34조의2 제3항) (2018. 12. 24. 신설)	조정을 분쟁해결 방법으로 합의한 경우
건설분쟁 조정위원회	건설산업기본법 제69조	건설업 및 건설 용역업에 관한 제반 분쟁. 단, 국가계약법·지방계약법, 하도급법 적용사항은 제외	조정신청에 시효중단 효력이 부여됨
하도급분쟁 조정협의회	하도급법 제24조	원사업자와 수급사업자 간의 하도급거래의 분쟁 (한국공정거래조정원)	분쟁조정신청은 시효중단 효력 있음

〈표 6-3〉 중 하도급분쟁조정협의회는 한국공정거래조정원에 설치되어 2011년 6월 30일부터 운영 중이며, 사업자단체는 공정거래위원회의 승인을 받아 별도의 협의회를 설치할 수 있습니다. 참고로 사업자단체에 의한 하도급분쟁조정협의회는 하도급법 제정 때부터 자체적으로 설치할 수 있도록 규정되어 있었으나, 2015년 7월 24일 공정거래위원회의 승인 조건으로 하도급법이 개정되었습니다(하도급법 제24조 제2항). 건설하도급에 대한 조정기구는 사업자단체인 대한건설협회와 전문건설협회가 공동 운영하는 건설하도급분쟁조정협의회(csdmc.or. kr)가 있습니다.

▌국가계약분쟁조정위원회

각 기관별 행정형 조정사건에 대한 처리 현황 중 국가계약법령에 따른 국가계약분쟁조정위원회의 처리 현황입니다. 건설공사에 대한 조정심사대상은 추정가격 30억 원 이상 종합공사(전문공사는 3억 원 이상)에 대하여 정부조달계약 과정에서 불이익을 받은 자의 이의신청 결과에 대한 재심 청구 또는 계약체결 시 계약당사자 간 분쟁을 조정으로 해결하기로 합의한 경우가 해당합니다.

기획재정부가 공개한 국가계약분쟁조정위원회의 운영실적은 〈표 6-4〉와 같습니다. 기획재정부에 따르면 국가계약분쟁조정제도는 2014년도부터 운영되고 있으며, 청구 건수와 처리결과 건수가 다른 것은 해당연도에 접수된 사건이 다음 연도로 이월되어 처리되는 경우가 있기 때문이고, 공사·물품·용역을 따로 나눠서 관리하고 있지 않다는 것입니다. 또한 국가계약분쟁조정제도는 청구 원인(입찰참가자격, 입찰공고, 낙찰자 결정, 조달계약범위 등)별로 신청하는 방식이므로, 조정심사 대상에는 금액 없는 사건 유형이 있어 청구금액을 따로 관리하지 않는다고 하였습니다.

〈표 6-4〉의 운영실적을 보면, 최근 9년간 청구 건수는 총 137건이고(청구 건수와 운영실적 건수의 차이는 이월사건으로 인한 것입니다), 세부적인 처리결과 내용은 반려·종결 33건, 각하 41건, 인용 28건 및 기각 18건입니다. 국가계약분쟁조정위원회 운영 현황을 보면 반려·각하 건수가 절반을 웃돌며, 그 외 심사를 진행한 건수 중에서는 약 절반 정도가 인용된 것으로 나타나고 있습니다.

〈표 6-4〉 국가계약분쟁조정위원회 운영실적(2014~2022년)

연도	청구 (접수)	반려/종결	각하	수리			
					인용	기각	조정중 종결
2014	1	-	1	-	-	-	-
2015	14	-	7	4	3	-	-
2016	5	-	5	2	2	-	-
2017	3	-	1	2	-	1	-
2018	9	1	4	3	1	1	1
2019	10	2	3	2	2	1	1
2020	25	11	4	10	5	5	-
2021	33	15	1	17	11	3	3
2022	37	4	15	16	4	7	5
계	137	33	41	56	28	18	10

국가계약법

제28조(이의신청) ① 대통령령으로 정하는 금액(국제입찰의 경우 제4조에 따른다) 이상의 정부조달계약 과정에서 해당 중앙관서의 장 또는 계약담당공무원의 다음 각 호의 어느 하나에 해당하는 행위로 불이익을 받은 자는 그 행위를 취소하거나 시정(是正)하기 위한 이의신청을 할 수 있다.

1. 제4조 제1항의 국제입찰에 따른 정부조달계약의 범위와 관련된 사항

1의2. 제5조 제3항에 따른 부당한 특약 등과 관련된 사항

2. 제7조에 따른 입찰 참가자격과 관련된 사항

3. 제8조에 따른 입찰공고 등과 관련된 사항

4. 제10조 제2항에 따른 낙찰자 결정과 관련된 사항

5. 그 밖에 대통령령으로 정하는 사항

② 이의신청은 이의신청의 원인이 되는 행위가 있었던 날부터 20일 이내 또는 그 행위가 있음을 안 날부터 15일 이내에 해당 중앙관서의 장에게 하여야 한다.

③ 해당 중앙관서의 장은 이의신청을 받은 날부터 15일 이내에 심사하여 시정 등 필요한 조치를 하고 그 결과를 신청인에게 통지하여야 한다.

④ 제3항에 따른 조치에 이의가 있는 자는 통지를 받은 날부터 20일 이내에 제29조에 따른 국가계약분쟁조정위원회에 조정(調停)을 위한 재심(再審)을 청구할 수 있다

제28조의2(분쟁해결방법의 합의) ① 각 중앙관서의 장 또는 계약담당공무원은 국가를 당사자로 하는 계약에서 발생하는 분쟁을 효율적으로 해결하기 위하여 계약을 체결하는 때에 계약당사자 간 분쟁의 해결방법을 정할 수 있다.

②제1항에 따른 분쟁의 해결방법은 다음 각 호의 어느 하나 중 계약당사자 간 합의로 정한다.

1. 제29조에 따른 국가계약분쟁조정위원회의 조정

2. 「중재법」에 따른 중재

[본조신설 2017. 12. 19.]

▌지방자치단체 계약분쟁조정위원회

지방자치단체는 지방계약법령에 의거하여 지방자치단체 계약분쟁조정위원회를 설치·운영하고 있으며, 조정심사 대상은 국가계약분쟁조정위원회와 거의 유사합니다. 다만, 대상 건설공사는 추정가격 10억 원 이상 종합공사(전문공사는 1억 원 이상)로서 국가계약법령보다 작은 규모도 해당됩니다.

행정안전부가 공개한 지방자치단체 계약분쟁조정위원회의 운영실적은 〈표 6-5〉와 같습니다. 연도별로 보면 처리 건수가 일정하지 않으며, 2016년까지 증가하다가 그 이후 감소하다 최근 들어 다시 증가하여 연간 평균 약 15건 정도가 운영되고 있습니다. 최근 12년간 전체 156건에 대한 운영실적을 보면 반려·종결 13건, 각하 96건, 인용 22건 및 기각 22건입니다.

〈표 6-5〉 지방자치단체 계약분쟁조정위원회 운영실적(2011~2022년)

연도	계	반려	각하	수리			
					인용	기각	철회
2011	12	–	7	5	1	4	–
2012	6	2	1	3	–	2	1
2013	7	–	6	1	–	1	–
2014	7	–	5	2	1	1	–
2015	12	2	8	2	1	1	–
2016	26	2	18	6	5	–	1
2017	6	–	4	2	2	–	–
2018	6	–	3	3	1	1	1
2019	12	–	10	2	1	1	–
2020	20	4	11	5	4	1	–
2021	21	–	20	1	1	–	–
2022	21	3	3	15	5	10	–
계	156	13	96	47	22	22	3

지방계약법

제34조의2(분쟁해결방법의 합의) ① 지방자치단체의 장 또는 계약담당자는 지방자치단체를 당사자로 하는 계약에서 발생하는 분쟁을 효율적으로 해결하기 위하여 계약을 체결하는 때에 계약당사자 간 분쟁의 해결방법을 정할 수 있다.
② 제1항에 따른 분쟁의 해결방법은 다음 각 호의 어느 하나 중 계약당사자 간 합의로 정한다.
1. 제35조에 따른 지방자치단체 계약분쟁조정위원회의 조정
2. 「중재법」에 따른 중재
③ 제2항 제1호에 따른 조정을 당사자 간 분쟁의 해결방법으로 정한 계약당사자는 지방자치단체 계약분쟁조정위원회에 분쟁의 조정을 신청할 수 있다.
[본조신설 2018. 12. 14.]

인용 건수는 22건으로 약 14%에 해당하며, 인용을 포함한 수리(인용·기각·철회) 건수는 47건(30%) 이며, 각하 처리 건수는 96건(62%)으로 가장 많았습니다. 반려 및 각하 건수가 거의 70%에 해당하여 그 외 나머지 약 30%만이 조정심사로 진행되는 것으로 나타나고 있습니다.

참고로 분쟁해결방법에 대한 합의 규정에 있어서, 지방계약법은 국가계약법보다 약 1년 이후인 2018년 12월 24일에 제34조의2(분쟁해결방법의 합의) 조문이 신설되었습니다.

국토교통부 건설분쟁조정위원회

건설산업기본법령에 따른 건설분쟁조정위원회 분쟁조정 대상은 건설업 및 건설용역업에 관한 분쟁을 대상으로 하고 있으며, 타법(국가계약법, 지방계약법, 하도급법 등)의 적용을 받는 분쟁은 제외하고 있습니다.

국토교통부가 공개한 건설분쟁조정위원회 운영실적은 〈표 6-6〉과 같습니다. 건설분쟁조정위원회 운영실적에 의하면 연도별 신청 건수는 최근 들어 소폭 증가하는 것으로 나타나고 있습니다. 하지만 2012년부터 2022년까지 신청건수는 총 283건 정도 수준으로 아직 활용 정도가 높지 않은 것으로 나타났습니다. 건설산업기본법령에 따른 건설분쟁조정위원회의 분

쟁조정 대상 영역이 민간부문의 건설업 및 건설용역업을 포함하기에 상대적으로 넓다고 할 수 있음에도 불구하고 신청건수는 국가계약분쟁조정위원회 보다 조금 더 많은 정도입니다. 건설분쟁조정위원회 역시 분쟁금액에 대해서는 별도로 취합·관리하지 않는다고 합니다.

〈표 6-6〉 건설분쟁조정위원회 운영실적(2012~2022년)

연도	신청	조정성립	자체종결	부동의	조정 전 합의	취하	진행 중	기타
2012	6	-	3	1	1	1	-	-
2013	3	-	1	1	-	1	-	-
2014	31	4	10	2	6	8	-	1
2015	12	2	1	2	-	5	-	2
2016	42	1	11	14	6	10	-	-
2017	39	3	20	5	-	11	-	-
2018	33	2	10	10	3	8	-	-
2019	24	1	4	5	2	10	-	2
2020	47	-	12	1	1	5	28	-
2021	22	-	3	-	1	1	17	-
2022	24	-	-	-	1	-	23	-
계	283	13	75	41	21	60	68	5

건설산업기본법

제69조(건설분쟁 조정위원회의 설치) ① 건설업 및 건설용역업에 관한 분쟁을 조정하기 위하여 국토교통부장관 소속으로 건설분쟁 조정위원회를 둔다.

② 삭제 〈2013. 8. 6.〉

③ 위원회는 당사자의 어느 한쪽 또는 양쪽의 신청을 받아 다음 각 호의 분쟁을 심사·조정한다.

1. 설계, 시공, 감리 등 건설공사에 관계한 자 사이의 책임에 관한 분쟁
2. 발주자와 수급인 사이의 건설공사에 관한 분쟁. 다만, 「국가를 당사자로 하는 계약에 관한 법률」 및 「지방자치단체를 당사자로 하는 계약에 관한 법률」의 해석과 관련된 분쟁은 제외한다.
3. 수급인과 하수급인 사이의 건설공사 하도급에 관한 분쟁. 다만, 「하도급거래 공정화에 관한 법률」을 적용받는 사항은 제외한다.
4. 수급인과 제3자 사이의 시공상 책임 등에 관한 분쟁
5. 건설공사 도급계약의 당사자와 보증인 사이의 보증책임에 관한 분쟁
6. 그 밖에 대통령령으로 정하는 사항에 관한 분쟁

건설분쟁조정위원회의 조정 대상 범위가 상대적으로 넓음에도 불구하고 신청건수뿐만 아니라 조정성립률 또한 낮게 형성되는 현상에 대한 원인을 살펴볼 필요가 있겠습니다. 조정성립률(=조정성립÷신청건수)은 평균 5%에 불과하며, 2014년 13%, 2015년 17%일 뿐, 그 이외는 한 자릿수의 조정성립률을 보이고 있습니다. 조정 전 합의 건수를 포함하더라도 비율은 여전히 낮습니다. 이처럼 조정성립률이 낮아서 인지는 몰라도 최근 들어서는 신청건수가 오히려 감소세를 보였으며, 나아가 최근 3년간(2020~2022년) 신청건수 93건에서 조정성립 실적이 전혀 없는 점을 보면(조정 전 합의 건수는 3건에 불과합니다), 건설분쟁조정위원회가 건설공사에서의 대체적 분쟁해결수단(ADR)의 역할 및 활용성이 확대되지 못하는 것으로 보입니다.

❙ 조정방식 활성화 제고

건설분쟁은 장기간에 걸쳐 도급계약이 이행되는 과정에서 일회적이면서 사실관계가 복잡다단한 특성으로 인하여 건설분야 전문가가 아닌 법률전문가만으로 분쟁을 해결하는 데에는 상당한 어려움이 있습니다. 이러한 건설분쟁 해결을 위해서는 건설분야 전문가가 참여할 수 있는 대체적 분쟁해결방법이 선호될 필요가 있습니다. 조정제도는 대표적인 대체적 분쟁해결방법(ADR)으로 제시되고 있습니다. 그러나 전술한 바와 같이 국가계약법 및 지방계약법의 계약분쟁조정위원회, 그리고 국토교통부의 건설분쟁조정위원회의 분쟁조정 운영실적은 매우 낮은 수준에 불과한데, 이는 현행 분쟁 조정방식에 대한 강제성이 없어 분쟁해결수단으로서의 실효성이 낮은 때문이기도 할 것입니다.

현행의 낮은 행정형 ADR 제도 활용도를 높이는 방안으로 조정전치주의를 검토해볼 필요가 있습니다. 건설분쟁 조정전치주의는 건설공사 클레임에 대한 당사자 간 협의 결렬 시, 소송·중재 등의 분쟁 단계로 진행하기 이전에 조정 단계를 의무적으로 거치도록 하는 것입니다. 조정 단계에서의 조정의견에 합의되지 않더라도, 소송·중재 등의 건설분쟁 단계에서 전문가의 사전 판단 자료로 활용될 수 있으므로 분쟁 단계로의 전개를 상당 부분 제어할 수 있을 것으로 생각됩니다.

1.4 하도급법에 의한 분쟁조정

하도급법을 관장하는 공정거래위원회는 준사법기구로서 역할을 담당하고 있습니다. 이에 공정거래위원회의 2021년도 통계연보에서 불공정한 하도급법 위반에 대한 시정주체별 시정(조정)실적과 위반유형별 시정실적을 살펴보았습니다.

▍시정주체별 시정 및 조정실적

공정거래위원회는 매년 상반기에 통계연보를 발표하고 있습니다. 먼저 하도급법 위반에 대한 시정주체별 시정(조정)실적은, 공정거래위원회의 시정실적과 분쟁조정협의회의 조정실적으로 구분됩니다. 공정거래위원회의 시정실적을 보면 지난 24년간(1998~2021년) 제조분야 62.7%, 건설분야 30.4%이었으며, 그중 최근 5년간(2017~2021년)은 제조분야 65.6%, 건설분야 24.5%로서 제조 및 서비스부문은 증가한 반면 건설부문은 다소 감소한 변화를 보이고 있었습니다.

하도급분쟁조정협의회의 지난 24년간(1998~2021년) 조정실적을 보면,

한국공정거래조정원 50.4%, 건설하도급분쟁조정협의회(대한건설협회&전문건설협회) 25.8%이었습니다. 최근 5년간(2017~2021년)의 조정실적은 한국공정거래조정원 82.0%, 건설하도급분쟁조정협의회(건설협회) 17.6%로, 한국공정거래조정원으로의 쏠림 현상이 확대되는 경향을 보이고 있습니다. 다만 한국공정거래조정원 실적은 건설하도급뿐만 아니라 제조 및 용역을 포함하고 있어, 건설하도급분쟁조정협의회 실적과 직접적으로 비교할 수는 없다고 하겠습니다.

〈표 6-7〉 시정주체별 시정(조정)실적(건) 비교

연도	공정거래위원회				분쟁조정협의회					
	제조	건설	서비스	계	중소기업 협동조합 중앙회	건설 협회	한국 공정거래 조정원	한국 공정경쟁 연합회	기타	계
1998~2021년 (24년간)	17,706	8,597	1,956	28,259	341	1,557	3,039	971	127	6,035
	62.7%	30.4%	6.9%	100%	5.7%	25.8%	50.4%	16.1%	2.1%	100%
2017~2021년 (5년간)	2,535	948	384	3,867	3	401	1,872	0	7	2,283
	65.6%	24.5%	9.9%	100%	0.1%	17.6%	82.0%	0.0%	0.3%	100%

▌하도급법 위반유형별 시정실적

공정거래위원회는 하도급법 위반유형별 시정실적을 대금미지급, 대금지급지연, 어음할인료 미지급 및 서면미교부 등으로 구분하고 있습니다. 위반유형별 시정실적에 대해서 지난 24년간(1998~2021년) 현황을 살펴보면 어음할인료 미지급 43.8%, 대금미지급 19.0%, 지연이자 미지급 17.6% 및 서면미교부 4.3%의 순으로(기타 제외), 할인료 및 지연이자 미지급 위반이 높았습니다. 최근 5년간(2017~2021년) 시정실적 현황은 지연이자 미지급

36.3%, 어음할인료 미지급 21.1%, 대금미지급 15.3% 및 서면미교부 3.6%의 순으로(기타 제외) 순서가 바뀌었을 뿐, 하도급대금과 관련한 지연이자 및 할인료 미지급 위반이 가장 높은 경향을 보이고 있습니다. 한편 시정건수를 보면 지난 24년간은 연평균 1,177건(=28,259건÷24년)이나 최근 5년간은 773건(=3,867건÷5년)으로 다소 감소한 것으로 나타났습니다.

〈표 6-8〉 위반유형별 시정실적(건) 비교

연도	대금 미지급	대금 지연지급	어음 할인료 미지급	서면 미교부	부당 감액	선급금 미지급	수령 거부	지연이자 미지급	기타	계
1998~2021년 (24년간)	5,371	184	12,374	1,224	276	475	194	4,977	3,184	28,259
	19.0%	0.7%	43.8%	4.3%	1.0%	1.7%	0.7%	17.6%	11.3%	100%
2017~2021년 (5년간)	592	47	815	138	22	11	50	1,404	788	3,867
	15.3%	1.2%	21.1%	3.6%	0.6%	0.3%	1.3%	36.3%	20.4%	100%

2. 소송 및 중재

실토하건대 건설소송 및 중재 부분은 이 책에서 가장 쓰기가 어렵고도 곤란한 부분이었습니다. 건설소송 및 중재는 사실상 법률전문가 영역이기 때문입니다. 건설 관련 사건에 관한 것일지라도 법률전문가가 아닌 사람이 건설소송과 중재제도 전반에 대하여 설명하는 것이 결코 쉽지 않기에 더욱 그러했습니다. 그럼에도 불구하고 건설소송 및 중재 내용을 짧게나마 포함한 이유는 건설기술인들의 법적 마인드가 유달리 부족한 점이 가장 큰 것이었고, 그 이유만큼이 건설소송 및 중재제도 관련 내용을 이 책에 포함되어야 할 영역이라고 생각하였습니다.

2.1 건설소송

❙ 재판을 받을 권리

대한민국 헌법 제27조 제1항은 "모든 국민은 헌법과 법률이 정한 법관에 의하여 법률에 의한 재판을 받을 권리를 가진다"라고 하여 모든 국민에게 재판청구권을 보장하고 있습니다. 이에 따라 소송은 가장 일반적이면서도 대표적인 분쟁해결방법에 해당하며, 소송을 제기할 이익이 있는 경우에만 행사할 수 있습니다. 아울러 모든 국민은 신속한 재판을 받을 권리가 있으며(헌법 제27조 제3항), 우리나라는 재판 공개주의를 채택하고 있습니다(헌법 제109조).

> **대한민국 헌법**
> **제27조** ① 모든 국민은 헌법과 법률이 정한 법관에 의하여 법률에 의한 재판을 받을 권리를 가진다.
> ② 군인 또는 군무원이 아닌 국민은 대한민국의 영역 안에서는 중대한 군사상 기밀·초병·초소·유독음식물공급·포로·군용물에 관한 죄중 법률이 정한 경우와 비상계엄이 선포된 경우를 제외하고는 군사법원의 재판을 받지 아니한다.
> ③ 모든 국민은 신속한 재판을 받을 권리를 가진다. 형사피고인은 상당한 이유가 없는 한 지체없이 공개재판을 받을 권리를 가진다.
> ④ 형사피고인은 유죄의 판결이 확정될 때까지는 무죄로 추정된다.
> ⑤ 형사피해자는 법률이 정하는 바에 의하여 당해 사건의 재판절차에서 진술할 수 있다.

❙ 소송의 절차

'소송'이라 함은 법원이 사회에서 일어나는 이해의 충돌을 공정하게 처리하기 위하여 대립하는 이해관계인을 당사자로 관여시켜 심판하는 절차를 말합니다. 우리나라는 하나의 사건에 대하여 세 번까지 심판받을 수 있는 3심제도를 운용하고 있으며, 1심 판결에 불복하는 절차를 '항소', 2심 판결에 불복하는 절차를 '상고'라고 합니다. 소송은 민사소송, 형사소송, 행정소송 및 가사소송이 있으며, 이 책에서는 공사대금 위주의 건설분쟁을 다루고 있으므로 민사소송을 중심으로 서술하였습니다.

대법원의 '나홀로 소송' 홈페이지(pro-se.scourt.go.kr)에서 제시한 소송의 흐름은 [그림 6-5]와 같습니다. 소송은 소의 제기에 의하여 개시되는데 먼저 관할법원에 소장을 제출하면, 법원은 소장심사를 거쳐 소장 부본을 피고에게 송달합니다. 피고가 답변서를 제출하면 변론기일 및 준비절차(원·

피고의 준비서면 공방)를 거쳐 양 당사자는 자신의 주장을 제기합니다. 준비절차 기간에는 필요한 경우 문서송부촉탁, 사실조회 신청, 증인 또는 감정신청

[그림 6-5] 민사소송의 흐름

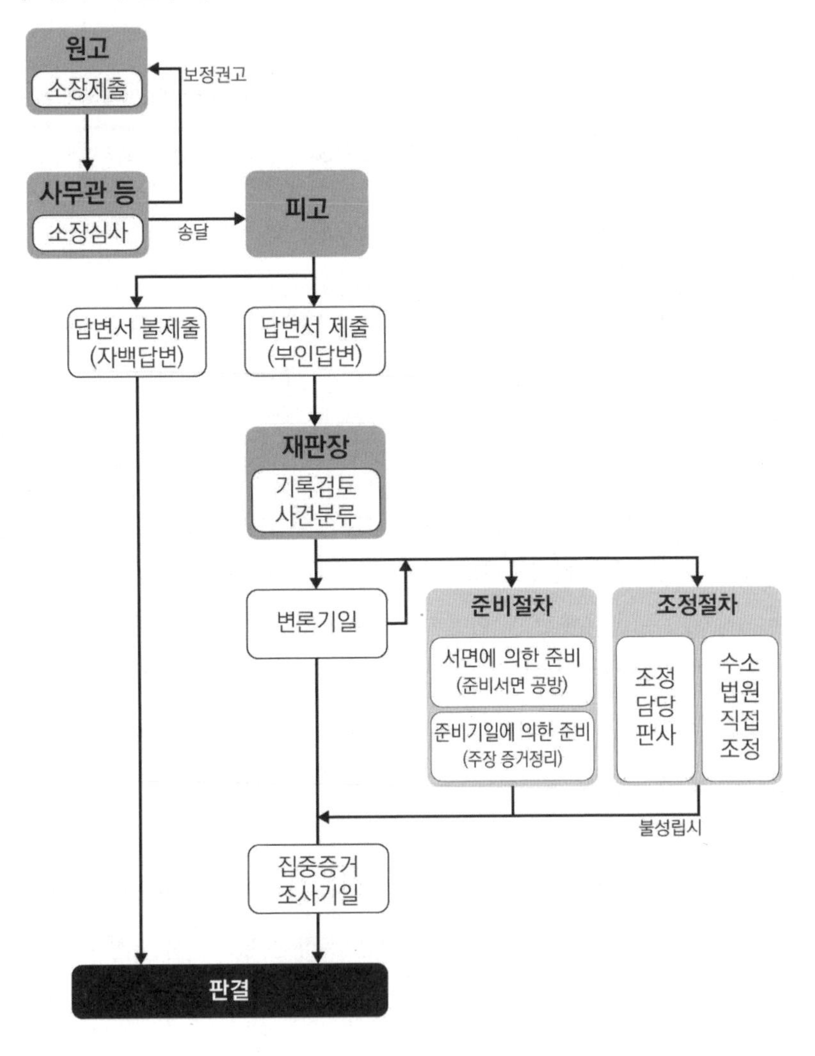

등을 진행할 수 있으며, 이러한 과정을 모두 거쳤다고 판단되면 재판부는 판결을 선고합니다. 한편 공사대금 소송에서는 각 당사자가 주장하는 공사비의 적정성을 판단하기 위한 과정으로 감정절차를 진행하는 경우가 많아졌고, 특별한 이유가 없는 한 감정결과의 상당 부분이 재판부 판단에 인용될 수 있으므로 건설소송에서의 공사비 감정절차는 당사자 모두에게 가장 주의 깊게 참여해야 할 단계라 하겠습니다.

▍소송의 종류

1심 민사소송의 사물관할은 소가 3,000만 원 이하의 소액사건(가소), 소가 3,000만 원 초과~5억 원 이하는 단독관할(가단), 소가 5억 원 초과는 합의부관할(가합) 사건으로 구분합니다. 단독관할 사건은 소가 3,000만 원 초과~2억 원 사이를 담당하는 중액단독재판부, 2억~5억 원 사이를 담당하는 고액단독재판부로 구분·운영하고 있습니다. 위와 같은 내용은 2023년 1월 31일 개정된 「민사 및 가사소송의 사물관할에 관한 규칙(대법원규칙 제3088호)」에 따라 2023년 3월 1일부터 시행하고 있습니다.

우리 법은 변호사 강제주의를 취하지 않기 때문에 본인 스스로 소송할 수 있습니다. 다만, 대리인이 대리하여 소송할 경우 민사소송법 제87조(소송대리인의 자격)에 따라 재판상 행위를 할 수 있는 대리인 이외에는 변호사가 아니면 소송대리인이 될 수 없습니다. 예외적으로 단독판사가 심리·재판하는 소송가액 1억 원 이하 사건의 경우, 당사자와 친족관계 또는 고용계약관계에 있는 사람을 법원의 허가를 받아 재판상 행위를 할 수 있도록 예외 규정을 두고 있습니다(민사소송법 제88조 및 민사소송규칙 제15조).

일반소송 이외의 절차로는 소송가액이 3,000만 원 미만의 소액사건, 소송절차를 간이·신속·저렴하게 분쟁을 해결할 수 있는 독촉절차인 지급명령제도가 있습니다.

▌가압류와 이행지체책임

가압류(假押留)는 금전채권이나 금전으로 환산할 수 있는 채권에 대하여 장래에 실시할 강제집행이 불능이 되거나 현저히 곤란해질 염려가 있는 때를 대비하여 미리 채무자의 현재 재산을 압류하여 보선함을 목적으로 하는 집행보전절차를 말합니다. 채무자의 다른 재산을 알기 곤란한 경우에 활용하는 방법으로, 건설공사에 있어서는 채무자의 공사대금채권이 가압류의 대상이 됩니다. 가압류의 범위는 가압류 채권액만큼을 대상으로 하고 있지만, 제3채무자는 채권가압류 금액을 훨씬 초과하는 채무자의 공사대금 전체에 대한 지급을 중지하는 경우가 흔하지 않게 발생합니다. 가압류 결정통지를 받은 제3채무자인 발주자(또는 원도급업체)는 채무자인 원도급업체(또는 하도급업체)에 대하여 전체 공사대금 지급을 중지하여 해당 가압류를 조속히 해결(취하)시키려는 의도가 반영된 것으로 생각됩니다.

가압류 취하를 위한 압박 수단으로 공사대금 전액을 지급하지 않는 것이 타당한 것인가에 대한 논란이 많았습니다. 공사대금에 대한 채권가압류 논란은 대법원의 판단으로 일단락되었다고 하겠습니다. 대법원은 "채권의 가압류는 제3채무자에 대하여 채무자에게 지급하는 것을 금지하는 데 그칠 뿐 채무 그 자체를 면하게 하는 것이 아니고, 가압류가 있다고 하여도 그 채권의 이행기가 도래한 때에는 제3채무자는 그 지체 책임을 면할 수 없다"라고 하면서 이중 변제 위험에서 벗어나기 위해서는 변제공탁을 통하여 이행지체책임도 면할 수 있으므로 부당하지 않다고 일관되게 판단하고 있습니다(대법원 1994. 12. 13. 선고 93다951 판결, 대법원 2004. 7. 9. 선고 2004다16181 판결 등 다수). 즉 제3채무자가 채권가압류 결정문을 송달받았더라도, 이를 이유로 채무자(제3채무자에 대해서는 채권자가 됩니다)에게 공사대금 지급을 중단해

대법원 1994. 12. 13. 선고 93다951 판결 [부당이득금]

【판시사항】

가. 채권의 가압류가 있는 경우, 제3채무자가 이행지체책임을 면하는지 여부

나. '가'항의 경우 제3채무자가 민법 제487조의 규정에 의한 변제공탁을 할 수 있는지 여부 및 그 경우 채권 가압류의 효력

다. '가'항과 '나'항의 법리가 악의의 수익자의 부당이득에 대한 이자지급책임에도 적용되는지 여부

【판결요지】

가. 채권의 가압류는 제3채무자에 대하여 채무자에게 지급하는 것을 금지하는 데 그칠 뿐 채무 그 자체를 면하게 하는 것이 아니고, 가압류가 있다 하여도 그 채권의 이행기가 도래한 때에는 제3채무자는 그 지체책임을 면할 수 없다고 보아야 할 것이다.

나. '가'항의 경우 가압류에 불구하고 제3채무자가 채무자에게 변제를 한 때에는 나중에 채권자에게 이중으로 변제하여야 할 위험을 부담하게 되므로 제3채무자로서는 민법 제487조의 규정에 의하여 공탁을 함으로써 이중변제의 위험에서 벗어나고 이행지체의 책임도 면할 수 있다고 보아야 할 것이다. 왜냐하면 민법상의 변제공탁은 채무를 변제할 의사와 능력이 있는 채무자로 하여금 채권자의 사정으로 채무관계에서 벗어나지 못하는 경우를 대비할 수 있도록 마련된 제도로서 그 제487조 소정의 변제공탁의 요건인 "채권자가 변제를 받을 수 없는 때"의 변제라 함은 채무자로 하여금 종국적으로 채무를 면하게 하는 효과를 가져다 주는 변제를 의미하는 것이므로 채권이 가압류된 경우와 같이 형식적으로는 채권자가 변제를 받을 수 있다고 하더라도 채무자에게 여전히 이중변제의 위험부담이 남는 경우에는 마찬가지로 "채권자가 변제를 받을 수 없는 때"에 해당한다고 보아야 할 것이기 때문이다. 그리고 제3채무자가 이와 같이 채권의 가압류를 이유로 변제공탁을 한 때에는 그 가압류의 효력은 채무자의 공탁금출급청구권에 대하여 존속한다고 할 것이므로 그로 인하여 가압류 채권자에게 어떤 불이익이 있다고도 할 수 없다.

다. '가'항과 '나'항의 법리는 부당이득반환채권이 가압류된 후에 제3채무자가 악의로 되어 그 받은 이익에 덧붙여 반환하여야 할 이자지급책임을 면하기 위한 경우에도 마찬가지라 할 것이고, 또 채권자의 소재가 불명한 경우에도 채무자로서는 변제공탁을 하지 않는 한 그 이행지체의 책임 내지 부당이득에 대한 이자의 배상책임을 면할 수 없음은 물론이다.

서는 아니 된다는 것입니다. 그럼에도 만약 제3채무자가 변제공탁 않고서 가압류를 이유로 공사대금을 지급하지 않는다면 채무불이행에 따른 이행 지체의 책임이 발생하며, 특히 하도급대금 지급을 지연시킨다면 지연일수에 대한 지연이자(2015년 7월 1일부터 연 15.5%)를 추가로 부담해야 하므로 주의해야 합니다. 참고로 변제공탁이란 채권자가 변제를 받지 않거나 받을 수 없는 때 변제자가 채권자를 위하여 변제의 목적물을 공탁하여 그 채무를 면할 수 있도록 한 제도로서(민법 제487조), 공탁사무를 관장하는 국가기관은 법원입니다(법원조직법 제2조 제3항).

2.2 중재법에 의한 중재

▌대한상사중재원

중재법은 1966년 3월 16일 제정되었으며, 대한상사중재원은 중재법 제정 당시 대한상공회의소 부설인 국제상사중재위원회 발족으로 처음 설립된 이래 1980년 8월 29일 정관을 변경해 대한상사중재원으로 재출범하여 현재에 이르고 있습니다. 대한상사중재원은 대체적 분쟁해결(ADR)을 위한 전문기관으로, 국내·외 상거래에서 발생하는 분쟁의 해결 및 예방업무를 수행하고 있는 중재법상 중재(仲裁)를 수행하는 국내 유일한 상설중재기관입니다.

최근 중재방식을 통한 분쟁해결에 대한 관심이 높아지고 있으며, 특히 사실관계가 복잡다단한 건설분쟁에 있어서 중재방식의 활용성 제고 논의가 다양하게 진행되고 있습니다. 이러한 상황에 맞추어 2016년 12월 27일 중재산업의 진흥에 필요한 사항을 정하여 국내 및 국제 분쟁해결수단으로서 중재를 활성화하고 대한민국이 중재 중심지로 발전할 수 있도록 중재산업 진흥기반을 조성함으로써 국민경제의 발전에 이바지함을 목적으로 하는 「중재산업 진흥에 관한 법률(약칭 중재진흥법)」이 제정되었습니다(중재진흥법 제1조).

대한상사중재원은 중재 활성화를 위하여 다양한 기관과 업무협약(MOU: Memorandum of Understanding)을 체결하고 있습니다. 대한상사중재원 홈페이지에 공지된 업무협약 기관을 살펴보면 2023년도에는 한국여성변호사회, 경상북도 개발공사, 한국건설기술인협회, 부산도시공사, 서울주택도시공사, 서울지방변호사회와 2022년도에는 한국상장회사협의회, 한국편의점산업협회, 한국자산관리공사, 한국건설관리학회, 한국사회적기업진흥원, 대한법률구조공단, 한국대학기술이전협회, 법학전문대학원협의회, 인천도시공사, 한국원가관리협회, 지방계약원가협회, 한국원가분석사협회, 블록체인법학회, 한국강소기업협회, 대한변호사협회, 한국주택협회, 광운대학교, 한국금속공업협동조합, 대한건축사협회, 대한기계설비건설협회, 한전산업개발, 한국엔지니어링협회, 그리고 그 이전에는 한국조정학회, 해외건설협회, 국방시설본부 등이 있습니다.

▌중재제도 개요

전술한 제5장의 [그림 5-1]은 건설공사 클레임에 대한 분쟁처리 흐름을 도식화한 것이고, 〈표 5-1〉은 건설분쟁 해결방법으로 중재방식의 특징을 비교한 것입니다. 중재방식은 소송에 비해 신속한 분쟁해결(단심제)과 중재판정부에 건설 관련 전문가들이 참여할 수 있으므로, 복잡다단한 건설분쟁에 대한 해결방법으로 자주 언급되고 있습니다. 그리고 실제로도 건설분쟁에 중재방식이 많이 이용되기도 합니다([그림 6-4] 참조).

분쟁해결방법은 여러 가지가 있지만, 그중 법적 강제성이 있는 경우는 소송과 중재방식으로 한정됩니다. 중재는 당사자 간 합의에 의한 소송에 의하지 않고 분쟁을 해결하는 방식으로, 중재법 제3조(정의) 제2호에 따라 분쟁의 전부 또는 일부를 중재로 해결한다는 합의(중재합의)가 있어야 합니다. 중재합의의 방식은 서면으로 해야 하는 등 그 전제요건이 엄격합니다(중재법 제8조 제2항). 그 이유는 대한상사중재원에 의한 중재는 사인(私人) 간의 합의에 의하여 공적절차인 법원 소송을 배제하는 것이므로 중재합의를 엄격하게 규정하고 있는 것으로 판단됩니다. 한편 계약서상 소송 또는 중재로 분쟁을 해결할 수 있다는 이른바 '선택적 중재조항'은 중재합의가 없었던 것으로 판단하고 있음을 인지해야 합니다(좀 더 자세한 내용은 전술한 제5장 3.1 건설분쟁 관련 규정 내용을 참조하시기 바랍니다).

중재에 의한 분쟁해결방법은 중재법 제8조(중재합의의 방식) 제2항에 의거하여 서면합의를 필수적 요건으로 하며, 중재판정은 당사자 간에 있어서 법원의 확정판결과 동일한 효력이 있습니다(중재법 제35조). 중재합의의 대상인 분쟁에 대하여 소송이 제기된 경우에는 상대방(피고)이 중재합의를 주장하면 법원은 해당 소송을 각하해야 하며, 그 반대로 중재합의가 없음에도 중재신청이 제기되었다면 상대방(피신청인)은 중재합의 부존재를 주장하여 중재심리를 중지시킬 수 있습니다(중재법 제9조).

중재는 종국적 분쟁해결수단으로서 장점으로는 전문성(관련 전문가를 중재인으로 선임 가능), 비밀성(심리절차를 비공개하고 비밀보장), 신속성 및 경제성(단심으로서 신속하게 결론 도출 가능하고, 비용저렴) 등이 제시되고 있으며, 단점으로는 합의성(별도의 중재합의를 해야 함), 진실발견 제한성(문서제출명령, 증인신문 등 증거조사에 있어서 재판에 비해 한계가 있음), 강제성 미흡(중재판정부에 절차진행에 대한 강제권한이 미흡하여 지연되는 일이 있음) 등이 언급되고 있습니다. 모든 제도에는 장단점이 있으므로 무조건 소송으로 진행하기보다는 분쟁의 종류나 사안에 따라 적절한 분쟁해결방법을 선택하는 것이 합리적이라 하겠습니다. 참고로 대한상사중재원 홈페이지에 있는 중재합의서 양식은 다음과 같습니다.

중 재 합 의 서

여기 당사자들은 아래 내용의 분쟁을 대한상사중재원의 중재규칙 및 대한민국 법에 따라 대한상사중재원에서 중재에 의하여 해결하기로 하며, 본 분쟁에 대하여 내려지는 중재판정은 최종적인 것으로 모든 당사자에 대하여 구속력을 가지는 것에 합의한다.

(1) 분쟁내용 요지:

(2) 부가사항(중재인수나 위 규칙 제6장에 따른 신속절차 등에 관하여 합의할 수 있음):

	당 사 자(갑)	당 사 자(을)
상 사 명	________	________
위대표자	________	________
주 소 :	________	________
전화번호 :	________	________
서명 또는 기명날인 :	________	________
일 자 :	________	________

사단법인 대 한 상 사 중 재 원 귀중

중재법

제3조(정의) 이 법에서 사용하는 용어의 뜻은 다음과 같다.

1. "중재"란 당사자 간의 합의로 재산권상의 분쟁 및 당사자가 화해에 의하여 해결할 수 있는

비재산권상의 분쟁을 법원의 재판에 의하지 아니하고 중재인(仲裁人)의 판정에 의하여 해결하는 절차를 말한다.
2. "중재합의"란 계약상의 분쟁인지 여부에 관계없이 일정한 법률관계에 관하여 당사자 간에 이미 발생하였거나 앞으로 발생할 수 있는 분쟁의 전부 또는 일부를 중재에 의하여 해결하도록 하는 당사자 간의 합의를 말한다.
3. "중재판정부"(仲裁判定部)란 중재절차를 진행하고 중재판정을 내리는 단독중재인 또는 여러 명의 중재인으로 구성되는 중재인단을 말한다.

제8조(중재합의의 방식) ① 중재합의는 독립된 합의 또는 계약에 중재조항을 포함하는 형식으로 할 수 있다.
② 중재합의는 서면으로 하여야 한다.

제9조(중재합의와 법원에의 제소) ① 중재합의의 대상인 분쟁에 관하여 소가 제기된 경우에 피고가 중재합의가 있다는 항변(抗辯)을 하였을 때에는 법원은 그 소를 각하(却下)하여야 한다. 다만, 중재합의가 없거나 무효이거나 효력을 상실하였거나 그 이행이 불가능한 경우에는 그러하지 아니하다.
② 피고는 제1항의 항변을 본안(本案)에 관한 최초의 변론을 할 때까지 하여야 한다.

제35조(중재판정의 효력) 중재판정은 양쪽 당사자 간에 법원의 확정판결과 동일한 효력을 가진다. 다만, 제38조에 따라 승인 또는 집행이 거절되는 경우에는 그러하지 아니하다.

공공공사 발주기관 중에서 소송사무처리규정에 중재방식을 분쟁해결수단으로 명문화 한 사례가 있습니다. 국가철도공단은 2020년 6월 23일 제한적이나마 분쟁해결수단으로 제4조의2(중재)에 중재 규정을 신설하였습니다. 현행 건설공사에 대하여 「공기업·준정부기관 계약사무규칙」 제4조 제1항의 규정에 의한 기획재정부장관이 고시하는 금액은 약 249억 원입니다(국가계약법 등의 기획재정부장관이 정하는 고시금액 참조).

국가철도공단 소송사무처리규정

제1조(목적) 이 규정은 국가철도공단(이하 "공단"이라 한다)을 당사자 또는 참가인으로 하는 소송과 공단이 수행하는 국가소송의 효율적인 수행을 위하여 소송사무의 적정한 처리기준 및 절차를 규정함을 목적으로 한다.

제4조의2(중재) ① 중재는 국내의 중재법에 의한 중재와 국제중재, 해외사업이 진행되는 해당 국가의 중재를 포함하며, 다음 각 호의 어느 하나에 해당하는 경우 중재 대상으로 할 수 있다.
1. 분쟁가액이 2억 원 이하의 소액사건 〈삭제 2023. 3. 27.〉
2. 「공기업·준정부기관계약사무규칙」 제4조 제1항의 규정에 의한 기획재정부장관이 고시하는 금액 미만의 사건
3. 그 밖에 패소위험이 높거나 중재로 신속히 분쟁을 해결하는 것이 효율적이라고 판단되는 사건

② 제1항 제3호의 중재대상에 해당하는 경우 소관부서의 장은 중재적합성 검토를 주관부

서의 장에게 요청하여야 한다.
③ 주관부서의 장은 2명의 법률고문에게 중재적합성 검토를 받은 후 그 결과를 소관부서의 장에게 통보하여야 한다.
④ 제3항에 따른 중재적합성 검토결과 법률고문의 의견이 상이할 경우에는 다른 법률고문에게 추가로 중재적합성 검토를 받은 후 법률고문의 의견을 종합적으로 검토하여 결정한다. 〈신설 2023. 3. 27.〉
[본조신설 2020. 6. 23.]

▌중재절차 및 중재판정부

중재절차는 크게 중재합의, 중재신청, 중재판정부 구성, 중재심리 및 중재판정으로 진행됩니다([그림 6-6] 참조).

중재합의는 계약서상 중재조항 또는 별도 중재합의가 있는 경우를 말합니다. 이러한 중재합의가 있으면 분쟁이 발생한 경우 대한상사중재원에 중재를 신청할 수 있습니다.

중재신청 시에는 중재신청서를 제출하고 중재비용을 예납해야 합니다. (대한상사중재원)사무국은 중재신청서와 첨부서류를 검토한 후 이상이 없으면 사건번호를 부여하고, 신청인과 피신청인에게 '중재신청의 접수통지' 공문을 발송합니다. 피신청인은 접수통지 및 중재신청서를 수령한 날로부터 30일 이내에 답변서를 제출해야 하는데, 실질적으로 피신청인의 답변서 제출을 강제할 방법이 없지만 원활한 심리진행을 위해 적어도 1차 심리 전까지는 제출하는 것이 필요합니다.

피신청인이 답변서를 제출하면 곧바로 중재판정부 구성 절차로 진행합니다. 사무국은 중재신청서를 접수하면 양 당사자에 중재인 후보자명단(신청금액 5억 원 이하는 5인의 후보, 5억 원 초과는 10인의 후보. 단, 1억 원 이하의 신속절차의 경우 중재원 사무국에서 선정합니다)을 송부한 후, 양 당사자로부터 회수한 중재인 선정순위 집계표를 작성하고 그 결과를 존중하여 1인 또는 3인의 중재판정부 구성을 진행합니다. 중재인 모두가 취임 수락하여 중재판정부가 구성되면, 사무국은 중재인 전원의 인적사항이 기재된 중재판정부 구성통지 공문을 양 당사자 및 중재판정부에 통지합니다. 참고로 중재인의 수 또한 당사자 간 합의로 정하는 것을 원칙으로 하고 있으며, 그런 합의가 없으면 3명으로 합니다(중재법 제11조).

이후 중재판정부의 중재인은 당사자의 의견을 청취하고 증거를 제출받는 등으로 중재심리를 진행합니다. 심리는 비공개로 통상 2~4회 진행하며, 필요시 감정 및 증거조사 등을 수행하기도 합니다. 이러한 중재심리가 마무리되면 중재판정(당사자 간 합의 시 화해판정도 가능합니다)을 내리고 중재절차가 완료됩니다.

[그림 6-6] 중재절차 개요도

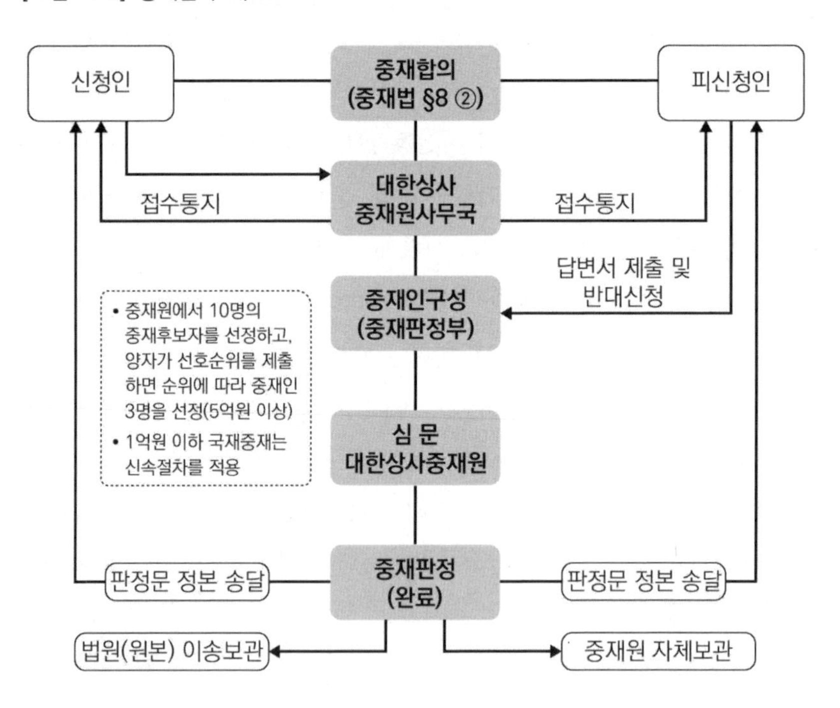

중재법
제11조(중재인의 수) ① 중재인의 수는 당사자 간의 합의로 정한다.
② 제1항의 합의가 없으면 중재인의 수는 3명으로 한다.
제13조(중재인에 대한 기피 사유) ① 중재인이 되어 달라고 요청받은 사람 또는 중재인으로 선정된 사람은 자신의 공정성이나 독립성에 관하여 의심을 살 만한 사유가 있을 때에는 지체 없이 이를 당사자들에게 고지(告知)하여야 한다.
② 중재인은 제1항의 사유가 있거나 당사자들이 합의한 중재인의 자격을 갖추지 못한 사유가 있는 경우에만 기피될 수 있다. 다만, 당사자는 자신이 선정하였거나 선정절차에 참여하여 선정한 중재인에 대하여는 선정 후에 알게 된 사유가 있는 경우에만 기피신청을 할 수 있다.

중재규칙
제8장 신속절차
제57조(중재인의 선정)
사무국은 당사자 간에 별도의 합의가 없는 경우 이 규칙 제21조의 방법에 의하지 아니하고 중재인명부 중에서 1인의 중재인을 선정한다.

▎기타: 사건번호 방식, 중재제도 문제점, 중재인 윤리강령

○ 중재 사건번호 부여 방식

중재원 사무국은 접수된 중재신청서와 첨부서류에 이상이 없으면 사건번호를 부여합니다. 중재 사건번호는 "중재 제ABCDE-OOOO호"라는 형식으로 부여되는데, 'AB'는 중재신청한 해당 연도를 표시하며, 'C'는 중재원 본부와 지부를 구분하는 것으로 본부는 1, 지부는 2로 표기하며, 'D'는 중재와 알선을 구분하는 것으로 중재는 1. 알선은 2로 표기하며, 'E'는 국내와 국제를 구분하는 것으로 국내중재는 1, 국제중재는 2, 대외사건은 3으로 표기하며, 뒷부분의 숫자 4자리는 사건의 접수 순서대로 부여하는 일련번호입니다. 위와 같은 규칙에 따라 부여된 중재 사건번호가 "제23111-0001호"라면, 2023년도에 중재원 본부에 첫 번째로 접수된 국내중재사건임을 알 수 있습니다.

○ 중재제도의 문제점

전술한 중재 관련 내용들은 중재방식이 ADR방식으로 적절하게 활용될 필요성이 높음을 서술한 것입니다. 하지만 중재방식에 대한 문제점이 전혀 없는 것이 아님을 인지할 필요가 있습니다. 「건설분쟁 중재제도의 차별화 및 개선방안에 관한 연구」(이선재, 2019) 보고서에 따르면 중재방식에 대한 문제점으로 중재판정부의 유연성 확보 문제, 중재신청의 입증 및 반증의 적정성 문제, 판정부 구성원의 적정성 문제, 중재 본연의 신속성 문제 등이 언급되고 있는 것 또한 현실이라고 하였습니다. 이러한 중재방식의 문제점은 일견 타당성이 있으므로, 이를 해소할 방안들이 강구되고 보완된다면 공공발주기관 역시 중재를 통한 건설분쟁 해결절차에 소극적이지 않을 것으로 생각됩니다.

○ 중재인 윤리강령

중재인은 중재법 제13조(중재인에 대한 기피 사유)에 따라 자신의 공정성이나 독립성에 관하여 의심을 살 만한 사유가 있을 때에는 지체 없이 당사자들에게 고지하여야 하며, 대법원은 이러한 고지의무를 강행규정으로 판단하고 있습니다(대법원 2005. 4. 29. 선고 2004다47901 판결). 중재법 제19조(당사자에 대한 동등한 대우)는 중재절차에서 양쪽 당사자를 동등하게 대우하여야 하고, 충분한 변론 기회를 갖도록 해야 한다는 내용으로 이 또한 강행규정에 해당합니다. 따라서 강행규정인 중재법 제13조 및 제19조 위반 시 중재판정 취소사유가 된다고 하겠습니다.

중재인의 중립성과 독립성은 가장 중요한 덕목이자 중재제도 정착을 위한 기본 요소라고 하겠습니다. 이를 위하여 중재원은 2016년 5월 13일 「대한상사중재원 중재인 윤리강령」을 제정하여 운용하고 있습니다. 동 윤리강령은 중재인 선정, 중재인의 중립성과 독립성, 고지의무, 당사자와의 교신, 중재인 보수, 성실의무와 공정의무, 비밀준수 의무로 구성되어 있습니다. 한편 중재인이 의무 위반 시 부담할 수 있는 결과로는 당사자들의 손해배상 청구(민사책임), 중재인 기피신청, 보수청구권 상실, 중재인 해임, 추가선임 제한, 중재판정의 취소 또는 집행거부, 형사책임(뇌물죄, 사후수뢰죄 등) 등이 있습니다.

대법원 2005. 4. 29. 선고 2004다47901 판결 [중재판정취소]

【판결요지】

[1] 중재법 제13조 제1항에 정해진 '중재인이 되어 달라고 요청받은 자 또는 선정된 중재인의 당사자들에 대한 고지의무'에 관한 규정 자체는 중재법 제5조(이의신청권의 상실)에서의 '이 법의 임의규정'이 아닌 강행규정으로 보아야 한다.

[2] 중재인 등의 사무국에 대한 서면 고지가 없는 상태에서 그 직원들이 그 밖의 다른 경위로 알게 된 중재인 등의 공정성이나 독립성에 관하여 의심을 야기할 사유를 당사자들에게 통지하였다고 하더라도 그와 같이 통지받은 사유에 관하여 소정의 기간 내에 기피신청을 한 바 없다면, 그 중재인 등의 공정성이나 독립성에 관하여 의심을 야기할 사유가 예컨대 민사소송법 제41조(제척의 이유)에 정해진 법관의 제척사유와 같이 볼 수 있을 정도의 중대한 사유에 해당된다는 등의 특별한 사정이 없는 한, 그 중재판정이 내려진 이후에 뒤늦게 그 중재인 등에게 공정성이나 독립성에 관하여 의심을 야기할 사유가 있었다거나 중재법 제13조 제1항에 의한 중재인 등의 고지의무와 관련하여 중재규칙 제25조에 정해진 절차를 위반한 위법이 있다는 사유를 들어 중재법에서 정한 중재판정 취소사유인 '중재판정부의 구성이나 중재절차가 중재법에 따르지 않은 경우' 또는 '중재판정의 승인 또는 집행이 대한민국의 선량한 풍속 기타 사회질서에 위배되는 때'에 해당된다고 주장할 수는 없다.

[3] 중재판정의 일방 당사자의 소송대리인과 같은 법무법인 소속 변호사가 중재인으로 선정된 경우, 민사소송법 제41조 제4호의 '법관이 사건당사자의 대리인이었거나 대리인이 된 때'와 같이 볼 수 있을 정도로 중재인의 공정성이나 독립성에 관하여 의심을 야기할 중대한 사유로는 볼 수 없다고 한 사례.

3. 건설공사 감정

우리나라는 법관에 의한 재판(헌법 제27조 제1항)과 자유심증주의(민사소송법 제202조)를 법의 기본원칙으로 삼고 있습니다. 재판을 담당하는 법관이 그 재판에서 쟁점이 되는 전문 지식을 알고 있어 스스로 실체관계에 맞는 결론을 내리는 것이 이상적인 모습이라고 할 수 있습니다. 하지만 법률의 전문가일 뿐인 법관이 모든 전문 분야에 관한 전문 지식을 안다는 것은 사실상 불가능하므로, 법관이 전문 분야에 관한 소송에서 다른 전문가의 도움을 받는 것은 불가피합니다. 이를 위하여 재판과정에 참여하는 전문가가 감정인입니다.

대법원 온라인감정인신청시스템(https://gamjung.scourt.go.kr)에 따르면 감정인은 신체·진료기록 감정인, 공사비 등의 감정인, 측량감정인·문서 등의 감정인, 시가 등의 감정인, 경매 감정인의 다섯 가지로 구분하고 있습니다. 이 책에서는 공사대금 소송사건 등에서 공사비 감정업무 수행 경험 등을 토대로 하여 서울중앙지방법원의 건설감정인 교육자료 및 건설감정실무, 대법원 사법정책연구원의 「전문가 감정 및 전문심리위원 제도의 개선 방안에 관한 연구」(강성수, 2016) 보고서 내용을 부분적으로 인용하면서 작성하였습니다.

3.1 감정이란

▌감정과 감정인의 전문성·중립성

'감정(鑑定)'이란 법관의 판단능력을 보충하기 위하여 전문적 지식과 경험을 가진 사람에게 법규나 경험칙(대전제에 관한 감정) 또는 이를 구체적 사실에 적용하여 얻은 사실 판단(구체적 사실 판단에 관한 감정)을 법원에 보고하게 하는 '증거조사 방법'이라고 합니다. 이와 같이 보고된 법규나 경험칙 또는 사실 판단을 감정의 결과(감정의견)라 하고, 법원으로부터 감정을 명령받은 사람을 '감정인'이라고 합니다. 이러한 이유로 재판과정에서 감정인에 의해 이루어지는 감정은 가장 중요한 증거방법으로 이해되고 있으므로, 감정인의 최고 덕목은 당연히 전문성을 전제로 하는 공정성이라고 하겠습니다.

공사대금 민사본안 소송은 일반적인 민사사건과 비교하여 상대적으로 소송가액이 높은 경향을 보이고 있으며, 분쟁금액이 크다보니 당사자 간의 공방이 치열하게 진행됩니다. 이때 소송 등의 과정에서 공사비 감정결과는 전문가적 판단결과로 간주되어, 특별한 사정이 없는 한 감정결과의 대부분이 그대로 인용될 가능성이 높습니다. 다시 말하면 공사대금 소송에서의 감정인 역할은 소송 승패를 좌우할 수 있는 정도에 이를 수 있다는 것입니다. 감정결과는 양 당사자로 하여금 감정결과에 승복할 수 있는 정도에 이르도록 해야 하므로, 감정인의 덕목으로 전문성, 공정성, 능동성(자료수집, 분석·판단 등을 주도적으로 수행) 등이 거론되지만 중립성을 특히 더 중요시하는 이유가 여기에 있습니다(민사소송법 제334조).

이에 감정인은 민사소송법 제338조(선서의 방식)에 따라 "양심에 따라 성실히 감정하고, 만일 거짓이 있으면 거짓감정의 벌을 받기로 맹세합니다"라는 선서를 해야 합니다. 때문에 선서하지 아니한 감정인에 의한 감정결과는 증거능력이 없으므로, 이를 사실인정의 자료로 삼을 수 없다고 하겠습니다. 대법원은 감정결과의 증명력에 대하여 일관되게 "감정인의 감정결과는 그 감정방법 등이 경험칙에 반하거나 합리성이 없는 등 현저한 잘못이 없는 한 존중하여야 한다"라고 판단하고 있는바(대법원 2012. 1. 12. 선고 2009다84608 판결 등 다수), 특별한 이유가 없는 한 감정결과는 판결에 높은 비중으로 반영될 수 있으므로 감정인 선정은 소송당사자 모두에게 가장 중요한 절차라 하겠습니다.

대법원 2012. 1. 12. 선고 2009다84608, 84615, 84622, 84639 판결

【판시사항】

감정인의 감정결과의 증명력 및 감정결과 중 오류가 있는 부분만을 배척하고 나머지 부분에 관한 감정결과를 증거로 채택할 수 있는지 여부(원칙적 적극)

【판결요지】

감정인의 감정결과는 감정방법 등이 경험칙에 반하거나 합리성이 없는 등 현저한 잘못이 없는 한 존중하여야 한다. 또한 법원은 감정인의 감정결과 일부에 오류가 있는 경우에도 그로 인하여 감정사항에 대한 감정결과가 전체적으로 서로 모순되거나 매우 불명료한 것이 아닌 이상, 감정결과 전부를 배척할 것이 아니라 해당되는 일부 부분만을 배척하고 나머지 부분에 관한 감정결과는 증거로 채택하여 사용할 수 있다.

민사소송법

제334조(감정의무) ① 감정에 필요한 학식과 경험이 있는 사람은 감정할 의무를 진다.
② 제314조 또는 제324조의 규정에 따라 증언 또는 선서를 거부할 수 있는 사람과 제322조에 규정된 사람은 감정인이 되지 못한다.
제335조(감정인의 지정) 감정인은 수소법원·수명법관 또는 수탁판사가 지정한다.
제335조의2(감정인의 의무) ① 감정인은 감정사항이 자신의 전문 분야에 속하지 아니하는 경우 또는 그에 속하더라도 다른 감정인과 함께 감정을 하여야 하는 경우에는 곧바로 법원에

감정인의 지정 취소 또는 추가 지정을 요구하여야 한다.
② 감정인은 감정을 다른 사람에게 위임하여서는 아니 된다.
제338조(선서의 방식) 선서서에는 "양심에 따라 성실히 감정하고, 만일 거짓이 있으면 거짓감정의 벌을 받기로 맹세합니다"라고 적어야 한다.

한편 법원이 감정인을 지정하고 그에게 감정을 명하면서 착오로 감정인으로부터 선서를 받는 것을 누락함으로 말미암아 그 감정인에 의한 감정결과가 증거능력이 없게 된 경우라도, 그 감정인이 작성한 감정결과를 기재한 서면이 당사자에 의하여 서증으로 제출되고, 법원이 그 내용을 합리적이라고 인정하는 때에는 이를 사실인정의 자료로 삼을 수 있습니다(대법원 2006. 5. 25. 선고 2005다77848 판결).

대법원 2006. 5. 25. 선고 2005다77848 판결 [하자보수보증금]

【판시사항】

법원의 착오로 선서를 누락한 감정인이 작성한 감정결과의 서면이 당사자에 의하여 서증으로 제출된 경우, 법원이 이를 사실인정의 자료로 삼을 수 있는지 여부

【판결요지】

선서하지 아니한 감정인에 의한 감정결과는 증거능력이 없으므로, 이를 사실인정의 자료로 삼을 수 없다 할 것이나, 한편 소송법상 감정인 신문이나 감정의 촉탁방법에 의한 것이 아니고 소송 외에서 전문적인 학식 경험이 있는 자가 작성한 감정의견을 기재한 서면이라 하더라도 그 서면이 서증으로 제출되었을 때 법원이 이를 합리적이라고 인정하면 이를 사실인정의 자료로 할 수 있다는 것인바, 법원이 감정인을 지정하고 그에게 감정을 명하면서 착오로 감정인으로부터 선서를 받는 것을 누락함으로 말미암아 그 감정인에 의한 감정결과가 증거능력이 없게 된 경우라도, 그 감정인이 작성한 감정결과를 기재한 서면이 당사자에 의하여 서증으로 제출되고, 법원이 그 내용을 합리적이라고 인정하는 때에는, 이를 사실인정의 자료로 삼을 수 있다.

▌공사비 감정절차

공사비 감정절차는 일반적으로 당사자 신청, 법원의 채택, 감정인 선정 및 출석 요구, 감정인 신문과 선서, 감정서 작성·제출, 감정인 신문 및 재감정으로 진행됩니다. 공사비 감정의 주요 절차에 대한 설명입니다.

먼저 감정신청 절차입니다. 감정은 법원이 직권으로 명할 수 있으나, 당사자의 신청에 따라 시행하는 것이 일반적입니다. 감정을 신청하기 위해서는 감정을 구하는 사항을 적은 서면과 함께 입증취지와 감정 대상을 적은 신청서를 제출해야 합니다(민사소송규칙 제101조 제1항). 신청인이 감정을 구하는 사항을 적은 서면(감정신청서라 합니다)을 제출한 때에는 법원이 필요 없다고 인정한 경우가 아닌 한 그 서면을 상대방에게 송달하여 그에게 의견을 제출할 기회를 부여하여야 합니다(민사소송규칙 제101조 제1항 내지 3항). 이에 따라 상대방은 감정에 대한 의견을 제출하거나 독자적인 감정을 신청할 수도 있습니다.

다음으로 감정인 지정에 대한 절차입니다. 감정인은 수소법원, 수명법관 또는 수탁판사가 지정합니다(민사소송법 제335조). 감정인은 학식과 경험이 있는 사람 중에서 지정해야 하지만, 반드시 감정을 직업으로 하거나 감정사항을 전문적으로 또는 직업적으로 취급하는 사람일 필요까지는 없습니다. 감정인의 선정에 관하여는 「감정인 등 선정과 감정료 산정기준 등에 관한 예규(재일 2008-1, 재판예규 제1648호)」(2017. 3. 3.)에서 규정하고 있으며, 원칙적으로 법원행정처가 운영하는 감정인선정전산프로그램에 따라 선정하여야 합니다(재판예규 제9조 제1항).

감정인의 선서는 필수적 절차입니다. 특별한 경우가 아니라면 법원에 의하여 선정된 감정인은 신문기일에 출석 요구를 받아 법원에 출석하여 감정인 신문 및 선서를 한 후 비로소 감정업무를 시작할 수 있습니다(민사소송법 제338조). 만약 선서한 감정인이 허위의 감정을 하면 형법 제152조(위증, 모해위증)의 위증죄와 같은 5년 이하의 징역이나 1,000만 원 이하의 벌금형에 처해질 수 있습니다(형법 제154조).

마지막으로 감정서 제출로 감정업무가 일단락되나, 감정서 제출 이후라도 재판절차가 종료될 때까지는 법관 조력자의 의무가 끝나지 않음에 유의해야 합니다. 감정인은 정해진 감정기간 동안 감정업무를 수행해야 하며, 감정업무를 서면으로 작성한 감정서를 법원에 제출함으로써 일단락됩니다. 만약 감정인이 서면으로 제출한 감정 의견이 모순되거나 명료하지 않은 때에는 법원에 출석시켜 감정인 신문이 이루어지기도 합니다. 또는 법원이 부여한 전제 사실과 다른 사실을 전제로 감정을 이행하였으면 그 감정인에게 종전 감정의 보완을 명할 필요가 있는데, 이를 '보충감정'이라고 합니다. '재감정'을 하게 되는 경우도 발생할 수 있습니다. 재감정은 최초의 감정절차가 위법하다거나 감정 의견이 불충분, 신빙성의 의심스러움 또는 다른 이유로 감정 의견 채택이 불능인 때에 이루어질 수 있습니다. 혹은 당사자로부터 재감정 신청이 있으면 법원은 동일한 감정절차를 거치는데, 다만 종전과는 다른 감정인 또는 다른 방법에 의한 새로운 감정절차에 따라 처리하게 됩니다.

민사소송규칙

제101조(감정사항의 결정 등) ① 감정을 신청하는 때에는 감정을 구하는 사항을 적은 서면을 함께 제출하여야 한다. 다만, 부득이한 사유가 있는 때에는 재판장이 정하는 기한까지 제출하면 된다.

② 제1항의 서면은 상대방에게 송달하여야 한다. 다만, 그 서면의 내용을 고려하여 법원이 송달할 필요가 없다고 인정하는 때에는 그러하지 아니하다.

③ 상대방은 제1항의 서면에 관하여 의견이 있는 때에는 의견을 적은 서면을 법원에 제출할 수 있다. 이 경우 재판장은 미리 그 제출기한을 정할 수 있다.

④ 법원은 제1항의 서면을 토대로 하되, 제3항의 규정에 따라 의견이 제출된 때에는 그 의견을

고려하여 감정사항을 정하여야 한다. 이 경우 법원이 감정사항을 정하기 위하여 필요한 때에는 감정인의 의견을 들을 수 있다.

감정인 등 선정과 감정료 산정기준 등에 관한 예규(재판예규)
제9조 (감정인의 선정) ① 감정인 등을 선정하고자 할 경우에는 담임 법원 사무관 등이 재판장의 명을 받아, 감정인선정전산프로그램의 '감정인선정기능'을 실행하여 감정인을 선정하고, 민사사건, 가사사건 및 행정사건 등에서는 감정인지정결정서 [전산양식 A1780] 및 감정인 소환장을, 경매사건에서는 감정인선정표와 평가명령서 [전산양식 A3339]를 출력하여야 한다.

감정인의 의무 및 기피

감정인은 법원이 정당한 판단을 할 수 있도록 구체적 사실관계에 관한 법관의 판단능력을 보충해주는 조력자의 역할을 해야 합니다. 감정인이 최종적 판단권자가 아님은 분명합니다. 이러한 조력자의 역할은 감정서 작성·제출로 끝나는 것이 아니고 감정서에 대한 감정보완 및 명확하지 않은 부분에 관한 감정인 신문 등 재판절차가 종료될 때까지 유지되어야 합니다. 특히 건설사건에서는 정확한 감정뿐만 아니라 감정보완명령에 대한 신속한 회신 또한 매우 중요한데, 왜냐하면 이로 인해 심리기간이 대폭 단축될 수도 있고 반대로 크게 지연될 수도 있기 때문입니다.

감정인은 감정에 필요한 학식과 경험이 있는 사람만이 감정업무를 수행할 수 있으며, 건설감정인은 대부분 건축사, 기술사 등의 전문면허를 가진 자 중에서 선정됩니다. 특히 대규모 건설공사에 관한 감정인은 건설에 관한 학식과 경험을 갖추어야 할 뿐만 아니라 실제로 감정업무를 수행할 수 있는 인적, 물적 자원을 보유하고 있어야 합니다. 이는 전문적인 학식과 경험이 없이 그리고 인적, 물적 자원과 충분한 시간을 확보하지 못하고 법원 감정업무를 맡아 다른 사람에게 도급하는 이른바 '통(일괄)발주'를 하여서는 아니 됨을 의미합니다(민사소송법 제335조의2 제2항).

건설감정의 공정성과 중립성 확보를 위해 감정인 기피제도가 있으며,

감정인이 성실히 감정할 수 없는 사정이 있을 때에는 감정인에 대하여 기피신청을 할 수 있습니다(민사소송법 제336조, 제337조). 당사자와 친구관계, 거래관계, 동일 사건에 관하여 종전에 감정한 일이 있었던 경우, 감정인이 한쪽 당사자와 만나서 관련 서류를 받고 상대방에게는 같은 기회를 주지 않았다면 기피사유가 됩니다. 감정인의 중립성을 확보하기 위하여 일방 당사자와의 편향된 만남, 자료수집, 진술청취 등은 허용되지 않습니다. 불가피하게 당사자 한쪽만을 접촉하게 되는 경우에는 미리 상대방에게 통지해야 하며, 당사자와 접촉하는 경우 그 접촉 내용을 감정일지 등에 기재하여 감정서에 포함되게 함으로써 추후 중립성에 대한 논란의 여지를 없애야 합니다.

민사소송법
제336조(감정인의 기피) 감정인이 성실하게 감정할 수 없는 사정이 있는 때에 당사자는 그를 기피할 수 있다. 다만, 당사자는 감정인이 감정사항에 관한 진술을 하기 전부터 기피할 이유가 있다는 것을 알고 있었던 때에는 감정사항에 관한 진술이 이루어진 뒤에 그를 기피하지 못한다.
제337조(기피의 절차) ① 기피신청은 수소법원·수명법관 또는 수탁판사에게 하여야 한다.
② 기피하는 사유는 소명하여야 한다.
③ 기피하는 데 정당한 이유가 있다고 한 결정에 대하여는 불복할 수 없고, 이유가 없다고 한 결정에 대하여는 즉시항고를 할 수 있다.

❙ 감정료 결정 및 지급

소송당사자들이 궁금해하는 사안은 단연 소송결과이겠으나, 감정인 선정뿐만 아니라 감정료가 어떻게 산정되고 지급되는지에 대하여도 많이 궁금해하고 있습니다.

먼저 예상감정료 산정입니다. 서울중앙지방법원은 2016년 1월 18일 집합건축물 하자감정, 일반건축물 하자감정, 기성고 감정, 추가공사대금 감정, 건축물 피해 감정 등 감정 유형별로 건설감정료 산정을 위하여 「건설감정료 표준안」을 마련하여 발표하였습니다. 건설감정료 표준안은 감정유형별로 단계별 업무형태(사전준비, 현장조사, 현장조사서 작성, 감정내역서 작성, 감정보고서 작성의 다섯 단계)를 구분하고, 감정 업무 수행에 필요한 인원 및 비용을 객관적으로 파악할 수 있도록 표준화·정량화한 것입니다. 서울중앙지방법원이 마련한 건설감정료 표준안에 따라 감정료를 산출·제시하도록 하고 있으나, 건설감정료 표준안은 특정 건축물에만 적용되는 한계 등으로 인하여 실무에서는 다섯 가지 업무형태의 구분 없이 '예상감정료산정서'를 작성·제출하고 있습니다.

다음으로 감정료의 결정입니다. 재판장은 감정서가 제출되고 감정결과에 대한 검토 절차가 모두 마쳐진 다음, 감정서 내용의 충실도, 감정서 제출의 지연 여부, 감정인 등의 감정절차 협조 정도, 감정인 등이 제출한 감정료산정서의 근거, 감정료에 대한 당사자의 의견 및 그 밖의 구체적 사정을 참작하여 감정료를 결정하도록 규정하고 있습니다(재판예규 제44조 제4항). 실제 실무에서는 감정인으로 선정된 후보자가 제출한 예상감정료를 기준 금액으로 삼으며, 신청한 감정사항의 변경 없이 감정서가 제출 완료된 때에는 위 예상감정료가 최종 감정료로 결정되는 것으로 보면 될 것입니다. 참고로 감정업무는 감정신청인이 감정비용을 해당 재판부에 예납한 이후에 진행됩니다.

마지막으로 감정료 지급입니다. 원칙적으로 감정서가 제출되었다는 사유만으로 감정료를 지급할 수 있는 것이 아닙니다. 재판장은 감정서가 제출된 직후에 예납액의 1/2 범위 내에서 1차 감정료를 결정하여 지급하고, 감정결과에 대한 검토 절차가 모두 마쳐진 다음 규정에 따라 결정된 감정료에서 나머지 감정료를 지급하는 것이 일반적입니다(재판예규 제44조 제5항).

참고로 소요된 감정비용을 누가 얼마만큼 부담해야 하는지는 소송의 승패에 따라 결정되므로, 최종적 감정비용 부담자는 감정신청인이 아닐 수 있습니다. 그러므로 감정인은 감정신청인 여부와 상관없이 중립적이고 공정하게 감정업무를 수행해야 하며, 감정신청인의 이익을 위하여 감정업무를 수행하는 것으로 생각해서는 아니 됩니다.

감정인 등 선정과 감정료 산정기준 등에 관한 예규(재판예규)
제44조 (감정료의 결정) ① 감정인 등은 법원에 감정서를 제출할 때 감정료산정서 및 감정료청구서를 함께 제출하여야 한다.
② 신체감정의 감정인 등은 감정서를 제출할 때에 입원비·진찰비·검사비 등 감정과 관련하여 당사자에게 지급받은 금액에 대한 내역서를 첨부하여야 한다.
③ 감정인 등은 감정료산정서에 이 예규에 따른 구체적인 산출근거를 상세히 기재하여야 한다.
④ 재판장은 감정서가 제출되고 감정결과에 대한 검토 절차가 모두 마쳐진 다음, 감정서 내용의 충실도, 감정서 제출의 지연 여부, 감정인 등의 감정절차 협조 정도, 감정인 등이 제출한 감정료 산정서의 근거, 감정료에 대한 당사자의 의견, 제2항에 따라 제출된 내역서의 금액 및 그 밖의 구체적 사정을 참작하여 감정료를 결정한다.
⑤ 재판장은 제4항에 불구하고 감정서가 제출된 직후에 예납액의 2분의 1 범위 내에서 제1차 감정료를 결정하여 지급하고, 감정결과에 대한 검토 절차가 모두 마쳐진 다음 제4항에 따라 결정된 감정료에서 제1차 감정료를 공제한 나머지 감정료를 지급할 수 있다.
제45조 (감정료의 지급) ① 재판장은 감정료를 지급할 경우에는 감정료청구서의 적당한 여백에 인정된 감정료를 기재하고 날인한 다음 감정료청구서를 담임 법원사무관 등에게 교부한다.
② 법원사무관등은 제44조 제5항에 따라 제1차 감정료를 지급할 때에는 감정인 등에게 최종적인 감정료가 아닌 제1차 감정료라는 취지를 적당한 방법으로 고지한다.
제46조 (감정인 등 평정) 감정인의 지정이 취소되거나 감정이 종료된 시점에 재판장(경매사건에서의 시가등의 감정의 경우에는 담당 사법보좌관)은 감정인선정전산프로그램을 이용하여 감정인평정표 [전산양식 A1801]를 작성하여야 한다. 다만, 신체감정 등의 경우에는 재판장이 감정인 등에 대한 평가가 필요하다고 인정하는 때에 한하여 감정인평정표를 작성한다.

3.2 건설공사 감정

건설소송에서 자주 발생하는 감정 유형은 하자, 공사비, 건축물 피해, 건축측량·상태확인, (설계 등)용역비, 특수분야, 유익비나 원상회복비용의 일곱 가지 종류로 나누고 있습니다. 이중 공사비 감정은 내용이 다양하고 건설공사의 주된 감정사항에 해당하므로 이를 중심으로 서술하겠습니다.

공사비 감정은 기성고 감정, 추가공사대금 감정 및 공기연장비용 감정 등이 있으며, 각자의 특징이 있다고 하겠습니다.

▎기성고 감정

기성고 감정에서는 '기성고(Amount Of Work Completed, 旣成高)'와 '기성고 비율(%)'에 대한 의미를 명확하게 인지하는 것이 필수적입니다. 건설소송에서의 기성고와 기성고 비율은 건설현장 실무에서 사용하는 이미 시공한 부분에 실제로 소요된 비용을 산정하는 기성금 또는 기성률(%)과는 다른 개념으로 사용되고 있기 때문입니다.

기성고는 계약(약정)금액에 기성고 비율(%)을 곱한 금액으로서, 기성고 감정에서는 기성고 비율이 가장 중요한 내용에 해당합니다. 기성고 비율은 판례에 의하여 '공사비 지급 의무가 발생한 시점을 기준으로 하여 이미 완성된 부분에 소요된 공사비(A)에다 미시공 부분을 완성하는 데 소요될 공사비(B)를 합친 전체 공사비(A+B) 가운데 완성된 부분에 소요된 비용(A)이 차지하는 비율'이란 개념으로 확립되어 있습니다(대법원 2005. 6. 24. 선고 2003다65391 판결, 1989. 4. 25. 선고 86다카1147 판결 등 다수). 이때 전체 공사비(A+B)는 계약(약정)금액과 다르게 산정될 수 있으므로, 미시공 부분에 소요될 공사비(B)를 따로 산정하지 않은 채, 단지 기시공 부분의 공사비(A)만 산정하고 이를 약정금액에서 공제하는 방식으로 미시공 부분의 공사비를 산정하는 것은 잘못된 방식이 됩니다. 다만 위와 같은 판례의 태도는 강행법적 성질을 갖는 것이 아니므로 당사자 사이에 기성고 산정에 관한 특약이 있거나, 직접적으로 수급인의 지출비용을 기성고로 정할 만한 특별한 사정이 있으면 그에 따라 기성고를 산정하면 되겠습니다.

대법원 1989. 4. 25. 선고 86다카1147, 86다카1148 판결

【판시사항】

건축공사도급계약이 중도해제된 경우 기성고에 따라 지급할 공사비의 산정방법

【판결요지】

건축공사도급계약에 있어서 수급인이 공사를 완성하지 못한 상태로 계약이 해제되어 도급인이 그 기성고에 따라 수급인에게 공사대금을 지급하여야 할 경우 그 공사비 액수는 공사비 지급방법에 관하여 달리 정한 경우 등 다른 특별한 사정이 없는 한 당사자 사이에 약정된 총공사비에 공사를 중단할 당시의 공사기성고 비율을 적용한 금액이고, 기성고 비율은 이미 완성된 부분에 소요된 공사비에다 미시공부분을 완성하는데 소요될 공사비를 합친 전체 공사비 가운데 완성된 부분에 소요된 비용이 차지하는 비율이다.

기성고 산정방법은 두 가지의 경우가 있습니다. 해당 공사에 대한 공사비내역서가 있는 경우와 공사비내역서가 없는 경우로서, 공사비내역서 유무에 따라 감정 업무량과 비용의 차이가 크게 발생할 수 있습니다. 공사비내역서가 있는 경우에는 동 내역서를 참조하여 산정할 수 있으므로 감정을 위한 업무량에 비례하여 감정비용이 높아지지 않을 것입니다. 반면 공사비내역서가 없는 경우에는 설계도면을 보고 실제 공사 현황을 조사하여 수량 및 단가를 산출해야 하므로 감정을 위한 업무량이 상당히 많아질 것이므로 감정비용이 높아지는 곤란한 상황이 발생할 수 있습니다. 현실적으로 이때의 전체 공사비산정은 표준품셈을 활용할 수밖에 없으며, 관련 규정을 든다면 국토교통부 고시(제2021-1262호) 「공동주택 하자의 조사, 보수비용 산정 및 하자판정기준」 제4장 '하자보수비용 산정'에 대한 규정을 준용할 수 있겠습니다.

공동주택 하자의 조사, 보수비용 산정 및 하자판정기준
제4장 하자보수비용 산정
제85조(하자보수비용의 구성) 보수비용의 구성항목은 다음 각 호의 합계액으로 한다.

1. 직접비: 재료비, 노무비, 경비
2. 간접비: 간접노무비, 제경비, 일반관리비, 이윤
3. 부가가치세

제86조(하자보수비용 산출기준 등) ① 제85조에 따른 하자보수비용은 특별한 사정이 없는 한 건설공사, 정보통신공사 및 전기공사 등에 대하여 주무부처의 장 또는 그가 지정하는 기관 또는 단체에서 정한 「표준품셈」을 준용하여 산출한다. 다만, 「표준품셈」에 없는 사항은 물가정보지 등 일반적으로 널리 통용되는 것을 적용할 수 있다.
② 제1항에 따른 재료비는 시중의 물가정보지를, 노무비는 「건설산업기본법」 제50조에 따라 설립한 대한건설협회에서 조사하여 공표한 시중노임을 적용하여 산출하는 것을 원칙으로 한다.
③ 하자보수비용을 산정할 때의 단가 및 원가계산의 시점은 특별한 사정이 없는 한 '분쟁조정을 신청한 시점'으로 한다. 다만, 하자심사 결과 하자로 판정한 내력구조부별 또는 시설물별 등에 대한 보수책임범위에 대하여 분쟁조정을 신청한 사건의 경우에는 '하자심사를 신청한 시점'으로 한다.
④ 원가계산을 위한 제비율의 적용은 특별한 사정이 없는 한 분쟁조정을 신청한 시점의 「건축공사 원가계산 제비율 적용기준(조달청 발표)」의 원가요율을 적용하여 산정하되, 산정시점은 제3항의 경우와 같다.

한편 미완성과 하자를 구별해야 하는 실익이 있습니다. 먼저 미완성은 공사가 도중에 중단되어 예정된 최후의 공정이 종료되지 못한 경우로서 일의 완성을 지체한 데 대한 지체상금 약정이 적용될 수 있으며, 때에 따라서는 계약불이행을 이유로 계약해지까지도 발생할 수 있습니다. 이와 달리 하자는 공사가 당초 예정된 최후의 공정까지 일응 종료되고 그 주요 구조

대법원 1997. 10. 10. 선고 97다23150 판결 [지체상금·손해배상(기)]

공사가 도중에 중단되어 예정된 최후의 공정을 종료하지 못한 경우에는 공사가 미완성된 것으로 볼 것이지만, 공사가 당초 예정된 최후의 공정까지 일응 종료되고 그 주요 구조 부분이 약정된 대로 시공되어 사회통념상 일이 완성되었고 다만 그것이 불완전하여 보수를 하여야 할 경우에는 공사가 완성되었으나 목적물에 하자가 있는 것에 지나지 아니한다고 해석함이 상당하고, 예정된 최후의 공정을 종료하였는지 여부는 수급인의 주장이나 도급인이 실시하는 준공검사 여부에 구애됨이 없이 당해 공사도급계약의 구체적 내용과 신의성실의 원칙에 비추어 객관적으로 판단할 수밖에 없고, 이와 같은 기준은 공사도급계약의 수급인이 공사의 준공이라는 일의 완성을 지체한 데 대한 손해배상액의 예정으로서의 성질을 가지는 지체상금에 관한 약정에 있어서도 그대로 적용된다.

부분이 약정된 대로 시공되어 사회통념상 일이 완성되었으나 다만 그것이 불완전하여 보수를 하여야 할 경우로서 수급인에게는 하자보수책임이 발생합니다(대법원 1997. 10. 10. 선고 97다23150 판결 등).

▌추가공사대금 감정

수급인의 추가공사대금 채권이 인정되기 위해서는 도급인과 수급인 사이에 추가공사의 시행 및 추가공사대금 지급에 관한 별도의 약정이 있어야 합니다. 만약 추가공사 약정의 존부에 관하여 다툼이 있는 경우에는 공사도급계약의 목적, 수급인이 추가·변경공사를 하게 된 경위, 추가·변경공사의 내용, 물량내역서와 산출내역서의 비교, 도급인이 공사현장에의 상주 여부(도급인의 지시나 묵시적 합의), 추가공사에 소요된 비용이 전체 공사대금에서 차지하는 비율 등 제반 사항을 종합하여 추가공사 약정 여부를 판단해야 합니다. 이 책에서는 추가공사대금 지급에 관한 별도의 약정이 있는 경우를 전제로 서술하였습니다.

일반적으로 건설공사는 장기간에 걸쳐 계약이 진행되는데, 그 과정에서 설계변경 및 추가작업지시 등이 빈번하게 발생합니다. 설계변경 및 추가작업지시 등은 추가공사비용을 발생시키는데, 대부분의 경우 추가공사비용 발생에 대해서는 이견이 없으나 추가공사대금을 얼마만큼 책정함이 적정한 것인가에 대한 협의가 결렬되어 분쟁으로 진전되고 있다고 판단됩니다. 이러한 경우는 사실관계를 명확히 제시함과 아울러 공사대금 산출자료를 얼마나 객관적이고 타당하게 제시·설득하느냐가 관건이 됩니다(이에 대해서는 전술한 제4장의 공공공사 계약금액 조정내용을 참고하시면 되겠습니다). 다른 공사대금 분쟁과 마찬가지로 추가공사대금에 대해서는 청구권자에게 높은 수준의 입증책임을 요구하고 있으므로, 설계변경 발생사유와 어떠한 경위로 추가작업이 이루어졌는지에 대한 입증자료를 충분히 축적해야 합니다. 법원의 판결례를 보면 추가공사대금을 인정받지 못하는 가장 큰 이유가 입증 부족으로 명시되고 있기 때문입니다.

추가공사대금은 실투입비 또는 견적단가 등을 적용하여 산정할 수 있으나, 추가작업한 작업물량에다 (신규비목)단가를 곱하여 산정하는 방법이 일반적이라고 하겠습니다. 공공공사와 달리 민간공사에 있어서는 단가 산정 방법에 대한 계약조건 규정이 미비할 때가 많습니다. 이러한 때에는 민간건설공사 표준도급계약서(국토교통부 고시) 또는 공공공사의 공사계약일반조건 등을 준용하여 적용하는 방법이 있겠습니다.

한편 추가공사대금 산정 시 간접공사비를 어떻게 적용할 것인지가 논쟁이 될 수 있습니다. 공공공사 공사계약일반조건에서는 추가공사대금 산정 방법이 상대적으로 분명하게 명시되어 있으나, 간접공사비는 도급내역서상의 간접비율을 적용한다는 내용만 있을 뿐 간접비율이 설계요율보다 월등히 낮거나 또는 비목이 누락된 경우(특정 간접비목이 0원으로 명시된 경우도 포함됩니다)에 대해서까지 그대로 적용되어야 하는지가 논쟁이 될 수 있습니다. 민간공사에서의 간접공사비 적용방법은 좀 더 곤란할 수 있습니다. 민간공사에서는 4대 보험료를 제외한 간접공사비 비목이 생략된 경우가 많아, 도급내역서상 간접비율을 그대로 적용 시 간접공사비가 비정상적으로 적게 산정될 수 있기 때문입니다.

▌공기연장비용 감정

국가계약법령은 계약상대자의 책임 없는 사유로 공사기간이 연장되어 발생하는 추가비용은 실비를 초과하지 아니하는 범위 안에서 조정토록 하고 있습니다. 대부분 공공공사의 계약은 공사기간이 연장되거나 지체되는 사유 중 계약상대자의 책임 있는 경우에는 지체상금을 부담하고, 계약상대자의 책임 없는 경우(발주기관의 책임 있는 사유뿐만 아니라 천재지변 등 불가항력 사유를 포함합니다)에는 공기연장으로 인한 추가비용을 지급하도록 규정하고 있습니다. 공기연장비용은 손실보상의 논리에 따라 추가로 지급되어야 하는 금액으로 보고 있으므로, 실비산정방식으로 추가비용을 산정하게 됩니다. 실비산정방식으로 금액을 산정하는 것은 단순한 업무로 보일 수 있으나, 개별 지출비용에 대하여 실비 반영 여부를 판단해야 하고 이를 논리적으로 감정서에 서술해야 하므로 전반적인 업무량은 적지 않습니다.

실비산정은 특별한 경우가 아니면 전부 반영함이 적정할 것이지만, 경우에 따라서는 투입된 간접인원수에 대한 적정성 여부를 판단해야 하고, 또는 공기연장으로 인하여 불가피하게 추가로 발생한 비용의 적정성 여부 또한 판단되어야 감정결과의 신뢰성을 높일 수 있겠습니다. 참고로 법원 판례 경향을 보면 감정인이 산정한 전체 공기연장비용 중 60~80% 정도만을 인정하고 있는데(재판부 재량으로 감정인이 산정한 전체 공기연장비용 중 20~40%를 감액하고 있습니다), 재판부의 감액 근거는 설계변경 및 추가공사 등으로 인한 추가공사대금에 속한 간접공사비[=직접공사비×간접요율(%)]에 공기연장으로 인한 간접비용 일부가 반영되었을 것이라는 이유라고 대부분 명시하고 있습니다.

▌하자보수비 감정

하자 감정은 공사비 감정과 달리 일반적으로 완성된 건축물을 대상으로 합니다. 하자 감정에서는 하자의 개념, 하자담보책임기간, 하자 발생시점 및 하자보수비 산출방법 등이 주요한 내용에 해당합니다. 이때 하자판정 기준도면은 준공도면(설계변경이 이루어진 최종 설계도서)을 기준으로 합니다(대법원 2014. 10. 15. 선고 2012다18762 판결).

건축물의 하자는 일반적으로 완성된 건축물에 공사계약에서 정한 내용과 다른 구조적·기능적 결함이 있거나, 거래 관념상 통상 건축물이 갖추어야 할 내구성, 강도 등의 품질을 제대로 갖추고 있지 아니한 결과, 그 사용가치 또는 교환가치를 감쇄시키는 결점을 뜻합니다. 이에 따르면 하자는 시공상의 잘못을 요건으로 함을 알 수 있으며, 하자는 다양한 원인으로 인하여 발생하므로 각자의 책임비율을 판단하여 하자보수비를 산정해야 합니다. 하자담보책임기간은 건설산업기본법 시행령 제30조(하자담보책임기간) 및 [별표 4]의 건설공사의 종류별 하자담보책임기간에서 구조물별로 최대 10년의 책임기간으로 구분해놓고 있습니다. 참고로 공동주택에 대한 하자담보책임기간은 공동주택관리법 시행령 제36조(담보책임기간) 및 [별표 4] 시설공사별 담보책임기간에서 시설공사별로 2년 내지 5년의 책임기간을 정하고 있습니다.

하자에 대한 보증책임의 범위를 확정하기 위하여 하자의 사용검사 전·후 발생 여부를 판단해야 하고, 사용검사 후 발생한 하자일 경우에는 하자가 사용검사일 이후 발생하였음을 감정서에 명확하게 명기해야 합니다. 대법원은 보증대상이 되는 하자가 되기 위해서는 보증계약에서 정한 보증기간(하자보수책임기간) 동안에 발생한 하자로서 사용검사일 이후에 발생한 하자이어야 한다고 판단하였습니다(대법원 2006. 5. 25. 선고 2005다77848 판결 등).

대법원 2006. 5. 25. 선고 2005다77848 판결 [하자보수보증금]

【판시사항】

… 구 주택건설촉진법 시행령 제43조의5 제1항 제2호 소정의 하자보수보증계약의 약관상 보증대상이 되는 '사용검사 이후에 발생한 하자'의 의미

【판결요지】

… 한편, 그 보증대상이 되는 하자가 되기 위해서는 보증계약에서 정한 보증기간 동안에 발생한 하자로서 사용검사일 이후에 발생한 하자이어야 하므로, 공사상의 잘못으로 주택의 기능상·미관상 또는 안전상 지장을 초래하는 균열 등이 사용검사 후에 비로소 나타나야만 한다 할 것이고, 사용검사 이전에 나타난 균열 등은 그 상태가 사용검사 이후까지 지속되어 주택의 기능상·미관상 또는 안전상 지장을 초래한다 할지라도 이는 위 의무하자보수보증계약의 보증대상이 되지 못한다.

하자보수비 산정방법은 국토교통부 고시(제2021-1262호) 「공동주택 하자의 조사, 보수비용 산정 및 하자판정기준」에 따르며, 간접비율은 특별한 사정이 없는 한 조달청의 건축공사 원가계산 제비율 적용기준을 적용해야 합니다(동 기준 제86조 제4항). 이때 하자보수비 산정시점은 소송을 제기한 시점을 적용하는 것이 일반적입니다.

한편 하자보수가 불가능하거나 하자가 중요하지 않은데 그 보수에 과다한 비용을 요하는 경우에는 하자보수비가 아니라 현 상태와 하자 없는 상태와의 교환가치 차액이 손해배상액의 기준이 됩니다(대법원 1998. 3. 13. 선고 95다30345 판결). 하지만 현실적으로 교환가치의 차액을 산출하기가 불가능할 수 있는데, 이러한 경우 통상의 손해는 하자 없이 시공하였을 경우의 시공비용과 하자 있는 상태대로의 시공비용의 차액으로 산정한다는 것이 대법원의 판단입니다(대법원 1998. 3. 13. 선고 97다54376 판결).

대법원 1998. 3. 13. 선고 97다54376 판결 [공사대금]

【판시사항】

[1] 하자가 중요하지 아니하면서 보수에 과다한 비용을 요하는 경우, 손해배상청구의 방법과 통상 손해의 범위 및 그 손해액 산정방법

[2] 습식공법으로 시공하기로 한 내부 벽면 석공사를 반건식공법으로 시공한 사안에서, 그 하자가 중요하지 아니하고 교환가치나 시공비용의 차이도 없어 하자로 인한 손해배상을 청구할 수 없다고 본 사례

【판결요지】

[1] 도급계약에 있어서 완성된 목적물에 하자가 있을 경우에 도급인은 수급인에게 그 하자의 보수나 하자의 보수에 갈음한 손해배상을 청구할 수 있으나, 다만 하자가 중요하지 아니하면서 동시에 보수에 과다한 비용을 요할 때에는 하자의 보수나 하자의 보수에 갈음하는 손해배상을 청구할 수는 없고 하자로 인하여 입은 손해의 배상만을 청구할 수 있다고 할 것이고, 이러한 경우 하자로 인하여 입은 통상의 손해는 특별한 사정이 없는 한 도급인이 하자 없이 시공하였을 경우의 목적물의 교환가치와 하자가 있는 현재의 상태대로의 교환가치와의 차액이 된다 할 것이므로, 교환가치의 차액을 산출하기가 현실적으로 불가능한 경우의 통상의 손해는 하자 없이 시공하였을 경우의 시공비용과 하자 있는 상태대로의 시공비용의 차액이라고 봄이 상당하다.

전술한 바와 같이 발생한 하자에 있어서 귀책 여부를 고려하여 하자보수비를 산정해야 함은 이견이 없으나, 그 정도에 대해서는 개별 사안마다 별건으로 판단할 수밖에 없을 것입니다. 공동주택에 대하여 사용검사 후 10년이 경과하여 그 자연발생적인 노화뿐만 아니라 사용상의 관리부실도 이 사건 하자 발생 및 심화에 부분적인 원인이 되었을 것으로 보아 하자보수에 갈음한 손해배상책임의 범위를 전체 하자보수비용의 60%로 판단한 사례가 있습니다(서울고등법원 2009. 4. 23. 선고 2008나44179 판결). 다만 동 판결은 입주자대표회의가 공동주택을 건축·분양한 사업주체에 대하여 하자보수청구를 한 경우, 이를 입주자대표회의가 구분소유자들을 대신하여 하자보수에 갈음한 손해배상청구권을 행사한 것으로 볼 수 없다라고 판단하여 입주자대표회의의 청구를 각하하는 취지로 파기환송되었습니다(대법원

2011. 3. 24. 선고 2009다34405 판결).

서울고등법원 2009. 4. 23. 선고 2008나44179 판결 [손해배상(기)]

… 제1심 법원의 하자감정 당시 이 사건 아파트는 사용검사 후 10년이 경과하여 그 자연발생적인 노화뿐만 아니라 사용상의 관리부실도 이 사건 하자 발생 및 심화에 부분적인 원인이 되었을 것으로 보이고, 피고 및 시공회사들이 그동안 비교적 성실하게 하자보수의무를 이행하여 온 것으로 보이는 점에 비추어, 피고가 부담할 하자보수에 갈음한 손해배상책임의 범위를 제한하기로 하고, 그 범위는 앞에서 본 사정을 참작하여 전체 하자보수비용의 60%로 한다.

3.3 감정제도의 문제점

감정제도는 법원이 전문가를 감정인으로 선정하여 그 감정결과를 독립된 증거방법으로 사용하는 것입니다. 현실적으로 법관이 분쟁의 대상이 된 분야의 판단에 필요한 정도로 전문적인 지식을 보유하는 것은 사실상 불가능하므로, 법관의 조력자인 감정인 역할의 중요성은 아무리 강조해도 지나치지 않습니다. 감정인이 차지하는 막대한 비중에 비추어볼 때 높은 전문성·공정성을 갖춘 전문가가 감정인으로 선정되어야 감정제도가 제 기능을 할 것입니다. 문제는 감정인 선정의 중요성만큼 감정인이 소송의 승패에 결정적인 역할을 하는 경우가 늘어나게 되면서 감정인의 자질 및 감정인의 선정절차에 관한 여러 문제점이 제기되고 있다는 것입니다.

▌감정인에 대한 높은 의존성

법원은 전문 지식을 소송에 반영하기 위하여 원칙적으로 1인의 전문가를 감정인으로 선정하고, 감정인의 감정결과는 독립된 증거방법으로 특별한 사정이 없는 한 증거능력이 인정될 뿐만 아니라 증명력도 매우 높습니다. 건설 관련 비전문가인 법관이 공사비 감정결과의 잘못을 찾아내어 배척한다는 것은 쉽지 않으므로, 결국 감정인의 감정결과는 소송의 승패에 결정적인 영향을 미치게 된다고 하겠습니다.

법원이 감정인을 선정하는 감정제도에서는 감정인의 역할이 중요한 만큼 그에 따른 문제점도 발생하고 있습니다. 이는 감정제도를 채택한 이상 어쩔 수 없는 부분이라고 할 수도 있으나 그 부작용을 줄이기 위한 제도적인 장치를 마련하거나 운용실태를 개선하는 노력이 필요하다는 것을 의미합니다.

감정제도 개선의 한 방편으로 소송당사자의 감정절차 참여를 넓혀주는 방안이 있습니다. 현대의 전문 지식은 매우 다양하고 복잡한 양상을 띠고 있어 전문가 사이에서도 동일한 쟁점에 관하여 견해가 다를 수 있고, 구체적인 분쟁에서 올바르게 적용되어야 할 전문 지식이 무엇인지는 여러 단계를 거쳐 검증되어야 알 수 있게 되는 경우가 많습니다. 특히 건설사건은 복잡다단하고 그 사실관계를 판단하기가 쉽지 않은 분야에 해당하므로, 구체적인 분쟁 사안에 대해서는 사실관계를 가장 잘 알고 있는 당사자의 치열한 논쟁을 거친 뒤에야 보다 명확하게 판단할 수 있는 경우가 많다고 하겠습니다. 하지만 이 또한 감정인을 각 당사자에게 무차별적으로 노출시킴으로 인하여 오히려 감정인의 독립적인 감정업무가 침해당할 수 있으므로 반드시 소송대리인의 입회하에 감정절차를 진행하는 등의 유연한 방식으로의 운영이 필요합니다. 물론 그 과정에서 감정인의 중립성 보장은 무엇보다 중요하겠습니다.

대법원은 신속하고 충실한 재판을 위해 전문법관제도를 운영하고 있는

데, 건설분야에 대하여 전문법관제도의 필요성이 제기되어 2022년부터 시범적으로 시행하고 있습니다. 건설 전문법관은 2022년도에 시범적으로 서울중앙지방법원에 3명으로 시작되었고, 2023년도에는 서울중앙지방법원 4명과 수원지법에 전문법관을 추가로 선발하였습니다.

참고로 전문법관제도란 사건 해결에 전문지식과 경험을 상당한 정도로 필요로 하는 특정 분야에 대해 법관의 전문성을 가지고, 비교적 장기간 해당 분야 사건을 전담하도록 하는 제도입니다. 건설사건은 감정결과가 재판결과에 미치는 영향이 크므로, 건설 전문법관의 필요성이 높다고 하겠습니다. 참고로 가사·소년 전문법관은 2005년 법관 정기인사 때부터 실시돼 현직 법관 가운데 선발하고, 일반적인 순환근무 패턴과 달리 가정법원에서 비교적 장기간 가사소년 사건의 재판을 담당하고 있습니다.

▌감정사항의 불명확

분쟁당사자가 감정신청을 하면서 감정사항의 전부나 일부를 구체적으로 기재하지 않은 채 추상적인 사항만을 기재하는 경우가 있습니다. 주로 건설사건에서 그러한 경우가 많은데, 그 이유는 비전문가인 소송대리인이 당사자의 주장을 비판 없이 그대로 반영하고 법원 또한 이를 별다른 조치 없이 그대로 감정을 명하게 된 때문으로 판단됩니다. 감정사항이 불명확한 경우엔 감정결과가 무용지물이 될 수 있고, 재감정을 하면서 감정비용이 증가할 뿐만 아니라 소송 지연의 결과를 초래할 수 있으므로 주의가 필요합니다.

아울러 감정사항을 구체적으로 기재하는 것도 중요하지만, 필요하지 않은 감정사항은 제외시켜 감정비용이 불필요하게 증가되지 않도록 해야 합니다. 감정신청인이 상대방에 대한 불만을 감정사항으로 포함하면서 오히려 자신에게 피해가 되는 결과를 초래할 수 있으므로, 감정사항은 반드시 필요한 내용만 기재해야 합니다. 실제로 예상감정료가 비싸게 제출되자 감정신청을 철회하는 경우가 실무에서는 드물지 않게 발생하고 있습니다. 만약 감정인이 선정된 이후라면 감정인과 협의하여 법원의 명령으로 감정사항과 감정료 조정을 시도해볼 수 있겠으나, 사후적 조치는 감정신청인에게 유리하지 않을 것으로 예상됩니다.

❙ 감정료의 적정성

감정비용의 산정 및 지급에 대해서는 「감정인 등 선정과 감정료 산정기준 등에 관한 예규(재판예규)」에서 구체적인 규정을 두고 있습니다. 동 재판예규 규정에도 불구하고 실무에서는 감정료가 너무 비싸다는 지적이 있습니다. 감정료가 과다하다는 문제가 가장 많이 지적되는 건설감정에서 감정의 대가 산출방식으로 '실비정액가산방식'뿐만 아니라 '정액적산방식'을 활용하여 감정료의 적정성을 검토하자는 견해가 있습니다

개인마다 적정한 감정료에 대한 기준이 상이하므로 일괄적으로 규정하기는 어렵지만, 3명의 감정인 후보자가 선정되므로 비싼 예상감정료 제출이 어느 정도 제어되고 있다고 보입니다. 그럼에도 소송가액이 크지 않은 사건에서의 소송당사자에게는 감정료가 비싸다는 지적을 충분히 제기할 수 있을 것이지만, 공사비 감정업무는 그 특성상 공사비 산정 금액이 적을지라도 공사비 산출을 위한 필수적 감정업무(물량 및 단가 산출, 내역서 작성 등)를 수행해야 하므로 감정료를 줄이는 데 한계가 있음을 이해해야 합니다. 공사비 감정업무는 무형의 전문적 영역으로서 감정료만을 기준으로 감정인

을 선정하게 된다면, 부실 감정뿐만 아니라 소송 지연의 결과가 발생할 수 있으므로 쉽사리 단정하기가 곤란한 부분이라 하겠습니다.

한편 몇 번의 감정 업무를 수행한 경험으로 비추어볼 때, 감정 업무는 공사비 산출뿐만 아니라 장문의 감정서를 작성해야 하고, 감정서 제출 이후에도 양 당사자로부터 사실확인 등에 응해야 하는 보이지 않는 비용까지 고려하여 예상감정료를 산정해야 하는바, 소송당사자 또한 이 점을 이해할 필요가 있습니다. 결국 감정결과가 소송 승패에 미치는 영향이 지대하고, 감정서의 완성도를 높이기 위해서는 당사자들의 지속적인 관심이 우선으로 요구된다고 하겠습니다.

반면 감정인 후보자가 감정사항을 제대로 파악하지 못하여 예상감정료를 현저히 낮게 잘못 제출하는 경우를 예상할 수 있습니다. 실수 여부와 상관없이 낮은 예상감정료를 제출하였을 때에는 감정인으로 선정될 가능성이 커지는데, 이는 오히려 적정한 예상감정료를 제출한 감정인 후보자의 기회를 침해할 수 있겠습니다. 이 같은 경우에 대해서는 감정제도 문제점에서 거의 언급되지 않지만, 이 또한 법원의 고심이 될 것으로 생각합니다.

▌조정사건 감정업무 문제점

공정거래위원회 산하기관인 한국공정거래조정원(www.kofair.or.kr)이 공개한 최근 6년간 하도급 분야별 분쟁조정사건 처리 현황은 〈표 6-9〉와 같습니다. 최근 들어 하도급분쟁 접수건수가 줄어드는 경향을 보이고 있으나, 건설분야는 2020년도에 큰 폭으로 감소하다 다시 증가하는 추세를 보이고 있습니다(건설하도급에서 2020년도의 접수건수 급감은 코로나19 영향으로 추정됩니다).

〈표 6-9〉 하도급 분야별 분쟁조정 사건 접수 및 처리 현황(건)

구분		접수건수	처리 현황 및 유형			
			계 [A+B+C]	성립 [A]	불성립 [B]	종결 [C]
2017년	하도급	1,416	1,267	528	122	617
	건설	577	728	325	56	347
	제조	581	435	151	60	224
	용역	255	201	112	8	81
	수리	3	3	3	-	-
2018년	하도급	1,375	1,455	645	199	611
	건설	570	602	280	66	256
	제조	541	587	216	104	267
	용역	260	262	148	29	85
	수리	4	4	1	-	3
2019년	하도급	1,142	1145	549	201	395
	건설	460	464	227	76	161
	제조	493	481	207	99	175
	용역	188	199	115	25	59
	수리	1	1	-	1	-
2020년	하도급	897	955	472	164	319
	건설	370	372	181	68	123
	제조	398	438	204	78	156
	용역	125	142	84	18	40
	수리	4	3	3	-	-
2021년	하도급	855	863	386	128	349
	건설	411	428	187	54	187
	제조	311	303	127	53	123
	용역	130	128	69	21	38
	수리	3	4	3	-	1
2022년	하도급	901	853	361	95	397
	건설	471	410	187	48	175
	제조	280	303	104	39	160
	용역	148	138	69	8	61
	수리	2	2	1	-	1

전체 하도급분쟁 접수건수를 살펴보면 건설분야는 전체에서 거의 절반을 차지하고 있으며, 2022년도에는 절반을 넘기고 있습니다. 건설분야에서의 하도급분쟁이 타 분야(제조, 용역, 수리)에 비하여 훨씬 많다는 것을 알

수 있습니다. 2022년도 건설분야의 성립 건수 비율은 45.6%(=187건÷410건) 정도입니다. 절반에 가깝게 조정이 성립되고 있다는 것으로, 이는 조정제도의 활성화가 필요하다는 것으로 해석할 수 있겠습니다.

행정형 조정사건에서도 공사비 감정업무를 거치는 경우가 빈번하다고 하겠습니다. 조정사건 역시 당사자 간 의견이 대립되어 분쟁으로 진행된 것이므로, 설령 양 당사자가 건설 관련 업(業)을 영위하면서 관련 전문성을 갖춘 업체일지라도 합당한 공사대금을 산정하기 위한 공사비 감정 이행이 불가피하기 때문일 것입니다.

행정형 조정사건에서 공사비 감정이 진행되기 위해서는 당사자 간 공사비 감정결과에 따른 최종 금액에 이의 없이 수용한다는 '조정합의서' 작성을 조건으로 합니다. 이러한 조정합의서는 당사자 간 합의로 공사비 감정인을 선정하며, 비용부담 방식은 소송과 달리 양 당사자가 각각 절반씩 감정비용을 분담한다는 점에 차이가 있습니다. 이는 감정인으로 하여금 어느 일방에 치우치지 않고서 중립적이고 공정하게 감정업무를 수행할 수 있도록 하기 위함으로 생각합니다. 그런데 조정사건에서의 공사비 감정업무는 법원 소송에서의 공사비 감정업무절차와 비교하여 중대한 차이가 있으며, 그 차이는 조정사건 감정업무의 공정성과 중립성을 얼마나 신뢰할 수 있을 것인가에 대한 문제점에 해당합니다. 그 중대한 차이는 크게 두 가지로 정리할 수 있습니다.

먼저 조정사건 진행에는 엄격한 절차를 강제하고 있는 법원(재판부)과 같은 물리적·심리적 공간이 존재하지 않는다는 점입니다. 조정사건 또한 행정기관에 제기되어 진행되고 있으나, 행정기관은 단순한 행정업무를 진행할 뿐 당사자 사이의 분쟁에 직·간접적으로 전혀 관여하지 않기 때문입니다. 공사대금에 대한 조정사건은 각 당사자 주장에 대한 요약·정리를 매끄럽게 진행하게 하거나 적정한 절차를 관장하는 기구가 없다 보니 감정인이 재판부 역할을 해야 하는 상황에까지 이르게 되고, 특히 대부분 법률대리인(변호사) 선임 없이 실무담당자들이 업무를 수행하고 있어 공정하면서 효율적인 감정업무 수행을 어렵게 합니다.

다음으로 조정사건은 감정인의 감정결과에 대하여 법원의 재판부와 같은 판단권자가 존재하지 않는다는 점입니다. 물론 조정위원회 또는 조정협의회 등으로 운영되고 있으나, 양 당사자의 의견을 듣거나 공사비 감정결과에 대한 별도의 판단을 하지 않습니다. 조정합의서 내용이 감정결과대로 해당 분쟁을 종결시키기로 합의한 것이므로, 감정인에 의한 감정결과를 절대적으로 만들어 버리는 불합리함을 발생시킵니다. 이는 양 당사자들로 하여금 감정인에 대한 압박을 유도하게 만들고, 감정인에게는 감정비용 이상의 부담을 생성시키게 만듭니다. 위와 같이 조정사건은 법적 권한을 가진 판단권자가 없다 보니, 양 당사자에게 무방비로 노출된 감정인은 감정업무를 공정하게 수행할 수 없는 상황에까지 이르게 할 수 있습니다.

공사대금 조정사건에서의 공사비 감정업무 또한 공정성과 독립성이 담보되어야 합니다. 조정사건 또한 감정인의 공정성과 독립성이 보장되도록 하여 공사비 감정결과에 대한 신뢰도를 높여야 합니다. 이를 위해서는 행정형 조정사건에서도 입증자료 제출, 감정회의 및 감정인 면담 등에 대해서는 반드시 조정위원회를 통하여 이루어지도록 해야 하며, 일방 당사자의 감정인 무단 접촉을 원칙적으로 금지해야 합니다. 그리고 감정결과의 최종금액대로 분쟁을 종결시키기보다는, 당사자가 제기한 이의 내용이 합리적 근거가 있다고 판단된다면 재감정을 하거나 불복절차 이행 가능성을 열어

두어 소송 또는 중재로 분쟁을 해결하는 방안도 마련할 필요가 있습니다. 조정사건에서 불복절차가 완전히 차단된 때(결과적으로는 중재의 단심제와 유사한 결론에 이르게 됩니다)에는 특정인(예: 공사비 감정인)에 대하여 과도한 책임과 공격이 집중될 수 있으므로 바람직하지 않습니다.

4. 기타

▌추가공사비 청구서 작성방법

지금까지는 건설클레임과 분쟁에 대하여 어떻게 대응해야 하는지에 대한 기본적인 계약적 마인드를 갖추기 위한 내용을 중심으로 설명하였습니다. 이러한 지식은 관련 서적을 어느 정도 섭렵함으로써 갖출 수 있습니다. 문제는 각자의 지식을 어떻게 타인들에게 표시하느냐가 될 것입니다. 능수능란하게 활용되어야 살아 있는 지식으로서의 가치가 있기 때문입니다.

건설클레임 및 분쟁업무에 있어서라면, 클레임 청구서를 어떻게 만들어야 하는지가 관건이 됩니다. 청구받은 입장에서는 어떠한 핑계를 대서라도 반려시키고 싶을 것이기 때문에, 그러한 거부감을 최소화하면서 청구권자의 의도를 충분히 담아내어야 한다는 것입니다. 아울러 청구서류에는 상대방이 원하는 정보가 포함되어 있다면 더욱 좋다고 하겠습니다. 이에 3단계로 접근해보고자 합니다.

1단계. 청구서는 연애편지와 같은 마음으로 작성해야 합니다. 보기 좋은 떡이 맛도 좋다는 말이 있듯이, 최대한 깔끔하고 보기 좋게 만들어야 합니다. 청구서의 내용이 아무리 중요하고 풍부하더라도 해당 내용들을 들여다

볼 수 있도록 유도하지 못한다면 아무런 소용이 없기 때문입니다. 더욱이 상대방으로서는 추가비용 등에 대한 청구서를 보기 싫은 것이 인지상정인데, 제출된 서류마저 깔끔하지 못한다면 협의를 시작할 관문조차 통과하지 못할 수 있으므로, 보기 좋고 편리한 청구서 형식 및 외형으로의 제출이 가장 중요한 단계가 아닐 수 없습니다.

2단계. 청구서는 이해하기 쉽도록 작성되어야 합니다. 청구서는 청구권자를 이해시키는 것이 아니라, 상대방을 이해시키기 위한 문서이기 때문입니다. 청구권자의 가장 큰 오류는, 자신이 잘 알고 있는 만큼 상대방 또한 잘 알고 있을 것으로 오인하는 것입니다. 물론 협의과정에서 충분히 설명이 진행되면 좋겠지만, 그렇지 못한 경우 또한 상당하기 때문에 청구서류는 최대한 쉽고 간결하게 작성해야 합니다. 상대방을 이해시키기 위한 목적으로 청구서류를 작성하다 보면, 작성과정에서 청구내용의 미비점과 미흡함을 발견할 수 있기도 합니다. 결국 이해하기 쉽게 작성된 청구서류는 결국 청구권자의 이익을 위한 것임을 알 수 있습니다. 아울러 쉽고 간결하게 작성된 청구서류는 당사자 간 협의가 결렬되어 소송이나 중재로 진행되더라도 그 과정에서 중요한 증거자료로 활용할 수가 있게 됩니다.

3단계. 청구서에는 상대방이 얻을 수 있는 정보가 포함되어야 합니다. 청구서류에 상대방이 미처 깨닫지 못한 사실이나 정보가 포함되어 있다면, 상대방으로 하여금 청구권자가 제출한 청구서류를 우호적으로 접근할 수 있도록 만들 것입니다. 아울러 내용과 정보가 풍부한 청구서류는 상대방의 검토결과와 협의과정에서 대결구도를 상당 부분 누그러뜨릴 수 있을 것으로 생각합니다. 문제는 유의미한 정보를 포함시키기가 쉽지 않다는 것인데, 경우에 따라서는 법률전문가를 포함하여 관련 전문가의 자문을 받는 것(Outsourcing)이 불가피하다고 생각합니다.

굳이 하나의 단계를 더 추가하자면, 청구금액과 사안별 중요도에 상응하도록 적절한 분량을 배분하여 청구서류를 작성해야 할 것입니다. 청구금액이 큰 항목은 중요도가 높을 것이므로 모든 역량을 동원하여 청구근거뿐만 아니라 청구금액에 대한 산출내용 및 관련 자료를 충실히 채워 넣어야 합니다. 반면 청구금액이 적은 항목과 논쟁 없이 수용 가능성이 높은 항목은 근거서류가 아무리 많더라도 적정수준의 분량으로만 채워야 합니다. 이 역시 청구항목별 중요도와도 같다고 볼 수 있습니다. 위와 같은 작업을 거친다면 청구서류는 중요도에 상응하여 자연스럽게 적정한 분량이 배분될 것입니다.

❙ 정보공개법 활용

건설클레임에서 효과적인 청구권 행사를 위해서는 계약 관련 정보 등이 충분히 확보되어 있어야 합니다. 이를 위하여 법령으로 건설공사 계약정보 등을 공개토록 규정하고 있어 다행스럽다고 하겠습니다. 공공공사의 경우에는 국가계약법 시행령 제92조의2(계약 관련 정보의 공개) 및 같은 법 시행규칙 제82조(계약정보의 공개) 등의 규정에 따라 해당 건설공사와 관련한 자료들을 공개하고 있습니다. 하도급공사에 있어서도 계약자료 등을 공개하도록 규정하고 있습니다(건설산업기본법 제31조의3 등). 하지만 간혹 이해당사자의 이의제기 등을 우려하여 공개를 꺼리는 경우가 있으며, 특히 하도급업체 입장에서는 계약 관련 정보가 투명하게 공개되는 정도가 낮은 것이 현실입니다.

"공공기관이 보유·관리하는 정보는 국민의 알권리 보장 등을 위하여 적극적으로 공개하여야 한다." 공공기관의 정보공개에 관한 법률(약칭 정보공개법) 제3조(정보공개의 원칙)에서 규정한 정보공개의 원칙입니다. 이때 '정보'란 공공기관이 직무상 작성 또는 취득하여 관리하고 있는 문서(전자문서를 포함합니다) 및 전자매체를 비롯한 모든 형태의 매체 등에 기록된 사항을 말하며(정보공개법 제2조 제1호), 모든 국민은 정보의 공개를 청구할 권리가 있습니다(정보공개법 제5조 제1항).

먼저 건설공사 설계내역서가 정보공개 대상이라는 판결이 있습니다. 법원은 설계내역서는 입찰계약·의사결정·내부검토 과정에 있는 사항에 관한 정보에 해당하지 않으며, 오히려 설계내역서 공개는 공공기관의 행정편의주의 및 권한남용으로 인한 폐해를 방지하는데 유효한 수단으로 작용할 수 있고, 설계내역서가 공개되더라도 입찰담합에 이용된다고 인정할 만한 증거가 없다면서 정보공개거부처분을 취소하였습니다(서울고등법원 2017. 6. 16. 선고 2016누79160 판결).

원·하도급 내역서 및 원·하도급대비표 또한 공개되어야 한다는 것이 법

서울고등법원 2009. 9. 18. 선고 2008누32425 판결 [정보공개거부처분취소]

【판결요지】

… 이 사건 정보 중 도급내역서는 피고가 실시하는 입찰절차에 참가하여 낙찰된 수급업체가 각 공정별로 시공단가를 기입한 내역이 정리된 것이고, 하도급내역서는 공정별로 시공을 실제로 담당하는 하수급업체들이 실제 소요되는 비용에다가 일정 이윤을 포함시켜 산출한 내역이 기재된 것이며, 원·하도급대비표는 공정별로 위 도급금액 및 하도급금액에 관한 내용이 서로 비교, 대조하기 쉽게 표로 정리된 자료임은 앞서 본 바와 같다. … 이 사건 정보를 공개한다 하더라도 원·하수급업체의 정당한 이익이 침해된다고 보기 어려운 점, … 원·하수급업체가 장차 가변적인 조건하에서 과연 어느 정도의 원가경쟁력을 발휘할 것인지에 관한 정보까지 내포한다고 보기 어려운 점, … 입찰가격이 절대적인 낙찰자 선정요소라고 보기는 어려운 점, … 이 사건 정보는 공개될 경우 원·하수급업체의 정당한 이익을 현저히 해할 우려가 있는 정보에 해당된다고 보기 어려우며, 달리 이를 인정할 만한 증거가 없다.

원의 판단입니다. 법원은 원·하도급 내역서 등 정보가 입찰절차에 참가하여 낙찰된 원·하수급업체가 장차 가변적인 조건하에서 과연 어느 정도의 원가경쟁력을 발휘할 것인지에 관한 정보까지 내포한다고 보기 어려운 점 등을 이유로 해당 정보들이 공개되더라도 원·하수급업체의 정당한 이익을 현저히 해할 우려가 있지 않다고 판단하였습니다(서울고등법원 2009. 9. 18. 선고 2008누32425 판결).

법원은 민자사업의 실시협약서와 공사비내역서에 대해서도 공개함이 타당하다고 판단하였습니다. 대법원은 판결이유에서 민간사업자는 해당 민자사업 수행을 위하여 일반 사기업과 다른 특수한 지위와 권한을 가지고 있어서 법상 공공기관에 준하거나 그 유사한 지위에 있다면서, 실시협약서 내용이나 공사비 명세 등을 공개한다고 하여 민간사업자의 경쟁력이 현저히 저하된다거나 사업 완료 후 민자도로 관리·운영 업무를 추진하는 것이 곤란해진다고 볼 수도 없다고 하였습니다(대법원 2011. 10. 27. 선고 2010두24647 판결).

❙ 건설기술인 경력관리

한국건설기술인정책연구원(http://cepik.re.kr)의 '건설기술인 동향 브리핑'에 따르면 2022년 6월 기준 전체 건설기술인 수는 92.3만 명이며, 기술자격보유자는 전체의 68.5%이고, 재직 건설기술인은 전체 건설기술인의 약 72.3%인 66.7만 명이라고 하였습니다. 아울러 청년층 건설기술인 시장 이탈과 건설기술인 고령화 현상이 심화되고 있다고 하였습니다.

한국건설기술인협회는 건설기술인의 품위유지, 복리증진 및 건설기술 개발 등을 위하여 설립된 건설기술인단체입니다(건설기술진흥법 제69조 제1항).

한국건설기술인협회는 국토교통부장관으로부터 건설기술인의 경력신고 사항의 접수, 건설기술경력증 발급 및 기록사항의 유지관리, 건설기술인 경력확인 업무를 수탁받아 이행하고 있습니다(건설기술진흥법 제82조 제2항 및 같은 법 시행령 제117조 제1항 제4호). 이에 따라 위 협회에서 경력관리하는 건설기술인은 적어도 50만 명은 넘을 것으로 생각합니다.

건설기술진흥법
제69조(협회의 설립) ① 건설기술인 또는 건설엔지니어링사업자는 품위 유지, 복리 증진 및 건설기술 개발 등을 위하여 건설기술인단체 또는 건설엔지니어링사업자단체를 설립할 수 있다.
②~③ -생략-
제82조(권한 등의 위임·위탁) ① 국토교통부장관은 이 법에 따른 권한의 일부를 대통령령으로 정하는 바에 따라 중앙행정기관의 장에게 위탁하거나 시·도지사 또는 대통령령으로 정하는 국토교통부 소속 기관의 장에게 위임할 수 있다.
② 국토교통부장관 또는 시·도지사는 이 법에 따른 업무의 일부를 대통령령으로 정하는 바에 따라 「공공기관의 운영에 관한 법률」에 따른 공공기관, 협회, 그 밖에 건설기술 또는 시설안전과 관련된 기관 또는 단체에 위탁할 수 있다.

건설기술진흥법 시행령
제117조(업무의 위탁) ① 국토교통부장관은 법 제82조 제2항에 따라 다음 각 호의 업무를 제2항에 따라 지정·고시하는 기관에 위탁한다.
4. 법 제21조에 따른 건설기술인 신고에 관한 다음 각 목의 업무

한국건설기술인협회가 건설기술인 경력관리에 해당하는 정부 수탁업무를 이행하면서, 협회의 주된 운영재원을 회비 및 수수료 등으로 마련하고 있습니다. 「회비 및 수수료부과 징수 규정」 제8조(권리행사 제한 및 수수료의 징수) 제3항에 따르면 위 협회의 회원으로 가입하지 않은 자와 회비를 납부하지 않은 회원(이를 모두 준회원으로 명하는 것 같습니다)에 대해서는 협회에서 제공하는 제반 서비스를 제한할 수 있도록 하였을 뿐, 정부로부터 위탁받은 건설기술인 경력관리 업무에 대한 업무는 차별 없이 이행해야 합니다. 이에 따르면 건설기술인은 위 협회에 가입하지 않았거나 회원 자격을 상실하였더라도 협회에 대하여 건설기술인의 경력신고 및 건설기술경력증을 발

급받을 수 있다고 하겠으며, 다만 인터넷 서비스가 제한되므로 직접 한국건설기술인협회를 방문하여 오프라인으로 경력관리 업무를 이행하면 되겠습니다.

회비 및 수수료부과 징수 규정 _ 2013. 12. 18. 개정
제1조(목적) 이 규정은 협회운영의 기본이 되는 회비 및 수수료(이하 "회비 등"이라 한다) 부과 및 징수절차에 관한 사항을 규정함으로써 협회운영재원의 원활한 조달을 기함을 목적으로 한다.
제2조(회비등의 구분) 회비 등은 다음과 같이 구분한다.
1. 회비
2. 수수료
   가. 건설기술(품질관리) 경력증 발급
   나. 건설기술자(품질관리자) 경력증명서 발급
   다. 건설기술자(품질관리자) 보유증명서 발급
   라. 참여기술자경력확인서 발급비
3. 찬조 및 기부금

제3조(정의) 이 규정에서 사용하는 용어의 정의는 다음과 같다.
5. "수수료"라 함은 건설기술진흥법에 의한 경력신고, 경정신청 및 제증명 발급 신청시 납부하는 비용을 말한다.

제8조(권리행사 제한 및 수수료의 징수) ① 삭제 〈02. 3. 18〉
② 회원이 회비를 3년간 납부하지 않을 때에는 정관 제65조 제1항 제6호의 규정에 의하여 회원의 자격을 상실한다.
③ 정관 제6조의 준회원 중 협회의 회원으로 가입하지 않은 자와 회비를 연체한 회원에 대해서는 협회에서 제공하는 교육·간행물·전산정보제공 등 서비스에 차등을 두거나, 정관 제9조 제1항 제1호의 회원의 협회에 대한 권리행사를 일부 제한 할 수 있다. 다만 건설기술관리법령 시행령 제129조에 따른 국토교통부장관의 위탁업무를 제외한다.
④ 제4조 제3항 단사 규정에도 불구하고 3회 이상 회비를 연체한 회원에 대해서는 수수료를 감면하지 않는다.

글을 마치며…

일단 홀가분합니다. 큰 숙제를 마침내 끝냈다는 그런 기분입니다. 하지만 다시금 부족함을 느끼게 한 찐한 경험이 더 크게 다가옵니다. 거듭 느끼지만, 건설산업은 참 어렵습니다. 우리나라 건설업이 연간 250조 원이 넘는 규모의 국내 최대 산업부문이라는 방대함도 있지만, 그 규모에 버금가는 법규가 너무나 많기 때문일 것입니다.

이 책을 쓰는 데 1년이 훨씬 넘게 걸렸습니다. 그사이 건설 관련 법규들이 변경된 사안들도 있고, 시작한 때로부터 시간이 지난 만큼의 업데이트할 수치들이 생겨나기도 했습니다. 당연히 마음가짐의 변화도 있었습니다. 시작 때의 용감함(?)은 마무리하지 못하지 않느냐는 안타까움과 걱정(!)으로 자주 다가왔습니다. 책 마무리를 위해 소요된 시간이 많이 흐른 이유는 글쓴이의 게으름과 덜 절박함 때문이었겠지만, 전문 작가라 하더라도 방대한 건설산업을 넓고도 적당한 깊이의 앎으로 꿰어내는 것이 결코 간단치 않았을 것이라고 애써 위안할 뿐입니다.

이 책의 방향성은 건설클레임 분야를 중심으로 하고서, 부분적으로 계약관리 또는 건설사업관리 내용을 가미하려는 것이었습니다. 한마디로 요약

하자면 시중의 여타 건설 관련 계약관리 서적과의 차별화이었습니다. 차별화는 기본에 충실하면서 기존 서적의 형식을 탈피하는 것으로 생각했습니다. 단지 건설클레임 및 분쟁에만 치중한다면 독자들이 굳이 이 책을 선택하지 않을 것은 뻔히 예상되기 때문입니다. 현업실무자들의 가려운 부분을 알기에 이번 책의 차별화를 고심하여 내용을 엮다 보니, 건설산업 및 현장과 관련된 얘기를 두루두루 포함하지 않을 수 없게 되었습니다. 넓고도 적절한 깊이의 건설산업 제대로 알아보기이자 현장에 중심을 둔 차별화된 건설클레임 길잡이 역할 정도는 되어야 한다는 욕심도 한몫하였습니다. 가능한 여러 가지 내용을 파노라마식으로 늘어놓기보다 현업 실무와 실무관계자들이 느꼈을 애로사항을 조금이나마 해소해보겠다는 어떤 욕심 같은 것 말입니다. 하지만 여전히 무언가 빠트린 것 같은 아쉬움이 가시지 않습니다. 그래도 발전을 위한 중단도 있기에, 이후에도 채워야 할 부분이 상당하고 이를 위해 할 일이 있다는 것을 긍정적으로 생각하기로 했습니다.

이 책은 단순히 건설공사에 대한 몇몇 지식을 전달하려는 목적으로만 시작하지 않았습니다. 너무 거창할 수 있겠지만, 건설기술인과 실무관계자들에게 계약적 마인드의 필요성 인식과 향상을 유인하려는 것이 이 책의 목적이자 의도였습니다. 계약적 마인드 향상과 유인이 가장 피력하고 싶은 의도이었기에, 어떻게 하면 실무관계자들이 이 책을 선택하도록 만들 것인가를 매번 그리고 항상 고민했었습니다. 건설기술인들이 계약법규와 계약적 마인드가 상대적으로 부족한 것은 부인할 수 없는 사실입니다. 하여 이 책은 실무 경험을 토대로 한 관련 법규와 질의회신 Q&A, 그리고 관련 판례를 곧바로 인용하는 형식으로 꾸몄던 것입니다. 다른 서적과의 차별화

전략은 일반적 건설산업 현황과 공공공사 발주방식 및 건설소송·중재, 그리고 건설감정 등의 내용을 실무 경험을 토대로 가미하였습니다. 이 부분의 내용은 많지 않으면서도 묶어내기가 가장 고달픈 부분이기도 했습니다.

이 책을 쓰면서 거듭 느낀 점이 있습니다. 우리나라 건설산업은 단일 산업으로 가장 방대한 부문이라는 점과 아울러 구체적이고 세부적으로 들어가면 끝이 없을 정도로 많은 규제가 있다는 것이었습니다(규제가 나쁘거나 좋고의 문제가 아니라, 과연 필요한 것이냐의 문제입니다). 그래서인지 진도는 더디었고 시간만 빠르게 지나가 버리고 말았던 것 같기도 합니다. 그 사이 (사)한국건설연구원 식구에서 건축사 최종 합격자가 있었고, 또 다른 식구들도 늘어났습니다. 우리나라 건설산업의 발전을 생각하며 느릴지라도 꾸준히 그리고 변함없이 나아가라는 응원으로 생각되었습니다.

이 책을 마무리할 때까지 해결하지 못한 것이 있었습니다. 예비 독자가 주저하지 않고 지갑을 열 수 있도록 이 책의 목적과 의도를 한 눈으로 이해시킬 수 있게 만드는 그럴듯한 제목을 찾아내는 것이었습니다. 하지만 안타깝게도 아마 상당 기간 해결하지 못할지도 모르겠습니다. 일단 지금까지 고민으로 정리한 것이 **현장 중심의 건설분쟁 최소화 지침서 『건설공사 계약관리 실무가이드』**입니다. 더 멋있고 산뜻한 이 책 제목을 찾기 위한 고민은 계속될 것입니다.

끝으로 저희 (사)한국건설연구원은 독자들의 평가와 요구, 개선사항 등을 지속적으로 담아내기 위해 노력하겠습니다. 직접 방문이나 대표 메일(kcri21@daum.net)로 소중한 의견들을 보내주신다면 최대한 반영하여 더 나은 내용으로 보답할 것을 약속드립니다. 감사합니다.

□ 부록: 국가계약법령 3단 비교표

법률 (개정 2021.01.05.)	시행령 (개정 2022.06.14.)	시행규칙 (개정 2021.07.06.)
	〈제1장 총칙〉	〈제1장 총칙〉
제1조(목적)	제1조(목적)	제1조(목적)
	제2조(정의)	제2조(정의)
제2조(적용범위)		제3조(적용범위)
제3조(다른 법률과의 관계)	제3조(다른 법령과의 관계)	
제4조(국제입찰에 따른 정부조달계약의 범위)		
제5조(계약의 원칙)	~~제4조(계약의 원칙)~~ 〈2020.4.7〉	
제5조의2(청렴계약)	제4조의2(청렴계약의 내용과 체결 절차)	
제5조의3(청렴계약 위반에 따른 계약의 해제·해지 등)	제4조의3(청렴계약을 위반한 계약의 계속 이행)	
제5조의4(근로관계법령의 준수)		
제6조(계약사무의 위임·위탁)	제5조(계약관의 대리와 분임 및 임명통지)	
	제6조(계약담당공무원의 재정보증)	
	〈제2장 추정가격 및 예정가격〉	〈제2장 예정가격〉
	제7조(추정가격의 산정)	
	제7조의2(예정가격의 작성방법 등)	제4조(예정가격조서의 작성)
	제8조(예정가격의 결정방법)	제5조(거래실례가격 및 표준시장단가에 따른 예정가격의 결정)
	제9조(예정가격의 결정기준)	제6조(원가계산에 의한 예정가격의 결정)
		제7조(원가계산을 할 때 단위당 가격의 기준)
		제8조(원가계산에 의한 예정가격 결정 시의 일반관리비율 및 이윤율)
		제9조(원가계산서의 작성)
		제10조(감정가격 등에 의한 예정가격의 결정)
		제11조(예정가격 결정 시의 세액합산 등)
		제12조(희망수량경쟁입찰 시 예정가격의 결정)
		제13조(예정가격의 변경)
	〈제3장 계약의 방법〉	〈제3장 계약의 방법〉
제7조(계약의 방법)	제10조(경쟁방법)	
	제11조(경쟁입찰의 성립)	
	제12조(경쟁입찰의 참가자격)	제14조(입찰참가자격요건의 증명)
	제13조(입찰참가자격 사전심사)	제15조(입찰참가자격의 등록)
		제16조(입찰참가자격에 관한 서류의 확인 등)
		제17조(입찰참가자격의 부당한 제한금지)
		제18조(입찰참가자격요건 등록 등의 배제)
	제14조(공사의 입찰)	
	제14조의2(공사의 현장설명)	
	~~제15조(계속공사의 입찰참가 제한)~~ 〈2019.9.17.〉	
	제16조(물품의 제조·구매 및 용역 등의 입찰)	

법률 (개정 2021.01.05.)	시행령 (개정 2022.06.14.)	시행규칙 (개정 2021.07.06.)
	제17조(다량물품의 입찰)	제19조(희망수량경쟁입찰의 대상범위)
		제20조(희망수량경쟁입찰의 입찰공고)
		제21조(2종 이상의 물품에 대한 희망수량경쟁입찰)
		제22조(경매)
		제23조(계약이행의 성실도 평가 시 고려요소)
		제23조의2(입찰참가자격 사전심사 절차)
	제18조(2단계 경쟁 등의 입찰)	제23조의3(단순한 노무에 의한 용역)
	제19조(부대입찰)	
	제20조(재입찰 및 재공고입찰)	
	제21조(제한경쟁입찰에 의할 계약과 제한사항 등)	제24조(제한경쟁입찰의 대상)
		제25조(제한경쟁입찰의 제한기준)
	제22조(공사의 성질별·규모별 제한에 의한 입찰)	제26조(제한경쟁입찰 참가자격통지)
	제23조(지명경쟁입찰에 의할 계약)	제27조(지명경쟁입찰의 지명기준)
	제24조(지명경쟁입찰 대상자의 지명)	~~제28조(우수공업자 또는 우수용역업자의 지정)~~ 〈1999.9.9〉
		제29조(지명경쟁계약의 보고서류 등)
		제30조(지명경쟁입찰 참가자격통지)
	제25조(유사물품의 복수경쟁)	
	제26조(수의계약에 의할 수 있는 경우)	~~제31조(지역주민 또는 지역대표자와의 수의계약)~~ 〈2010.7.21〉
	제27조(재공고입찰과 수의계약)	제32조(재공고입찰 등에 의한 수의계약 시 계약상대자 결정)
	제28조(낙찰자가 계약을 체결하지 아니할 때의 수의계약)	
	제29조(분할수의계약)	
	제30조(견적에 의한 가격 결정 등)	제33조(견적에 의한 가격 결정 등)
		제34조(희망수량경쟁입찰과 수의계약)
		제35조(수의계약의 보고서류 등)
		제36조(수의계약 적용사유에 대한 근거서류)
	제31조(계속공사에 대한 수의계약 시의 계약금액)	
	제32조(경쟁계약에 관한 규정의 준용)	제37조(경쟁계약에 관한 규정의 준용)
	〈제4장 입찰 및 낙찰절차〉	**〈제4장 입찰 및 낙찰절차〉**
제8조(입찰공고 등)	제33조(입찰공고)	~~제38조(입찰공고)~~ 〈2002.8.24.〉
	제34조(입찰참가의 통지)	제39조(입찰참가의 통지 등)
		제40조(입찰 참가신청)
		제41조(입찰에 관한 서류의 작성)
		~~제41조의2(현장설명실시의 예외)~~ 〈2019.9.17.〉
	제35조(입찰공고의 시기)	
	제36조(입찰공고의 내용)	
		제42조(입찰방법)

법률 (개정 2021.01.05.)	시행령 (개정 2022.06.14.)	시행규칙 (개정 2021.07.06.)
제9조(입찰보증금)	제37조(입찰보증금)	제43조(입찰보증금의 납부)
	제38조(입찰보증금의 국고귀속)	
	제39조(입찰서의 제출·접수 및 입찰의 무효)	제44조(입찰무효)
		제45조(입찰무효의 이유표시)
		제46조(특정물품의 제조 또는 구매 시의 품질 등에 의한 낙찰자 결정)
		제47조(희망수량경쟁입찰의 낙찰자 결정)
제10조(경쟁입찰에서의 낙찰자 결정)	제40조(개찰 및 낙찰선언)	제48조(개찰 및 낙찰선언)
	제41조(세입이 되는 경쟁입찰에서의 낙찰자 결정)	
	제42조(국고의 부담이 되는 경쟁입찰에서의 낙찰자 결정)	
	제43조(협상에 의한 계약체결)	
	제43조의2(지식기반사업의 계약방법)	
	제43조의3(경쟁적 대화에 의한 계약체결)	
	제44조(품질 등에 의한 낙찰자의 결정)	
	제45조(다량물품을 매각할 경우의 낙찰자 결정)	
	제46조(다량물품을 제조·구매할 경우의 낙찰자 결정)	
	제47조(동일가격 등의 입찰인 경우의 낙찰자 결정)	
	〈제5장 계약의 체결 및 이행〉	**〈제5장 계약의 체결 및 이행〉**
제11조(계약서의 작성 및 계약의 성립)	제48조(계약서의 작성)	제49조(계약서의 작성)
	제48조의2(국외공사계약)	
	제49조(계약서 작성의 생략)	제50조(계약서의 작성을 생략하는 경우)
제12조(계약보증금)	제50조(계약보증금)	제51조(계약보증금 납부)
		제52조(하자보수보증금의 납부)
		제53조(현금에 의한 보증금 납부)
		제54조(증권에 의한 보증금 납부)
		제55조(보증보험증권 등에 의한 보증금 납부)
		제56조(정기예금증서 등에 의한 보증금 납부)
		제57조(주식에 의한 보증금 납부)
		제58조(주식양도증서)
		제59조(보증금의 납부확인)
		제60조(보증기간 중 의무)
		제61조(보증보험증권등의 보증기간의 연장)
		제62조(계약금액변경 시의 보증금의 조정 및 추가납부 등)
		제63조(보증금의 반환)
	제51조(계약보증금의 국고귀속)	제64조(보증금 등의 국고귀속)
		제65조(희망수량경쟁입찰의 입찰보증금 국고귀속)
	제52조(공사계약에 있어서의 이행보증)	제66조(공사계약에 있어서의 이행보증)
	제53조(손해보험의 가입)	
제13조(감독)	제54조(감독)	제67조(감독 및 검사)

법률 (개정 2021.01.05.)	시행령 (개정 2022.06.14.)	시행규칙 (개정 2021.07.06.)
		제68조(감독 및 검사의 실시에 관한 세부사항)
		제69조(감독 및 검사를 위탁한 경우의 확인)
제14조(검사)	제55조(검사)	
	제56조(검사조서의 작성 생략)	
	제56조의2(검사를 면제할 수 있는 물품)	
	제57조(감독과 검사직무의 겸직)	
제15조(대가의 지급)	제58조(대가의 지급)	
	제59조(대가지급지연에 대한 이자)	
제16조(대가의 선납)		
제17조(공사계약의 담보책임)	제60조(공사계약의 하자담보책임기간)	제70조(하자담보책임기간)
	제61조(하자검사)	제71조(하자검사)
제18조(하자보수보증금)	제62조(하자보수보증금)	제72조(하자보수보증금률)
	제63조(하자보수보증금의 직접사용)	제73조(하자보수보증금의 직접사용)
제19조(물가변동 등에 따른 계약금액 조정)	제64조(물가변동으로 인한 계약금액의 조정)	제74조(물가변동으로 인한 계약금액의 조정)
	제65조(설계변경으로 인한 계약금액의 조정)	제74조의2(설계변경으로 인한 계약금액의 조정)
	제66조(기타 계약내용의 변경으로 인한 계약금액의 조정)	제74조의3(기타 계약내용의 변경으로 인한 계약금액의 조정)
제20조(회계연도 시작 전의 계약체결)	제67조(회계연도 개시 전의 계약)	
	제68조(공사의 분할계약금지)	
제21조(계속비 및 장기계속계약)	제69조(장기계속계약 및 계속비계약)	
제22조(단가계약)		
제23조(개산계약)	제70조(개산계약)	
제24조(종합계약)	제71조(종합계약)	
제25조(공동계약)	제72조(공동계약)	
	제72조의2(지식기반사업의 공동계약)	
	제73조(사후원가검토조건부 계약)	
	제73조의2(건설사업관리용역계약)	
제26조(지체상금)	제74조(지체상금)	제75조(지체상금률)
	제75조(계약의 해제·해지)	
제27조(부정당업자의 입찰참가자격 제한 등)	제76조(부정당업자의 입찰참가자격 제한)	제76조(부정당업자의 입찰참가자격 제한기준 등)
		제77조(입찰참가자격 제한에 관한 게재 등)
제27조의2(과징금)	제76조의2(과징금 부과의 세부적인 대상과 기준)	제77조의2(과징금 부과의 세부적인 대상과 기준)
	제76조의3(과징금의 부과 및 납부)	
	제76조의4(과징금 납부기한의 연장 및 분할납부)	
제27조의3(과징금부과심의위원회)	제76조의5(과징금부과심의위원회의 구성)	
	제76조의6(위원장의 직무)	
	제76조의7(위원의 제척·기피·회피)	
	제76조의8(위원의 지명철회·해임 및 해촉)	
	제76조의9(심의의 요청)	
	제76조의10(심의)	

법률 (개정 2021.01.05.)	시행령 (개정 2022.06.14.)	시행규칙 (개정 2021.07.06.)
	제76조의11(위원회의 회의)	
	제76조의12(소위원회)	
	제76조의13(수당)	
	~~제77조(청문절차)~~ 〈1998.2.2〉	
	〈제6장 대형공사계약〉	**〈제6장 대형공사계약〉**
	제78조(적용대상 등)	제78조(대형공사 및 특정공사의 집행기본계획서 제출)
	제79조(정의)	
	제80조(대형공사 입찰방법의 심의 등)	제79조(중앙건설기술심의위원회의 심의)
		제79조의2(특별건설기술심의위원회의 심의)
		~~제80조(집행계획의 조정 및 제출)~~ 〈2006.5.25.〉
		제81조(대안입찰 및 일괄입찰 대상공사의 공고)
		제81조의2(실시설계 기술제안입찰 등의 입찰방법 심의 등)
	~~제81조(대형공사 등에 대한 입찰)~~ 〈1996.12.31〉	
	~~제82조(일괄입찰공사 등의 예정가격 결정)~~ 〈1996.12.31〉	
	~~제83조(일괄입찰 등의 입찰보증금)~~ 〈1996.12.31〉	
	제84조(일괄입찰 등의 입찰참가자격)	
	~~제84조의2(일괄입찰 등의 입찰참가자격사전심사)~~ 〈2010.7.21〉	
	제85조(일괄입찰 등의 입찰절차)	
	제85조의2(일괄입찰 등의 실시설계적격자 또는 낙찰자 결정방법 등 선택)	
	제86조(대안입찰의 대안채택 및 낙찰자 결정)	
	제87조(일괄입찰의 낙찰자 선정)	
	~~제88조(실시설계 시공입찰의 낙찰자 결정)~~ 〈1999.9.9〉	
	제89조(설계비 보상)	
	~~제90조(대안의 채택)~~ 〈2006.5.25.〉	
	제91조(설계변경으로 인한 계약금액 조정의 제한)	
	~~제91조의2(건설사업관리계약)~~ 〈2006.5.25〉	
	〈제7장 계약정보의 공개 등〉	**〈제7장 계약정보의 공개 등〉**
	제92조의2(계약 관련 정보의 공개)	제82조(계약정보의 공개)
	제93조(계약실적보고)	제82조의2(계약실적보고)
		제83조(건설공사에 대한 자재의 관급)
		제84조(소프트웨어사업에 대한 소프트웨어의 관급)
	제94조(계약심의위원회의 설치)	
	~~제95조(분기별 발주계획의 사전공고)~~ 〈2005.9.8〉	
	제96조(지정정보처리장치의 이용)	
	〈제8장 기술제안입찰 등에 의한 계약〉	
	제97조(적용대상 등)	

법률 (개정 2021.01.05.)	시행령 (개정 2022.06.14.)	시행규칙 (개정 2021.07.06.)
	제98조(정의)	
	제99조(실시설계 기술제안입찰 및 기본설계 기술제안입찰의 입찰방법의 심의 등)	
	제100조(실시설계 기술제안입찰 등의 입찰참가자격)	
	~~제101조(기술제안입찰 등의 입찰참가자격사전심사)~~ 〈2010.7.21.〉	
	제102조(실시설계 기술제안입찰 등의 낙찰자 결정방법 등 선택)	
	제103조(실시설계 기술제안입찰의 입찰절차)	
	제104조(실시설계 기술제안입찰의 낙찰자 결정)	
	제105조(기본설계 기술제안입찰의 입찰절차)	
	제106조(기본설계 기술제안입찰의 낙찰자 선정)	
	제107조(기술제안입찰제안서 작성비용 보상)	
	제108조(설계변경으로 인한 계약금액 조정)	
	제109조(평가)	
제27조의4(하도급대금 직불조건부 입찰참가)		
제27조의5(조세포탈 등을 한 자의 입찰참가자격 제한)		
	〈제9장 이의신청과 국가계약분쟁조정위원회〉	〈제8장 이의신청과 국가계약분쟁조정위원회〉
제28조(이의신청)	제110조(이의신청을 할 수 있는 정부조달계약의 최소금액 기준 등)	
제28조의2(분쟁해결방법의 합의)		
제29조(국가계약분쟁조정위원회)	제111조(국가계약분쟁조정위원회의 위원 등)	~~제85조(국가계약분쟁조정위원회의 위원)~~ 〈2016.9.23.〉
제30조(계약절차의 중지)	제112조(심사)	제86조(심사·조정 관련 비용 부담의 범위와 정산)
제31조(심사·조정)	제113조(조정)	제87조(위원회의 운영 등)
	제114조(조정의 중지)	
	제114조의2(소송 관련 사실의 통지)	
	제115조(비용부담)	
제32조(계약담당공무원의 교육)		
제33조(계약실적보고서의 제출)		
제34조(계약에 관한 법령의 협의)		
제35조(벌칙 적용에서의 공무원 의제)		
	〈제10장 보칙〉	
	제116조(고유식별정보의 처리)	
	제117조(규제의 재검토)	
	제118조(부정당업자의 입찰참가 제한 및 벌칙 적용에서의 공무원 의제)	

건설공사 계약관리 실무가이드

1판 1쇄 인쇄 2023년 9월 15일
1판 1쇄 발행 2023년 9월 25일

지은이 신영철·정윤기

펴낸이 신영철
펴낸곳 (사)한국건설연구원
주소 경기도 성남시 수정구 성남대로 1222. 예농빌딩 6층
전화 02-6101-7788 **팩스** 031-756-0801
출판신고번호 제379-2023-000067호 **신고일자** 2023년 5월 16일
www.kcri21.co.kr

ISBN 979-11-983283-0-4 (13540)